최신 자동차기관

김 철 수 저

東 明 社

머 리 말

자동차기관은 현대 산업의 최첨단 기술에 속하고 자동차의 작동원리 · 구조 · 기능 · 발전과정 등을 학생들이 필수적으로 공부해야 하는 과목이다. 본 서는 특히 기본적인 사항을 쉽게 표현하여 자동차기관을 처음 공부하는 학생들이 이해하기 쉽도록 이론과 내용을 구성하였으며 기본 개념의 이해를 돕기 위해 각 장마다 그림, 예제문제 등을 삽입하여 설명하였다. 이 책의 단위는 공학단위로 하였으며 일부는 SI단위로 하였다. 특히 부록에는 정답과 해설을 추가한 객관식 문제를 실어 이해하기 쉽도록 하였다. 이 책은 자동차 기관의 기본적인 사항들을 쉽게 표현하여 자동차 기관을 처음 공부하는 학생들이 이해하기 쉽도록 이론과 내용을 구성하였다. 이 책의 내용을 살펴보면 제1장에서는 기관의 일반적인 사항인 내연기관의 발달, 분류 및 작동법, 제2장에서는 가솔린기관의 본체인 실린더헤드 · 피스톤 · 크랭크축 · 밸브기구, 제3장에서는 기관의 사이클과 마력을 정리하였고 이때 각 종 식들은 가능한 기억이 쉽도록 하기 위해 요약 추출하여 정리하였으며 문제에 관련된 식을 따로 정리하여 공부하기 쉽도록 하였다. 제6장에서는 가솔린기관 시동 및 점화 장치, 제7장에서는 파형 해설, 제8장에서는 디젤 기관 및 CRDI 기관을 다루었고 제9장에서는 가솔린 기관의 평가법, 제10장에서는 내연기관의 기계역학, 제11장에서는 LPG 기관에 대하여 그림과 함께 이해하기 쉽도록 구성하였다. 마지막으로 부록에는 정답과 해설을 추가한 객관식 문제를 실어 자동차 기관을 더욱 쉽게 이해하도록 구성하였다.

공부는 꾸준하고 체계적으로 해야 원하는 목표가 이루어진다는 신념을 가지고 이 책을 독파한다면 독자 여러분에게 큰 도움이 될 것으로 확신한다. 나름대로 최선을 다하여 집필한다고 노력하였으나 아직도 부족한 부분이 많이 있으리라 생각되며 독자들의 아낌없는 충고와 제언으로 계속해서 수정 · 보완해 나갈 것을 약속드린다. 끝으로 이 책이 출간되기까지 애를 써 주신 동명사 관계자 여러분께 진심으로 감사드리며 독자 여러분들의 건투를 빈다.

2006년 7월

저 자

차 례

제3장 열역학적 사이클과 마력

제4장 전자제어엔진의 구성

제5장 가솔린기관의 구성

제8장 디젤기관

제9장 가솔린기관의 평가법

제10장 내연기관의 기계역학

1 기관의 일반적인 사항

1.1 내연기관의 발달

내연기관은 열에너지를 운동에너지로 바꾸어 기계적인 일로 변환시킨다. 동력을 발생시키는 기관은 연료의 연소가 직접연소기 내에서 이루어지는 내연기관과 연소가 기관 외에서 이루어지는 외연기관으로 분류되는데 이와 같은 열기관의 발달과정은 약 200년 전 와트(James Watt)의 증기기관이 실용화되면서 열에너지를 동력으로 변환시켰으며, 이후 1794년 스트리트(Robert Street)가 열기관의 동력을 연료의 연소에 의해 동작시키는 기관을 시도하여, 1823년 브라운(Samuel Brown)이 완성하였다.

현재의 4행정기관은 1862년에 최초로 로카스(Beaude Rochas)가 기초이론을 제시하였으며, 1876년에 들어와 오토(Nicholaus Otto)에 의하여 현재의 4행정 오토기관으로 발전하여 내연기관 실용화에 상당한 발전을 이루게 된 계기가 되었으며 이후 2행정 가스기관과 고속가솔린기관의 발전 등으로 이어져 산업발전에 지속적인 영향을 주었고, 1960년 이후는 열기관의 획기적인 발전과 더불어 배기가스로 인한 새로운 환경문제까지 고려해야 하는 시점에 이르고 있다.

실린더 내부에서 연료를 연소시켜 열에너지를 얻고 이를 기계적 에너지로 변환하는 장치를 내연기관이라 한다. 이에는 가솔린기관, 디젤기관, 가스기관의 왕복운동형과 로터리기관, 가스터빈의 회전운동형이 있다. 그리고 실린더 밖에서 연소하는 증기기관, 증기터빈 등의 외연기관이 있다.

1.2 내연기관의 장단점

〔1〕 내연기관의 장점

① 소형으로 제작이 용이하고 열효율이 높다.

② 운전 취급 및 정지 등의 조작이 쉽다.

③ 부하변동에 기관이 잘 적응한다.

④ 연료소비율이 낮다.

〔2〕 내연기관의 단점

① 왕복운동형의 기관은 압력변화가 커서 충격과 진동이 심하다.

② 작동시키는 데 시동장치가 필요하다.

③ 에너지를 저장하는 큰 플라이휠이 필요하고 저속운전이 어렵다.

④ 마모 및 부식이 쉽다.

⑤ 연소압력이 높기 때문에 재료비가 비싸고 정밀가공제품이 사용된다.

1.3 내연기관의 분류

열에너지의 공급으로 동력을 발생시키는 원동기로 내연기관과 외연기관으로 분류한다. 열기관은 여러 가지 원동기 중에서 열에너지를 기계적 에너지, 즉 기계적 일로 바꾸는 장치이다. 열기관(heat engine)에서 열을 일로 변환시키는 데는 반드시 매개역할을 하는 작동유체가 필요하다. 열기관을 여러 가지로 분류하면 다음과 같다.

〔1〕 가열방법에 의한 분류

열기관에서 열을 일로 변환하는 시스템 중, 동작유체의 가열방법에 의한 분류는 연소장치를 기관의 어느 부분에 설치하느냐에 따라 분류한 것이다. 자동차기관은 내연기관에 속하고 보일러 증기기관은 외연기관에 속한다.

① 내연기관 : 연료를 실린더 내부에서 연소시켜 연소가스가 직접 기관을 회전시키는 동력원이다.

② 외연기관 : 연료를 기관 외부에서 연소시켜 발생한 증기의 힘으로 간접적으로 기관을 회전시킨다.

〔2〕 에너지 전환방법에 의한 분류

작동유체가 가지는 열에너지를 기계적 일로 바꾸는 방법에 있어서 일정량의 동작유체를 실린더 내에 팽창시켜 그 정압을 이용하여 피스톤을 움직여 동력을 얻는 기관을 왕복형기관이라 하고, 증기터빈과 같이 동작유체의 열에너지를 먼저 운동에너지로 바꾸어 고속의 분류를 익차에 충돌시켜서 그의 충격력이나 또는 반동력에 의해 기계적 일을 얻는 것을 회전형기관이라 한다. 열기관의 분류는 다음과 같다.

① 외연기관－왕복형 : 증기기관
　　　　　　회전형 : 증기터빈

② 내연기관－왕복형 : 피스톤기관
　　　　　　회전형 : 로터리기관, 가스터빈, 제트기관

〔3〕 동작유체의 종류에 의한 분류

유체는 기체와 가스로 구분하는데 이와 같은 작동유체로 연소과정이 이루어지고 동작유체가 열기관에서 열을 일로 전환시킨다. 동작유체의 상태를 기준으로 하여 동작유체가 기체이면 가스 사이클 기관, 증기이면 증기 사이클 기관이다. 가스 사이클 기관은 연료를 연소시킬 때 나오는 연소가스를 직접 이용하는 열기관이다. 내연기관인 가솔린기관, 디젤기관, 가스 터빈, 로터리기관 등은 모두 가스 사이클 기관이다. 외연기관인 증기터빈과 증기기관은 물을 증발시킨 수증기를 사용하는 증기 사이클 기관이다.

① 가스 사이클 기관 : 동작유체가 사이클 중 항상 기체상태로 있는 것

② 증기 사이클 기관 : 동작유체가 액체와 기체의 2상인 상태로 존재하는 것

〔4〕 연료에 따른 분류

① 가스기관 : LPG, LNG, 메탄, 에탄 등의 가스를 연료로 사용하고 전기로 점화하는 불꽃점화기관이다.

② 가솔린기관 : 가솔린, 벤젠, 알코올을 연료로 사용하며 전기로 점화한다.

③ 디젤기관 : 중유를 사용하며 압축착화에 의해 연소한다.

④ 석유기관 : 등유, 경유와 같이 저휘발성 연료를 사용하며 전기로 점화한다.

⑤ 경유기관 : 경유를 연료로 사용하는 소구기관이나 고속디젤기관이다.

〔5〕 열역학적 분류

① 오토사이클(가솔린기관, 석유기관) : 일정 체적하에서 연소가 일어나는 정적사이클이다.

② 디젤사이클(디젤기관) : 일정 압력하에서 연소가 일어나는 정압사이클이다.

③ 사바테사이클(혼합사이클) : 일정 체적, 압력하에서 연소가 일어나는 혼합사이클이다.

고속 디젤기관이 이에 속한다.

〔6〕 점화방식에 따른 분류

① 전기점화기관(spark ignition) : 전기 스파크로 점화하는 기관으로 가스기관, 가솔린기관, 석유기관이 있다.

② 압축착화기관 : 압축열에 의해 자연 착화하는 기관으로 디젤기관이 있다.

③ 소구(hot bulb)점화기관 : 소형어선, 원동기에 사용하는 2사이클기관으로 점화를 쉽게 하기 위해 연소실 표면을 가열하여 점화하는 방법으로 표면점화 혹은 열면점화방식을 사용한다. 세미디젤기관이라고도 하며 시동을 걸려면 소구의 부분을 250～270℃ 정도로 가열한 후 시동을 걸어야 하며 연료소비율이 높다.

④ 연료분사 전기점화기관 : 헷셀만기관과 같이 전기점화와 압축착화의 중간 점화 방식을 사용한다. 헷셀만기관은 압축비 6～9 정도이며 압축말기에 연료분사펌프로 실린더 내 연료를 분사하고 동시에 전기로 점화하여 작동한다.

〔7〕 작동방식에 따른 분류

① 2행정기관 : 피스톤이 2행정하는 동안 1사이클을 완료한다.

② 4행정기관 : 피스톤이 4행정하는 동안 1사이클을 완료한다.

〔8〕 냉각방법에 의한 분류

① 공기냉각기관 : 항공기, 오토바이 등과 같이 실린더와 헤드에 핀을 붙여 공기로 직접 냉각한다.

② 수냉각기관 : 실린더에 워터재킷을 설치하고 냉각수를 순환시켜 냉각한다.

③ 증발냉각기관 : 석유기관과 같이 증발시의 잠열을 이용해서 냉각한다.

④ 특수액체 냉각기관 : 에틸렌글리콜, 글리세린 등의 액체를 사용하여 냉각한다.

〔9〕 실린더수에 따른 분류

① 단실린더 기관 : 실린더가 1개인 기관이다.

② 다실린더 기관 : 실린더가 여러 개인 기관이다.

〔10〕 연소실 모양에 따른 분류

① I헤드형 : 흡배기밸브가 실린더 헤드에 설치되는 형이다.

② L헤드형 : 흡배기밸브가 실린더 블록에 설치된다.

③ F헤드형 : 흡기밸브는 실린더 헤드에 설치되고 배기밸브는 실린더 블록에 설치된다.

④ T헤드형 : L헤드형 기관의 일종으로 대형 기관에 사용된다.

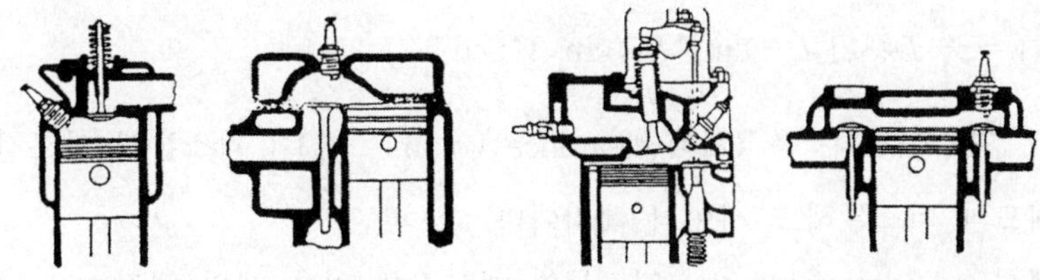

그림 1·1 연소실 모양에 따른 분류

〔11〕 실린더 안지름과 피스톤 행정비율에 따른 분류

① 장행정기관 : 실린더 안지름보다 피스톤 행정이 긴 기관이다.

② 정방형기관 : 실린더 안지름과 피스톤 행정이 같은 기관이다.

③ 단행정기관 : 실린더 안지름이 피스톤 행정보다 긴 기관이다.

〔12〕 가스작용에 따른 분류

① 단동식 기관 : 피스톤의 한 면에서만 가스압력이 작용하는 기관이다.

② 복동식 기관 : 피스톤의 양면에서 가스압력이 작용하는 기관이다. 기관의 출력이 단동식의 2배이다.

③ 대향식 기관 : 하나의 실린더에 2개의 피스톤을 대향시킨 기관으로 회전상태가 양호하다.

1.4 내연기관의 작동

〔1〕 내연기관의 기본 용어

① 상사점(TDC, Top Dead Center) : 피스톤이 실린더 최상부에 있을 때의 위치이다.

② 하사점(BDC, Bottom Dead Center) : 피스톤이 실린더 최하부에 있을 때의 위치이다.

③ 행정(stroke, S) : 상사점과 하사점의 거리를 피스톤 행정이라 한다.

④ 실린더지름(bore, D) : 실린더의 내부지름이다.

⑤ 행정체적(stroke volume, V_s) : 피스톤의 단면적과 행정의 곱이다. 피스톤의 1행정으로 배제되는 실린더의 체적으로 실린더의 배기량이다.

$$V_s = \frac{\pi}{4} D^2 S \qquad (1 \cdot 1)$$

⑥ 총행정체적(total stroke volume, V) : 행정체적에 실린더의 수(z)를 곱한 것으로 총배기량이라고도 한다.

$$V=\frac{\pi}{4}D^2Sz[\,D:\mathrm{cm},\ \ S:\mathrm{cm},\ V:\mathrm{cc}\,] \qquad (1\cdot 2)$$

⑦ 간극체적, 연소실체적, 통극체적(clearance volume, V_c) : 피스톤이 상사점에 있을 때 실린더헤드와 피스톤헤드 사이의 체적이다.

⑧ 실린더체적(cylinder volume) : 피스톤이 하사점에 있을 때의 체적으로 연소실체적과 행정체적의 합이다.

⑨ 압축비(compression ratio) : 실린더체적(V_c+V_s)과 연소실체적(V_c)의 비이며 압축 전의 체적과 압축 후의 체적비이다. 가솔린기관의 압축비는 6~9, 디젤기관은 15~20 정도이다.

$$\varepsilon=\frac{V_c+V_s}{V_c}=1+\frac{V_s}{V_c} \qquad (1\cdot 3)$$

$$V_c=\frac{V_s}{(\varepsilon-1)},\ V_s=V_c\times(\varepsilon-1) \qquad (1\cdot 4)$$

⑩ 피스톤 평균속도 : 피스톤 속도는 상사점과 하사점에서는 0이고, 중간부분에는 최대가 되므로 피스톤 왕복속도를 평균한 것이다.

$$V_m=\frac{2NS}{60}\,[\mathrm{m/sec},\ N:\mathrm{rpm},\ S:\text{피스톤행정(m)}] \qquad (1\cdot 5)$$

〔2〕 4사이클기관의 작동

크랭크축이 2회전하여 4행정(흡입 → 압축 → 폭발 → 배기)의 1사이클을 완성하는 기관이다.

① 흡입행정 : 흡기밸브는 열리고 배기밸브는 닫힌 상태에서 피스톤이 상사점에서 하사점으로 하강하면서 공기와 가솔린의 혼합기가 실린더 내로 유입된다.

② 압축행정 : 흡기밸브와 배기밸브가 모두 닫힌 상태에서 피스톤이 하사점에서 상사점으로 상승하면 혼합기는 압축된다.

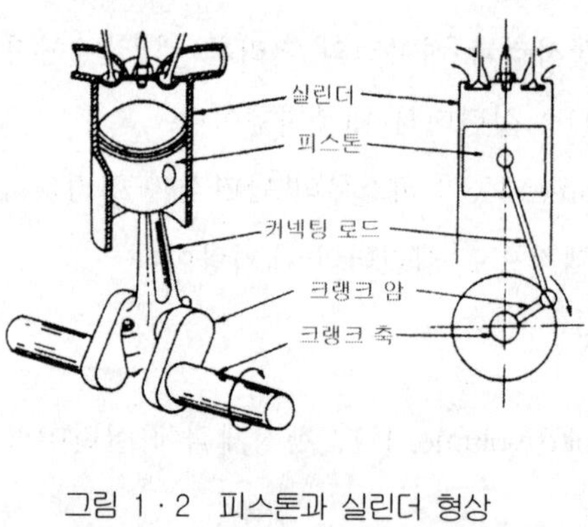

그림 1 · 2 피스톤과 실린더 형상

③ 폭발행정 : 흡배기밸브가 모두 닫힌 상태에서 고온 고압의 가스가 팽창하여 피스톤을 밀어서 크랭크축이 동력을 얻는 행정으로 폭발압력은 가솔린기관이 35~45 kgf/cm^2, 디젤기관이 55~65 kgf/cm^2 정도이다.

④ 배기행정 : 배기밸브가 열려 연소된 배기가스가 배기관으로 배출되는 과정이다.

〔3〕 2사이클기관의 작동

크랭크축이 1회전할 때 2행정(팽창, 배기 → 소기, 압축)의 1사이클을 완성하는 기관이다.

① 팽창, 배기과정 : 상사점에서 점화가 되면 연소실 내의 혼합가스가 폭발한다. 이 폭발력에 의해 크랭크축은 회전하고 피스톤이 하강하면서 하사점 부근에 있는 배기구가 열려 배기가스는 방출된다. 4사이클기관과는 달리 팽창(폭발)과 배기과정이 한 행정에서 일어난다.

② 소기행정 : 하사점 전후 50°에서 연소가스를 방출하고 신기를 실린더에 채우는 행정이다. 미연소가스를 배출하고 새로운 혼합기를 넣는다.

③ 압축행정 : 피스톤이 하사점에서 상사점으로 올라가면서 소기한 혼합기를 압축하는 행정이다.

〔4〕 2사이클기관의 소기방식

① 횡단형 : 실린더벽에 흡기구와 배기구가 대향으로 만들어져 있어 피스톤에 의해 흡 배기구를 제어한다. 구조는 가장 간단하나 소기효율이 가장 낮다.

② 루프형(반전형) : 소배기구가 모두 실린더 라이너의 동일 측면에 만들어져 있고 피스톤에 의해 제어된다. 소기는 실린더 내를 반전하여 흐르고 소기효율은 중간이다. M.A.N 소기법과 슈닐네 소기법이 있다.

③ 단류형 : U형소기, 융커스소기와 같이 실린더하단에 소기구, 상단에 배기구를 설치하여 위 아래 혹은 아래 위 한 방향으로 소기한다. 소기효율이 가장 높고 피스톤의 유효행정이 작아지는 것을 막을 수 있다. 밸브가 있는 헤드형과 피스톤제어형이 있다.

〔5〕 2사이클기관과 4사이클기관의 비교

(1) 4사이클기관

장점

① 고속으로 운전이 가능하고 연료소비율이 적다.

② 흡입행정이 길어 냉각효과가 좋고 열부하가 적다.

③ 각 행정이 구분되어 있어 행정이 정확하다. 저속에서 고속까지 속도변화가 유연하다.

④ 기동이 쉽고 실화가 일어나기 어렵다.

⑤ NO_x배출이 많고 HC배출이 적다.

⑥ 체적효율이 높다.

단점

① 마력당 기관이 무겁다.

② 밸브기구가 복잡하고 충격과 소음이 크다.

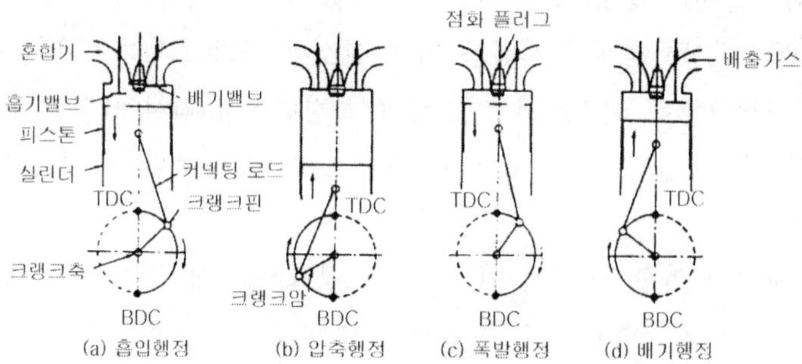

그림 1 · 3 4사이클기관의 작동

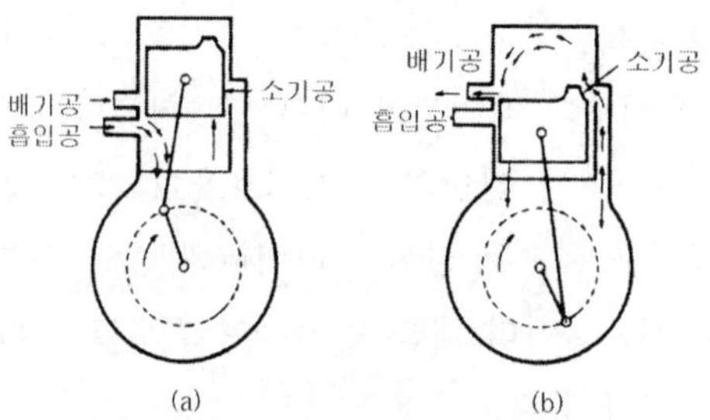

그림 1 · 4 2사이클기관의 작동

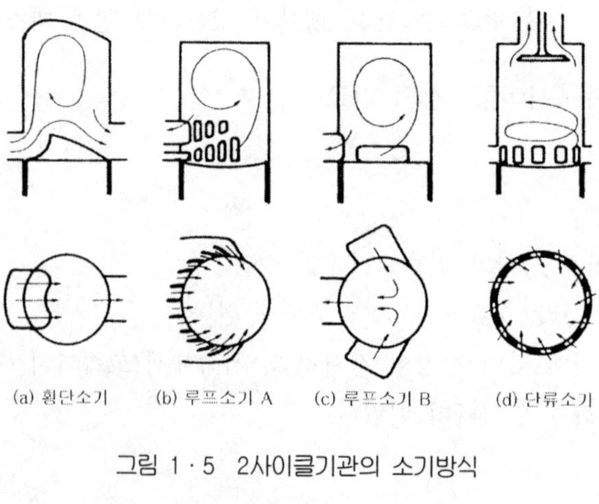

그림 1 · 5 2사이클기관의 소기방식

(2) 2사이클기관

장점

① 매 회전마다 폭발하므로 동일체적으로 출력이 4사이클보다 1.6배 크다.

② 마력당 기관 중량이 가볍고 밸브기구가 필요 없어 구조가 간단하다.

③ 회전력이 균일하고 점화계통을 차단하면 점화를 정지시키는 역전이 용이하다.

④ NO_x배출이 작고 HC배출이 많다.

단점

① 소기행정이 불확실하여 연료소비율이 크다.

② 소기펌프가 필요하고 과열되기 쉽다.

1.5 밸브개폐 시기

밸브는 행정 중 정확히 상사점이나 하사점에서 개폐되지 않고, 상사점의 전후 또는 하사점의 전후에서 개폐된다. 이것은 공기나 혼합기가 관성을 가지고 있기 때문에 그 흐름의 관성을 유효하게 이용하기 위해서이다. 밸브개폐 시기를 표시하는 그림을 밸브개폐 시기 선도라 한다. 또한 상사점 부근에서는 흡배기 밸브가 동시에 열려 있다. 이것을 밸브 오버랩(overlap)이라고 부른다.

(1) 4행정 가솔린기관의 밸브개폐 시기

흡입밸브 및 배기밸브의 개폐 시기는 4행정 기관의 작동 원리에서 상사점(TDC) 및 하사점(BDC)에서 각기 개폐하는 것으로 되어 있으나, 실제 기관에서는 그 기관의 회전수, 기화기의 종류, 연소실의 형상, 밸브의 상태에 따라 밸브개폐 시기가 달라진다. 흡입밸브의 열림은 상사점(TDC) 후에서 열리는 것과 상사점(TDC) 전에서 열리는 것이 있다. 흡입밸브는 상사점 전 7~10°에서 열리기 시작하여 하사점 후 36~45°에서 밸브가 닫힌다. 배기밸브는 하사점 전 36~45°에서 열리기 시작하여 상사점 후 10~15°에서 밸브가 닫힌다.

참고

1) 밸브 리드 : 흡입 및 배기밸브가 사점 전에서 열어 주는 것을 말한다.

2) 밸브 래그 : 흡입 및 배기밸브가 사점을 지난 후에 개폐하는 것을 말한다.

3) 밸브 오버랩 : 배기밸브가 닫히기 전에 흡입밸브가 열려 양 밸브가 동시에 열려 있는 기간

을 말한다.

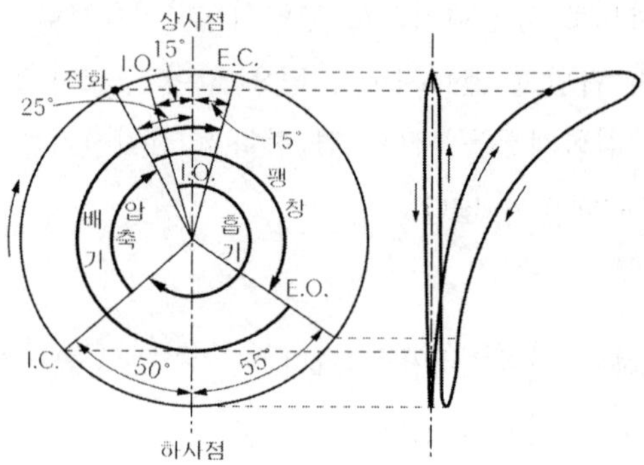

그림 1 · 6 가솔린기관의 밸브개폐 시기 선도

참고

1) 밸브 오버랩 : 체적효율 증대.
2) 과급효과 : 흡기밸브 하사점 지난 후 닫힘.
3) 블로우다운 현상 : 배기가스 조기배출을 위해 배기밸브 하사점 전에 열림.

〔2〕 4행정 디젤기관의 밸브개폐 시기

디젤기관의 밸브개폐 시기는 흡입밸브가 상사점 전 5~40°에서 열리기 시작하여 하사점 후 20~80°에서 닫힌다. 배기밸브는 하사점 전 20~80°에서 열리기 시작하여 상사점 후 5~40°에서 닫힌다.

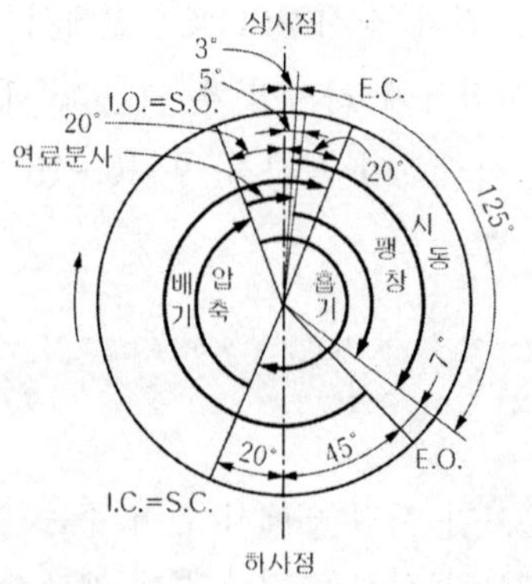

그림 1 · 7 디젤기관의 밸브개폐 시기

1.6 점화순서

4기통 및 6기통 기관은 하강행정은 흡입행정과 폭발행정이고 상승행정은 압축행정 및 배기행정이므로 점화순서와 행정과의 관계는 다음과 같다.

〔1〕 4기통 기관

크랭크핀의 위상차는 180°이고 1번과 4번, 2번과 3번이 동일한 위치에 있어 1번 실린더가 흡입행정을 하면 4번 실린더는 폭발행정을 한다. 점화순서는 1-3-4-2와 1-2-4-3이 있다.

〔2〕 크랭크축 위상차는 120°이며 크랭크핀은 1번과 6번, 2번과 5번, 3번과 4번이 동일한 위치에 있고 우수식 점화 순서는 1-5-3-6-2-4이고 좌수식은 1-4-2-6-3-5이다.

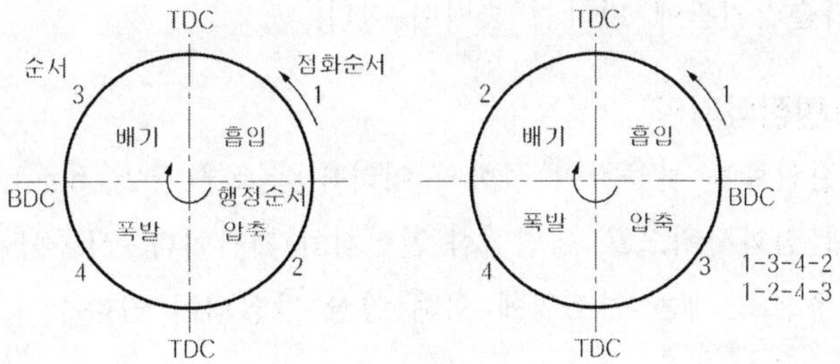

(a) 4기통 기관

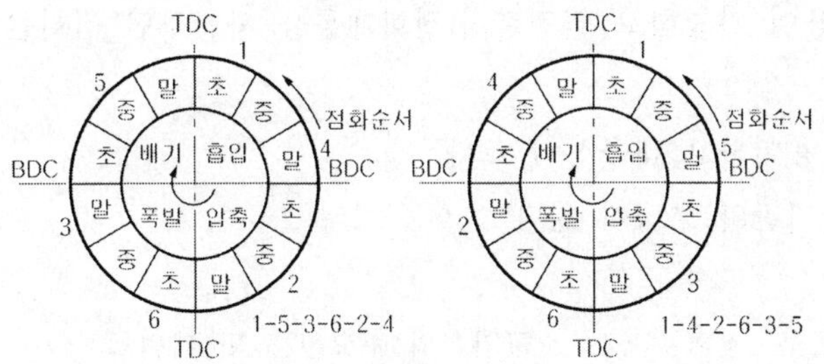

(b) 6기통 기관

그림 1·8 4, 6기통 기관의 점화순서

1.7 소구기관과 가스터빈기관

1.7.1 석유기관과 소구기관

〔1〕 석유기관

가솔린기관과 모든 구조면에서 동일하나 석유를 연료로 사용하는 기관으로 연료의 기화를 촉진하기 위해 배기가스로 기화기를 가열하며, 시동시에는 가솔린으로 시동하므로 이중 기화기를 사용한다. 표 1·1은 소구기관의 주요성능과 제원을 나타낸다.

장점

- 기동할 때는 가솔린을 사용하고 정상적인 운전에는 석유를 사용한다.
- 조속기를 달아 일정한 회전속도를 유지한다.
- 압축비가 가솔린보다 낮다(4.5~5 정도).
- 같은 크기의 가솔린기관에 비하여 출력이 작다.

〔2〕 소구기관(표면점화기관)

석유기관보다 저질연료를 사용하여 점화의 어려움을 소구(열면, hot bulb)를 실린더 내면에 설치하여 가열해 점화시키므로 표면점화(열면점화)기관이다. 시동시에는 블로램프(blow lamp)로 가열하고 운전 중에는 연소열에 의해 항상 가열되어 있다.

장점

- 저질연료의 사용이 가능하고 역전장치(점화계통을 차단하면 점화를 정지시키는 장치)가 필요 없다.
- 제작과 보수가 용이하고 내구성이 크다.
- 압력값이 적어 기관의 수명이 길다.

표 1·1 소구기관의 주요성능 및 제원

항 목	성 능
출 력	100~200 PS
압축비	6~9
압축압력	12 kgf/cm^2
연료소비율	250~280 gf/pSh
열효율	18~27%
마력당 중량	60~75 kgf/PS
회전수	300~700 rpm

① 런온(run on) : 점화계통을 차단해도 점화가 계속되는 현상
② 와일드핑(wild ping) : 표면점화에 의해 발생한 노킹은 표면점화를 계속 조장하여 고주파음을 내는 현상
③ 럼블(rumble) : 압축비가 9.5 이상이면 노킹 음과는 다른 저주파음을 내고 연소실이 깨끗하지 못하면 발생
④ 사드(thad) : 압축비가 12 이상이면 가속을 하여도 저주파음이 계속 발생하는 현상
⑤ 폭주표면점화 : 표면점화는 점화시기로 제어할 수 없으므로 조기점화가 발생하면 연소가스가 압축되므로 실린더 압력이 높아지고 표면이 더욱 더 가열되어 점화가 빨리 일어나는 현상

〔3〕 표면점화

연소실의 점화플러그, 배기밸브, 카본 퇴적물 등 고온부에 의하여 스파크점화에 의한 정상적인 화염전파에 앞서 화염이 발생하는 것을 표면점화라 한다. 이 경우 노킹과는 달리 정상적인 속도로 전파된다.

① 조기점화(pre-ignition) : 표면점화가 점화시기보다 앞서 일어나는 경우
② 지연점화(post-ignition) : 표면점화가 점화시기보다 뒤에 일어나는 경우

1.7.2 로터리기관

로터리기관은 독일의 반켈의 고안품이고 회전피스톤기관이다. 가솔린기관과 같이 전기점화방식이며 연소효율을 높이기 위해 2개의 점화플러그를 쓰는 경우가 많다.

장점

- 소형경량으로 단위중량당 출력이 크다.
- 소형으로 출력당 무게가 적다.
- 부품수가 적고 내구성이 크다.
- 토크의 변동이 적다.
- 진동이 없어 고속회전이 가능하고 소음이 적다.
- 질소산화물의 생성이 적다.
- 중량은 4사이클기관의 1/2이다.

1.7.3 가스터빈기관(브레이턴사이클)

고온고압의 가스에 의하여 터빈을 회전시켜 동력을 얻는 원동기이며 공기압축기, 연소기 및 터빈으로 구성된다. 공기와 연료를 압축하여 연소시켜 터빈을 돌리므로 항공기, 발전용,

선박용에 적합하다.

특 징

- 토크변동이나 진동이 작고 고속회전이 가능하다.
- 연료소비가 많다.
- 열효율이 가솔린기관보다 낮다.
- 2개의 정압과정과 단열과정으로 구성된다.

<이론열효율>

$$\eta = 1 - \left(\frac{1}{\gamma}\right)^{\frac{k-1}{k}}, \quad \gamma = \text{압력비}$$

1.8 가솔린기관과 디젤기관의 비교

가솔린기관은 연료와 공기의 혼합기를 실린더 내로 흡입하고 이를 압축하여 압축 말기에 전기점화장치에 의한 전기불꽃으로 점화하여 동력을 얻는 기관이다. 가솔린기관은 4행정 사이클 기관과 2행정 사이클 기관이 있으며 가솔린기관의 가장 큰 장점은 마력당 중량이 적은 점이다. 가솔린기관의 구성은 실린더헤드, 실린더 블록, 오일홴, 흡배기매니폴드로 구성되고 부속장치로는 점화장치, 시동장치, 연료장치, 흡배기장치, 윤활장치, 냉각장치로 구성된다.

리터당 마력은 디젤기관이 20～30 PS/l인데 비하여 가솔린기관은 50～80 PS/l로 같은 행정체적에 대하여 가솔린기관의 출력은 디젤기관의 2배이다. 기관의 출력당 중량은 가솔린기관이 0.8～2 kgf/PS이고 디젤기관이 3.2～4 kgf/PS이므로, 같은 출력에서 가솔린기관이 가볍다. 연료가 연소될 때 발생하는 연소가스의 최고압력은 디젤기관이 50～140 kgf/cm^{2}인데 비하여 가솔린기관은 30～50 kgf/cm^{2}로 낮아 실린더벽의 두께를 얇게 제작해도 되므로 무게가 가벼워진다. 가솔린기관의 압축비는 5～10, 디젤기관은 13～22이고 가솔린기관의 열효율이 낮고, 연료소비량도 가솔린기관이 높다. 기관의 출력을 증가시키기 위해 흡기관에 과급기를 설치하면 가솔린 기관에서는 노킹이 발생하므로 일반적으로 설치하지 않고 압축비가 5～8로 낮은 항공기 기관에서 설치한다. 디젤기관에서는 과급기를 설치하면 노킹이 감소되므로, 대형기관에서 일반적으로 설치하여 효율을 증가시킨다. 표 **1·2**에서 비교를 나타낸다.

표 1·2 가솔린기관과 디젤기관의 비교

항 목	가솔린기관	디젤기관
연 료	가솔린	경유, 중유
점화방식	전기점화	압축착화
압축비	5~10	13~22
압축압력	8~9 kgf/cm^2	35~45 kgf/cm^2
리터당 마력	50~80 PS/l	20~30 PS/l
출력당 중량	0.8~2 kgf/PS	3.2~4 kgf/PS
연소최고압력	30~50 kgf/cm^2	50~140 kgf/cm^2
열효율	23~29%	30~35%
연료소비량	200~350 g/pSh	150~220 g/pSh

연습문제

1. 내연기관을 사이클 작동에 의해서 분류하고 설명하여라.
2. 블로다운 현상이란 무엇인가?
3. 밸브가 상사점 전후에서 개폐하는 이유는 무엇인가?
4. 내연기관의 장단점을 설명하여라.
5. 기관을 연료의 점화방식에 따라 분류하여라.
6. 실린더 내에 연료를 분사하고 전기점화하는 기관은 무엇인가?
7. 4행정 4실린더 기관과 2행정 기관의 위상차는 몇 도인가?
8. 4행정 가솔린기관에서 최대 압력이 발생되는 시기는 언제인가?
9. 4행정 4사이클기관은 크랭크축 몇 회전에 1사이클을 완료하는가?
10. 2행정기관의 작동원리를 설명하여라.
11. 4행정기관의 작동원리를 설명하여라.
12. 4사이클기관과 2사이클기관의 장단점을 비교하여 설명하여라.
13. 브레이턴사이클의 이론 열효율을 유도하여라.
14. 2사이클기관의 소기방식에 대하여 설명하여라.
15. 장행정기관과 단행정기관에 대하여 설명하여라.
16. 열기관의 분류 중 외신기관과 내연기관에 대하여 설명하여라.
17. 연소실의 모양에 따라 분류하고 각 기관에 대하여 설명하여라.
18. 압축비에 대하여 설명하여라.
19. 가스터빈기관의 특징을 설명하여라.
20. 기관의 밸브개폐 시기에 대하여 설명하여라.

2 가솔린기관 본체

2.1 실린더 블록과 실린더 헤드

〔1〕 실린더 블록

(1) 구조와 기능

실린더 블록은 엔진의 기초 구조물로 엔진의 수명을 좌우하며 그 내부에는 실린더, 물재킷 등이 만들어져 있다. 그림 **2·1**의 실린더 블록의 상부를 보면 실린더 블록을 통하여 실린더 헤드로 오일펌프에 의하여 올라가는 구멍 1개와 10개의 헤드볼트 구멍, 실린더 헤드를 윤활하고 난 후 중력의 힘에 의해 오일팬으로 떨어지는 비교적 큰 윤활구멍과 나머지의 냉각수 유로구멍으로 구성되어 있다. 실린더 블록은 피스톤이나 피스톤 링과의 마찰을 적게 하고 압축된 혼합기가 새지 않도록 정밀하게 호우닝 처리된 일체식 주조 또는 라이너를 삽입하는 삽입식으로 나누어지며 실린더 블록 상부에는 실린더 헤드, 하부에는 오일팬이 설치되고 피스톤과 크랭크축을 지지하는 크랭크 케이스는 실린더 블록과 일체로 제작된다. 실린더 라이너는 건식 라이너와 습식 라이너가 있다.

① 건식 라이너

실린더와 블록 사이에 빈 공간이 없이 밀착시켜 삽입한 것으로 라이너와 냉각수가 간접 접촉해서 냉각 작용은 나쁘지만 냉각수가 실린더로 유입이 불가능한 구조로 되어 있다. 두께는 4~8 mm가 되므로 여러 번 보링을 할 수 있고 보링 횟수가 많아지면 두께가 얇아져 사용할 수 없다. 이때에는 실린더 내에 2~4 mm의 라이너를 다시 끼워 사용한다.

② 습식 라이너

실린더벽 사이에 공동을 마련하여 냉각수를 순환한다. 라이너와 냉각수가 직접 접촉해서 냉각 작용이 원활하고 라이너 외측 하단부에 실링(sealing)을 설치하여 크랭크 케이스로 냉각수의 유출방지와 열팽창에 의한 실린더 변형 방지 역할을 한다.

참고

• 라이너

마찰을 감소시키고 내식성, 내마모성 및 고열방지를 위해 적절한 재료를 실린더 본체면의 안쪽에 설치한 것으로 원심주조법으로 만들며 재질은 특수주철, 스틸(steel) 등이다.

(2) 재 질

실린더 블록은 내마모성이나 내식성이 좋고 기계가공이 쉬운 니켈, 크롬주철재와 특수주철재가 많이 사용되고 최근에는 엔진의 경량화 추세에 따라 알루미늄합금 주물에 스틸 라이너가 삽입된 실린더 블록의 사용이 증대되고 있다.

(3) 코어플러그

실린더 블록의 측면에는 그림 2 · 1과 같이 흡기측, 배기측, 엔진의 앞뒷면 측면에 다수의 코어 플러그가 설치되어 있으며 이의 기능은 다음과 같다.

① 만약 엔진 냉각수가 얼면 엔진블록에 손상이 가기 전에 플러그가 먼저 파손되어 블록을 보호하는 기능을 한다.

② 엔진 내부의 물때를 청소하는 통로의 역할을 한다.

③ 블록 제조시 주조를 용이하게 한다.

④ 연소실 폭발 후 실린더압력이 실린더 블록에 가해질 때 플러그가 먼저 파손되어 블록을 보호하는 기능을 한다.

(4) 변형도

실린더 블록의 편평도는 항상 0 mm로 유지되어야 하지만 엔진의 과열, 냉각수의 동결 및 실린더 헤드 볼트의 조임 불량 등으로 인하여 변형이 발생하여 압축가스, 냉각수의 누출 및

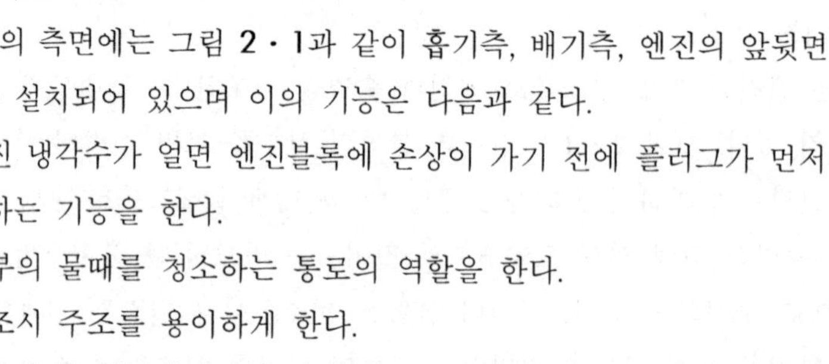

그림 2 · 1 실린더 블록

압축비의 변화 등이 발생하여 출력 저하의 원인이 된다. 표 **2·1**은 실린더 블록 편평도 규정값을 나타낸다.

표 2·1 실린더 블록 편평도 규정값

구 분	엑셀 MPI 엑셀 FBC	액센트 1.5 MPI	아반테 1.8 DOHC	소나타Ⅱ
규정값	0.05 mm 이하	0.05 mm 이하	0.05 mm 이하	0.05 mm 이하
한계값	0.1 mm	0.1 mm	0.1 mm	0.2 mm

〔2〕 실린더 헤드

(1) 구조와 기능

실린더 헤드는 실린더 헤드 개스킷을 사이에 두고 실린더 블록에 10개의 헤드 볼트로 설치되며 하부의 피스톤과 실린더와 함께 연소실을 형성한다. 실린더 헤드의 양측면에는 흡배기 매니폴드가 부착되고 상부에는 캠축, 로커암축, 로커암, 밸브 등이 장착된다. 실린더 헤드의 구조는 연소실 형상과 엔진 밸브의 배치 형식에 따라 다르다. 보통 I 헤드, L헤드, F헤드 형식이 있다. 그림 **2·2**는 실린더 헤드를 나타낸다.

① I 헤드 형식 : 흡배기 밸브가 모두 실린더 헤드에 수직 또는 기울어져 설치되어 있어 구조가 복잡하다. 그러나 열효율이 좋고 밸브 간극도 조정하기 쉽다. 현재의 대부분의 헤드는 이 형식에 속한다.

② L헤드 형식 : 흡배기 밸브가 모두 실린더 블록에 설치되는 것으로 실린더 헤드에는 점화플러그만 설치된다. 따라서 구조가 비교적 간단하다.

③ F헤드 형식 : 흡기밸브만 실린더 헤드에 설치되고 배기밸브는 실린더 블록에 설치된다. 밸브의 지름을 크게 할 수 있고 흡입되는 혼합기를 균일하게 가열할 수 있는 장점이 있다.

④ 반구형 연소실 : 연소실 체적당 표면적이 작아 열손실이 작고 화염전파거리가 짧아 체

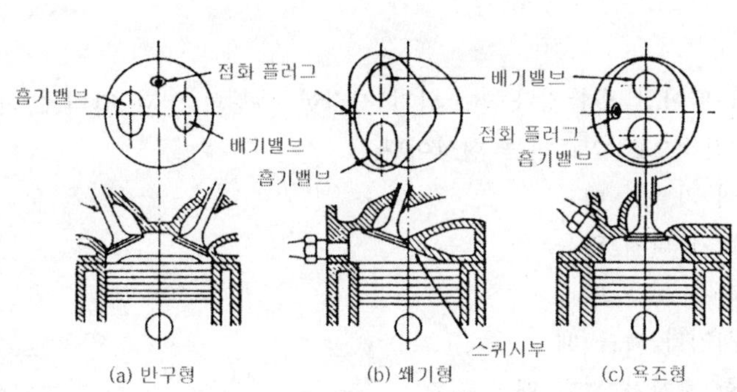

그림 2·2 실린더 헤드

적효율이 좋다.

⑤ 쐐기형 연소실 : 스퀴시부를 두어 혼합기를 냉각시켜 노킹을 억제하고 화염전파거리가 짧아 열효율이 높다.

⑥ 펜트루프형 연소실 : 연소실 상부가 지붕 형태를 이루는 형식이다.

⑦ 욕조형 연소실 : 고압축비를 얻을 수 있으며 반구형과 쐐기형의 중간이다.

(2) 재 질

실린더 헤드는 단일체로 된 주조물이고 실린더 블록과 같은 방법으로 주조한다. 고온에서 열팽창이 적고 팽창압력에 견딜 수 있는 강도가 있는 재질을 사용해야 한다. 또한 열전도율을 더 좋게 하기 위해 여러 금속의 합금을 사용하기도 하고 실린더 헤드에 가열되기 쉬운 돌출부가 없어야 한다. 가솔린엔진에는 알루미늄합금을, 디젤엔진에는 주철합금을 많이 사용한다.

(3) 변형도

실린더 헤드의 편평도는 실린더 블록과 마찬가지로 항상 0 mm로 유지되어야 하지만 엔진의 과열, 냉각수의 동결, 실린더 헤드 볼트의 조임 불량, 개스킷의 불량 등으로 인하여 변형이 발생한다. 변형이 발생하면 압축가스가 새어 나가 출력이 불규칙해지고 조기점화 및 마모 증대의 원인이 된다. 표 **2・2**는 실린더 헤드의 편평도 규정값을 나타낸다.

표 2・2 실린더 헤드 편평도 규정값

구 분	엑셀 MPI 엑셀 FBC	액센트 1.5 MPI	아반테 1.8 DOHC	소나타Ⅱ
규정값	0.05 mm 이하	0.05 mm 이하	0.05 mm 이하	0.05 mm 이하
한계값	0.1 mm	0.1 mm	0.1 mm	0.2 mm

참고

• **노킹현상**

점화플러그로부터 떨어진 혼합기가 연소되기 시작한 부분의 열과 압력에 의해 자연발화하여 연소실 가스가 순간적으로 연소하는 현상이다.

<원인> ① 엔진이 가열될 때

② 혼합비가 맞지 않을 때

③ 옥탄가가 낮을 때

④ 점화시기가 빠를 때

⑤ 과대한 부하가 걸릴 때

2.2 캠과 캠축

〔1〕캠 축

캠축에는 기관의 흡배기 밸브수와 같은 캠이 배열되어 있고 캠은 흡기와 배기밸브를 개폐하는 역할을 하며 캠은 캠축에 고정되어 있다. 캠은 캠축의 회전에 따라 회전하고 캠에 접촉되어 있는 로커암이 축을 중심으로 요동하여 밸브를 눌러 열리게 하고 밸브의 스프링 장력에 의해 밸브는 닫힌다. 캠축은 주철, 고속도강, 단조강을 재질로 하여 주조 또는 단조되어 있으며 3개의 저널베어링으로 실린더 헤드 상부에 지지되어 있다. 캠축에는 캠 이외에 배전기를 구동하는 헬리컬기어와 연료펌프를 구동할 수 있는 편심캠이 설치되어 있다. 캠축의 구동방식에는 기어구동, 체인구동, 벨트구동 등이 있다. 그림 **2・3**은 캠축의 구조를 나타낸다.

〔2〕캠

캠은 기관성능을 좌우하는 밸브의 개폐에 관계되므로 밸브가 열릴 때 충격을 받지 않아야 하고 열리는 속도는 빠르고 닫히는 속도는 느려야 한다. 따라서 속도가 빠르게 열리는 플랭크 부분의 마모가 많이 된다. 캠은 다음의 요소로 구성된다.

① 베이스 서클 : 기초원

② 노즈 : 밸브가 완전히 열리는 점

③ 리프트(양정) : 기초원과 노즈와의 거리

④ 플랭크 : 밸브리프터 또는 로커암이 접촉되는 옆면

⑤ 로브 : 밸브가 열려서 닫힐 때까지의 거리

캠은 기초원과 정원을 연결하는 원호로 구성되어 있다. 이 원호의 모양에 따라 볼록캠, 오목캠, 접선캠이 있다. 그림 **2・4**는 캠의 모양과 명칭을 나타낸다. 표 **2・3**에 캠높이의 규정값과 한계값을 나타낸다. 한계값의 −0.5 mm는 규정값에서 이 값을 빼면 한계값이 된다.

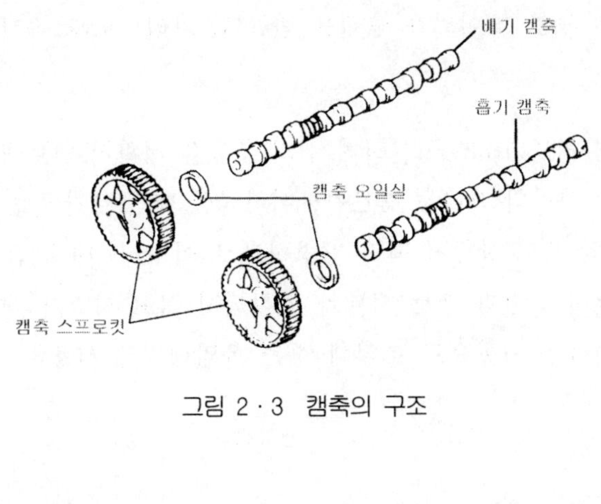

그림 2・3 캠축의 구조

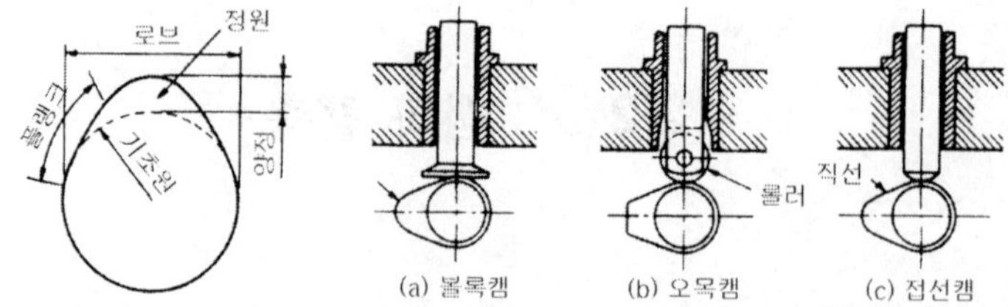

그림 2·4 캠의 모양과 명칭

표 2·3 캠높이의 규정값과 한계값

밸브	엑셀 MPI 엑셀 FBC		액센트 1.5 MPI		아반테 1.8 DOHC		소나타 1.8 MPI (소나타 2.0 DOHC)	
	규정값	한계값	규정값	한계값	규정값	한계값	규정값	한계값
흡기	38.909 mm	−0.5 mm	42.86 mm	−0.5 mm	44.45 mm	−0.5 mm	44.525 mm (35.49 mm)	−0.5 mm
배기	38.640 mm (38.97)	−0.5 mm	42.76 mm	−0.5 mm	45.00 mm	−0.5 mm	− (35.2 mm)	−0.5 mm

(1) 볼록캠

기초원과 정원을 연결하는 원호가 볼록한 원호로 되어 있는 캠이다. 볼록캠은 캠이 접촉하는 부분이 볼록하므로 태핏면이 평형한 곳에 사용한다.

(2) 오목캠

오목캠은 기초원과 정원 사이를 연결하는 원호가 오목하게 생긴 것으로 이 면이 오목하므로 캠과 태핏 사이에 둥근 종동자(follower)를 사용한다. 이 종동자를 롤러라 한다. 롤러가 원호를 움직일 때 일정한 속도로 움직인다고 하여 오목캠을 등가속캠이라 한다. 대형기관과 항공기 기관에 주로 사용한다.

(3) 접선캠

기초원과 정원 사이가 직선으로 연결된 캠이다. 이 캠은 제작하기 쉬우나 밸브의 개폐가 급격하여 밸브 시트와 밸브 페이스가 충격을 받는다. 그러므로 고속기관에는 부적당하다.

〔3〕 태핏 및 간극

태핏(tappet)은 일명 리프터(lifter)라 하며 캠의 운동을 정확히 밸브에 전달하는 역할을 한다. 로커 암과 밸브 팁 사이의 간극을 밸브간극이라 하는데 밸브간극을 두는 이유는 밸브 기구의 각 부품은 엔진의 온도 상승에 따라 팽창하므로 이 기구 내에 간극을 두지 않으면 밸브가 닫힐 때 밸브 페이스 면과 밸브 시트가 밀착되지 않고 가스가 새기 때문이다. 그러나 현재의 엔진은 밸브간극을 자동으로 조절해 주는 유압태핏을 사용하므로 밸브간극을 조절할 필요가 없다.

2.3 피스톤 링

〔1〕 피스톤 링의 기능

피스톤 링은 3개의 피스톤의 홈에 끼워져 피스톤과 함께 실린더 내를 왕복운동하고 압축행정과 폭발행정에서 혼합기 누출을 방지하기 위해 피스톤홈에 설치하는 링으로 위로부터 제 1 압축링, 제 2 압축링, 제 3 오일링으로 구성되고 그림 **2 · 5**와 같다.

압축링은 카운터 보어형으로 되어 있고 오일링은 2개의 사이드레일과 1개의 스페이서 익스팬더로 구성된다. 피스톤 링은 적절한 탄성이 필요하여 한쪽 끝을 잘라 개방시킨 구조로 되어 있으며 역할은 다음과 같다.

① 1, 2번 압축링 : 연소가스의 누설 방지 및 열전도 작용

② 3번 오일링 : 실린더 내벽과 피스톤 사이를 윤활하는 오일량 제어

③ 피스톤 링의 3대 작용 : 제 1 압축링은 혼합가스(블로바이 가스)의 압력에 대한 기밀을 유지하는 기밀작용과 열전도작용, 제 2 압축링은 피스톤 상부가 받는 열을 실린더 벽으로 전달하는 열전도작용, 제 3 오일링은 실린더 벽에 있는 엔진오일을 긁어 내려 오일이 실린더로 들어가지 못하게 하는 오일제어 작용을 한다.

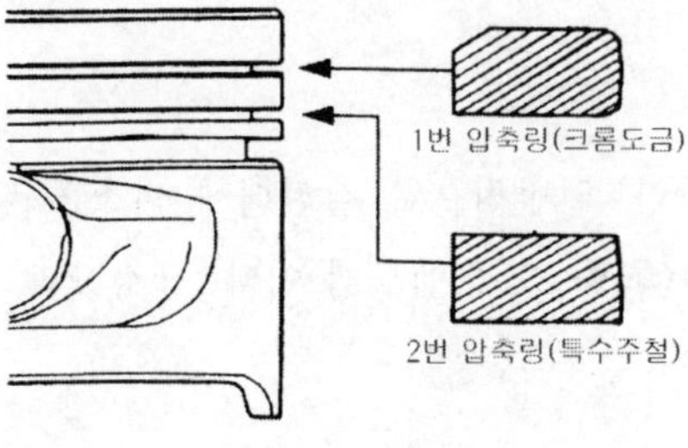

(a) 1, 2번 압축링

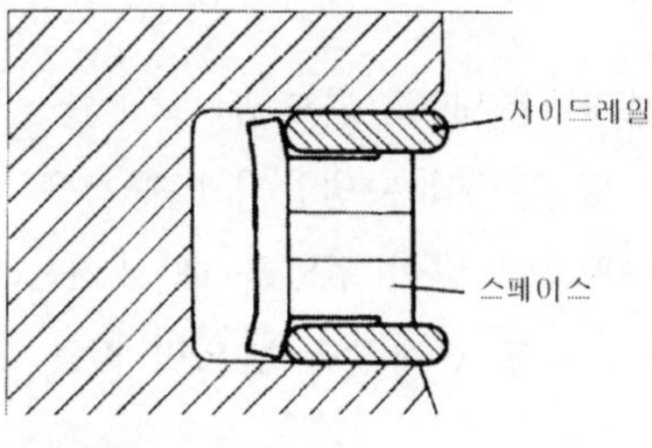

(b) 3번 오일링

그림 2 · 5 피스톤 링의 단면

〔2〕 피스톤 링의 구별법

1번 압축링은 크롬도금을 하여 광택이 있고 2번 압축링은 특수주철로 흑색을 띠고 오일링은 사이드레일 안에 스페이서가 들어 있는 구조이다.

〔3〕 피스톤 링의 재질

피스톤 링은 고온고압하에서 실린더 벽, 링 홈의 면과 계속 접촉하기 때문에 내열성과 내마모성이 커야 하고 실린더에 일정한 면압을 제공하고 제작이 간편해야 한다. 피스톤 링의

재질로는 조직이 세밀한 특수 주철이나 주철을 사용하여 원심주조가공으로 만들고 링의 아랫면은 연마 혹은 바이트 다듬질되어 있다.

〔4〕 피스톤 링의 표면처리

링면은 작용이 원할하고 마모를 적게 하기 위해 여러 가지 종류의 피막을 씌운다. 이런 피막에는 페록스 코팅(Ferox coating), 파커라이징(Parkerizing) 등이 있으며 이것은 링의 표면에 사삼화산철이나 인산염 흑연막을 씌운 것이다. 그 위에 크롬도금을 하는데 이는 경도가 상당히 커지기 때문에 내마모성이 우수해지고 실린더 벽에 스크래칭을 내지 않는 장점이 있다. 또한 길들이기를 원활하게 하기 위해 크롬도금면 위에 호닝, 연질금속의 도금을 하고 내마모성도 향상시키고 있다.

〔5〕 피스톤 링이음

피스톤의 링이음 간극은 링에 탄력을 주고 링의 분해결합이 가능하게 하며 링의 열팽창을 고려하여 냉간시에 미리 간극을 둔다. 간극량은 가장 온도가 높은 쪽인 1번링을 가장 크게 두고 2번, 3번링의 순서이다. 링이음의 종류에는 다음의 네 가지가 있다.

① 버트(butt)이음 : 정면접합

② 각이음 : 대각선 접합

③ 스텝(step)이음 : 계단접합

④ 밀봉(seal)이음 : 틈새접합

〔6〕 절개부틈새(링 엔드갭)

피스톤 링 엔드갭은 냉간시 열팽창을 위해 둔다. 일반적으로 실린더에 피스톤 링을 하사점까지 수평으로 밀어 넣었을 때 생기는 간극이 최종 간극(엔드갭)이다. 규정값과 한계값은 표 **2・4**와 같고 한계값을 넘으면 링을 교환한다.

표 2・4 피스톤 링의 엔드갭 규정값과 한계값

번호	엑셀 MPI 엑셀 FBC		엑센트(1.5L)		아반테 1.8 DOHC		소나타 1.8 MPI (소나타 2.0 DOHC)	
	규정값	한계값	규정값	한계값	규정값	한계값	규정값	한계값
1번	0.25～0.35 mm	1 mm	0.2～0.35 mm	1 mm	0.23～0.38 mm	1 mm	0.25～0.4 mm (0.25～0.45)	0.8 mm
2번	0.25～0.35 mm	1 mm	0.37～0.52 mm	1 mm	0.45～0.6 mm	1 mm	0.3～0.45 mm (0.45～0.6)	0.8 mm
3번 오일링	0.2～0.7 mm	1 mm	0.2～1.0 mm	1 mm	0.2～0.7 mm	1 mm	0.2～0.7 mm	1.0 mm

〔7〕 사이드 간극

피스톤이 실린더 내를 왕복운동하면 피스톤의 재질은 알루미늄합금이고 피스톤 링은 특수주철로 되어 있어 피스톤의 홈이 피스톤 링에 의해 손상을 받게 된다. 이 손상이 한계값을 넘으면 블로바이 가스의 과다 발생, 엔진오일의 실린더 유입으로 인하여 엔진 출력의 저하 원인이 된다. 사이드 간극은 보통 1번링이 가장 커서 1번 링의 사이드 간극을 가장 많이 측정하고 규정값과 한계값은 표 **2·5**와 같다.

표 2·5 피스톤 링의 사이드 간극 규정값과 한계값

번호	엑셀 MPI 엑셀 FBC		엑센트 1.5 MPI		아반테 1.8 DOHC		소나타 1.8 MPI (소나타 2.0 DOHC)	
	규정값	한계값	규정값	한계값	규정값	한계값	규정값	한계값
1번	0.03~0.07 mm	0.15 mm	0.04~0.085 mm	0.1 mm	0.04~0.08 mm	0.1 mm	0.045~0.085 mm (0.03~0.07)	0.1 mm
2번	0.02~0.06 mm	0.15 mm	0.04~0.085 mm	0.1 mm	0.03~0.07 mm	0.1 mm	0.02~0.06 mm	0.1 mm

2.4 피스톤과 피스톤 핀

〔1〕 피스톤

(1) 기능과 구조

피스톤은 실린더 내를 왕복운동하면서 폭발행정에서 고온 고압가스로부터 받은 압력으로 커넥팅 로드(connecting rod)를 거쳐 크랭크축에 회전력을 발생시키고 흡입, 압축, 배기 행정은 플라이 휠의 관성력에 의하여 움직인다. 또한 연소실과 크랭크 케이스 사이의 기밀을 유지하여 연소실 하단부를 이루고 피스톤 헤드에 전달된 열을 실린더 벽으로 전달하는 역할을 한다. 피스톤은 열팽창률을 고려하여 실린더 지름보다 약간 작게 만들고 실린더 기밀과 열전도작용을 위해 피스톤의 상부에 피스톤 링을 삽입한다. 그림 **2·6**은 피스톤 구조를 나타낸다. 그 구조는 상부를 피스톤 헤드, 하부를 스커트, 피스톤 링이 삽입되는 링 홈(ring groove), 홈과 홈 사이를 랜드(land), 피스톤 핀이 삽입되는 보스부분으로 구성된다.

① 피스톤 헤드 : 연소실의 일부가 되는 부분이며 안쪽에 리브(rib)를 설치하여 피스톤 보강과 열전도 역할을 한다. 250~350℃의 고온에 노출되어 있어 열팽창이 크기 때문에 스커트부보다 지름이 작게 되어 있다. 연소열은 이 피스톤 헤드와 1번 압축 링을 거쳐 실린더로 전달된다.

② 링 홈 : 피스톤 링을 설치하는 홈이다. 오일 링이 삽입되는 마지막 홈에는 오일이 통

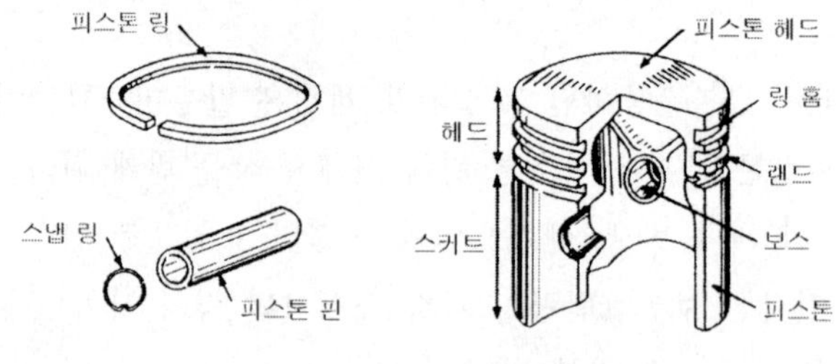

그림 2 · 6 피스톤의 구조

과하는 작은 구멍이 뚫어져 있다. 이 구멍으로 피스톤 링에 의해 피스톤 벽에서 제거되는 오일이 일부 피스톤 안쪽을 통과해 크랭크 케이스로 전달된다.

③ 랜 드 : 홈과 홈 사이를 말한다

④ 스커트부 : 피스톤이 왕복운동을 할 때 측압을 받는 부분이다. 스커트 방향은 피스톤 핀 방향과 직각을 이루고 스커트부가 두꺼워 열팽창이 피스톤 핀 방향보다는 적다. 따라서 피스톤을 피스톤 핀 방향의 지름을 작게 하여 열부하 차이에 기인하는 팽창량을 보상하기 위해 타원형으로 만들어 열을 받으면 피스톤이 진원이 된다. 피스톤의 지름은 이러한 열팽창의 이유로 모든 부분에서 동일하지 않다. 따라서 피스톤 지름은 피스톤의 핀보스의 직각방향인 스커트부의 지름으로 표시한다. 이 측압방향은 또한 마모가 많은 부분이다. 따라서 측정시 스커트부위를 측정한다.

⑤ 보스부 : 커넥팅 로드의 소단부를 피스톤에 설치하기 위해 피스톤 핀이 끼워지는 부분이다.

⑥ 히트 댐(heat dam) : 제 1랜드에 좁은 홈을 파서 피스톤 헤드부의 열이 밑으로 전도되는 것을 억제하고 실린더로 전달되도록 한 홈을 말한다.

피스톤에 가해지는 부하는 피스톤 헤드에 작용하는 가스의 폭발압이 6000 MPa, 피스톤의 스커트부인 측면에 작용하는 압력이 800 MPa이다. 이러한 압력 차이를 피스톤 핀의 중심위치를 폭발측압 쪽으로 피스톤 핀의 위치를 약 0.5~1.5 mm 정도 편심시켜 압력의 균형을 유지시키는데 이를 피스톤 핀 오프셋(offset)이라 한다.

(2) 재 질

피스톤의 재료로는 특수주철과 알루미늄합금이 사용된다. 알루미늄합금은 피스톤합금보다 비중이 작고 열전도성이 좋아 고속, 고압축 엔진에 적합하지만 열팽창이 크고 강도가 낮은 결점이 있다. 알루미늄합금(Y합금, 규소계 Lo-Ex)이 주로 사용된다.

(3) 피스톤 간극

피스톤 간극은 피스톤의 재질과 형상에 따라 다르지만 피스톤과 실린더 벽 사이에는 피스톤의 열팽창을 고려하여 적정한 간극이 유지되어야 한다. 그림 **2 · 7**은 피스톤 간극을 나타낸다.

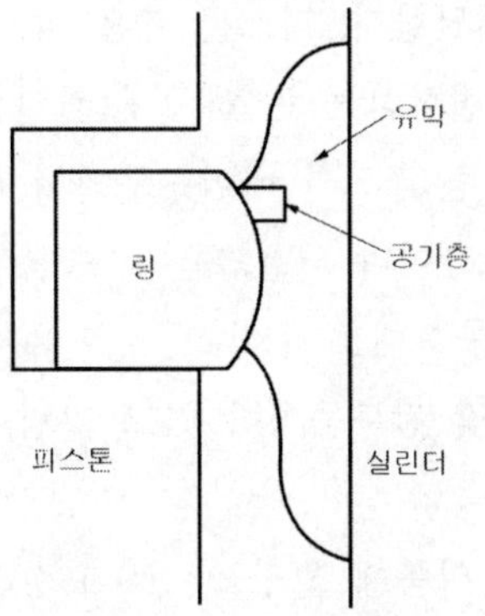

그림 2·7 피스톤 간극

① 간극이 클 때 나타나는 현상

ⓐ 블로바이 가스에 의한 압축압력이 낮아진다.

ⓑ 피스톤 링의 기능 저하로 인하여 오일이 연소실로 유입되어 오일소비가 많아진다.

ⓒ 피스톤의 슬랩현상이 발생하여 엔진출력이 저하된다.

② 간극이 적을 때 나타나는 현상

ⓐ 간극이 적어지면 유막이 파괴되어 마찰 마멸이 커진다.

ⓑ 마찰열에 의해 소결 및 소착되기 쉽다.

참고

• **블로바이 가스** (blowby gas)

엔진의 압축행정과 폭발행정에서 실린더와 피스톤의 간극으로부터 압축행정시 75~90%, 폭발행정시 25~10% 정도 크랭크 케이스로 빠져 나온 가스를 말하며, 이 가스는 엔진오일의 열화와 엔진 내부를 녹슬게 하는 원인이 된다. 이 가스를 제거하는 장치가 PCV 환원장치이다.

• **슬랩현상** (slab knock)

실린더 벽과 피스톤의 스커트는 커넥팅 로드의 경사에 의한 측압을 받으며 피스톤의 상하 직선운동을 바르게 유지하지만 피스톤의 간극이 너무 크면 피스톤이 행정을 바꿀 때 실린더 벽을 때리게 된다. 보통 저온에서 발생하기 때문에 저온시 간극을 알맞게 유지할 수 있도록 스커트부에 여러 가지 방법을 강구한다.

〔2〕 피스톤 핀

피스톤과 커넥팅 로드를 연결하는 핀으로 피스톤 보스부인 소단부에 끼워져 피스톤 헤드가 받는 압력을 커넥팅 로드로 전달한다. 피스톤 핀은 피스톤과 함께 실린더 내를 고속으로 왕복 운동하므로 가벼워야 하고 변화하는 큰 하중에 견딜 수 있도록 상당한 강도가 있어야 한다. 핀의 표면은 피스톤과 커넥팅 로드의 베어링부에서 섭동하기 때문에 내마모성도 우수해야 한다. 따라서 재질은 저탄소강이나 니켈크롬강, 크롬강 등이 주로 사용되며 표면은 경화시켜 내마모성을 높이고 내부는 그대로 두어 인성을 유지하고 있다. 또한 피스톤 핀의 설치방법으로는 고정식, 반부동식 및 전부동식이 있고 그림 **2·8**은 피스톤 핀의 설치방법을 나타낸다.

① 고정식 : 피스톤 핀을 보스 양쪽에 고정볼트로 고정하고 커넥팅 로드의 작은 쪽이 핀의 외부에서 움직이도록 한 방법이다.

② 반부동식(요동식) : 피스톤 핀을 커넥팅 로드의 작은 쪽에 끼우고 클램프 볼트로 고정한 것이다. 핀은 피스톤 보스에서 요동하며 주철제 피스톤의 반부동식은 보스양쪽에 부싱이 끼워져 있고 알루미늄합금제 피스톤은 부싱을 끼우지 않는다.

③ 전부동식 : 피스톤, 커넥팅 로드의 어느 쪽도 피스톤 핀이 고정되지 않으며 핀은 스냅링에서 빠져 나오지 않는다.

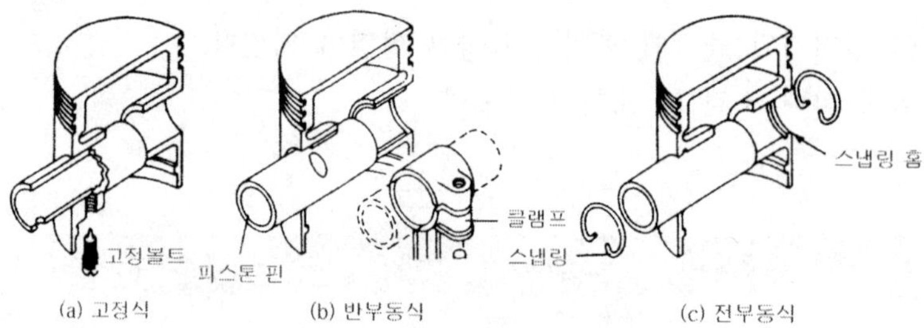

그림 2.8 피스톤 핀의 설치방법

(3) 피스톤 엔드갭

피스톤 엔드갭은 피스톤과 실린더 사이의 간극이다. 피스톤 엔드갭 표준값과 한계값은 표 **2·6**과 같다.

표 2·6 피스톤 엔드갭 표준값과 한계값

차 종	엑셀 MPI 엑셀 FBC	엑센트 1.5 MPI	아반테 1.8 DOHC	소나타 1.8 MPI (소나타 2.0 DOHC)
규정값	0.02~0.04 mm	0.02~0.04 mm	0.025~0.045 mm	0.01~0.03 mm (0.02~0.03)
한계값	0.1 mm	0.1 mm	0.1 mm	0.1 mm

2.5 커넥팅 로드와 베어링

〔1〕 커넥팅 로드

(1) 기능과 구조

커넥팅 로드는 피스톤과 크랭크축을 연결하여 피스톤의 왕복운동을 크랭크축의 회전운동으로 변환시켜 주는 연결부위로서 피스톤이 받는 폭발압력을 크랭크축에 전달하고 피스톤과 연결되는 소단부와 크랭크축에 연결하는 대단부로 되어 있다. 소단부는 피스톤 핀으로 피스톤에 연결되고 대단부는 평면 베어링을 거쳐 크랭크축에 연결된다. 커넥팅 로드에 가해지는 압력은 길이방향으로는 압축하중, 생크에는 측압, 인장하중 및 압축하중이 교대로 작용한다. 소단부 중심과 대단부 중심간의 거리를 커넥팅 로드 길이라 하며 실린더 행정의 1.5~2.3배 정도이다. 이의 구조는 그림 **2・9**와 같다.

(2) 재 질

커넥팅 로드는 기관 운전 중 압축력, 인장력 및 굽힘응력 등의 하중을 반복적으로 받기 때문에 충분한 강도와 강성이 있어야 한다. 재질은 니켈－크롬강(Ni-Co), 크롬－몰리브덴(Co-Mo) 등의 특수강을 사용하여 주조 또는 단조하여 만들어지며 무게를 가볍게 하면서 충분한 강도를 얻기 위해 I 형 단면이 많다.

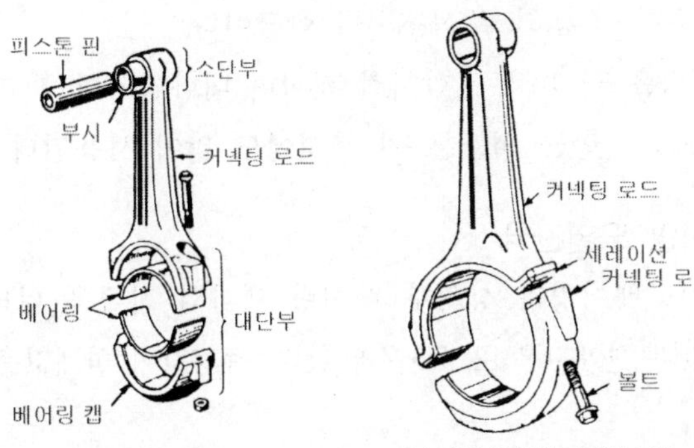

(a) 커넥팅 로드 (b) 비낌 분할형 커넥팅 로드

그림 2・9 커넥팅 로드의 구조

〔2〕 커넥팅 로드 베어링

(1) 레이디얼 베어링

축으로부터 베어링에 작용하는 하중의 방향이 축에 수직인 베어링이다.

(2) 베어링의 구조

① 베어링 돌기 : 베어링 하우징에서 축방향이나 회전방향으로 요동을 방지한다.

② 오일구멍 : 베어링 하우징의 오일 구멍과 일치하여 오일을 받아들이는 구멍이다.

③ 오일 홈 : 오일 구멍으로 공급되는 오일을 베어링 전체로 분배한다.

(3) 베어링 크러시

베어링이 하우징 내에서 움직이지 않게 하려면 베어링의 바깥둘레를 하우징의 둘레보다 조금 크게 하여 볼트로 죄어 압착시킨다. 이때 베어링의 바깥둘레와 하우징의 둘레와의 차이를 크러시라 한다. 베어링 크러시가 크면 오일유막이 파괴되고 적으면 베어링이 움직인다. 그림 **2・10**은 베어링 크러시 설명도이다.

(4) 베어링 스프레드

베어링 하우징의 지름과 베어링을 끼우지 않았을 때의 베어링 바깥쪽 지름과의 차이를 스프레드라 하며 보통 0.125~0.5 mm이다. 이렇게 하면 적은 힘으로 베어링을 제자리에 쉽게 밀착시킬 수 있고 베어링 조립시 베어링 캡에 끼워진 채로 있어 작업하기가 쉽다. 그림 **2・11**은 베어링 스프레드 설명도이다.

(5) 재 질

① 배빗메탈(Babbit metal) : 재질이 연하고 가공이 쉬우며 축과의 결합성과 윤활유의 흡착성이 좋다. 주성분은 주석(Sn)이 80~90%이다.

② 켈밋합금(Kelmet Alloy) : 열전도율이 좋으며 반융착성이 높고 고속, 고온, 고하중에 잘 견딘다. 그러나 길들임성, 내식성은 나쁘다. 표준조성은 구리(Cu) 60~70%와 납(Pb) 40~30%이다.

③ 알루미늄합금 : 알루미늄(Al)과 주석(Sn)의 합금이다.

④ 청 동 : 구리에 주석을 5~10% 포함시킨 것이며 내마멸성이 좋고 경도 및 강도가 크다. 강한 압력과 충격을 받는 피스톤 핀 부시에도 많이 사용된다.

〔3〕 커넥팅 로드 베어링 오일간극

오일간극은 커넥팅 로드 베어링과 상하부 베어링 캡과의 간극을 나타낸다. 커넥팅 로드 베어링 오일간극의 규정값과 한계값은 표 **2・7**과 같다. 측정값이 한계값을 넘으면 교환한다.

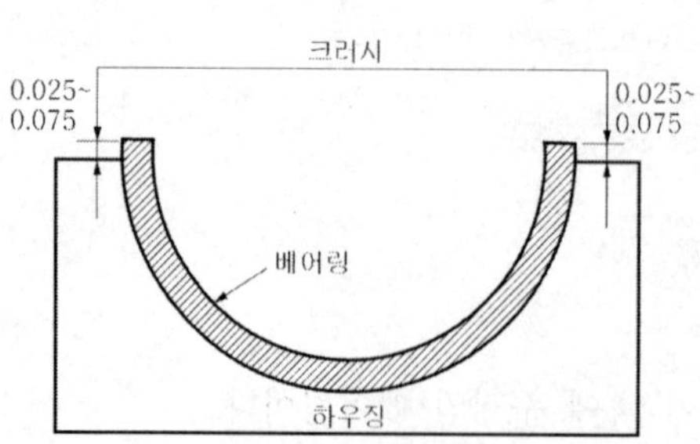

그림 2・10 베어링 크러시

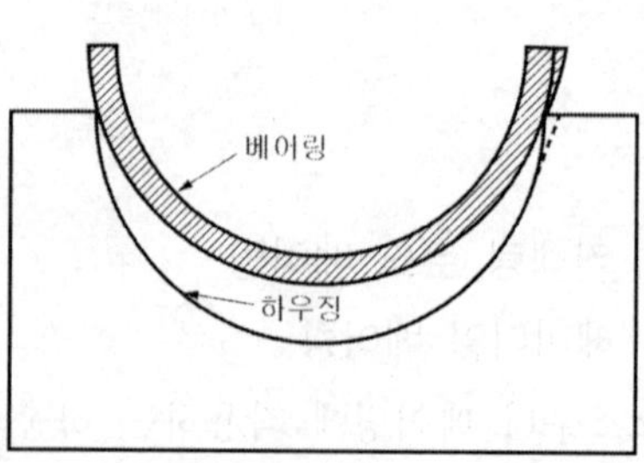

그림 2・11 베어링 스프레드

표 2·7 베어링 오일간극

차 종	엑셀 MPI 엑셀 FBC	엑센트 1.5 MPI	아반테 1.8 DOHC	소나타 1.8 MPI (소나타 2.0 DOHC)
규정값	0.01~0.06 mm	0.024~0.042 mm	0.024~0.044 mm	0.02~0.05 mm
한계값	0.1 mm	0.1 mm	0.1 mm	0.1 mm

2.6 크랭크축

〔1〕 구조와 기능

크랭크축은 크랭크 케이스 내에 설치된 메인 베어링에 의해 지지되며 각 실린더의 폭발행정에서 얻어진 피스톤의 왕복 직선운동을 커넥팅 로드를 통하여 회전운동으로 바꾸어 주는 중심축이다. 기관이 회전하는 것은 크랭크축이 회전하는 것이고 동력은 축 끝의 플라이 휠에 설치된 클러치를 거쳐 변속기 추진축으로 전달된다. 크랭크축은 일체형이고 크랭크 핀, 크랭크 암, 메인 베어링 저널 및 회전의 평형을 유지하기 위해 크랭크암에 설치한 평형추로 구성되어 있다. 크랭크축의 뒷부분에는 플라이 휠이 설치되고 앞부분에는 캠축을 구동하는 타이밍 기어, 워터펌프, 알터네이터를 구동하는 크랭크 풀리가 설치된다. 크랭크축의 앞과 뒤에는 크랭크 케이스 내의 오일이 외부로 누유되는 것을 막기 위해 오일 실(oil seal)이 설치되어 있다. 크랭크 핀과 크랭크 저널과의 중심거리는 피스톤 행정의 1/2이며 이것을 크랭크 반지름이라 한다. 그림 **2・12**는 크랭크축의 구성부품을 나타낸다.

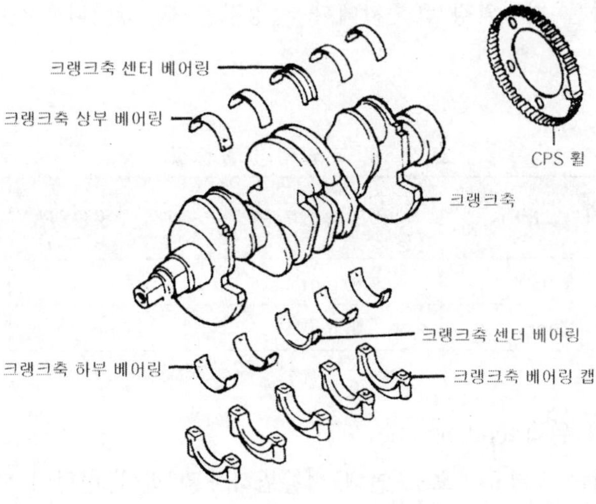

그림 2・12 크랭크축의 구성부품

① 메인 베어링 저널 : 크랭크 케이스 내 지지되는 부분이며 크랭크축의 하중을 지지한다.
② 크랭크핀 : 커넥팅 로드의 대단부와 연결되어 피스톤의 왕복운동을 회전운동으로 바꾼다.
③ 크랭크암 : 메인 저널과 크랭크핀 연결부위이다
④ 평형추 : 축의 회전시 평형을 유지한다.
⑤ 오일구멍 : 크랭크축과 크랭크핀의 윤활작용을 한다.

크랭크축의 저널은 베어링과의 마모로 인하여 유막간극이 커지면 출력손실, 마찰의 증가, 크랭크핀의 충격과 마모 증가 등의 현상이 발생하므로 이를 보상하기 위해 축의 지름을 측정하여 한계값을 넘으면 축의 지름을 진원으로 절삭하고 난 뒤 언더사이즈 베어링으로 교환하여 규정의 유막간극을 유지해야 한다. 이를 크랭크축 절삭작업이라 한다. 최대마모량은 표준값(최대측정값)에서 최소측정값을 뺀 값이다.

(2) 재 질

크랭크축은 큰 하중을 받으면서 고속회전하기 때문에 이것을 견딜 수 있는 충분한 강도나 강성을 가져야 하고 내마멸성이 크고 동적 평형 상태로 원활하게 회전해야 한다. 이에는 탄소강, 니켈-크롬강, 크롬-몰리브덴강 등의 재질이 사용되고 크랭크축 메인 저널과 크랭크핀은 급열 급냉방법으로 표면경화하며 표면경화의 깊이는 2~3 mm이다. 최근에는 엔진의 고속화 경향으로 행정과 직경의 비가 감소되어 피스톤의 행정이 적어지고 메인베어링 저널과 크랭크 핀 저널의 중심거리가 짧게 되어 크랭크축의 강성이 매우 높아졌다. 따라서 미하나이트 주철(Mehanite Cast Iron)과 구상흑연주철도 많이 사용되고 있다. 주철제 크랭크축은 단조제 크랭크축에 비해 성형하기 쉽고 가공공정이 적어 값이 싸며 저널의 마모도 적고 진동의 흡수성이 좋은 장점이 있으나 고도의 주조기술이 필요하다.

(3) 크랭크축 마모량

크랭크축의 마모량은 저널외경 표준값에다 측정값을 뺀 값이다. 저널외경 표준값은 표 **2·8**과 같다.

표 2·8 저널외경 표준값

구 분	엑셀 MPI	엑센트 1.5 MPI	아반테 1.8 DOHC	소나타 1.8 MPI (소나타 2.0 DOHC)
메인저널외경	48 mm	50 mm	57 mm	57 mm
핀저널외경	44 mm	45 mm	45 mm	45 mm

(4) 크랭크축 방향 유격(end play)

크랭크축은 반복되는 왕복운동으로 인해 비틀림하중을 받아 변형이 되고 축방향으로 유격이 발생한다. 이것을 방지하기 위해 스러스트 베어링을 크랭크축 센터 상하부 베어링으로 사용하는데 이 베어링의 마모가 심해지면 크랭크축이 축방향으로 움직인다. 이 움직임이 크면 엔진의 소음이 크고 기어의 마모가 발생한다. 표 **2・9**는 크랭크축 방향 유격의 한계값을 나타낸다.

표 2・9 크랭크축 방향 유격(엔드플레이)의 한계값

구 분	엑셀 MPI	액센트 1.5 MPI	아반테 1.8 DOHC	소나타 1.8 MPI (소나타 2.0 DOHC)
규정값	0.05～0.18 mm	0.05～0.175 mm	0.06～0.26 mm	0.05～0.18 mm (0.05～0.18 mm)
한계값	0.25 mm	0.25 mm	0.25 mm	0.25 mm

2.7 플라이 휠

엔진의 회전력은 크랭크축의 각도에 따라 전달되며 4행정 사이클 엔진에서는 720°의 주기로 변동을 반복하기 때문에 회전속도도 이에 따라 변동한다. 실린더 수가 적은 엔진에서는 이 변동 때문에 운전 불능이 될 우려도 있다. 플라이 휠은 이러한 현상을 방지하고 회전속도를 고르게 하여 엔진의 작동을 원활하게 하기 위해 설치하며 크랭크축 후면에 볼트로 고정된다. 회전 중 관성이 크고 중량이 가벼워야 하므로 플라이 휠 중심부의 두께는 얇으며 주위의 두께는 두꺼운 원판으로 되어 있다. 플라이 휠 바깥둘레에는 기관이 작동할 때 기동전동기의 피니언과 물려 회전력을 받는 링 기어가 있고 상사점 위치나 점화시기를 표시하는 점화시기마크가 새겨져 있다. 폭발과정에서의 에너지를 저장하여 흡입, 압축 및 배기 행정시의 에너지를 공급하고 기관 기동시 시동모터의 동력을 전달받는 부위이며 회전 평형이 잘 잡혀 있어야 한다. 플라이 휠 런아웃은 플라이 휠을 돌렸을 때 흔들리는 정도를 나타낸다. 표 **2・10**은 플라이 휠 흔들림(런아웃) 한계값을 나타낸다.

표 2・10 플라이 휠 런아웃

구 분	엑셀 MPI 엑셀 FBC	액센트 1.5 MPI	아반테 1.8 DOHC	소나타 1.8 MPI 소나타 2.0 DOHC
규정값	0.1 mm	0.1 mm	0.1 mm	0.1 mm
한계값	0.13 mm	0.13 mm	0.13 mm	0.13 mm

2.8 밸브장치의 개요

밸브장치는 흡입행정과 배기행정 때 밸브를 열고, 압축행정과 팽창행정 때 밸브를 닫아 실린더 내의 연소가스를 개폐시키는 장치이다. 4사이클 엔진의 캠축은 크랭크축 2회전마다 1회전하도록 스프로킷의 기어비가 구성되어 있으며 캠축의 회전에 따라 로커 암축에 설치된 로커 암이 작동되고 이 로커 암의 운동은 밸브를 개폐시킨다. 그림 **2 · 13**은 밸브개폐 기구를 나타낸다.

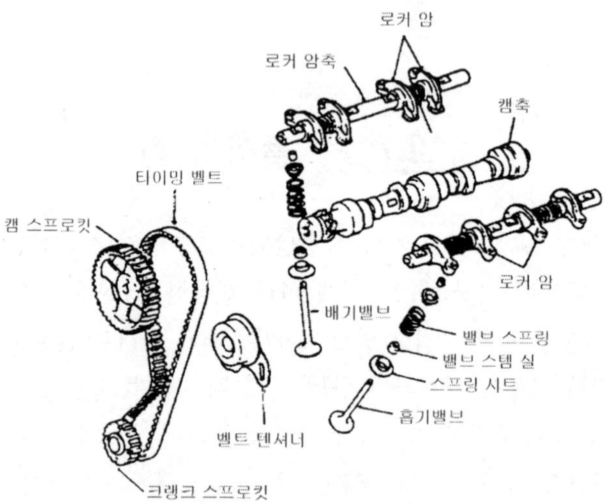

그림 2 · 13 밸브개폐 기구

〔1〕 밸브의 종류

밸브는 밸브의 모양과 구동방법에 따라 여러 가지로 분류되나, 밸브의 구동방법에 따라 대별하면 다음과 같다.

① 포핏밸브

② 슬리브밸브

③ 회전밸브

위의 밸브 중 일반적으로 사용하는 밸브는 포핏밸브이고, 슬리브나 회전밸브는 특수밸브이다.

〔2〕 밸브의 구조

밸브에는 흡기밸브와 배기밸브가 있으며 각부의 명칭은 그림 **2 · 14**와 같다. 엔진의 출

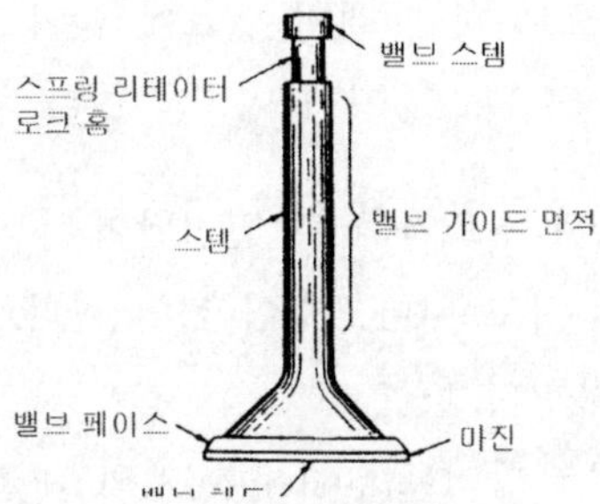

그림 2 · 14 밸브의 구조

력은 밸브 헤드부분 지름의 크기에 따라 밀접한 관계를 가지며, 밸브 지름이 큰 편이 흡배기 효율이 좋으나 배기밸브는 냉각이 곤란하므로 흡기밸브보다 밸브 지름을 작게 하고 있다.

〔3〕 밸브 헤드 형상에 의한 분류

① 평면형(flat head type) : 그림 **2 · 15** (a)는 평면형의 모양이다. 밸브 헤드가 평면으로 되어 있어 흡기의 유동이 양호하고 제작이 쉽다. 또, 중량이 가볍고 수열량이 적어서 가장 많이 사용한다.

② 버섯형(spherical head type) 또는 둥근형 : 밸브 헤드의 모양이 둥근 버섯처럼 되어 있다고 하여 버섯형이라 한다[그림 **2 · 15** (b)]. 중심부가 둥근형으로 되어 있어서 강도가 크나, 열을 받는 면적이 크므로 열보유량이 많고 중량이 무거워 잘 사용하지 않는다.

③ 튤립형(tulip head type) : 그림 **2 · 15** (c)는 튤립형의 모양이다. 밸브의 중량을 가볍게 하기 위해 밸브 헤드의 중심부분을 제거한 것이다. 따라서 무게가 가볍고 밸브 시트에 잘 접촉된다.

(a) 평면형 (b) 둥근형 (c) 튤립형

그림 2 · 15 밸브 헤드의 모양

〔4〕 밸브 헤드와 스템 냉각에 의한 분류

① 중실축 : 밸브 스템부의 내부가 밸브 재료로 차 있는 것을 말한다.

② 중공축 : 밸브의 헤드와 스템 내부에 공간을 만들고, 이 곳에 냉각재를 넣어 냉각시키는 밸브가 있다. 이 밸브를 중공축 밸브라 하고 냉각재는 금속 나트륨을 사용한다. 이

밸브는 냉각성 향상을 필요로 하는 배기 밸브에 많이 쓰인다.

〔5〕 밸브의 재료

밸브의 재료는 고온에서 강도와 경도가 높고 열전달이 잘 되어야 하며, 열팽창 계수가 낮아야 한다. 또, 충격력에 강해야 하고 내마모성이 커야 한다. 이와 같은 성질 때문에 Ni-Cr 강이나 Ni-Cr-W강을 주로 사용한다.

재질은 페라이트(ferrite), 오스테나이트(austenite)계의 내열강이 사용되고 제조법은 금속 조직이 절단되지 않는 업셋단조(upset forging)가 쓰인다. 오스테나이트 계는 내열성과 내식성이 우수하나 경도가 낮아 내마모성이 작고 페라이트계는 내식성과 내마모성은 우수하나 내열성은 오스테나이트계보다 못하다. 밸브 헤드는 오스테나이계로 하고 밸브 스템은 페라이트계로 하여 맞대기 전기용접을 하기도 한다. 밸브 스템은 밸브고착(valve stick)을 방지하기 위해 크롬도금이나 질화처리를 하여 윤활성능 · 내식성 · 내마모성을 향상시키기도 한다. 밸브 스템의 목부분에는 카본이 끼는 것을 방지하기 위해 턱지게 가공하고 밸브 스템 엔드 부분에는 마모에 강한 스텔라이트(stellite) 등을 융착한 것도 있다.

〔6〕 밸브 작동기구의 형식

(1) SV형

사이드 밸브(Side Valve)형은 실린더의 양쪽 또는 한쪽에 밸브를 설치한 것으로 현재는 거의 쓰이지 않는다.

(2) OHV형

오버 헤드 밸브(Over Head Valve)형은 밸브를 실린더 헤드에 설치하고 캠이 푸시 로드와 로커 암을 통해 밸브를 개폐하는 것으로 고마력 디젤 엔진에 많이 사용된다. 크랭크축에서 밸브까지의 힘의 전달방법은 타이밍 기어 → 캠축 → 캠 → 푸시로드 → 로커 암 → 밸브순이다.

(3) OHC형

오버 헤드 캠샤프트(Over Head Camshaft)형은 밸브 및 캠축이 실린더 헤드에 설치된 것으로 일반적인 가솔린 엔진이 이에 해당한다. 크랭크축에서 밸브까지 힘의 전달방법은 크랭크축의 스프로킷 → 체인 → 캠축의 스프로킷 → 캠축→ 캠 → 로커 암 → 밸브 순이다.

(4) DOHC형

더블 오버 헤드 캠샤프트(Double Over Head Camshaft)형은 OHC형과 비슷하나 캠축이 두 개로 되어 있고, 흡배기 밸브가 각각 2개씩 1실린더당 4개가 있어 흡배기의 효율을 높일 수 있는 형식으로 중형급 이상 차량에 주로 사용된다. 그림 **2 · 16**은 밸브 작동기구 형식을 나타낸다.

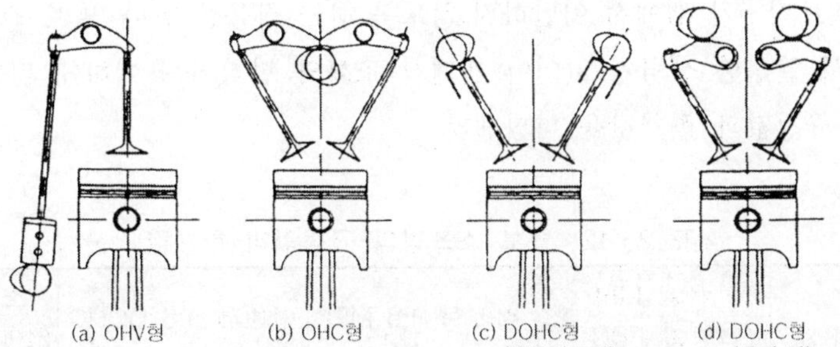

그림 2 · 16 밸브 작동기구의 형식

4행정 기관은 동력행정에 필요한 혼합기를 연소실로 흡입하고 또 연소가스를 외부로 배출하기 위해 1개의 실린더에 흡기 및 배기밸브가 설치되어 있다. 흡기밸브는 실린더 내로 혼합가스를 유입하는 작용을 하고 배기밸브는 실린더 내의 연소가스를 대기로 배출하는 작용을 한다. 이를 밸브기구라 한다. 밸브기구는 일반적으로 타이밍기어, 캠축, 태핏, 푸시로드, 로커암, 로커암 축, 밸브 및 밸브 스프링으로 구성된다. 밸브 스프링 측정에는 스프링장력, 자유고, 직각도가 있으나 스프링장력 측정이 많이 수행된다.

〔7〕 밸브 마진

밸브 마진의 두께가 얇으면 고온과 밸브 작용시 충격으로 밸브 시트에 접촉할 때 마진이 위로 구부러져 완전 밀착되지 않는다. 밸브 마진은 소손되거나 변형되기 쉽기 때문에 한계값을 넘어서면 교환해야 한다. 표 **2 · 11**은 밸브마진의 규정값과 한계값을 나타낸다.

표 2 · 11 밸브 마진의 규정값과 한계값

구 분 \ 차 종		엑셀 MPI 엑셀 FBC	액센트 1.5 MPI	아반테 1.8 DOHC	소나타 1.8 MPI (소나타 2.0 DOHC)
규정값	흡기	1.0 mm	1.1 mm	1.15 mm	1.0 mm (1.2 mm)
	배기	1.5mm	1.4 mm	1.35 mm	1.5 mm (2.0mm)
한계값	흡기	0.5mm	0.8 mm	0.8 mm	0.7 mm
	배기	1.0mm	1.1 mm	1.0 mm	1.0 mm (1.5mm)

〔8〕 밸브 스프링

밸브 스프링은 닫혀 있는 동안 밸브 시트를 밀착시켜 가스가 누설되지 않도록 하고 밸브가 운동할 때 밸브기구가 캠에서 이탈하지 않도록 하는 작용을 한다. 밸브 스프링은 일정 길이를 유지하면서 일정한 장력이 있어야 개폐시 조화와 밀착이 용이하게 된다. 표 **2·12**는 밸브 스프링의 규정값과 한계값을 나타낸다.

표 2·12 밸브 스프링의 규정값과 한계값

구 분		엑셀 MPI 엑셀 FBC	액센트 1.5 MPI	아반테 1.8 DOHC	소나타 1.8 MPI (소나타 2.0 DOHC)
규정값	자유높이	44.6 mm	42.03 mm	46.07 mm	49.8 mm (48.3 mm)
	직각도이탈	2°	1.5°	1.5°	2° (1.5°)
	장 력	23.5 kg/37.3 mm	24.7 kg/34.5 mm	23.5 kg/37 mm	32.9 kg/40.4 mm (30 kg/40 mm)
한계값	자유높이	−1 mm	−1 mm	−1 mm	−1 mm
	직각도이탈	4°	3°	3°	4°

〔9〕 밸브 스템 가이드

밸브 스템 가이드는 실린더 블록이나 실린더 헤드에 압입해서 밸브의 밀착이 잘 되도록 하는 역할을 한다. 배기 쪽에는 카본에 의한 밸브의 고착(stick)을 방지하기 위해 조금 깎아내는 경우가 있다. 이것을 카운터 보어(counter bore)라 한다. 밸브 스템과 가이드 사이의 간극을 측정하여 간극이 규정값을 초과하면 밸브 가이드를 오버사이즈 가이드로 교환한다. 표 **2·13**은 밸브 스템과 가이드 간극의 규정값과 한계값을 나타낸다.

표 2·13 밸브 스템과 가이드 간극의 규정값과 한계값

구 분		엑셀 MPI	액센트 1.5 MPI	아반테 1.8 DOHC	소나타 1.8 MPI (소나타 2.0 DOHC)
규정값	흡기	0.03~0.05 mm	0.03~0.06 mm	0.02~0.05 mm	0.02~0.058 mm (0.02~0.058 mm)
	배기	0.05~0.09 mm	0.035~0.065 mm	0.05~0.08 mm	0.05~0.085 mm (0.05~0.085 mm)
한계값	흡기	0.1 mm	0.1 mm	0.1 mm	0.1 mm
	배기	0.15 mm	0.15 mm	0.15 mm	0.15 mm

2.9 오일 펌프의 보디, 팁, 사이드 간극

오일 펌프는 오일 팬에 있는 오일을 순환시켜 기관의 각 운동부위에 압송하는 펌프이며 프론트케이스 내에 설치되어 있다. 펌프의 구동은 크랭크축에 의해 직접 구동한다. 기관으로 압송되는 윤활유는 기관의 회전이 빨라지면 오일 펌프의 회전도 빨라져 압송되는 오일의 압력도 필요 이상으로 높아져 시스템이 파손될 우려가 있다. 따라서 릴리프 밸브를 설치해 항상 일정한 유압을 유지시킨다. 일반적으로 유압은 2~3 kg/cm^{2}이다. 주로 사용되는 종류는 내접과 외접기어 방식이다. 이들 중 외접기어 방식은 모양이 같은 2개의 기어를 사용하여 한쪽 기어를 크랭크축의 구동력으로 회전하고 다른 기어는 피동기어가 된다. 이 방식은 구조가 간단하고 작용이 확실하여 많이 사용된다. 내접기어 방식은 용량이 같은 다른 펌프에 비하여 얇게 만들 수 있고 구동방법이 간단하고 크랭크축에 의해 직접 구동되므로 부품이 단순해진다. 그러나 고속으로 운전되어 소비마력이 증가하고 펌프의 최고 회전수는 6000 rpm 부근에서 운전되므로 캐비테이션 현상이 발생할 수 있어 흡입구와 배출구를 가능한 한 넓게 하여 저항을 적게 하여야 한다. 기어식 펌프의 측정종류에는 다음의 세 가지가 있다. 표 **2・14**는 보디, 팁, 사이드 간극 규정값을 표 **2・15**는 외접기어의 보디, 팁, 사이드 간극 규정값을 나타낸다.

표 2・14 보디, 팁, 사이드 간극 규정값

구 분		엑셀 MPI	엑센트 1.5 MPI	아반테 1.8 DOHC	비 고
① 보디 간극(외측기어)		0.1~0.2 mm	0.12~0.18 mm	0.12~0.185 mm	①,② 한계값 : 0.3 mm 이하
② 팁간극(외측기어)		0.22~0.44 mm	0.025~0.069 mm	0.02~0.150 mm	
③ 사이드 간극	외측기어	0.04~0.1 mm	0.06~0.11 mm	0.02~0.07 mm	③ 한계값 : 0.25 mm 이하
	내측기어	0.04~0.1 mm	0.06~0.11 mm	0.02~0.065 mm	

표 2・15 외접기어의 보디, 팁, 사이드 간극 규정값

구 분		소나타 1.8 MPI	비 고
보디 간극		-	한계값 0.25 mm 이하
팁간극	구동기어	0.13~0.18 mm	
	피동기어	0.06~0.12 mm	
사이드 간극	구동기어	0.08~0.14 mm	
	피동기어	0.16~0.21 mm	

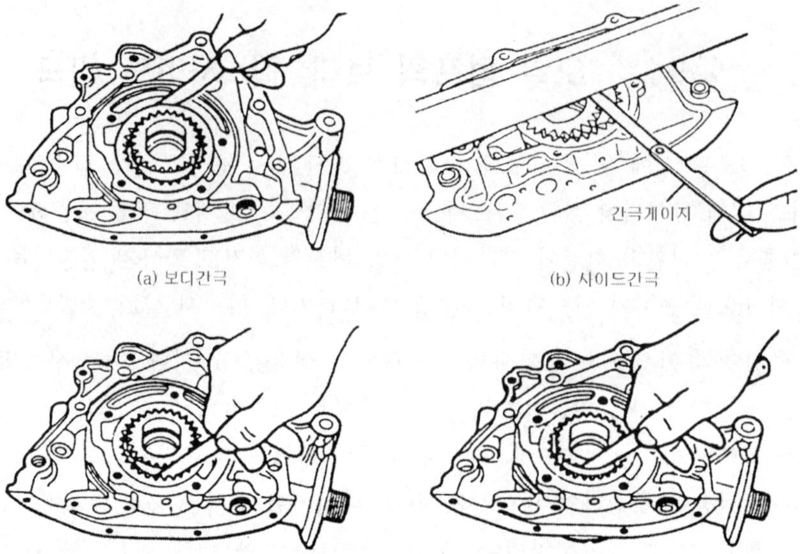

(a) 보디간극 (b) 사이드간극 (c) 외측 팁간극 (d) 내측 팁간극

그림 2 · 17 보디, 팁, 사이드 간극

① 보디 간극 : 외측기어와 프론트 케이스 사이의 간극

② 팁간극 : 외측기어 이빨 끝과 내측기어 이빨 끝 사이의 간극

③ 사이드 간극 : 프론트 케이스와 기어의 측면 깊이 간극

참고

• 오일 펌프

오일 펌프는 오일 내의 오일을 흡입 및 가압하여 각 윤활부에 보내는 일을 한다. 펌프의 능력은 송유량(*l*/min-RPM)과 송유압력(kg/cm^2-RPM)으로 표시하고, 오일의 과도한 송출이나 높은 압력은 유압 조절기(Relief valve)로 조절한다. 오일 펌프의 종류에는 로터리식, 기어식, 플런저식, 베인식이 있으나, 기어식과 로터리식이 주로 사용된다.

① 로터리 펌프 : 로터리 펌프는 펌프 몸체 안에 조립된 바깥 로터와 내측 로터가 있으며, 펌프의 내측 로터가 회전하면, 내측 로터의 중심이 편심되어 있는 관계로 내측 러터의 볼록부와 바깥 로터의 오목부가 차례로 물리면서 체적 공간의 변화가 생겨 오일을 흡입하고 배출하게 된다.

② 기어 펌프 : 기어 펌프에는 외접 기어 펌프와 내접 기어 펌프가 있으며, 작동 방법은 거의 같다. 2개의 기어는 흡입구와 배출구 외에는 거의 틈새가 없는 관계로 이(齒)가 물리는 용적에 따라 오일을 흡입하고 배출한다.

③ 플런저 및 베인 펌프 : 플런저 펌프는 보디(body) 안에 조립된 플런저는 편심 캠에 의해 작

동되고 플런저 내부에는 스프링이 있다. 또한 아래위에는 2개의 흡입 및 배출용 체크 볼이 설치되어 있다. 스프링에 의해 플런저가 캠 쪽으로 밀리면 아래쪽 체크밸브가 열리면서 오일이 흡입되고 캠의 작동에 따라 플런저가 왼쪽으로 밀리면 위쪽의 체크 볼이 열리면서 오일이 압송된다.

베인 펌프는 둥근 하우징과 그 속에 편심으로 설치되어 있는 로터로 구성되어 있다. 로터에는 두 개의 날개가 스프링을 사이에 두고 있어 축이 회전하면 펌프실 안쪽면과 날개가 접촉되면서 오일을 흡입 및 배출한다.

2.10 기관의 실린더 압축압력

엔진의 실린더에서 압축행정이 발생될 때의 압력을 가솔린엔진용 압축압력계를 사용하여 측정하여 측정값으로부터 1번 피스톤 링의 상태, 흡배기밸브의 밀착여부, 실린더 헤드 개스킷 불량여부 및 실린더간의 압축압력의 차이를 점검하여 출력의 균형이 이루어지는 지를 판정한다. 표 **2 · 16**은 압축압력의 규정값을 나타낸다.

표 2 · 16 압축압력(단위: kg/cm^2)의 규정값

구 분	엑셀 MPI	액센트 MPI	아반테 1.8 DOHC	소나타 MPI
규정값	9.6	16.5	16.5	13.0
한계값	8.6	15.5	15.5	12.0

2.11 연료압력

흡기다기관 내의 압력변화에 대응하여 연료분사량을 일정하게 유지하기 위해 인젝터에 걸리는 연료압력을 흡기다기관 내의 압력보다 약간 높게 조정한다. 압력조절기의 스프링 체임버(spring chamber)는 진공호스로 서지탱크에 연결되어 항상 흡기다기관의 부압이 걸린다. 연료압력이 규정압력보다 높을 때는 다이어프램이 밀려 올라가 여분의 연료는 리턴파이프(return pipe)를 통하여 연료탱크로 회수된다. 고속시에는 연료분사량이 많기 때문에 작동하지 않으나 저속시에는 연료소비량이 적으므로 연료탱크로 돌려보내 압력이 일정하게 유지된다. 따라서 연료압력 측정은 공회전시에서 수행하고 스프링 체임버에 연결된 진공호스를 연결했을 때와 분리했을 때의 연료압력은 다르다. 즉, 연결시킨 경우가 회수되는 연료가 있어 연료압력이 낮다. 연료압력 점검법은 표 **2 · 17**과 같고 연료압력의 규정값은 표 **2 · 18**

과 같다.

표 2·17 연료압력 점검법

부품 고장		나타나는 현상
연료필터가 막힘.		연료압력이 낮아진다.
압력조절기고장	return port 고장	연료압력이 낮아진다.
	밸브 고착	연료압력이 높아진다.
연료펌프 고장		연료압력이 낮아진다. 시동이 걸리지 않는다.
리턴파이프 막힘.		연료압력이 높아진다.
압력조절기의 진공호스 막힘.		진공호스의 연결시와 탈거시 연료압력이 같다.
인젝터 고장		시동정지 후 연료압력이 서서히 떨어진다.
체크밸브 고장		시동정지 후 연료압력이 급격히 떨어진다.

표 2·18 연료압력(kg/cm^2)의 규정값

구 분	엑셀 MPI	엑센트 1.5 MPI	아반테 1.8 DOHC	소나타 1.8 MPI (소나타 2.0DOHC)
진공호스를 분리시킨 상태의 연료 압력	3.25~3.46	3.06	3.06	3.26~3.47
진공호스를 연결한 상태의 연료 압력	2.75	2.4~2.9	2.4~2.9	2.75

2.12 흡기다기관 진공

지구는 공기로 둘러싸여 있고 공기층은 해면(sea level)을 기준으로 높이 올라갈수록 공기층이 얇아진다. 공기가 지면에 작용하는 압력을 대기압(atmospheric pressure)이라 하고 단위는 atm이다. 지면은 해면보다 높기 때문에 공기층이 얇아져 1 atm보다 낮게 된다. 1 atm은 수은주로 760 mmHg에 해당한다. 일반적으로 압력을 측정하는 압력계는 표준대기압을 0으로 하고 압력의 크기를 표시한다. 압력이 대기압보다 높은 압력을 정압이라 하고 대기압보다 낮은 압력은 부압 또는 진공압력이다. 정압을 측정하는 계기를 압력계, 부압을 측정하는 계기를 진공압력계라 한다. 부압은 진공도로 표시할 때도 있는데 이는 대기압을 0%로 하고 완전진공을 100%로 하여 진공계기압력과 대기압의 비를 백분율로 나타낸 것이다. 기관에서 부압이 발생하여 이용할 수 있는 곳은 스로틀 밸브를 지난 위치에서 서지탱크까지로 항상 부압이 존재하는 곳이다. 공기의 유동은 압력이 높은 곳에서 낮은 곳으로 발생하기 때문에 이의 원리를 이용하여 다음의 각종 시스템이 적용이 된다.

① 카뷰레터 엔진 : 진공진각기구, EGR시스템

② 전자제어식 엔진 : 증발가스제어장치, EGR시스템, 연료압력조절기, MAP센서, 흡기가

변시스템

흡기계통에서 발생된 부압이 실린더 내의 흡배기밸브, 실린더 헤드 개스킷, 피스톤 링과 실린더 벽, 흡기매니폴드 개스킷 등으로 누설이 되면 부압이 낮아져 출력 감소, 시동불가 등의 원인이 되기도 한다. 카뷰레터 엔진의 경우 점화시기가 틀려지고 전자제어식인 경우 리턴되는 연료의 양이 적어져 연료압력이 높아지고, 서지탱크로 유입되는 증발가스의 양이 적어져 캐니스터 등 연료장치에 이상이 올 수도 있고 배기가스 중 NO_x가 상승되는 등 기관에서 심각한 고장이 발생될 수 있는 요소이므로 흡기다기관의 진공도를 측정하여 진공의 누설여부를 항상 체크해야 한다. 흡기계통에서의 부압은 공회전 속도일 때 450~550 mmHg의 값을 갖는다.

표 **2·19**는 흡기다기관 진공도를 판정하는 방법을 나타낸다.

표 2·19 흡기다기관 진공도 판정법

원 인		현 상
정상일 때		450~550 mmHg 범위의 값으로 일정하다.
흡기계통 누설		80~150 mmHg 범위의 낮은 부압으로 일정하다.
실린더	밸브 불량	밸브의 움직임과 같이 단속적으로 100 mmHg 정도 변동한다.
	피스톤 링 기밀 누설	300~400 mmHg 범위의 부압으로 일정하다.
	헤드개스킷 불량	130~450 mmHg 사이에서 규칙적으로 크게 흔들린다.
점화시기가 늦을 때		정상보다 50~80 mmHg 정도 낮으며 일정하다.
점화플러그간극 불량		공전속도에서 370~420 mmHg 범위로 격렬하게 흔들린다.

2.13 전자제어기관의 ISC(공회전 속도 조절장치) 조정

엑셀 MPI에서의 공회전 속도 조절장치는 엔진의 상태와 부가되는 부하에 따라 작동해서 정확한 공회전이 되도록 한다. 일반적으로 MPI엔진은 공회전이 조절되기 때문에 공회전 속도 조절은 불필요하다. 이와 관련되는 공회전 속도 조절장치의 성능저하는 공회전 속도의 불안정으로 이어져 엔진에 영향을 미치게 되고 시동꺼짐, 엔진부조 등의 현상이 발생하게 된다. 전자제어 엔진이라도 기계식 태핏(밸브간극 있음)과 기계식 배전기(접점식, 무접점식)를 채택하고 있는 엔진들은 점화시기와 공회전 속도 등이 민감한 관계가 있으므로 점화시기와 공회전 속도를 항상 점검해서 규정값을 벗어나면 정비를 해야 한다. 또한 ISC서보 모터에 의해 조절되는 스로틀 밸브의 개방이 부적당하게 조정되면 감속시 배기가스의 온도가 올라가 촉매의 수명이 단축되어 정화율이 떨어지고 연료의 소모도 많아진다. 표 **2·20**은 공회전 속도의 규정값을 나타낸다.

표 2·20 공회전 속도의 규정값

구 분	엑셀 MPI	액센트 1.5 MPI	아반테 1.8 DOHC	소나타 1.8 MPI (소나타 2.0 DOHC)
규정값	700±100 rpm	800±100 rpm	800±100 rpm	750±100 rpm

2.14 MPI기관의 초기 점화시기 조정

전자제어 엔진에서는 엔진 회전수와 흡입공기량에 따라 미리 결정된 점화시기의 데이터를 ECU에 기억시켜 놓고 ECU는 흡입공기량에서 연산한 기본 분사량과 크랭크각 센서로부터 입력된 회전신호와 각도신호를 이용해서 기억 데이터 중에서 최적인 점화시기를 산출한다. 배전기에는 거버너 진각기구, 부압진각기구는 없고 배전기의 역할만 한다. 크랭킹시(시동시)는 엔진냉각수온에 의한 지각치 데이터를 사용해서 저온시의 시동성 향상을 도모하고 이 경우 최적 점화시기는 TDC(Top Dead Center) 근처이다. 공회전시는 속도가 감소할 때는 진각시켜 엔진 토크를 증가시키고 상승할 때는 지각시켜 안정성을 도모한다. 그 외 통상의 점화시기는 엔진회전수 변화에 따른 흡입공기량에 대응하는 기본 점화진각도에 각 센서(수온 센서, 대기압 센서)로부터의 검출신호를 기초로 연산한 보정점화진각을 더하여 결정한다. 초기 기본 점화시기는 배전기 초기 세트각에 고정되어 있는 특성이고 시동시나 점화시기 조정시 이 각으로 고정된다. 점화시기 조정용 접지단자(EST단자)를 찾아 차량에 접지시켜 다용도 테스터기로 점화시기를 측정하면 초기 기본 점화시기가 측정되고 접지를 시키지 않으면 실제 점화시기가 측정된다. 실제 점화시기는 ECU제어모드에 따라 변화할 수 있으므로 기본 점화시기를 측정하여 변화가 없으면 정상인 것으로 판정한다. 전자제어 엔진에서는 진각도는 ECU가 자동 조정하기 때문에 인위적인 조정은 필요 없다. 표 **2·21**은 전자제어 엔진의 기본 점화시기를 나타낸다.

표 2·21 전자제어식 엔진의 기본 점화시기

구 분	엑셀 MPI 엑셀 FBC	엑센트 1.5 MPI	아반테 1.8 DOHC	소나타 1.8 MPI (소나타 2.0 DOHC)
기본 점화시기	5±1° BTDC	11±5° BTDC	10±5° BTDC	5±2° BTDC
실제 점화시기	10° BTDC			10° BTDC (8° BTDC)

연습문제

1. 2행정기관의 작동 원리를 설명하여라.
2. 4행정기관의 작동 원리를 설명하여라.
3. 4사이클기관과 2사이클기관의 장점과 단점을 비교하여 설명하여라.
4. 건식 라이너와 습식 라이너에 대하여 설명하여라.
5. 피스톤의 구조를 그리고 명칭을 알아보자.
6. 4행정 가솔린 기관에서 최대압력이 발생하는 시기는 언제인가?
7. 피스톤 링에 대하여 설명하여라.
8. 초기 점화시기와 실제 점화시기를 구별하고 어떻게 다른지 설명하여라.
9. 전자제어 기관에서 공회전속도를 조절하는 이유는 무엇인가?
10. 연료장치에서 연료압력이 일정하게 유지되어야 하는 이유는 무엇인가?
11. 베어링 크러시와 스프레드에 대하여 설명하여라.
12. 크랭크축 엔드플레이에 대하여 설명하여라.
13. 플라이 휠 런 아웃에 대하여 설명하여라.
14. 밸브의 작동 기구 형식에 대하여 설명하여라.
15. 밸브 마진에 대하여 설명하여라.
16. 오일 펌프의 종류에 대하여 설명하여라.
17. 오일 펌프 사이드 간극은 무엇인가?
18. 실린더압축 압력에 대하여 설명하여라.
19. 흡기다기관 진공에 대하여 설명하여라.
20. 피스톤 링 엔드갭에 대하여 설명하여라.

3 열역학적 사이클과 마력

3.1 열역학적 사이클

내연기관의 열역학적 사이클에 관한 이론은 내연기관의 성능과 열효율의 개선에 상당히 유효하다. 왕복식 열기관의 사이클을 열역학적으로 분류하면 오토사이클, 디젤사이클, 사바테사이클로 나누어진다. 사이클에 사용되는 작동유체의 열적인 물성값은 작동유체의 조성과 온도에 따라 다르지만 사이클의 열역학적인 성질을 정성적으로 아는 경우에는 물성값을 단순화하여 사용한다. 이러한 가스동력 플랜트(plant), 즉 왕복동 내연기관(열기관)의 장점은 사이클의 최고온도를 터빈보다 높게 설정하는 것이 가능한 것이다. 그 이유는 왕복동 기관에서는 작동이 간헐적으로 이루어져 일시적으로 고온으로 되는 것이 가능하기 때문이다. 증기터빈의 900°K 정도와 가스터빈의 1800°K 정도의 온도에 비하여 왕복동 기관은 2500°K 정도까지 가능하다. 실제의 왕복동 기관은 거의 내연식이고 작동유체인 연료를 연소시켜 일을 하고 연소 생성 물질은 대기로 방출한다. 이러한 왕복동 기관에는 가솔린기관, 디젤기관, 로터리(rotary)기관 및 제트(jet)기관 등이 있다. 실제의 왕복동 내연기관은 흡입과 배기과정을 동반하는 열린 계(open system)로 구성되고 본 장에서는 왕복동 내연기관의 기초 사이클인 공기표준 사이클에 대하여 알아본다.

3.1.1 공기표준 오토사이클

(1) 오토사이클

오토사이클(Otto cycle)은 가솔린기관의 기본 사이클이며 이 사이클은 일정 체적하에서 열의 출입이 이루어지므로 등적 사이클이다. 두 개의 정적과정과 두 개의 단열과정으로 구성된다.

〔2〕 오토사이클의 T-s, p-v 선도

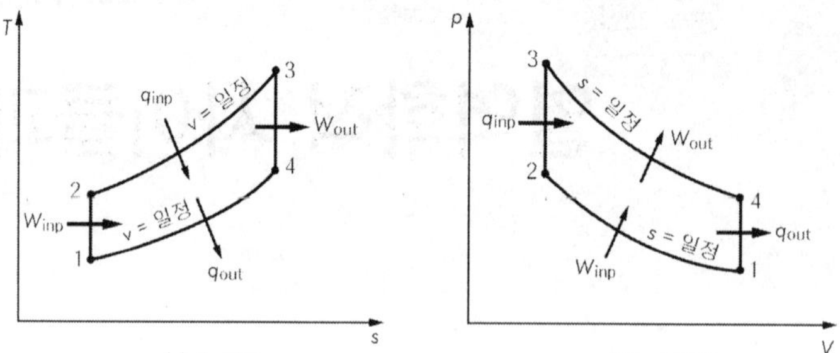

(a) T-s선도 (b) p-V선도

그림 3·1 오토사이클의 T-s, p-v 선도

〔3〕 오토사이클의 열효율

① 가열량 : 과정 2→3의 정적가열 동안 일정한 체적하에서 다음의 열을 받는다.

$$q_{inp}=C_v(T_3-T_2) \tag{3·1}$$

② 방열량 : 과정 4→1의 정적방열 동안 일정한 체적하에서 다음의 열을 방열한다.

$$q_{out}=C_v(T_4-T_1) \tag{3·2}$$

③ 유효일 : 열역학 제 1 법칙에 의해

$$Aw_{12}=q_{inp}-q_{out}=C_v(T_3-T_2)-C_v(T_4-T_1) \tag{3·3}$$

④ 열효율

$$\eta_{th}=\frac{Aw_{12}}{q_{inp}}=1-\frac{q_{out}}{q_{inp}}=1-\frac{T_4-T_1}{T_3-T_2} \tag{3·4}$$

과정 1→2의 단열압축 동안 작동유체를 등엔트로피 상태에서 v_1에서 v_2까지 압축한다. 압축비(ε, 하사점과 상사점에서의 체적비)는 다음으로 정의된다.

$$\varepsilon=\frac{v_1}{v_2}=\frac{v_4}{v_3}=\left(\frac{T_2}{T_1}\right)^{\frac{1}{k-1}}=\left(\frac{T_3}{T_4}\right)^{\frac{1}{k-1}} \tag{3·5}$$

$$\eta_{th}=1-\frac{T_4-T_1}{T_3-T_2}=1-\frac{T_4}{T_3}=1-\left(\frac{1}{\varepsilon}\right)^{k-1} \tag{3·6}$$

여기서 k는 비열비(C_p/C_v)이고 일원자물질은 1.667, 이원자물질은 1.4, 삼원자물질은 1.333 정도이다. 열효율은 기관의 크기와 연소열량과의 크기에는 관계없고 단순히 압축비만의 함수이다. 오토사이클과 같은 온도 범위에서 작동하는 카르노기관의 효율은

$1-T_1/T_3$이고 T_1은 T_4보다 작기 때문에 오토사이클의 효율은 카르노기관의 효율보다 작다. 오토사이클의 효율은 압축비와 함께 상승하지만 압축비가 과대하게 되면 압축에 의한 온도 상승에 의해 혼합기가 자기점화되고 노킹 등 이상연소가 발생하여 압축비를 크게 할 수 없다.

⑤ 평균유효압력

열기관의 상대적인 크기를 나타내는 척도로 일량이 사용되지만, 실린더-피스톤기구에 의해 움직이는 왕복동 기관은 양(positive)의 일과 음(negative)의 일이 혼합 발생되고 일량도 분리시키는 것이 어렵다. 따라서 평균유효압력(mean effective pressure, P_m)이 많이 사용된다.

$$\text{정미일}(W) = P_m \times \text{피스톤 면적} \times \text{행정} = P_m \times (V_1 - V_2) \qquad (3 \cdot 7)$$

$$P_m = \frac{W}{V_1 - V_2} = \frac{w}{v_1 - v_2} \quad \text{kgf/cm}^2 \qquad (3 \cdot 8)$$

3.1.2 공기 표준 디젤사이클

〔1〕 디젤사이클

디젤사이클(Diesel cycle)은 대형 저속 디젤기관의 기본 사이클이며 일정 압력의 상태에서 열량을 주고받는 정압사이클이다. 두 개의 단열과정과 한 개의 정적과정, 한 개의 정압과정으로 구성된다.

〔2〕 디젤사이클의 T-s, p-v 선도

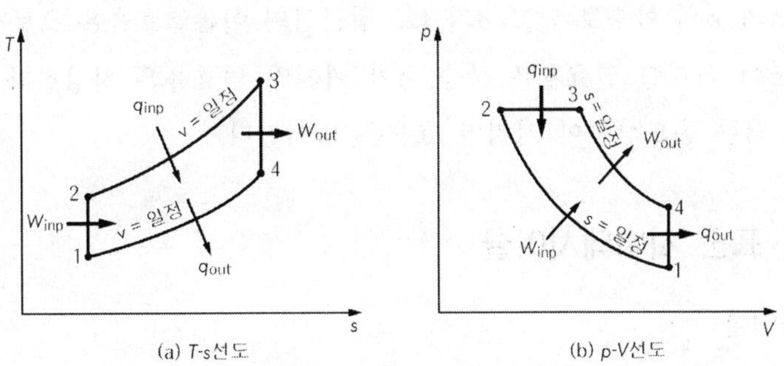

그림 3 · 2 디젤사이클의 T-s, p-v 선도

〔3〕 디젤사이클의 열효율

① 가열량 : 과정 2→3의 정압가열 동안 $q_{inp} = C_p(T_3 - T_2)$의 열을 받는다. 열량을 받

는 종료점의 체적 v_3에 대하여 $\sigma = v_3/v_2 = T_3/T_2$가 성립하고 체절비, 단절비라 한다.

② 방열량 : 과정 4→1의 정압방열 동안 $q_{out} = C_v(T_4 - T_1)$ 열을 방열한다.

③ 유효일 : 열역학 제 1 법칙에 의해

$$Aw_{12} = q_{inp} - q_{out} = C_p(T_3 - T_2) - C_v(T_4 - T_1) \tag{3·9}$$

④ 열효율

$$\eta_{th} = \frac{Aw_{12}}{q_{inp}} = 1 - \frac{q_{out}}{q_{inp}} = 1 - \frac{C_v(T_4 - T_1)}{C_p(T_3 - T_2)} = 1 - \frac{(T_4 - T_1)}{k(T_3 - T_2)} \tag{3·10}$$

1과 2 및 3과 4는 각각 같은 등엔트로피 선상에 있기 때문에

$$\frac{T_2}{T_1} = \left(\frac{v_1}{v_2}\right)^{k-1} = \varepsilon^{k-1} \tag{3·11}$$

$$\frac{T_3}{T_4} = \left(\frac{v_4}{v_3}\right)^{k-1} = \left(\frac{v_1}{v_3}\right)^{k-1} \quad : \quad (v_1 = v_4) \tag{3·12}$$

$$T_2 = T_1\varepsilon^{k-1} \tag{3·13}$$

$$T_3 = T_2\sigma = T_1\sigma\varepsilon^{k-1} \tag{3·14}$$

$$T_4 = T_3\left(\frac{v_3}{v_4}\right)^{k-1} = T_1\sigma\varepsilon^{k-1}\left(\frac{\sigma}{\varepsilon}\right)^{k-1} = T_1\sigma^k \left(\frac{\sigma}{\varepsilon} = \frac{v_3}{v_4} \right) \tag{3·15}$$

이 성립한다. 이상으로부터 이론열효율은 다음과 같이 된다.

$$\eta_{th} = 1 - \left(\frac{1}{\varepsilon}\right)^{k-1}\left[\frac{\sigma^k - 1}{k(\sigma - 1)}\right] \tag{3·16}$$

열효율은 ε과 σ의 함수로 되고 σ가 1로 접근하면 이론열효율은 오토사이클의 효율과 일치하고 ε이 커지면 열효율은 상승, σ가 커지면 열효율은 하강한다. 즉 디젤사이클은 연소에 의한 온도상승이 커지면 효율은 떨어진다.

3.1.3 공기 표준 사바테사이클

〔1〕 사바테사이클

사바테사이클(Sabathe cycle)은 고속 디젤기관의 기본 사이클이며 일정 체적과 일정압력의 상태에서 열량을 주고받는 정압-정적사이클이다.

〔2〕 사바테사이클의 T-s, p-v 선도

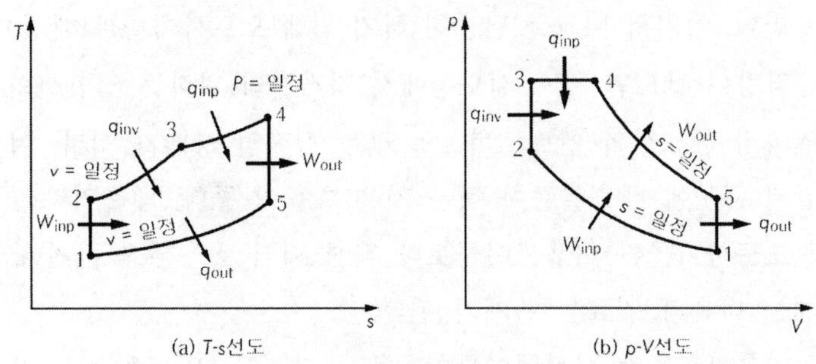

그림 3 · 3 사바테사이클의 $T-s$, $p-v$ 선도

〔3〕 사바테사이클의 열효율

① 가열량 : 과정 2→3의 정적가열 동안 $q_{inv} = C_v(T_3 - T_2)$의 열을 받고 과정 3→4의 정압가열 동안 $q_{inp} = C_p(T_4 - T_3)$의 열을 받는다.

$$q_{inti} = C_v(T_3 - T_2) + C_p(T_4 - T_3) \qquad (3 \cdot 17)$$

열량을 받는 종료점의 체적 v_4에 대하여 $\sigma = v_4/v_3$는 체절비(단절비, 압력상승비)이고, 최고압력비 α는 $\alpha = p_3/p_2 = T_3/T_2$로 정의된다.

② 방열량 : 과정 5→1의 정적방열 동안 $q_{out} = C_v(T_5 - T_1)$ 열을 방열한다.

③ 유효일 : 열역학 제 1 법칙에 의해

$$Aw_{12} = q_{inti} - q_{out} \qquad (3 \cdot 18)$$

④ 이론열효율

$$\eta_{th} = \frac{Aw_{12}}{q_{inti}} = 1 - \left(\frac{1}{\varepsilon}\right)^{k-1}\left[\frac{\alpha\sigma^k - 1}{\alpha - 1 + k\alpha(\sigma - 1)}\right] \qquad (3 \cdot 19)$$

여기서 $\sigma = 1$이면 오토사이클의 이론 열효율과 같고 $\alpha = 1$이면 디젤사이클의 이론열효율과 같다. 압축비를 높이면 열효율은 상승하고 등압팽창비를 높이면 열효율은 저하한다.

3.1.4 사이클의 열효율 비교

오토사이클, 디젤사이클, 사바테사이클의 열효율을 다음의 조건으로 나누어 생각한다.

〔1〕 압축비가 같은 경우

세 개의 사이클의 압축비가 같으면 압축 끝 시점까지의 $p-v$ 선도는 동일하고 선도도 같은 정적선상에 있다. 따라서 그림에 표시한 모양으로 가열 연소과정이 다르게 된다. 오토사이클, 디젤사이클, 사바테사이클의 첨자를 o, d, s로 하고 $T-s$ 선도 상의 s축상의 최소값을

A, 최대값을 B로 한다. 여기서 비교를 단순히 하기 위해 오토사이클과 디젤사이클을 비교해 보면 입력의 공급열량이 같으면 $T-s$ 선도상에서 정적선의 변화는 정압선의 변화보다 가파르기 때문에 가열과정 종료시의 엔트로피 s의 값은 정적인 상태가 적다. 여기서 효율을 생각하면 압력이 같기 때문에 배출열량이 적은 것은 효율이 좋다. 배출열량은 A-1-4-B-A의 면적이기 때문에 오토사이클이 디젤사이클보다 적게 되어 효율은 높아진다. 따라서 압축비가 일정한 경우에는 다음의 열효율 관계가 된다.

오토이론열효율 > 사바테이론열효율 > 디젤이론열효율 (3・20)

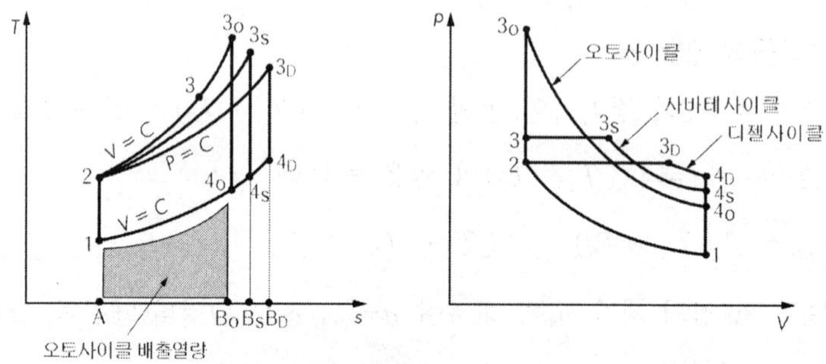

그림 3・4 압축비가 같은 경우 효율 비교

〔2〕 최고압력과 출력이 같은 경우

이때의 사이클의 $p-v$ 선도와 $T-s$ 선도는 그림과 같다. 최고압력이 같은 조건에서 $p-v$ 선도상의 연소 종료시의 3점의 상태는 같은 압력을 갖고 연소과정 종료시의 엔트로피 값은 출력, 즉 1-2-3-4-1의 면적을 같게 하면 $s_{3o} > s_{3d}$, 즉 $s_{Bo} > s_{Bd}$로 된다. 배출열량은 A-1-4-B-1이기 때문에 오토사이클의 배출량이 크게 된다. 따라서 오토사이클의 열효율이 가장 낮다.

디젤이론열효율 > 사바테이론열효율 > 오토이론열효율 (3・21)

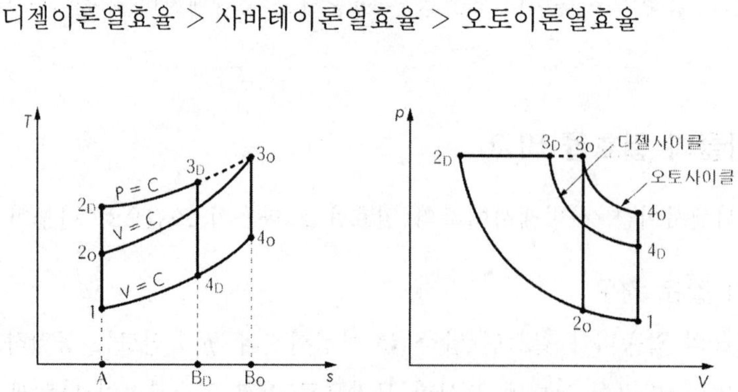

그림 3・5 최고압력과 출력이 같은 경우 효율 비교

예제 3·1 전자이론 열효율 문제

압축비가 8.0인 오토사이클의 이론열효율을 구하여라. 단 비열비는 1.4이다.

해답 $\eta_{th}(\text{이론열효율}) = 1 - \dfrac{T_4 - T_1}{T_3 - T_2} = 1 - \dfrac{T_4}{T_3} = 1 - \left(\dfrac{1}{\varepsilon}\right)^{k-1}$

$$\eta_{th} = 1 - \left(\frac{1}{\varepsilon}\right)^{k-1} = 1 - \left(\frac{1}{8}\right)^{1.4-1} = 0.565 \rightarrow 56.5\%$$

예제 3·2 압축비 문제

오토사이클에서 열효율이 60%일 때 압축비는 얼마인가? 단 비열비는 1.4이다.

해답 $\varepsilon\,(\text{압축비}) = \left(\dfrac{1}{1-\eta_{th}}\right)^{\frac{1}{k-1}}$

$$\varepsilon = \left(\frac{1}{1-0.6}\right)^{\frac{1}{1.4-1}} = 9.88$$

예제 3·3 이론열효율 문제

실린더의 통극체적(간극체적)이 행정체적의 25%일 때 오토사이클의 열효율은 얼마인가? 단, 비열비는 1.4이다.

해답 $\varepsilon = \dfrac{V_1}{V_2} = \dfrac{\text{통극체적} + \text{행정체적}}{\text{통극체적}} = \dfrac{\text{간극체적} + \text{행정체적}}{\text{간극체적}}$

$$\eta_{th} = 1 - \left(\frac{1}{\varepsilon}\right)^{k-1}$$

$$\varepsilon = \frac{V_1}{V_2} = \frac{\text{통극체적} + \text{행정체적}}{\text{통극체적}} = \frac{0.25+1}{0.25} = 5$$

$$\eta_{th} = 1 - \left(\frac{1}{\varepsilon}\right)^{k-1} = 1 - \left(\frac{1}{5}\right)^{1.4-1} = 0.475 \rightarrow 47.5\%$$

예제 3·4 평균유효압력 문제

행정체적이 4.5 m^3/min인 어떤 기관의 출력이 50 Ps이다. 이 기관의 평균유효압력은 몇 kg_f/m^2인가?

해답 $P_m = \dfrac{W}{V_1 - V_2} = \dfrac{\text{기관이 한 일}}{\text{행정체적}}$

1 PS = 75 kgf m/sec

$$P_m = \frac{50 \times 75 \times 60}{4.5} = 50,000\ \text{kgf/m}^2 = 5\ \text{kgf/cm}^2$$

예제 3·5 오토사이클 종합문제 (공학 단위)

압축비 ε은 5인 오토사이클에서 최저온도 400 K, 최고온도 2600 K일 때 공급열량과 이론 열효율을 구하여라. 단, $R=29.27$ kgf m/kgf K, $k=1.4$이다.

해답

$$q_{inp} = C_v(T_3 - T_2) = \frac{AR}{k-1}(T_3 - T_2),\quad A = \frac{1}{427}\ \frac{\text{kcal}}{\text{kgf m}}$$

$$T_2 = T_1 \varepsilon^{k-1} = 400 \times 5^{0.4} = 761.46\ \text{K}$$

공급 열량 : $q_{inp} = \frac{AR}{k-1}(T_3 - T_2) = \frac{29.27}{0.4 \times 427}(2600 - 761.46) = 315.07\ \text{kcal/kgf}$

이론열효율 : $\eta_{th} = 1 - \left(\frac{1}{5}\right)^{1.4-1} = 0.475 \rightarrow 47.5\%$

예제 3·6 이론열효율 문제

압축비가 8.5인 오토사이클의 이론열효율을 구하여라. 단, 비열비는 1.4이다.

해답

$$\eta_{th}(\text{이론열효율}) = 1 - \frac{T_4 - T_1}{T_3 - T_2} = 1 - \frac{T_4}{T_3} = 1 - \left(\frac{1}{\varepsilon}\right)^{k-1}$$

$$\eta_{th} = 1 - \left(\frac{1}{\varepsilon}\right)^{k-1} = 1 - \left(\frac{1}{8.5}\right)^{1.4-1} = 0.575 \rightarrow 57.5\%$$

예제 3·7 이론열효율 문제

압축비 17, 체절비 1.5인 디젤사이클의 열효율은 얼마인가? 비열비는 1.3이다.

해답

$$\eta_{th} = 1 - \left(\frac{1}{\varepsilon}\right)^{k-1}\left[\frac{\sigma^k - 1}{k(\sigma - 1)}\right]$$

$$\eta_{th} = 1 - \left(\frac{1}{17}\right)^{1.3-1}\left[\frac{1.5^{1.3} - 1}{1.3(1.5 - 1)}\right] = 0.543 \rightarrow 54.3\%$$

예제 3·8 이론열효율 문제

복합사이클에서 압축비 17, 체절비 1.9, 압력비 1.5일 때 이론열효율은 얼마인가? 단, 비열비는 1.4이다.

해답

$$\eta_{th} = \frac{Aw}{q_{inp}} = 1 - \left(\frac{1}{\varepsilon}\right)^{k-1}\frac{\alpha\sigma^k - 1}{\alpha - 1 + k\alpha(\sigma - 1)}$$

$$\eta_{th} = 1 - \left(\frac{1}{17}\right)^{1.4-1}\frac{1.5 \times 1.9^{1.4} - 1}{1.5 - 1 + 1.4 \times 1.5(1.9 - 1)} = 0.638 \rightarrow 63.8\%$$

예제 3·9 **오토사이클 종합문제 (SI 단위)**

압축비 ε은 9, 압축초기의 압력 0.1 Mpa, 온도 20℃의 공기 표준 오토사이클이 있다. 사이클당 공급열량은 작동유체 1 kg당 2000 KJ/kg이다. 물음에 답하여라. 단 $k=1.4$, $R=287$ J/kg K, $C_v=0.72$ KJ/kg K이다.

(1) 각 과정 끝의 압력과 온도
(2) 열효율
(3) 평균유효압력

관련식 $$\frac{T_2}{T_1}=\left(\frac{v_1}{v_2}\right)^{k-1}=\varepsilon^{k-1}$$

$$\frac{p_2}{p_1}=\left(\frac{v_1}{v_2}\right)^{k}=\varepsilon^{k}$$

$$q_{inp}=C_v(T_3-T_2)$$

$$\frac{p_3}{p_2}=\frac{T_3}{T_2}$$

$$\frac{T_3}{T_4}=\left(\frac{v_4}{v_3}\right)^{k-1}=\varepsilon^{k-1}$$

$$\frac{p_3}{p_4}=\left(\frac{v_4}{v_3}\right)^{k}=\varepsilon^{k}$$

$$P_m=\frac{W}{V_1-V_2}=\frac{\text{기관이 한 일}}{\text{행정체적}}$$

해답 (1) 상태 ① $v_1=\dfrac{RT_1}{p_1}=\dfrac{287\times293.15}{0.1\times10^6}=0.8413\ \text{m}^3/\text{kg}$

상태 ② $T_2=T_1\varepsilon^{k-1}=293.15\times9^{0.4}=705.97\ \text{K}$

$p_2=p_1\varepsilon^{k}=0.1\times9^{1.4}=2.167\ \text{Mpa}$

$v_2=\dfrac{v_1}{\varepsilon}=\dfrac{0.8413}{9}=0.0935\ \text{m}^3/\text{kg}$

상태 ③ $q_{inp}=C_v(T_3-T_2)$에서 $T_3=T_2+\dfrac{q_{inp}}{C_v}$ 이므로

$T_3=705.97+\dfrac{2000}{0.72}=3483.7\ \text{K}$

$p_3=p_2\dfrac{T_3}{T_2}=2.167\times\dfrac{3483.7}{705.97}=10.69\ \text{Mpa}$

상태 ④ $T_4=\dfrac{T_3}{\varepsilon^{k-1}}=\dfrac{3483.7}{9^{0.4}}=1446.6\ \text{K}$

$P_4=\dfrac{P_3}{\varepsilon^{k}}=\dfrac{10.69}{9^{1.4}}=0.49\ \text{Mpa}$

(2) $\eta_{th}(\text{이론열효율})=1-\left(\dfrac{1}{9}\right)^{0.4}=0.584\ \rightarrow\ 58.4\%$

(3) $w = \eta_{th} q_{inp} = 0.584 \times 2000 = 1168$ KJ/kg

$$P_m(\text{평균유효압력}) = \frac{w}{v_1 - v_2} = \frac{1168}{0.8413 - 0.0935} = 1561.9 \text{ kPa}$$

예제 3·10 디젤사이클 최고온도 문제

디젤사이클에서 $T_1 = 350$ K, $T_2 = 700$ K, 체절비 3, 압축비 13인 경우 최고온도 T_3를 구하여라. 단 $k = 1.4$이다.

관련식 $T_3 = T_2 \sigma = T_1 \sigma \varepsilon^{k-1}$

해답 $T_3 = 350 \times 3 \times 13^{0.4} = 2929$ K

예제 3·11 디젤사이클 압축비, 체절비, 이론열효율 문제 (공학단위)

공기가 작동유체인 디젤기관의 최고온도가 2300 K(T_3), 최저온도 500 K(T_1), 최고압력 55 ata(p_2), 최저압력 4 ata(p_1)일 때 압축비, 체절비 및 이론열효율을 구하여라. 단 $k = 1.4$이다.

관련식 압축비 : $\varepsilon = \frac{v_1}{v_2}$

체절비 : $\sigma = \frac{v_3}{v_2} = \frac{T_3}{T_2}$

이론열효율 : $\eta_{th} = 1 - \left(\frac{1}{\varepsilon}\right)^{k-1} \left[\frac{\sigma^k - 1}{k(\sigma - 1)}\right]$

해답 (1) 압축비 $\frac{T_2}{T_1} = \left(\frac{v_1}{v_2}\right)^{k-1} = \left(\frac{p_2}{p_1}\right)^{\frac{k-1}{k}}$ 에서

$$\varepsilon = \frac{v_1}{v_2} = \left(\frac{T_2}{T_1}\right)^{\frac{1}{k-1}} = \left(\frac{p_2}{p_1}\right)^{\frac{1}{k}} = \left(\frac{55}{4}\right)^{\frac{1}{1.4}} = 6.502$$

(2) 체절비는 $\sigma = \frac{v_3}{v_2} = \frac{T_3}{T_2}$ 이고 문제에서 $T_3 = 2300$ K, $T_1 = 500$ K가 주어졌다. T_2를 T_1으로부터 구하면 다음과 같다.

$$T_2 = T_1 \varepsilon^{k-1} = T_1 \left(\frac{v_1}{v_2}\right)^{k-1} = 500 \times 6.502^{0.4} = 1057.3 \text{ K}$$

체절비 : $\sigma = \frac{2300}{1057.3} = 2.18$

(3) 이론열효율

$$\eta_{th} = 1 - \left(\frac{1}{6.502}\right)^{0.4} \left[\frac{2.18^{1.4} - 1}{1.4(2.18 - 1)}\right] = 0.43 \rightarrow 43.0\%$$

예제 3 · 12 디젤사이클 종합 문제 (SI단위)

압축비 18, 체절비 3, 압축초기의 압력 0.3 Mpa, 온도 20℃, 체적 2.4 L의 공기 표준 디젤사이클에서 다음을 계산하여라. 단 $R=287$ J/kg K, $C_v=0.72$ KJ/kg K, $k=1.4$이다.

(1) 상태 2, 3, 4에서의 압력, 온도 및 작동유체의 양
(2) 한 사이클동안 공급 열량, 방출열량, 정미열량 및 이론열효율
(3) 평균유효압력

관련식 $T_2 = T_1\left(\dfrac{v_1}{v_2}\right)^{k-1} = T_1\varepsilon^{k-1}$

$$p_2 = p_1\left(\frac{v_1}{v_2}\right)^k = p_1\varepsilon^k$$

$$T_3 = T_2\sigma$$

$p_3 = p_2$ (등압과정)

$$T_4 = T_3\left(\frac{v_3}{v_4}\right)^{k-1}$$

$$p_4 = p_3\left(\frac{v_3}{v_4}\right)^k$$

해답 (1) 먼저 v_1을 구한다. R(J/kgK), T(K), p(Pa)의 단위이면 v_1의 단위는 m^3/kg이 된다.

$$v_1 = \frac{RT_1}{p_1} = \frac{287\times293.15}{0.3\times10^6\ (\text{Mpa}\to\text{Pa})} = 0.2804\ \text{m}^3/\text{kg}$$

따라서 작업유체의 질량 m은 $2.4\,\text{L} = 2.4\times10^{-3}\,\text{m}^3$이기 때문에 환산하여 대입한다.

$$m = \frac{V_1}{v_1} = \frac{2.4\times10^{-3}}{0.2804} = 8.56\times10^{-3}\ \text{kg}$$

$$T_2 = T_1\varepsilon^{k-1} = 293.15\times18^{0.4} = 931.5\ \text{K}$$

$$p_2 = p_1\varepsilon^k = 0.3\times18^{1.4} = 17.16\ \text{Mpa}$$

$$V_2 = \frac{V_1}{\varepsilon} = \frac{mv_1}{\varepsilon} = \frac{8.56\times10^{-3}\times0.2804}{18} = 1.33\times10^{-4}\ \text{m}^3$$

$$T_3 = T_2\sigma = 931.5\times3 = 2794.5\ \text{K}$$

$$V_3 = V_2\sigma = 1.33\times10^{-4}\times3 = 3.99\times10^{-4}\ \text{m}^3$$

$$p_3 = p_2 = 17.16\ \text{Mpa}$$

$$V_4 = V_1 = 2.4\times10^{-3}\ \text{m}^3$$

$$T_4 = T_3\left(\frac{V_3}{V_4}\right)^{k-1} = 2794.5\times\left(\frac{3.99\times10^{-4}}{2.4\times10^{-3}}\right)^{0.4} = 1363.3\ \text{K}$$

$$p_4 = p_3\left(\frac{V_3}{V_4}\right)^k = 17.16\times\left(\frac{3.99\times10^{-4}}{2.4\times10^{-3}}\right)^{1.4} = 1.392\ \text{Mpa}$$

(2) 공급 및 방출열량

공급열량 : $Q_{inp}=mC_p(T_3-T_2)=mkC_v(T_3-T_2)$

$$=8.56\times10^{-3}\times1.4\times0.72\times(2794.5-931.5)=16.07\ \text{KJ}$$

방출열량 : $Q_{out}=mC_v(T_4-T_1)$

$$=8.56\times10^{-3}\times0.72\times(1363.3-293.15)=6.596\ \text{KJ}$$

정미열량 : $W=Q_{inp}-Q_{out}=16.07-6.596=9.474\ \text{KJ}$

이론열효율 : $\eta_{th}=\dfrac{W}{Q_{inp}}=\dfrac{9.474}{16.07}=0.5895\rightarrow 58.95\%$

(3) 평균유효압력

$$P_m=\frac{W}{V_1-V_2}=\frac{14.532}{(2.4\times10^{-3})-(1.33\times10^{-4})}=4179.09\ \text{kPa}=4.2\ \text{Mpa}$$

예제 3·13 디젤사이클 종합 문제 (공학단위)

압축비 18, 체절비 3, 압축초기의 압력 1.05 bar, 온도 20℃의 공기 표준 디젤사이클에서 다음을 계산하여라. 단 $R=287\ \text{J/kg}_f\text{K}$, $C_p=1\ \text{KJ/kg}_f\text{K}$, $k=1.4$이다.

(1) 상태 2, 3, 4에서의 압력, 온도
(2) 한 사이클동안 공급 열량, 방출열량, 정미열량 및 이론열효율
(3) 평균유효압력

관련식 $T_2=T_1\left(\dfrac{v_1}{v_2}\right)^{k-1}=T_1\varepsilon^{k-1}$

$p_2=p_1\left(\dfrac{v_1}{v_2}\right)^{k}=p_1\varepsilon^{k}$

$T_3=T_2\sigma$

$p_3=p_2$ (등압과정)

$T_4=T_3\left(\dfrac{v_3}{v_4}\right)^{k-1}$

$p_4=p_3\left(\dfrac{v_3}{v_4}\right)^{k}$

해답 (1) 먼저 v_1을 구한다. $R(\text{J/kg}_f\text{K})$, $T(\text{K})$, $p(\text{Pa})$의 단위이면 v_1의 단위는 m^3/kg_f이 된다. 따라서 $1\ \text{bar}=10^5\ \text{Pa}$이므로 Pascal로 환산하여 대입한다.

$$v_1=\frac{RT_1}{p_1}=\frac{287\times293.15}{1.05\times10^5}=0.8013\ \text{m}^3/\text{kg}_f$$

$$v_2=\frac{v_1}{\varepsilon}=\frac{0.8013}{18}=0.0445\ \text{m}^3/\text{kg}_f$$

$T_2=T_1\varepsilon^{k-1}=293.15\times18^{0.4}=931.5\ \text{K}$

$p_2=p_1\varepsilon^{k}=1.05\times18^{1.4}=60.06\ \text{bar}$

$T_3=T_2\sigma=931.5\times3=2794.5\ \text{K}$

$$v_3 = v_2 \sigma = 0.0445 \times 3 = 0.1335\ \mathrm{m^3/kg_f}$$

$$p_3 = p_2 = 60.06\ \mathrm{bar}$$

$$v_4 = v_1 = 0.8013\ \mathrm{m^3/kg_f}$$

$$T_4 = T_3\left(\frac{v_3}{v_4}\right)^{k-1} = 2794.5 \times \left(\frac{0.1335}{0.8013}\right)^{0.4} = 1364.5\ \mathrm{K}$$

$$p_4 = p_3\left(\frac{v_3}{v_4}\right)^{k} = 60.06 \times \left(\frac{0.1335}{0.8013}\right)^{1.4} = 4.886\ \mathrm{bar}$$

(2) 공급열량 : $q_{inp} = C_p(T_3 - T_2)$

$$= 1 \times (2794.5 - 931.5) = 1863\ \mathrm{KJ/kg_f}$$

방출열량 : $q_{out} = C_v(T_4 - T_1) = \frac{C_p}{k}(T_4 - T_1)$

$$= \frac{1}{1.4} \times (1364.5 - 293.15) = 765.25\ \mathrm{KJ/kg_f}$$

정미열량 : $w = q_{inp} - q_{out} = 1863 - 765.25 = 1097.75\ \mathrm{KJ/kg_f}$

이론열효율 : $\eta_{th} = \frac{w}{q_{inp}} = \frac{1097.75}{1863} = 0.5892 \rightarrow 58.92\%$

(3) 평균유효압력

$$P_m = \frac{w}{v_1 - v_2} = \frac{1097.75}{(0.8013 - 0.0445)} = 1450\ \mathrm{Kpa} = 14.50\ \mathrm{bar}$$

예제 3 · 14 복합사이클 종합문제 (SI 단위)

압축비 15, 압축초기의 압력 0.5 Mpa, 온도 60℃, 최고압력 33 Mpa, 최고온도 2500℃의 공기 표준 복합사이클에서 물음에 답하여라. 단 비열비는 1.4이다.

(1) 상태 2에서의 온도와 압력

(2) 폭발온도(T_3)

(3) 체절비(σ)와 최고압력비(α)

(4) 이론열효율

관련식 $T_2 = T_1\left(\frac{v_1}{v_2}\right)^{k-1} = T_1 \varepsilon^{k-1}$

$$p_2 = p_1\left(\frac{v_1}{v_2}\right)^{k} = p_1 \varepsilon^{k}$$

$$T_3 = T_2 \frac{p_3}{p_2}$$

$$\sigma = \frac{T_4}{T_3} = \frac{v_4}{v_3}$$

$$\alpha = \frac{p_3}{p_2}$$

$$\eta_{th} = \frac{Aw}{q_{inp}} = 1 - \left(\frac{1}{\varepsilon}\right)^{k-1} \frac{\alpha\sigma^k - 1}{\alpha - 1 + k\alpha(\sigma - 1)}$$

해답 (1) $p_2 = p_1\varepsilon^k = 0.5 \times 15^{1.4} = 22.16$ Mpa

$T_2 = T_1\varepsilon^{k-1} = 333.15 \times 15^{0.4} = 984.18$ K

(2) $T_3(\text{폭발온도}) = T_2\frac{p_3}{p_2} = 984.18 \times \frac{33}{22.16} = 1465.6$ K

(3) $\sigma(\text{체절비}) = \frac{T_4}{T_3} = \frac{(2500 + 273.15)}{1465.6} = 1.89$

$\alpha(\text{최고압력비}) = \frac{p_3}{p_2} = \frac{33}{22.16} = 1.489$

(4) $\eta_{th} = 1 - \left(\frac{1}{\varepsilon}\right)^{k-1} \frac{\alpha\sigma^k - 1}{\alpha - 1 + k\alpha(\sigma - 1)}$

$$\eta_{th} = 1 - \left(\frac{1}{15}\right)^{1.4-1} \frac{1.489 \times 1.89^{1.4} - 1}{1.489 - 1 + 1.4 \times 1.489(1.89 - 1)}$$
$$= 0.6202 \rightarrow 62.02\%$$

3.2 기관의 출력과 마력

본 절에서는 내연기관의 출력을 표시하는 각종 효율, 출력 및 평균유효압력에 대해서 설명한다.

3.2.1 체적효율과 충전효율

〔1〕 체적효율(volumetric efficiency)

엔진의 실린더로 흡수되는 공기량은 이론적으로 배기량과 엔진의 회전수에 의해 계산이 가능하지만 실제는 흡입시의 유동저항 때문에 적게 된다. 따라서 기관의 구조, 운전의 조건에 대한 기관의 흡입능력을 표시하는 효율을 체적효율이라 하고 흡입된 신기의 중량을 엔진 1사이클당의 행정용적에서 계산된 흡입 가능한 대기 중량으로 나눈 값으로 정의된다.

$$\eta_v = \frac{\text{흡입된 신기의 중량}}{\text{대기상태의 총배기량이 차지하는 중량}} \qquad (3 \cdot 22)$$

〔2〕 충전효율(charging efficiency)

다른 대기상태에서 엔진의 흡입 능력을 표시하는 것으로 대기상태의 온도와 기압의 상태에서 흡입되는 대기의 중량을 표준상태의 온도와 기압의 상태에서 흡입 가능한 대기의 중량으로 나눈 값으로 정의된다.

$$\eta_c = \frac{\text{흡입된 신기의 중량}}{\text{표준상태의 총배기량이 차지하는 신기의 중량}} \qquad (3 \cdot 23)$$

3.2.2 출력(L)과 토크(Torque)

내연기관의 동력을 표현하는 데는 보통 두 가지 방법이 있다. 하나는 출력축의 회전력인 토크로 표시하는 방법과 출력축이 발생시키는 정미율(출력, 동력)로 표시하는 방법이 있다. 표 **3 · 1**은 변수들의 상호관계식을 나타낸다.

표 3 · 1 변수들의 상호관계식

<table>
<tr><th colspan="2">구 분</th><th>SI단위</th><th>공학단위</th><th>비 고</th></tr>
<tr><td colspan="2">힘 (F)</td><td>$1\,N = 1\,kgm/sec^2$</td><td>1 kgf</td><td>1 kgf = 9.8 N</td></tr>
<tr><td colspan="2">압력 (p)</td><td>$1\,N/m^2 = 1\,Pa$</td><td>$1\,kgf/m^2$</td><td>$1\,kgf/cm^2 = 1\,ata$</td></tr>
<tr><td rowspan="2">에너지</td><td>일 (W)</td><td>1 Nm = 1 J</td><td>1 kgfm</td><td rowspan="2">1 kcal = 427 kgfm(J)
1 kgfm = 1/427 kcal(A)
$Q = AW,\ W = JQ$</td></tr>
<tr><td>열 (Q)</td><td>1 Nm = 1 J</td><td>kcal</td></tr>
<tr><td colspan="2">동력, 출력, 마력</td><td>1 J/s = 1 W</td><td>1 kgfm/sec</td><td></td></tr>
</table>

(1) 회전력, 토크

토크 T는 출력축의 회전력을 나타내고 축의 반지름이 r, 축의 가장자리에 작용하는 힘을 F라 하면

$$T = F \cdot r \ \text{[kgfm, Nm]} \qquad (3 \cdot 24)$$

참고

1) 1 PS = 75 kgfm/sec = 0.7355 kW = 632.5 kcal/h
2) 1 pSh = 632.5 kcal
3) 1 HP = 76 kgfm/sec = 0.7455 kW
4) 1 kW = 102 kgfm/sec = 860 kcal/h
5) 1 kWh = 860 kcal

(2) 마력, 출력과 동력

출력은 정해진 운전조건에서 일정시간의 운전을 보증하는 출력을 정하여 그것을 정격출력(rated power)이라 하고 정격출력 이상의 출력을 과부하 출력(overload power)이라 한다.

기관이 낼 수 있는 최대출력(maximum power)도 시간에 따라서 그 크기가 변화하며 연속운전을 보증하는 최대출력을 연속 최대출력이라 한다. 일반적으로 엔진이 단위시간에 할 수 있는 일이 출력(L)이고 단위는 마력(PS, HP)이 주로 사용된다. 출력축의 회전수를 N rpm이라고 하면 출력(L)과 토크(T)의 관계는 다음 식으로 표시된다. 출력의 단위 관계를 정리하면 다음과 같다.

$$L = \frac{TN}{716.2} \tag{3·25}$$

3.2.3 회전력과 마력의 관계식

내연기관의 회전수와 토크의 관계는 중속영역에서는 토크는 거의 일정하지만 저속영역 및 고속영역에서는 약간 저하하는 특성이 있다. 이것은 엔진으로 흡입되는 혼합기의 양과 깊은 관계가 있다. 표 **3·2**와 표 **3·3**은 마력과 회전력의 관계식을 나타낸다.

〔1〕 마력으로부터 회전력을 구할 때

표 3·2 마력과 회전력의 관계식

관계식	$T = 716.2\frac{L}{N}$	$T = 974\frac{L}{N}$
L(출 력)	PS	kW
N(회전수)	rpm	rpm
T(회전력)	kgfm	kgfm

〔2〕 회전력으로부터 마력을 구할 때

표 3·3 마력과 회전력의 관계식

관계식	$L = \frac{TN}{716.2}$	$L = \frac{TN}{974}$
L(출 력)	PS	kW
N(회전수)	rpm	rpm
T(회전력)	kgfm	kgfm

3.2.4 평균유효압력과 마력의 관계

〔1〕 평균유효압력

내연기관의 출력을 나타내는 방법의 하나로 평균유효압력(P_m)이 있다. 실제의 엔진사이클에서는 피스톤이 움직일 때 압력이 시간에 따라 변화하지만 그림 **3·6**에 나타낸 바와 같

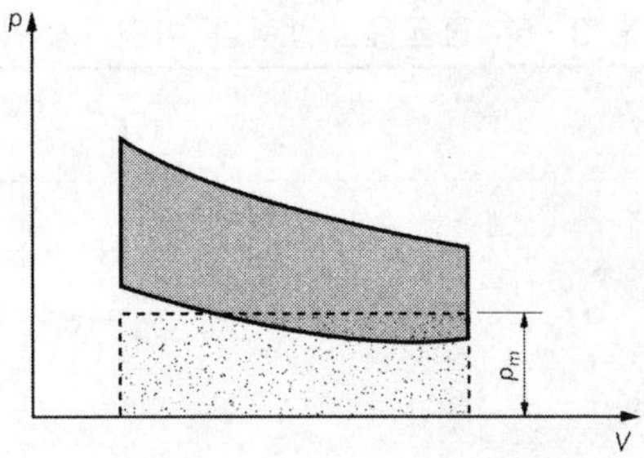

그림 3·6 평균유효압력 설명도

이 일정한 압력이 피스톤에 작용한다고 가정하고 일정압력 P_m에 의해서 한 일량이 원래 사이클의 한 일량과 같을 경우 이 일정압력을 평균유효압력이라 한다. 표 **3·4**는 열역학적 변수들의 상관관계를 나타낸다.

표 3·4 열역학적 변수들의 상관관계

<table>
<tr><th></th><th>열효율</th><th>평균유효압력</th><th>마 력</th><th>크 기</th><th colspan="2">비 고</th></tr>
<tr><td>이론</td><td>η_{th}</td><td>P_{mth}</td><td></td><td>1</td><td rowspan="3">기관효율</td><td></td></tr>
<tr><td>도시(지시)</td><td>η_i</td><td>P_{mi}</td><td>L_{mi}</td><td>2</td><td rowspan="2">기계효율</td></tr>
<tr><td>정미(축, 제동)</td><td>η_e</td><td>P_{me}</td><td>L_{me}</td><td>3</td></tr>
</table>

〔2〕 평균유효압력과 마력

평균유효압력에는 이론사이클에 해당하는 이론평균유효압력 P_{mth}, 도시사이클에 해당하는 도시평균유효압력 P_{mi}, 정미사이클에 해당하는 정미평균유효압력 P_{me}가 있다. 표 **3·5**는 평균유효압력과 마력의 상관관계를 나타낸다.

표 3·5 평균유효압력과 마력

<table>
<tr><th>관계식</th><th colspan="2">$L=\frac{P_m V_s N k}{C}$</th></tr>
<tr><td>단 위</td><td>SI 단위</td><td>공학단위</td></tr>
<tr><td>L (출력)</td><td>kW</td><td>PS</td></tr>
<tr><td>P_m (평균유효압력)</td><td>Mpa</td><td>ata</td></tr>
<tr><td>$V=\frac{\pi}{4000}D^2 Sz$ (배기량)</td><td>liter</td><td>liter</td></tr>
<tr><td>N (회전수)</td><td>rpm</td><td>rpm</td></tr>
<tr><td>D (bore)</td><td>cm</td><td>cm</td></tr>
</table>

표 3·5 평균유효압력과 마력 (계속)

관계식	$L=\frac{P_m V_s Nk}{C}$	
S (stroke)	cm	cm
z (실린더수)	-	-
k (4사이클 = 0.5 2사이클 = 1.0)	-	-
C (단위전환계수)	60	450

〔3〕 마력과 평균유효압력

표 3·6 마력과 평균유효압력

관계식	$P_m=\frac{CL}{V_s Nk}$	
단 위	SI 단위	공학단위
L (출력)	kW	PS
P_m (평균유효압력)	Mpa	ata
$V=\frac{\pi}{4000}D^2Sz$ (배기량)	liter	liter
N (회전수)	rpm	rpm
D (bore)	cm	cm
S (stroke)	cm	cm
z (실린더수)	-	-
k (4사이클 = 0.5 2사이클 = 1.0)	-	-
C (단위전환계수)	60	450

〔4〕 이론마력, 도시마력, 정미마력

내연기관에서는 한 사이클 동안의 일에 대하여 엔진의 열역학적인 선도(지압선도)로부터 이론적으로 계산되는 이론 일(마력), 실제의 운전상태에서 연소압력을 측정하고 $p-V$ 선도에서 얻어지는 도시 일(마력) 및 엔진의 최종적인 출력축에서 측정되는 정미 일(마력)의 세 가지로 정의된다.

도시평균유효압력, 정미평균유효압력, 도시마력(출력), 정미마력(출력)과 관련된 식은 다음과 같다.

$$\text{도시평균유효압력} : P_{mi}=\frac{CL_i}{V_s Nk} \tag{3·26}$$

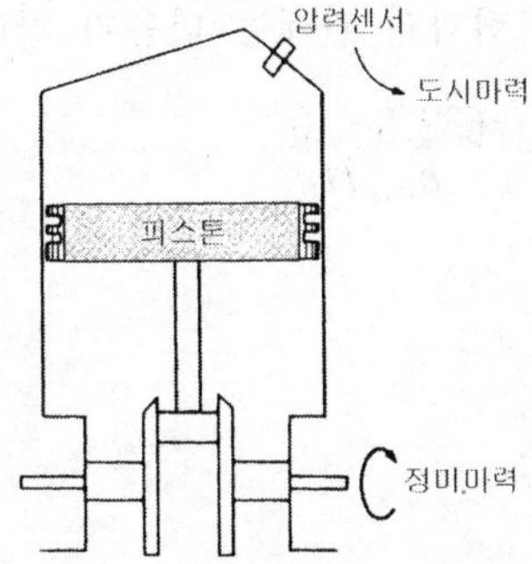

그림 3·7 도시출력 및 정미출력 개념도

$$\text{정미평균유효압력} : P_{me} = \frac{CL_e}{V_s Nk} \qquad (3 \cdot 27)$$

$$\text{도시마력(지시마력)} : L_i = \frac{P_{mi} V_s Nk}{C} \qquad (3 \cdot 28)$$

$$\text{정미마력(제동마력, 축마력)} : L_e = \frac{P_{me} V_s Nk}{C} \qquad (3 \cdot 29)$$

〔5〕 열효율

이론열효율(η_{th})은 이론적인 사이클에서는 입력과 출력의 비로 정의된다.

$$\eta_{th} = \frac{\text{이론사이클에서 실린더 내 가스가 한 일}}{\text{이론사이클에 공급된 열량}} \qquad (3 \cdot 30)$$

도시열효율(η_i)은 실린더 내에서 연소가스가 실제로 한 일 W_i와 공급열량의 비로 정의되며 정미열효율(η_e)은 축출력 W_e와 공급열량의 비로 정의된다.

$$\eta_i(\text{도시열효율}) = \frac{\text{실린더 내 가스가 방출한 열량}}{\text{연료가 가진 열량}} \qquad (3 \cdot 31)$$

$$\eta_e(\text{정미열효율}) = \frac{\text{축출력이 한 일(열량)}}{\text{연료가 가진 열량}} \qquad (3 \cdot 32)$$

기관효율(η_d)은 도시사이클과 이론사이클이 한 일량의 비이고 정미마력과 도시마력의 비는 기계효율(η_m)로 정의된다.

$$\eta_d(\text{기관효율}) = \frac{W_i}{W_{th}} = \frac{P_{mi}}{P_{mth}} = \frac{\eta_i}{\eta_{th}} \qquad (3 \cdot 33)$$

$$\eta_m(\text{기계효율}) = \frac{W_e}{W_i} = \frac{P_{me}}{P_{mi}} = \frac{\eta_e}{\eta_i} \qquad (3 \cdot 34)$$

$$\text{정미열효율}(\eta_e) = \eta_i \eta_m = \eta_{th} \eta_d \eta_m \qquad (3 \cdot 35)$$

정미(제동, 축)열효율과 제동마력과의 관계는 다음과 같다.

$$\eta_e = \frac{632.5 \times L_e}{B \times H_l} = \frac{632.5 \times 10^3}{b_e \times H_l} \tag{3 · 36}$$

L_e : 제동마력(PS)

B : 연료공급량(kgf/h)

H_l : 저위발열량(kcal/kgf)

b_e : 연료소비량(gf/pSh)

〔6〕 연료소비율과 연료마력

실제 엔진의 여러 운전 조건 중에 대하여 단위 출력당의 연료소비량은 매우 중요한 인자이다. 이것을 연료소비율(b)라 한다. 기관의 초당 연료소비량을 B(gf/sec)라 하면

$$b = \frac{B}{L}\ [\text{gf} / (\text{watt} \times \text{sec})] \tag{3 · 37}$$

로 표시된다. 또한 연료소비량과 연료마력(L_f)과의 관계는 다음과 같다.

$$L_f = \frac{H_l \times W}{10.5 \times t} \tag{3 · 38}$$

W : 연료무게(kgf)

L_f : 연료마력(PS)

H_l : 저위발열량(kcal/kgf)

t : 시간(min)

예제 3 · 15 **도시, 정미마력 문제 (공학단위)**

총 배기량 5000 cc, 4000 rpm의 4사이클 가솔린 기관의 도시평균유효압력이 9 ata이다. 기계효율이 85%일 때 축출력을 구하여라.

해답 $L_i(\text{도시마력}) = \dfrac{P_{mi} V_s N k}{C}$

$L_e(\text{정미마력}) = \dfrac{P_{me} V_s N k}{C}$

$$L_i = \frac{9 \times 5 \times 4000 \times \frac{1}{2}}{450} = 200 \text{ PS}$$

$L_e = 0.85 \times 200 = 170$ PS

예제 3·16 **총배기량 문제**

4기통 4행정 가솔린기관의 내경이 80 mm, 행정이 70 mm인 기관의 총배기량은 얼마인가?

해답 $V_s = \frac{\pi}{4} D^2 Sz$ (배기량, cc)

$V_s = \frac{\pi}{4} \times 8^2 \times 7 \times 4 = 1407\ cc = 1.407\ l$ (배기량)

예제 3·17 **도시마력 문제 (공학단위)**

도시평균유효압력 5 kgf/cm^2, 행정 85 mm, 안지름 95 mm인 4사이클, 4기통기관의 회전수가 2800 rpm일 때 지시마력은 얼마인가?

해답 L_i (도시, 지시마력) $= \frac{P_{mi} V_s N k}{C}$

$V_s = \frac{\pi}{4} D^2 Sz$ (배기량, cc)

$V_s = \frac{\pi}{4} \times 9.5^2 \times 8.5 \times 4 = 2410\ cc = 2.410\ l$ (배기량)

$$L_i = \frac{5 \times 2.410 \times 2800 \times \frac{1}{2}}{450} = 37.49\ PS = 37.49 \times 0.7355 = 27.57\ kW$$

예제 3·18 **토크 문제 (공학단위)**

지시평균유효압력 6 kgf/cm^2, 행정 60 mm, 안지름 50 mm인 2사이클, 2기통기관의 회전수가 3000 rpm일 때 토크는 얼마인가?

해답 L_i (도시, 지시마력) $= \frac{P_{mi} V_s N k}{C}$

$V_s = \frac{\pi}{4} D^2 Sz$ (배기량, cc)

T (토크) $= 716.2 \times \frac{L}{N}$ [T: kgf m, N: rpm, L: PS]

$V_s = \frac{\pi}{4} \times 5^2 \times 6 \times 2 = 235.6\ cc = 0.2356\ l$ (배기량)

$$L_i = \frac{6 \times 0.2356 \times 3000 \times 1}{450} = 9.44\ PS$$

$T = 716.2 \times \frac{9.44}{3000} = 2.25$ Kgf m [T: kgf m, N: rpm, L: PS]

예제 3·19 제동평균유효압력 문제 (공학단위)

실린더 안지름 78 mm, 행정이 78 mm인 4사이클, 4실린더기관이 6000 rpm으로 회전할 때 축마력이 70 PS이다. 이때 제동평균유효압력은 얼마인가?

해답 L_e(제동, 축마력) $= \dfrac{P_{me} V_s Nk}{C}$

$V_s = \dfrac{\pi}{4} \times 7.8^2 \times 7.8 \times 4 = 1491\ \text{cc} = 1.491\ l$ (배기량)

$P_{me} = \dfrac{L_e C}{V_s Nk} = \dfrac{70 \times 450}{1.491 \times 6000 \times \frac{1}{2}} = 7.04\ \text{kgf/cm}^2 = 7.04\ \text{ata}$

예제 3·20 기계효율 문제

도시평균유효압력이 8.3 kgf/cm², 총배기량이 2000 cc일 때 제동마력이 42 PS이다. 엔진 회전수가 3800 rpm이면 이 4사이클 기관의 기계효율은 얼마인가?

해답 L_i (도시마력) $= \dfrac{P_{mi} V_s Nk}{C}$

η_m(기계효율) $= \dfrac{L_e}{L_i}$

$L_i = \dfrac{8.3 \times 2 \times 3800 \times \frac{1}{2}}{450} = 70.09\ \text{PS}$

$\eta_m = \dfrac{L_e}{L_i} = \dfrac{42}{70.09} = 0.599 \rightarrow 59.9\%$

예제 3·21 지시평균유효압력 문제 (공학단위)

기관의 총배기량이 2000 cc이고 제동마력이 72 PS, 회전수가 4900 rpm, 기계효율이 82%인 4사이클 4기통기관의 지시평균유효압력은 얼마인가?

해답 $L_i = \dfrac{P_{mi} V_s Nk}{C}$

$\eta_m = \dfrac{L_e}{L_i}$

$L_i = \dfrac{72}{0.82} = 87.8\ \text{PS}$

$P_{mi} = \dfrac{L_i C}{V_s Nk} = \dfrac{87.8 \times 450}{2 \times 4900 \times \frac{1}{2}} = 8.06\ \text{kgf/cm}^2 = 8.06\ \text{ata}$

예제 3 · 22 연료소비율 문제

기관효율 50%, 기계효율 85%, 압축비가 6인 가솔린기관의 연료소비율을 계산하여라. 단, 연료의 저위발열량은 10,000 kcal/kgf, $k=1.4$이다.

해답 η_e(정미열효율) $= \eta_i \eta_m = \eta_{th} \eta_d \eta_m$

η_{th}(이론열효율) $= 1-\left(\frac{1}{\varepsilon}\right)^{k-1}$

$$\eta_e = \frac{632.5 \times L_e}{B \times H_l} = \frac{632.5 \times 10^3}{b_e \times H_l}$$

$$\eta_{th} = 1-\left(\frac{1}{6}\right)^{0.4} = 0.512$$

$$\eta_e = \eta_{th} \eta_d \eta_m = 0.512 \times 0.5 \times 0.85 = 0.2176$$

$$b_e = \frac{632.5 \times 10^3}{\eta_e \times H_l} = \frac{632.5 \times 10^3}{0.2176 \times 10,000} = 290.67 \text{ gf/pSh}$$

예제 3 · 23 연료마력 문제

연료 1 kgf의 발열량이 10,500 kcal이다. 이 열이 전부 일로 변한다고 하면 연료소비량이 20 kgf/h일 때 발생하는 마력은?

해답 L_f(연료마력) $= \frac{H_l \times W}{10.5 \times t}$

$$L_f = \frac{H_l \times W}{10.5 \times t} = \frac{10,500 \times 20}{10.5 \times 60} = 333 \text{ PS}$$

예제 3 · 24 정미열효율 문제

저발열량이 10,800 kcal/kgf의 가솔린을 공급하여 기관을 운전한 후 연료소비율이 265 gf/pSh일 때 이 기관의 정미열효율은?

해답 η_e(정미열효율) $= \frac{632.5 \times 10^3}{b_e \times H_l}$ [H_l : kcal/kgf, b_e : gf/pSh]

$$\eta_e = \frac{632.5 \times 10^3}{265 \times 10,800} = 0.221 \rightarrow 22.1\%$$

연습문제

1. 연소실체적 400 cc, 행정체적 2500 cc인 기관의 압축비는 얼마인가?

답 7.25

2. 압축비가 10인 오토사이클의 이론열효율을 구하여라. 단, 비열비는 1.4이다.

답 60.1%

3. 압축비가 8.5인 오토사이클의 이론열효율을 구하여라. 단, 비열비는 1.3이다.

답 47.4%

4. 오토사이클에서 열효율이 45%일 때 압축비는 얼마인가? 단, 비열비는 1.3이다.

답 7.32

5. 실린더의 통극체적(간극체적)이 행정체적의 25%일 때 오토사이클의 열효율은 얼마인가? 단, 비열비는 1.4이다.

답 47.4%

6. 행정체적이 5 m^3/min인 어떤 기관의 출력이 40 PS이다. 이 기관의 평균유효압력은 몇 kgf / cm^2인가?

답 3.6 kgf / cm^2

7. 디젤사이클에서 압축비 15, 단절비 1.8인 경우 열효율은 얼마인가? 단, 단열비는 1.4이다.

답 61.4 %

8. 디젤사이클에서 압축비 16, 단절비 1.5인 경우 열효율은 얼마인가? 단, 단열비는 1.3이다.

답 53.5 %

9. 압축비가 7인 오토사이클의 열효율은 얼마인가? 단, 단열비는 1.4이다.

답 54.1 %

10. 내연기관에서 간극체적을 증가시키면 효율은 어떻게 되는지 설명하여라?

답 떨어진다

11. 실린더 안지름 120 mm, 행정 150 mm, 연소실 체적 85 cc일 때 압축비는 얼마인가?

답 20.95

12. 복합사이클에서 압축비 18, 체절비 2.1, 압력비 1.5인 경우 이론열효율은 얼마인가? 단, 단열비는 1.4이다.

답 63.7%

13. 오토사이클을 기본으로 하는 가솔린기관에서 압축 끝의 압력이 10 ata이고 온도가 200℃이며 정적 연소과정 중 150 kcal/cycle의 일이 공급된다면 연소최고압력은 얼마인가? 단, 정적비열은 0.14 kcal/kgf K이고 정압비열은 0.17 kcal/kgf K이며 작동유체의 질량은 1 kg이다.

답 32.65 ata

14. 압축비 ε은 4인 오토사이클에서 최저온도 500 K, 최고온도 2500 K일 때 공급열량과 이론 열효율을 구하여라. 단 $R=29.27\ \mathrm{kg_f\,m/kg_f\,K}$, $k=1.4$이다.

답 870 K, 279 Kcal/kg, 42.6%

15. 저속디젤사이클에서 최고온도 $T_3=2500$ K, 최고압력 $P_3=2500$ ata이며 최저온도 $T_1=300$ K, 최저압력 $P_1=1$ ata일 때 이 사이클의 열효율은 얼마인가? 공기의 비열비는 $k=1.4$이다.

답 46.5%

16. 디젤사이클의 효율식에서 압축비와 단절비의 변화에 따라 효율은 어떻게 되는가?

답 압축비는 클수록, 단절비는 감소할수록 효율이 좋아진다.

17. 오토사이클의 구성요소를 적어라.

답 단열압축과정-정적가열-단열팽창과정-정적방열

18. 디젤사이클의 구성요소를 적어라.

답 단열압축과정-정압가열-단열팽창과정-정적방열

19. 오토사이클의 이론효율식을 적어라.

답 $\eta_{th}=1-\left(\frac{1}{\varepsilon}\right)^{k-1}$

20. 디젤사이클의 이론효율식을 적어라.

답 $\eta_{th}=1-\left(\frac{1}{\varepsilon}\right)^{k-1}\left[\frac{\sigma^k-1}{k(\sigma-1)}\right]$

21. 압축비가 일정한 경우 오토, 디젤, 사바테사이클의 이론열효율의 크기를 비교하여라.

답 오토이론열효율 > 사바테이론열효율 > 디젤이론열효율

22. 최고압력과 출력이 같은 경우 오토, 디젤, 사바테사이클의 이론열효율의 크기를 비교하여라.

답 디젤이론열효율 > 사바테이론열효율 > 오토이론열효율

23. 왕복식 내연기관의 공기 표준 사이클에서 가열량, 초기점에서의 온도, 압력 및 압축비가 같은 경우 오토, 디젤, 사바테 중 어느 사이클의 효율이 가장 높은가?

답 오토이론열효율

24. 평균유효압력 5 kgf/cm^2, 행정 95 mm, 실린더 내경 95 mm인 4사이클, 4기통 엔진의 회전수가 2800 rpm일 때 지시마력은 얼마인가?

답 41.91 PS

25. 어떤 엔진의 최대회전력이 3000 rpm일 때 7 m-kgf이었다. 이때 제동마력은 얼마인가?

답 29.32 PS

26. 시간당 연료 소비율이 600 gf이며 제동마력 100 PS를 발생하는 기관이 있다. 제동 연료 소비량은 얼마인가?

답 6 gf/pSh

27. 연료의 저위발열량이 10,000 kcal/kgf이고 비중이 0.8이다. 이 연료로 30분간 9 l 를 소비하였을 때 엔진에서 얻을 수 있는 연료 마력은 얼마인가?

답 228.6 PS

28. 지시평균유효압력이 10 kgf/cm^2, 총배기량이 1500cc, 회전수 3500 rpm인 4기통 4행정 기관의 회전력이 10.5 kgfm인 가솔린기관의 기계효율은 얼마인가?

답 88%

29. 가솔린의 저위 발열량 10,000 kcal/kgf, 열효율이 43%, 연료공기비가 0.09인 950 PS기관에서 1시간 동안 필요한 공기량은 얼마인가?

답 1552.1 kgf/h

30. 어떤 가솔린기관의 제동 연료소비율이 230 g/pSh이다. 제동열효율은 몇 %인가? 단, 연료의 저위발열량은 10,500 kcal/kgf이다.

답 26.18%

31. 4사이클 가솔린기관의 실린더 안지름 85 mm, 피스톤행정 80 mm, 엔진회전속도 4000 rpm, 기관회전력 12 m-kgf, 실린더수 4개인 엔진의 제동마력은 얼마인가?

답 67.02 PS

32. 평균유효압력이 10 kgf/cm^2, 배기량이 2500 cc, 회전수가 3000 rpm인 디젤기관의 지시마력은 얼마인가? 단 2사이클기관이다.

답 16.7 PS

33. 엔진이 1500 rpm에서 20 m-kgf의 회전력을 내고 있을 때의 출력은 2500 rpm에서 몇 m-kgf의 회전력을 내고 있을 때와 같은가?

답 12 m-kgf

34. 어떤 자동차로 20 km 떨어진 기점을 왕복하는 데 50분이 소요되었고 연료소비량은 2000 cc이었다. 평균 연료 소비량은 얼마인가?

답 10 km/ l

35. 연료의 저위발열량이 10,500 kcal/kgf이고 비중이 0.8이다. 이 연료로 25분간 8 l를 소비하였을 때 엔진의 연료마력은 얼마인가?

답 255.10 PS

36. 4사이클 디젤엔진의 제동마력을 측정하였을 때 1 pSh의 연료 소비량이 180 gf이었다. 이 엔진의 실제 열효율은 얼마인가? 단, 저위발열량 10,000 kcal/kgf, 1 pSh=632 kcal이다.

답 35.1%

37. 엔진의 연료 마력이 173 PS이고 비중이 0.8인 연료를 6.5 l 소비하였다면 시험운행시간은 얼마인가? 단, 저위발열량 10,500 kcal/kgf이다.

답 0.449 h

38. 제동열효율이 30%인 디젤기관을 운전하였을 때 연료의 소비율이 195 gf/pSh이었다. 이 기관에 사용한 연료의 저위발열량은 얼마인가?

답 10,809 kcal/kgf

39. 내연기관의 열손실을 측정하였더니 냉각수에 의한 손실이 30%, 배기복사에 의한 손실이 30%였다. 이 기관의 기계효율이 80%이면 제동열효율은 얼마인가?

답 32%

40. 정미열효율 34%,기계효율 86%의 기관을 3시간 부하운전을 한 후 연료를 63 kgf 소비하였다. 이 기관의 축출력, 도시출력, 연료소비율을 구하라. 단, 사용연료의 저발열량은 10600 kcal/kgf이다.

답 88.3 kW, 103 kW, 175 gf/pSh

4 전자제어엔진의 구성

4.1 가솔린 분사장치

국내에서 1970년대 후반부터 자동차 연료 분사장치로 많이 사용되었던 기화기(Carburettor)방식의 연료장치는 정비가 손쉬운 장점에도 불구하고 전자기술의 발달과 배기가스 규제 강화 법규를 만족시키지 못하여 1980년 중반부터 전자제어 가솔린 분사장치로 대체되어 현재에 이르기까지 전자제어 장치의 기능들이 매우 발전되어 왔다. 이 두 가지 시스템은 실린더로 공급되는 연료의 분사방식에 큰 차이가 있다. 실린더로 연료를 미립화하여 공급하고 기관의 회전속도에 따라 연료의 양을 조절하여 공연비를 일정하게 유지하면서 엔진의 출력을 높이고 배기가스를 저감시킨 것이 전자제어 가솔린 분사장치이다. 전자제어 가솔린 분사장치는 제어 방식에 따라 기계식과 전자식, 분사방법에 따라 연속분사와 정기분사, 연료조절방법에 따라 흡입공기량 직접측정법과 흡입공기량 간접측정법, 연료공급방식에 따라 싱글포인트인젝션(Single Point Injection, SPI)과 멀티포인트인젝션(Multi Point Injection, MPI)으로 나누어진다. 이를 정리하면 표 **4·1**과 같다.

표 4·1 가솔린 분사장치의 분류

형 식	제어방법	분사방법	연료공급방식	연료조절방법
K-jetronic	기계식	연속분사		흡입공기량 직접 측정
D-jetronic	전자식	정기분사	SPI, MPI	흡입공기량 간접 측정(MAP)
L-jetronic	전자식	정기분사	MPI	흡입공기량 직접 측정(칼만와류식, hot wire)

참고

- 연속분사 : 공기량을 직접 측정하는 기계식 분사방식으로 기관이 작동되는 동안 연속적으로 분사가 이루어진다.
- 정기분사 (간헐분사) : 일정한 시간 간격을 두고 반복적으로 하는 분사이고 종류에는 동시분사, 그룹분사, 독립분사방식이 있다.
  1) 공기의 체적을 직접 측정하는 전자식 분사장치 (L-jetronic)
  2) 공기의 질량을 직접 측정하는 전자식 분사장치 (LH-jetronic)
  3) 공기량을 간접 측정하고 스로틀보디에서 분사하는 전자식 분사 장치 (TBI, throttle body injection 엔진)
- SPI : 스로틀 밸브 앞에 인젝터를 설치하여 연료를 분사하는 방식
- MPI : 각 실린더마다 인젝터를 설치하여 연료를 분사하는 방식
- 흡입공기량 직접측정법 : 엔진에 유입되는 공기량을 직접측정(hot wire, 흡기온도 센서, 대기압센서 이용)
- 흡입공기량 간접측정법 : 엔진의 흡기 매니폴드압력을 검출하여 간접적으로 흡입공기량을 측정(MAP 센서를 이용)

---

〔1〕 기계식 연속 연료 분사장치 (Bosch K-jetronic)

독일 보쉬사(Bosch)의 특허에 의한 가솔린 엔진용 연료분사 시스템의 한 형식으로 기본 시스템은 그림 **4・1**과 같다. K는 독일어로 Kontinuierlich의 머리글자로 연속적으로 분사하는 장치의 의미이다. 연료분사장치는 기계식 제어방식과 전자식 제어방식으로 나누어지고 K-제트로릭은 기계식 제어방식이다. K-jetronic은 독일어이며 영어로 번역하면 연속분사의 의미인 CI(Continuous Injection)시스템이다. 엔진이 회전하면 인젝터로부터 연속해서 연료가 분사되고 연료분사량의 컨트롤은 질량유량 측정방식인 에어플로(air flow) 센서와 연료 디스트리뷰터로 수행된다. 흡입공기량의 세기에 따라 센서플레이트(plate)가 작동하고 이 작동에 의해 컨트롤 플런저(control plunger)가 움직여 인젝터로 통하는 연료 통로면적을 변화시켜 연료분사량이 컨트롤된다. 냉간시동시의 공연비보정은 그림 **4・2**와 같이 컨트롤 플런저 윗부분에 작용하는 보정압력을 난기제어밸브(warm up regulator)로 저하시키면 조절 플런저의 이동량이 커져 공기가 많이 흡입된다. 이 시스템의 연료라인(fuel line)의 기준압력은 전자제어방식의 3.5 kg/cm^{2}에 비해서 5.0 kg/cm^{2}으로 고압이다. 그림 **4・3**에 연료분사량 컨트롤 장치의 개략도를 나타낸다. 그리고 K-제트로닉 방식에서도 산소 센서를 사용하는 공연비 피드백 시스템도 있다. 이 시스템은 ECU를 사용하여 산소 센서의 출력에 대응하여 연료 디스트리뷰터의 금속 다이어프램 하부의 압력을 솔레노이드 밸브를 사용하여 낮추어

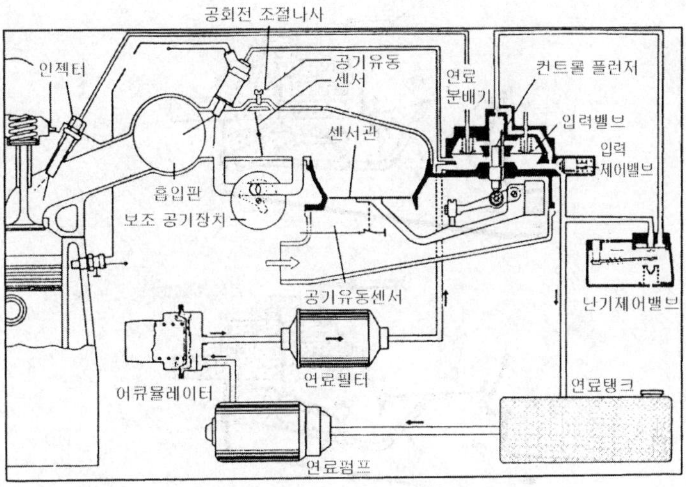

그림 4·1 K-jetronic의 기본 시스템

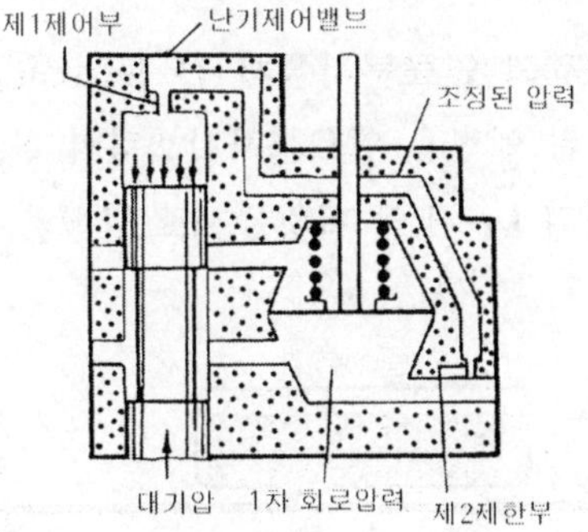

그림 4·2 냉간시동시의 공연비보정 방법

분사압력을 변화시키는 방법이다. 제트로닉(Jetronic)은 분사(Injection)와 전자(Electronic)의 합성어로 전자제어 분사장치를 말한다.

연료분사량 조절은 그림 **4·3**에서와 같이 공기유량센서(plate)가 공기량을 감지하면 레버의 회전력에 의해 연료 디스트리뷰터에 있는 컨트롤 플런저를 눌러 연료의 통로를 열어 인젝터로 많은 연료가 공급하게 된다. 이러한 기계적인 연료분사 시스템에서는 기화기 분사장치와 같이 냉간시동, 공회전, 저속운전 및 가속시 등 여러 부하상태에 적정한 이론 혼합비를 공급하기 위해 공기흐름 측정기구를 설계해야 하고 특히 냉간시동시 시동성을 좋게 하기 위하여 부가적인 장치가 필수적으로 따라야 한다. 이 장치가 난기제어장치이다. 이 장치는 컨트롤 플런저 윗부분의 압력을 낮추면 난기제어밸브 내의 다이어프램이 당겨지고 리턴 포트가 열려 연료탱크로 회수되는 연료의 양이 많아지고 연료압력은 낮아져 공기량에 대응하는 적정 연료량을 공급하여 이론 혼합비를 맞추게 된다.

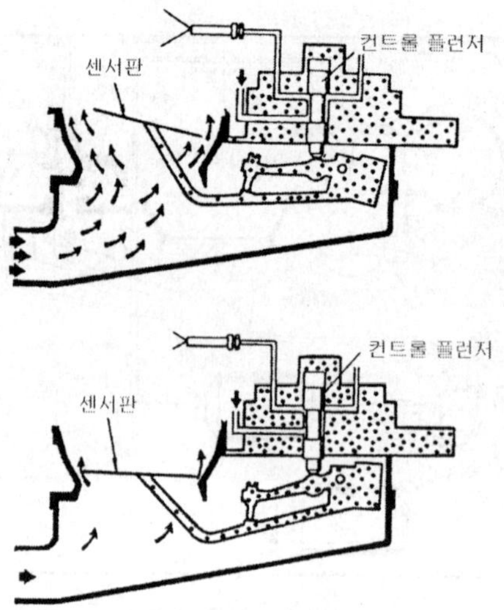

그림 4·3 K-제트로닉의 연료분사량 컨트롤 방법

〔2〕 흡입부압 감지식 전자제어 연료분사장치 (D-Jetronic)

보쉬사의 특허에 의한 가솔린 엔진용 연료분사시스템의 한 형식이다. 기본시스템을 그림 **4·4**에 나타낸다. D는 독일어의 Druck의 머릿글자로 압력의 뜻을 지니고 있다. 연료분사장

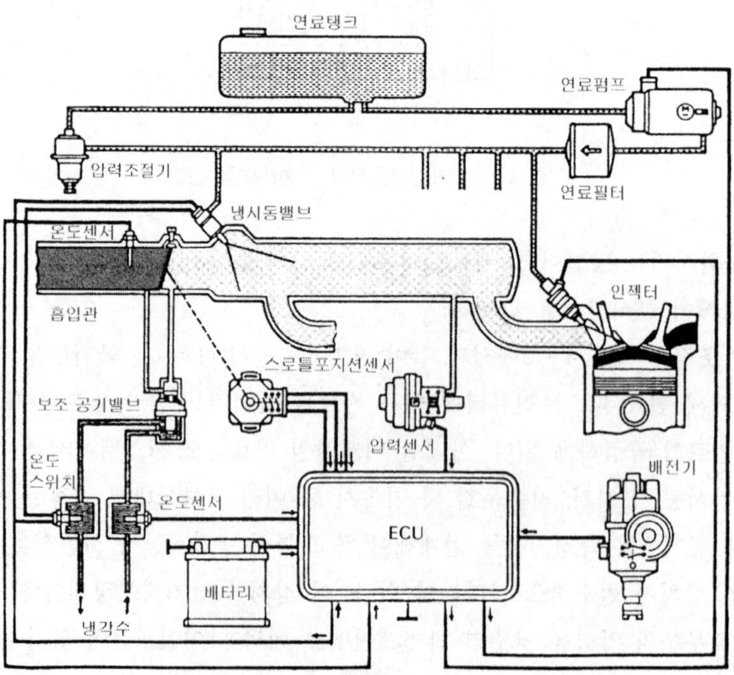

그림 4·4 D-제트로닉의 기본 시스템

치는 기계제어방식과 전자제어방식으로 나누어지는데 이 방식은 후자에 속한다. 개발 초기의 연료분사장치(EFI, EGI, ECGI)는 기본이 D-제트로닉으로 되어 있고 그 후 L-제트로닉 방식으로 발전되었지만 다시 D-제트로닉으로 전환되고 있는 실정이다.

K-제트로닉의 연속분사방식에 대하여 D-제트로닉은 간헐분사방식으로 되어 있고 후술하는 L-제트로닉 방식과의 차이는 흡입공기량의 검출방식이 다른 점이다. D-제트로닉에서는 그림 **4·5**에서와 같은 압력센서를 사용하여 흡입관 압력을 측정하고 이 압력과 엔진회전수로부터 흡입공기량을 산출하는 속도밀도(Speed Density)방식을 쓰고 있다. 그 외에는 L-제트로닉과 다를 바 없지만 분사타이밍의 검출은 디스트리뷰터 내에 설치된 전용 트리거 스위치(Trigger Switch)에 의존한다. 맵(MAP, Manifold Air Pressure) 센서가 대표적인 이 방식이다.

〔3〕 공기량 감지식 전자제어 연료분사장치 (L-Jetronic)

보쉬사의 특허로 개발된 가솔린 엔진용 연료분사 시스템의 한 형식이다. 기본 시스템을 그림 **4·6**에 나타낸다. L은 독일어의 Luft의 머릿글자로 공기의 뜻을 지니고 있다.

이 시스템은 이론 공연비를 맞추기 위해 공급되는 공기량을 전자식 센서를 이용하여 질량기준 혹은 체적기준으로 측정하고 그에 상응하는 연료량을 공급하는 전자제어 연료분사 장치이다. 개발된 회사에 따라 여러 가지 상표가 사용되고 있다. 예를 들면 일본 미쯔비시의 ECI(Electronic Controlled Injection), EGI (Electronic Gasoline Injection) 등이 있고 국내에도 적용되고 있다. K-제트로닉 방식은 연속분사방식이고 L-제트로닉 방식은 간헐분사방식이다. 일정 압력으로 조절된 연료를 흡입관 내로 분사하는 방식이 일반적이어서 분사량의 제어는 연료 인젝터를 엔진 매 사이클당 흡입공기량에 대해서 필요한 시간만큼 열어 놓는데 따라서 수행된다. 전자제어식 방식은 엔진의 운전상태의 검출을 모두 전기적으로 하고 있기 때문에 적합의 자유도가 크며 보정요소가 용이하게 추가될 수 있는 장점이 있다. 분사량은

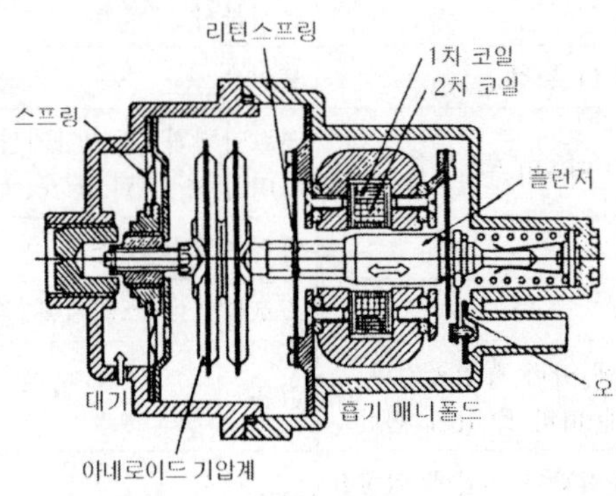

그림 4·5 D-제트로닉의 압력 센서

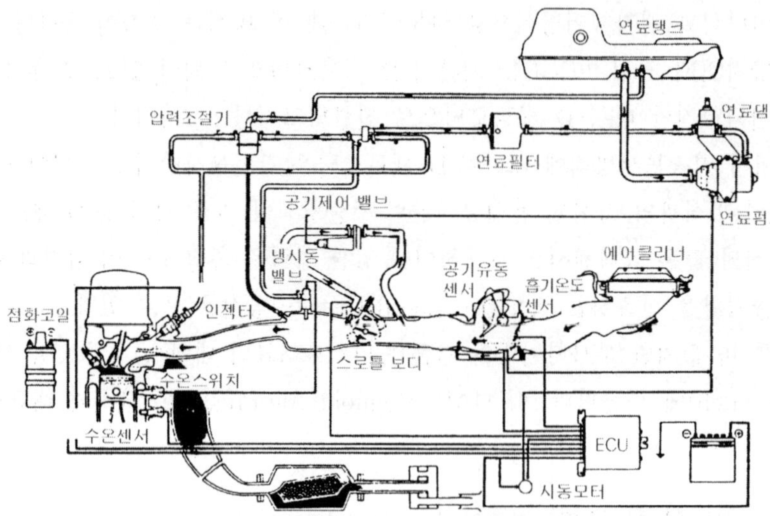

그림 4·6 L-제트로닉의 기본 시스템

연료 인젝터에 들어오는 전기펄스의 시간만으로 결정되기 때문에 제어의 정밀도가 매우 높다. 표 **4·2**에 L-제트로닉과 D-제트로닉 방식의 차이점을 나타낸다. 표에서 보면 L-제트로닉 방식의 성능이 뛰어나 현재 거의 이 방식이 사용되고 있다. L-제트로닉 방식에 사용되는 각 센서의 작동을 표 **4·3**에, 원리를 그림 **4·7**에 나타낸다. 인젝터에서 공급되는 연료 분사량은 다음과 같이 표시된다.

표 4·2 L-제트로닉과 D-제트로닉의 차이점

항 목	D-제트로닉	L-제트로닉	비 고
공기량	흡기다기관 부압측정	공기량 직접 계측	정밀도 향상
회전수검출	기계식	전자식	
분사방식	Group분사	동시분사	
공연비조정	Control Unit으로 CO 조정	불필요	서비스성 향상
연료압력	대기압에 대하여 21 gf/cm^2로 일정	연료압력과 흡기다기관압력과의 차이압력 2.55 kgf/cm^2로 일정	정밀도 향상
연료압력	압력조정기로 조정	압력조정기로 조정	
가속감지	가속 센서 사용	스로틀밸브 스위치를 열어 가속	
EGR 영향	흡기관의 부압변동에 따라 흡입공기량 계측이 변화하고 그에 따라 EGR이 변함.	없음.	
삼원촉매의 영향	배기관의 배압이 흡기관의 부압에 영향을 주어 흡입공기량 계측에 영향을 줌.	없음.	

표 4·3 L-제트로닉이 사용되는 각 센서의 작동상황

센서	작동 원리
에어플로 센서	흡입공기량을 포텐쇼미터에 의해 전압비로 검출하고 이 신호에 따라 ECU는 기본분사시간을 정한다.
TPS	스로틀밸브의 개도에 의해 공회전 및 고부하 상태를 검출한다.
수온 센서	엔진 냉각수온을 검출하는 서미스터로 수온에 따라 연료분사량을 증감하는 역할을 한다.
흡기온 센서	흡입온도를 검출하는 서미스터로 온도에 따라 연료분사량을 증감하는 역할을 한다.
점화 1차 신호	점화 1차 신호에 따라 타이밍과 엔진회전수를 검출한다.

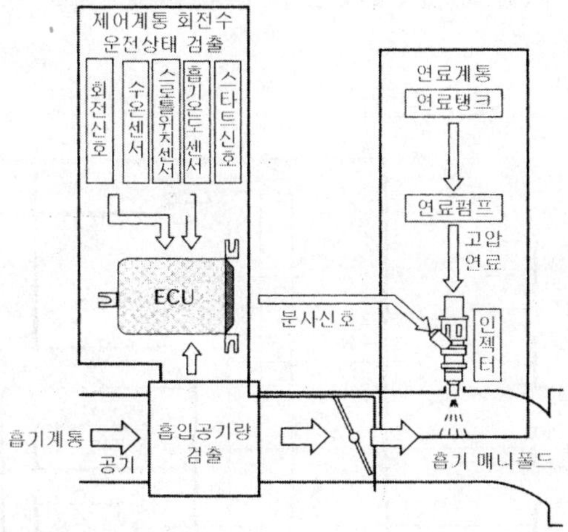

그림 4·7 L-제트로닉 센서의 원리도

$$\text{연료 분사량} = \text{기본 분사량}\left(K \times \frac{\text{흡입공기량}}{\text{엔진회전수}}\right) + \text{증량보정 분사량} \quad (4\cdot1)$$

여기서 K는 엔진에 따른 계수이다.

흡입공기량을 검출하는 에어플로미터(Vane type)는 그림 **4·8**에서 보여 주는 것과 같이 플랩(Flap)식이어서 플랩 열림폭을 퍼텐쇼미터(Potentiometer)를 사용하여 전압비로 치환하고 흡입공기량을 계측한다. 이 질량흐름 방식의 특징은 EGR과 배압의 영향을 받지 않는 점이다. 냉간시동시 운전상태의 변화에 대해서는 그림 **4·9**에 나타내는 보조증량보정 방법으로 대응하고 있다. 기본 분사량은 흡입공기량과 크랭크앵글 센서의 엔진회전수에 따라 결정되고 각종 센서들이 엔진의 작동상태를 감지하여 ECU가 보정함으로써 항상 최적 상태로 연료를 공급한다. 또한 배출가스규제 대책으로는 산소 센서를 사용한 공연비 피드백제어방식이 채용된다.

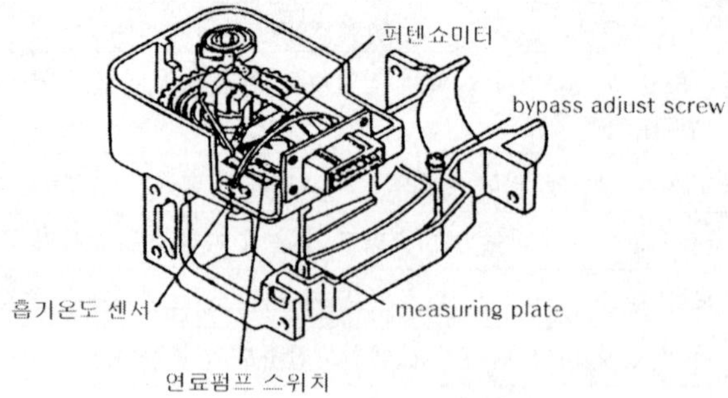

그림 4 · 8 베인타입 Air Flow Meter의 구조

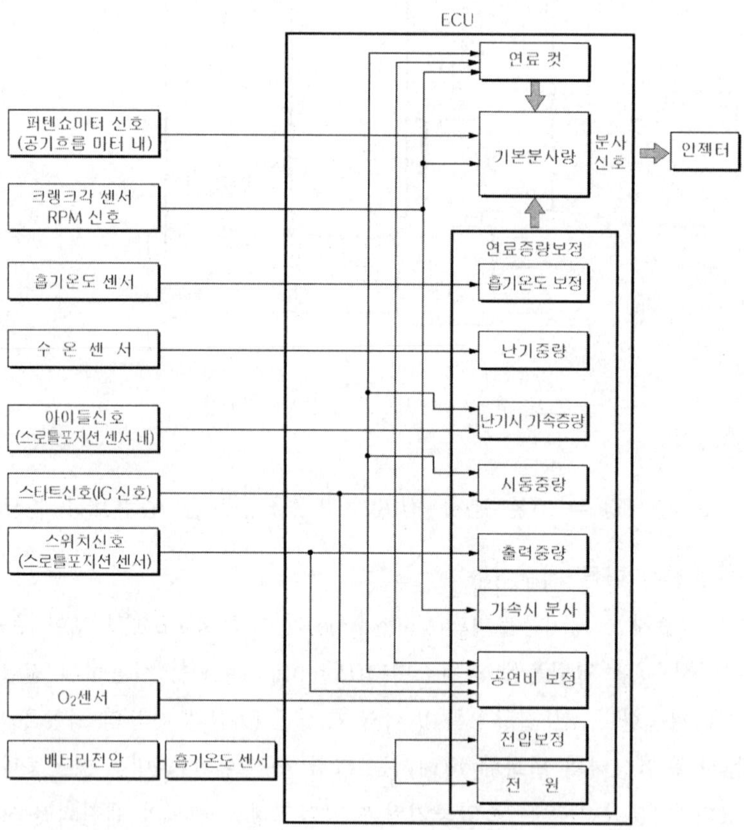

그림 4 · 9 보조증량 보정 특성

4.2 센서의 종류와 기능

H사 차량의 전자제어 시스템은 MELCO, BOSCH, SIMENS시스템으로 구성되어 있다. MELCO시스템의 특징은 원통형 에어크리너에 6단자로 된 칼만볼텍스형식의 공기흐름 센서, 대기압 센서, 흡기온도 센서가 같이 있고 ISC모터, TPS 센서 등이 부착되어 있고 MELCO시스템 중 DOHC엔진에는 공기유량 센서와 ISC모터가 MAP 센서 및 ISA로 대체되어 있다. BOSCH시스템은 열선식 및 열막식의 공기유량 센서가 적용되고 공전속도조정에 ISA, 캠샤프트포지션 센서가 적용되어 있다. SIMENS시스템은 공기유량 센서 대신에 MAP 센서가 적용되어 있고 ISA가 적용되어 있다. 표 **4・4**는 H사 차량의 엔진 분류를 나타내고 표 **4・5**는 다용도테스터기로 자기진단할 때의 출력 값을 나타낸다.

MELCO SYSTEM : 6단자 공기유량 센서, ISC서보 SIMENS SYSTEM : MAP, ISA BOSCH SYSTEM : 4단자 공기유량 센서, ISA	→	MAP, ISA으로 변경(현사양)

표 4・4 H사 차량의 분류

전자제어시스템	엔 진	적용 차량	공기 센서타입 현사양
MELCO시스템	오리온엔진	엑셀 1.5 SOHC 엘란트라 1.5 SOHC	
	시리우스엔진	소나타 1.8, 2.0, 2.4 SOHC 2.0 DOHC 소나타III 1.8, 2.0 SOHC 1.8, 2.0 DOHC	
		EF 소나타 1.8 DOHC	speed density(MAP)
		EF 소나타 2.0 DOHC	speed density(MAP)
		EF 소나타 2.4 DOHC	speed density(MAP)
	V6	MARTIA 3.0 DOHC	
	대형 V6	GRANDEUR 3.0 DOHC GRANDEUR 3.5 DOHC GRANDEUR 4.5 DOHC	
BOSCH시스템	ALPHA-3밸브	스쿠프 1.5 MPI	hot film
	ALPHA-DOHC	엑센트 1.5 DOHC	speed density(MAP)
		아반테 1.5 DOHC	speed density(MAP)
	BETA	아반테 1.8 DOHC	speed density(MAP)
		티뷰론 2.0 DOHC	speed density(MAP)

표 4·4 (계속)

전자제어시스템	엔 진	적용차량	공기센서타입 현사양
SIMENS시스템	NEW ALPHA	엑센트 1.3 SOHC 엑센트 1.5 SOHC	speed density(MAP) speed density(MAP)
	DELTA	마르샤 후속 2.0 DOHC EF 소나타 2.5 DOHC 왜건, 지프 2.7 DOHC	hot film hot film hot film

표 4·5 서비스 데이터 분석

항 목	서비스 데이터	규정값	커넥터 탈거시	판 정
산소 센서	39 mV	100~990 mV		비정상
공기유량 센서	37 Hz	25~45 Hz	0 Hz	
흡기온 센서	23℃		−59℃	
스로틀 포지션 센서	566 mV	450~650 mV	19 mV	
MPS	878 mV	850~1300 mV	4980 mV	
배터리전압	13.6 V	13~14.5 V		
크랭크 스위치	off	on		
냉각수온 센서	96℃	80~110℃	−52℃	
CAS	750 rpm	650~850 rpm		
BPS	764 mmHg	750~770 mmHg	0 mmHg	
공전스위치	on	on		가속시키면 on
파워스티어링	off	off		
에어콘스위치	off	off		
인젝터	3.3 msec	2.3~3.5 msec	엔진부조	
점화시기	9~11°	8~12°		

4.2.1 공기유량 센서

엔진에서 가장 중요한 센서는 공기유량 센서이며 공기량의 정확한 측정은 공연비 제어의 정확성과 직결된다. 직접계측방법은 공기체적계측과 공기질량계측으로 구분되며 공기체적방법은 칼만와류식과 가동베인식이 있고 공기질량계측법에는 열선식(hot wire type)과 열막식(hot film type)이 있다. 또한 간접계측방법에는 실리콘 칩식인 맵(MAP) 센서식이 있다.

〔1〕 칼만와류식

칼만와류(볼텍스, vortex) 현상을 이용한 초음파 검출방식의 공기유량 센서의 구성을 그림 **4 · 10**에 나타낸다. 이 센서의 원리는 공기의 흐름을 허니콤(honeycom, 정류기)을 통과시켜 일직선 흐름으로 만든 후 센서 내부에 있는 송신기에서 수신기로 초음파를 발사하여 와류발생기를 통과한 유동은 와류가 발생(칼만와류수)된다. 이 와류는 초음파 흐름을 교란하여 수신기 쪽으로 불규칙적인 초음파 신호(와류수에 대응하는 소밀음파)가 들어간다. 이 불규칙적인 신호를 정형하여 깨끗한 디지털 펄스로 변조하여 ECU에 보내면 ECU는 이 신호를 기본으로 하여 기본 연료 분사량을 계측한다.

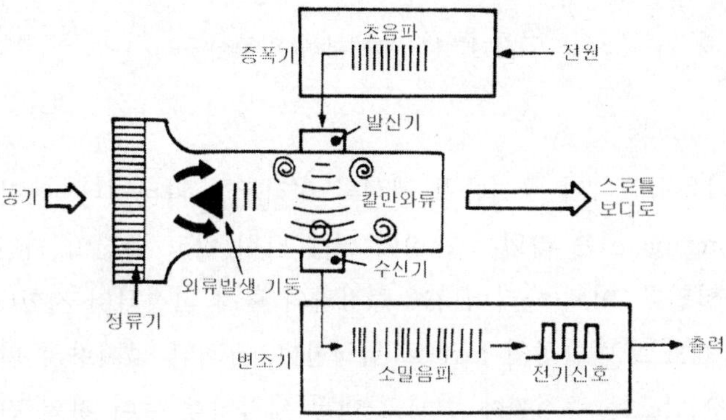

그림 4 · 10 칼만와류방식의 AFS 구성도

〔2〕 열선식 (hot wire type)

열선식 공기유량 센서는 공기 흡입구 통로에 설치되며 서미스터 구조로 된 콜드와이어(cold wire), 발열량에 상응하는 열량을 내는 열선부(0.07 mm의 백금선), 그리고 브리지 회로의 컨트롤 회로로 구성되어 있다. 센서 자체의 컨트롤 회로에서 공기 통로에 설치되어 있는 발열체와 온도 센서와의 온도차를 전류를 이용하여 일정하게 유지하도록 제어한다. 또한 엔진 작동 중 열선에 부착된 이물질을 고온으로 태워 제거하는 자기청정회로(burn off circuit)가 있다. 공기 통로에 설치된 발열체는 흡입되는 공기에 의해 냉각되고 컨트롤 회로는 발열체 온도를 일정(100℃)하게 유지하기 위해 발열체로 흐르는 전류량을 증가시켜 발열체의 온도를 상승시키며 이때 발열체로 공급된 전류량의 상관관계에 의해 흡입공기량을 측정하고 이를 전압으로 변환하여 ECU로 전기적 신호를 보내 공기흡입량을 감지한다.

이와 같이 이 센서는 발열체와 공기간의 열전달 현상을 이용한 것이다. 이 방식은 공기의 밀도 변화에도 대응할 수 있기 때문에 ECU에서 온도 및 압력 보정을 하지 않아도 되는 특징이 있다. 이 방법은 ECU에서 공급되는 전류의 전압은 완만한 곡선으로 출력되고 열선이 식은 만큼 동일하게 ECU에서 공급되는 전류는 펄스신호로 제공되므로 전압의 측정은 큰 의미가 없다. 그림 **4 · 11**은 열선식 센서의 구성도와 출력전압 특성을 나타낸다.

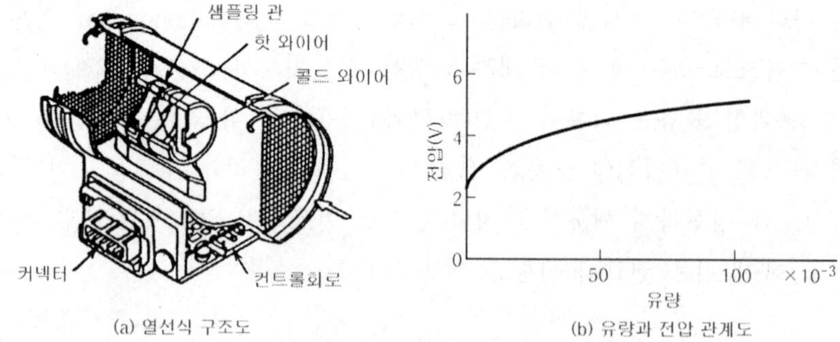

그림 4 · 11 열선식 AFS 구성도

〔3〕 가동베인식

그림 **4 · 12**는 가동베인식의 공기유량 센서의 원리도를 나타낸다. 엔진이 정지되어 있을 때 측정판(measuring plate)은 리턴 스프링에 의해 닫혀 있고 엔진이 회전하면 측정판은 공기의 흐름에 의해 열린다. 이때 슬라이더는 측정판의 축에 연결되어 저항(register)과 접촉하여 흡입 공기량을 신호로 변환하여 ECU로 입력한다. 급격한 공기량의 변화에 대응하여 측정판을 안정시킬 수 있도록 측정판에 일체로 댐핑 체임버를 두어 판의 진동을 흡수하여 보다 정확하게 공기량을 측정한다. 이 방법은 출력전압은 공기량이 많을수록 직선적으로 높아지고 가동베인 열림각이 클수록 유입되는 공기량은 많다. 공회전시 공연비 조절을 위해 공기는 측정판을 통과하지 않고 엔진으로 공기를 공급해 주는 바이패스 통로가 있고 공기의 양을 조절하는 바이패스 조정스크루가 설치되어 있다.

그림 4 · 12 가동베인식의 AFS 원리도

〔4〕 열막식

앞서 설명한 열선식은 열선, 냉각선, 정밀저항기 등 생산비가 고가인 제품이고 이물질을 제거하기 위한 자기 청정기능은 가열과 냉각을 반복해 측정의 정밀도가 낮은 단점이 있다. 이에 반해 열막식은 백금필름을 플라스틱에 코팅한 것으로 센서부가 측면에 설치되어 있어 오염이 힘든 구조여서 자기청정기능은 삭제되어 있고 기본 작동 원리는 열선식과 같다. 열선식 측정 센서들을 세라믹기판에 층저항으로 집적시킴으로서 내부를 간략화하였고 열선식에 비해 열손실이 적기 때문에 냉각체가 작아 중량이 가볍고 백금을 사용치 않아 원가도 절감되었다. 측정정밀도도 열선식보다 좋다. 그림 **4 · 13**은 열막식 센서의 구성도를 나타낸다.

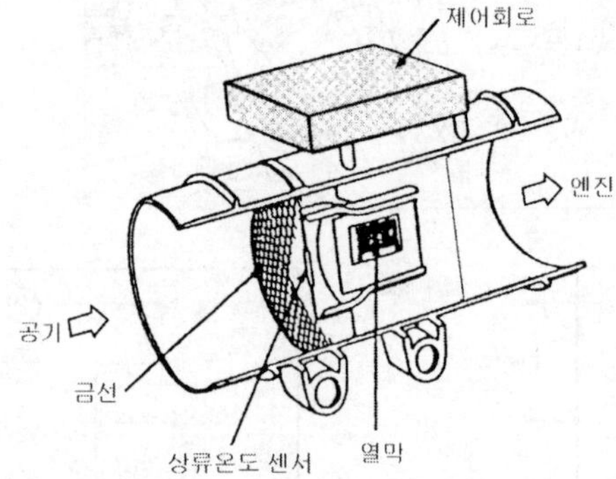

그림 4 · 13 열막식 AFS 구성도

〔5〕 공기유량 센서 회로와 커넥터

그림 **4 · 14**와 **4 · 15**는 공기유량 센서의 회로와 커넥터를 나타낸다. 이 공기유량 센서들은 칼만와류 방식이다. 표 **4 · 6**은 공기유량 센서의 규정출력전압을, 표 **4 · 7**은 공기유량 센서와 규정 출력주파수를 나타낸다.

표 4 · 6 공기유량 센서의 규정 출력전압

차 종	엔진속도	출력전압
6단자 (엑셀 MPI, 소나타 MPI)	공회전	2.7~3.2 V
	3000 rpm	2.7~3.2 V
4단자 (아반테 1.5 DOHC)	공회전	0.7~1.1 V
	3000 rpm	1.3~2.0 V

표 4 · 7 공기유량 센서의 규정 출력주파수

차 종	엔진속도	출력주파수(공기유량)	비 고
6단자	750 rpm	25~50 Hz	가속을 하면 값이 증가된다.
	2000 rpm 3000 rpm	63~83 Hz(엑셀 MPI) 70~130 Hz(소나타)	
4단자 (아반테 1.5 DOHC)	800 rpm	9.2~12 kg/h	
	3000 rpm	32~40 kg/h	

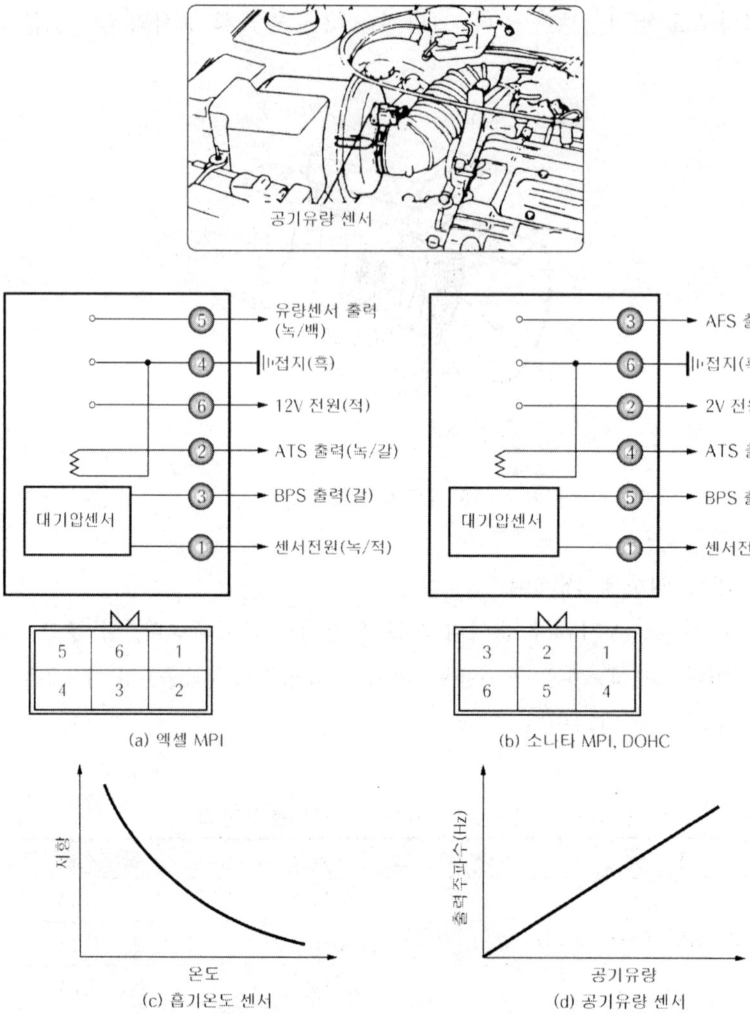

터미널 1 : ECU 센서전원 5 V	터미널 4 : 흡기온도출력
터미널 2 : 컨트롤 릴레이 전원 12 V	터미널 5 : 대기압출력
터미널 3 : 공기유량 센서 출력	터미널 6 : 접지

그림 4 · 14 6단자 공기유량 센서의 회로와 커넥터 (소나타 MPI, 소나타 DOHC)

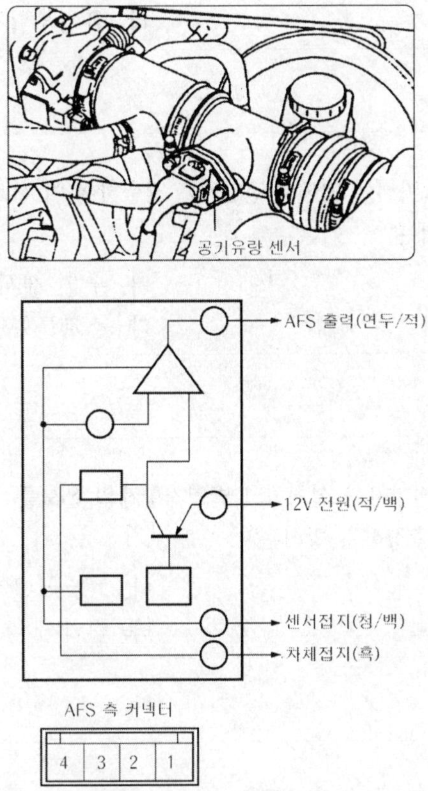

터미널 1 : 공기유량 센서 출력(ECU 7번 단자)
터미널 2 : 컨트롤 릴레이 전원 12 V
터미널 3 : AFS 센서접지
터미널 4 : 차체접지

그림 4 · 15 4단자 공기유량 센서의 회로와 커넥터 (엑센트 1.5 DOHC, 아반테 1.5 DOHC 초기사양)

예제 4 · 1

흡기통로 내에 소용돌이 발생판을 설치하고 후방에서 발생하는 칼만와수를 초음파에 의해서 검출하여 흡입공기량을 산출하는 방식은?

가. 칼만와류식　　나. 베인플레이트식
다. 열선식　　라. 흡입부압감지식

예제 4 · 2

다음 중 흡입공기량 직접계측법이 아닌 것은?

가. 칼만와류식　　나. 베인플레이트식

다. 열선식 　　　　**라**. 흡입부압감지식

예제 4·3

흡입공기량을 퍼텐쇼미터에 의해서 전압비로 검출하며 이 신호에 의해 ECU가 기본 분사량을 결정한다 이 센서는?

가. 흡기온 센서 　　　　나. 수온 센서
다. 에어플로미터 　　　　라. 스로틀 포지션 센서

예제 4·4

흡기통로 내에 발열저항체를 설치하고 발열저항체의 온도를 일정하게 유지하여 그때의 전류값으로 공기량을 측정하는 방식은?

가. 칼만와류식 　　　　나. 가동베인식
다. 열선식 　　　　라. 열막식

예제 4·5

MAP센서에 대한 설명 중 틀린 것은?

가. 매니폴드 절대압력(진공)을 측정하는 센서이다.
나. 센서에 진공이 크게 걸리면 출력전압은 적어진다.
다. 매니폴드 대기압력을 측정하는 센서이다.
라. 압력변동은 압전소자를 이용하여 측정한다.

예제 4·6

가솔린기관이 워밍업 후 공회전할 때 흡기다기관의 압력은?

가. 200~300 mmHg 　　　　나. 350~450 mmHg
다. 450~500 mmHg 　　　　라. 600~700 mmHg

4.2.2 맵 센서

이 방식은 간접계측방법으로 6단자 공기유량 센서에서 공기온도 센서는 분리 설치하고 공기유량측정과 대기압 센서를 맵 센서로 대치하여 원가 절감시킨 시스템이다. 이 시스템의 기본개념은 서지탱크로 들어오는 공기량은 매니폴드의 압력에 비례한다는 이론에 근거하여 압력변화, 즉 엔진의 부하변동을 압전소자(피에조 소자)를 이용하여 측정하여 전기적 신호

로 바꾸어 ECU에 보낸다. 그림 **4 · 16**은 MAP 센서의 구조 및 압전소자를 나타낸다. 압전소자는 면적 3 mm^2, 두께 250 μm의 실리콘 칩에 몰딩되어 있다. 실리콘 칩의 진공실은 흡기 매니폴드의 쪽과는 약 25 μm의 두께를 가지는 얇은 막을 사이에 두고 있다. 이 얇은 막은 다이어프램과 같은 역할을 한다. 그리고 바깥쪽은 파이렉스 글라스 판으로 되어 있다. 흡기매니폴드의 압력이 변화하면 압전소자의 저항이 변화하고 그에 따라 전압이 변한다. 센서에서 출력되는 전압은 진공이 낮으면 출력전압은 높아지고 반대로 진공이 높아지면 출력전압은 낮아진다. 그림 **4 · 17**에는 맵 센서의 회로도와 커넥터를 나타낸다. 표 **4 · 8**은 맵 센서의 규정 출력전압값을, 표 **4 · 9**는 맵 센서의 규정 출력압력값을 나타낸다.

참고

- 다이어프램 (diaphragm) : 고무 등의 탄성을 가진 얇은 막으로 2구역을 나누어 한 쪽의 압력 변화에 따른 변위를 레버 등으로 전달한다.

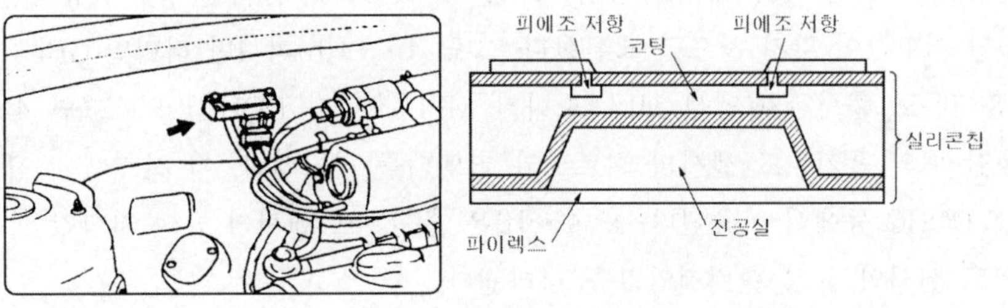

그림 4 · 16 맵 센서의 외형 및 구조

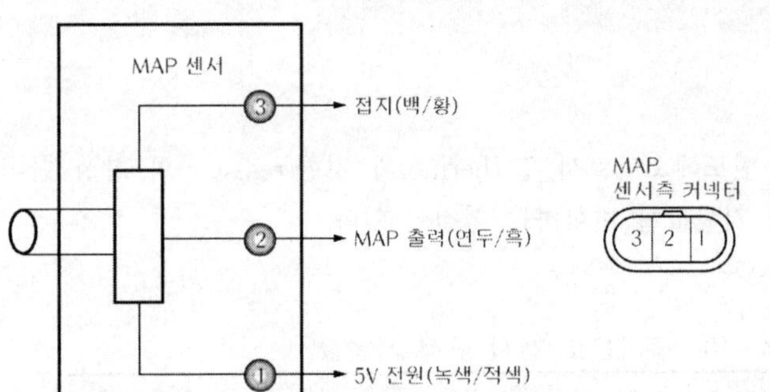

터미널 1 : 센서전압 5 V
터미널 2 : 센서출력값
터미널 3 : 접지

그림 4 · 17 맵 센서의 회로도와 커넥터(엑센트 MPI)

표 4·8 맵 센서 규정 출력전압값

측정 조건	출력전압
점화스위치 ON시	4.5~5.0 V
공회전시	1.0~1.5 V

표 4·9 맵 센서 규정 출력압력값

측정 조건	압 력
점화스위치 ON시	850~1024 mb
공회전시	250~400 mb

4.2.3 흡기온도 센서

이상기체 상태방정식에 의하면($p=\rho RT$) 공기밀도는 온도가 상승하면 감소하고 온도가 내려가면 증가하는 반비례의 성질을 가지고 있다. 따라서 공기의 온도가 높아지면 공기량이 적어지고 온도가 낮아지면 공기량이 많아져 연료의 분사량이 일정한 경우 혼합기는 너무 희박하게 된다. 공기유량의 계측의 경우 체적을 감지하는 방식(베인식, 칼만와류식)의 경우 흡입공기 온도변화에 따른 공기밀도 변화를 보정하기 위해 반드시 흡기온 센서가 사용된다. 이 센서는 서미스터 구조의 저항 내장형 센서이며 공기온도에 따라 저항이 변하게 되어 있다. 온도가 높으면 저항이 작아진다. 이는 서미스터 구조가 가지는 특징이다. ECU에 입력되는 아날로그 신호는 4 V에서 1 V로 하강한다. 즉, 낮은 전압이 높은 온도(부특성)를 나타낸다. 흡기온 센서의 고장시 보통 흡기온 값은 20℃로 고정 대치되고 센서 감지온도 범위는 −40℃에서 120℃이다. 고장점검의 방법으로는 공기온도에 따라 센서의 저항치가 다르므로 표 **4·10**의 저항값이 맞지 않으면 교환한다. 그림 **4·14**(b)의 4번 터미널(GBr : 녹색에 갈색띠)이 흡기온도 출력단자(엑셀 MPI, 소나타 MPI, 소나타 DOHC)이고 그림 **4·18**은 맵 센서 사용할 때의 흡기온도 센서의 회로도와 커넥터를 나타낸다. 이 시스템은 엑센트 MPI, 아반테 1.8 DOHC 등에서 사용된다. 표 **4·10**은 흡기온도 센서의 규정 저항값을, 표 **4·11**은 흡기온도 센서의 규정 출력전압값을 나타낸다.

참고

- **서미스터** (thermistor)

온도에 따라 저항값이 변하는 반도체소자로서 열(thermo)과 저항(resistor)의 합성 단어이다. 이 소자는 온도와 시간에 따라 저항값이 변화하는 성질이 있다.

표 4·10 흡기온도 센서 규정 저항값

흡입공기온도(℃)	흡기온도 센서 저항값(kΩ)	비 고
0	5.4 ~ 6.6	온도가 높아지면 저항은 작아진다.
20	2.33 ~ 2.97	
80	0.31 ~ 0.43	

표 4·11 흡기온도 센서 규정 출력전압값

흡입공기온도(℃)	출력전압	비 고
0	3.4 ~ 3.6 V	온도가 높아지면 전압은 낮아진다.
20	2.5 ~ 2.7 V	
80	0.6 ~ 0.8 V	

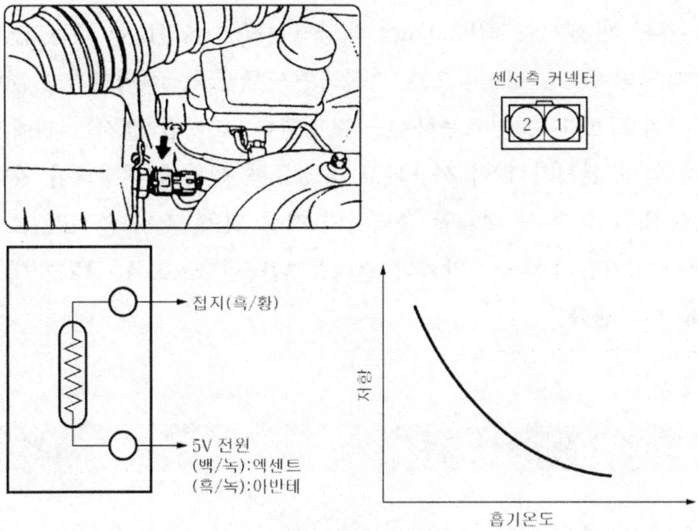

터미널 1 : 센서 전압 5V(ECU 47)
터미널 2 : 접지(ECU 30)

그림 4·18 흡기온도 센서의 회로도와 커넥터(엑센트 MPI와 아반테 1.8 DOHC)

예제 4·7

전자제어 분사엔진의 흡기온도 센서에 대한 설명 중 틀린 것은?

가. 흡입공기온도가 낮으면 저항값이 크다.
나. 온도변화에 따른 공기밀도보정에 사용된다.
다. 낮은 출력전압은 높은 흡입온도를 나타낸다.
라. 이 센서의 고장시 시동이 걸리지 않는다.

예제 4·8

가솔린기관의 온도 센서로 가장 많이 사용하는 것은?

가. 서미스터 나. 다이오드
다. 저항 라. 파워트랜지스터

4.2.4 대기압 센서

공기유량의 계측시 체적을 감지하는 방식(베인식, 칼만와류식)의 경우 대기압 변화에 따라 흡입공기의 양이 변한다. 상태 방정식에서 압력과 밀도는 반비례하기 때문에 압력이 높아지면 공기량은 적어진다. 흡입공기 온도변화에 따른 공기밀도 변화를 보정하기 위해 대기압 센서가 사용된다. 이 센서는 해발 0 m에 해당하는 760 mmHg일 때는 4.5 V의 출력이 나오고 해발이 높아지면 720 mmHg식으로 저하되면서 산소는 희박해지고 전압도 저하된다. 이 전압변화를 근거로 ECU는 연료분사량을 보정한다. 대기압 센서는 피에조 저항 효과를 이용한 반도체식 압력 센서가 많이 사용되고 공기유량 센서에 내장되어 있다. 그림 **4 · 14** (b)의 5번 터미널(Br : 갈색)이 대기압 출력단자(엑셀 MPI, 소나타 MPI, 소나타 DOHC)이다. 그림 **4 · 19**는 대기압과 출력전압과의 관계를 나타낸다. 표 **4 · 12**는 대기압 센서의 규정 출력전압값을 나타낸다.

참고

- **피에조 소자** (압전소자, piezo element)

2개의 면에 압력을 가하면 저항이 변화하고 그에 따라 변화된 전압을 발생하는 소자이다. 이 원리를 적용한 센서는 맵 센서, 대기압 센서, 노크 센서 등이 있다.

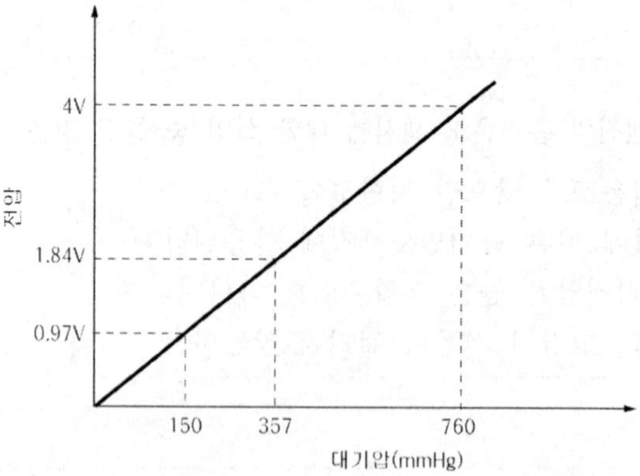

그림 4 · 19 대기압과 출력전압

표 4 · 12 대기압 센서 규정 출력전압값 (엑셀, 소나타 MPI)

압력(mmHg)	출력전압	비 고
760 mmHg	4 V	고도가 높아지면 전압은 작아진다.
357 mmHg	1.84 V	
150 mmHg	0.97 V	

예제 4 · 9

해발이 높아지면 대기압 센서의 출력전압은 어떻게 변하는가?

가. 낮아진다. 나. 높아진다.
다. 변화가 없다. 라. 요동을 한다.

예제 4 · 10

2개의 면에 압력을 가하면 저항이 변화하고 그에 따라 변화된 전압을 발생하는 소자는 다음 중 어느 것인가?

가. 서미스터 나. 다이오드
다. 피에조 소자 라. 파워트랜지스터

예제 4 · 11

압전소자를 사용하지 않는 센서는?

가. 맵 센서 나. 대기압 센서
다. 녹크 센서 **라**. 흡기온 센서

예제 4 · 12

해발 0 m에 해당하는 압력은 다음 중 어느 것인가?

가. 740 mmHg 나. 750 mmHg
다. 760 mmHg 라. 770 mmHg

4.2.5 산소 센서

배기가스 중의 산소농도를 검출하고 삼원촉매장치 내에 공연비를 피드백 제어를 하기 위한 전기신호를 얻는 센서이다. 산소 센서 단면도와 출력전압을 그림 **4 · 20**에 나타내었고 그 구조를 그림 4·21, 산소 센서의 전압 발생부의 원리를 그림 4·22에 나타내었다.

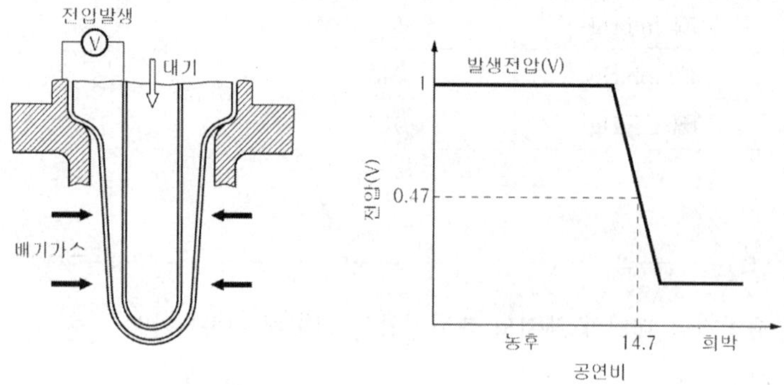

그림 4·20 산소 센서의 단면도와 출력전압

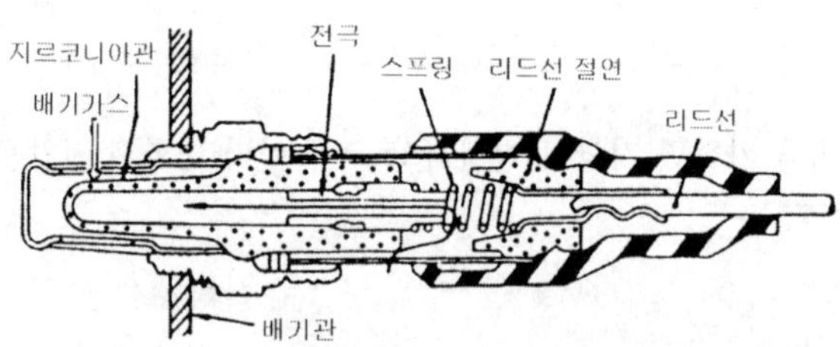

그림 4·21 산소 센서의 구조

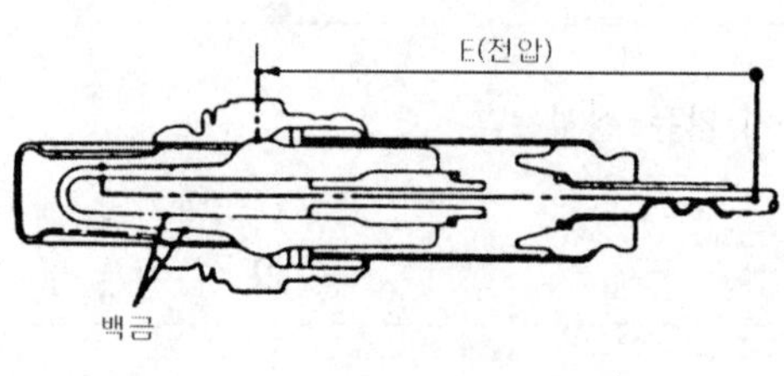

그림 4·22 산소 센서의 전압발생부

지르코니아(Zirconia, ZrO_2 산화지르코늄)에 소량의 이트리아(Y_2O_3, 산화이트륨)를 혼합하고 시험관 상으로 태워 만든 지르코니아 소자의 표면에 백금의 엷은 층을 부착한 것으로 기전력을 발생하는 지르코니아관과 리드선 역할을 하는 푸시 지르코니아(push zirconia) 간의 보호와 배출가스를 도입하는 루버(louver) 등으로 구성되어 있다. 지르코니아 소자의 내외면에는 다공질의 백금 코팅이 되어 있어 전극 및 기전력의 증폭(촉매) 작용을 하여 U관의 내측(대기측)과 외측(배기측)의 사이에 기전력이 발생한다. 지르코니아는 저온시는 대단히 저항이 커서 전류는 흐르지 않지만 고온시에 내측과 외측의 산소농도의 비가 커지면 산소

이온만이 빠져나가 기전력을 발생하는 성질이 있다. 따라서 내측에 산소농도가 높은 대기를, 외측에는 산소농도가 낮은 배기가스를 접촉시킨다. 대기 중의 산소농도는 21%로 일정하기 때문에 배출가스 중의 산소농도에 따라서 농도비가 변하고 산소 부족의 농후한 혼합기측에서는 산소농도의 비가 커서 기전력이 발생한다. 반대로 산소 과잉의 혼합기측에서는 산소농도의 비가 적고 기전력은 발생하지 않는다. 따라서 농후한 혼합기측에도 소량의 산소가 존재하여 지르코니아 소재만으로는 충분한 기전력을 얻지 못하기 때문에 백금을 표면에 코팅해서 유효한 기전력을 얻고 있다. 그림 **4・23**에 센서의 기전력의 특성을 나타내고 또한 그림 **4・24**에 산소 센서를 사용한 공연비 보정장치의 시스템을 나타낸다.

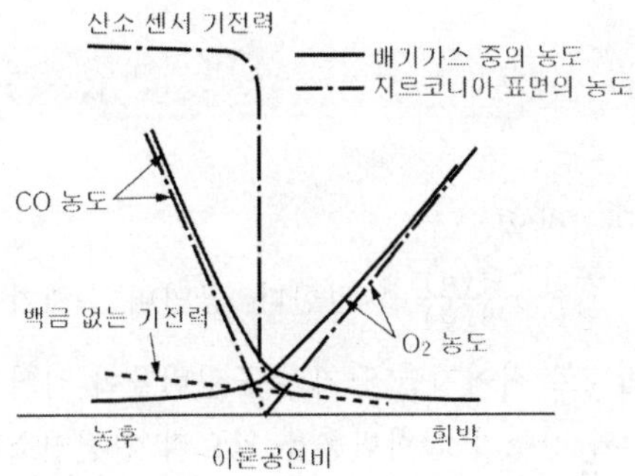

그림 4・23 산소 센서의 기전력의 특성

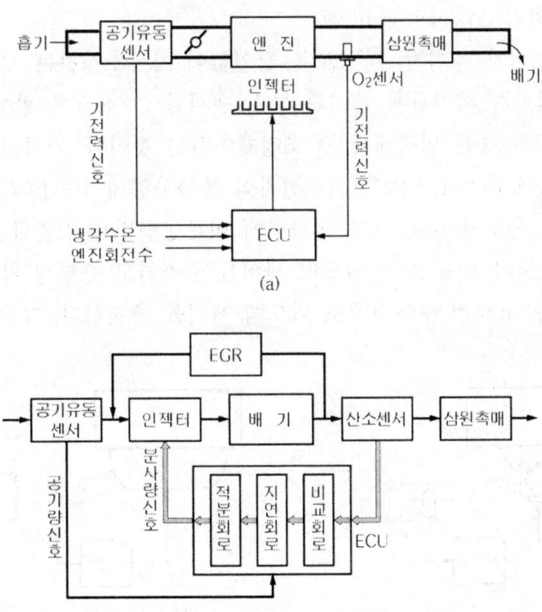

그림 4・24 산소 센서 사용 공연비 보정장치

산소 센서는 고온하에서는 산소 농도검출이 손쉬우나 저온시에는 특성이 변해 검출이 어려운 특성이 있다. 산소 센서는 입력전원 없이 출력전압이 발생하지만 작동온도(활성화 온도 : 350℃)가 되어야 출력전압이 발생한다. 공연비가 농후한 영역에서는 800 mV 이상, 공기가 희박한 영역에서는 200 mV 이하의 기전력이 발생한다. 만약 엔진이 공회전시 흡입구를 손으로 막으면 농후해져서 산소 센서의 출력은 순간적으로 올라간다. 산소 센서는 정밀도를 확보하기 위해 될 수 있는 한 엔진 근처의 각 기통 가스 혼합부에, 배출가스 흐름에 직각으로 장착하고 누수 등에 의한 산소 센서의 급냉이나 전기절연도의 저하를 가져오지 않는 장소를 선정할 필요가 있다.

참고

- **이론공연비** (stoichiometric ratio)

공기와 연료의 중량비로서 $\frac{\text{공기중량(g)}}{\text{연료중량(g)}}$ 을 말한다. 공연비 수치가 커지면 공기의 중량비가 커져 희박한 혼합기가 되고 반대로 적어지면 공기의 중량비율이 적어져 농후한 혼합기가 된다. 이론공연비란 휘발유(C_nH_m)와 산소가 산화반응을 일으켜 완전연소를 하기 위한 중량비율을 이론적으로 구한 값으로 휘발유는 각종 탄화수소의 혼합물이기 때문에 모든 휘발유에 대해서 하나의 수치로 표시하는 것은 불가능하지만 통상적으로 옥탄가의 경우 14.7 : 1로 나타내고 있다.

- **공연비 피드백 제어** (feed back control)

상태를 감지하여 목표치가 유지될 수 있도록 끊임없이 자동조절하는 제어를 피드백 제어라 한다. 공연비 피드백 제어는 배기관에 설치된 산소 센서와 그 신호를 받아서 혼합기의 공연비를 이론공연비 부근의 극히 좁은 범위에 들게 조정제어하는 것이다. 기화기 사양에서는 피드백 카뷰레터(Feed Back Carburetter, FBC엔진), 전자식 분사사양에서는 ECCS, EGI 등 여러 시스템이 있다. 산소 센서의 온도가 낮을 때는 정확하게 이론공연비를 검출할 수 없기 때문에 시동시 및 시동 후 냉각수 온도가 낮을 때는 피드백 제어를 중지하고 주행성 확보를 위해 공연비를 농후로 설정하고 고부하, 고회전 주행시에도 피드백 제어를 중지한다. 그림 **4 · 25**는 피드백 시스

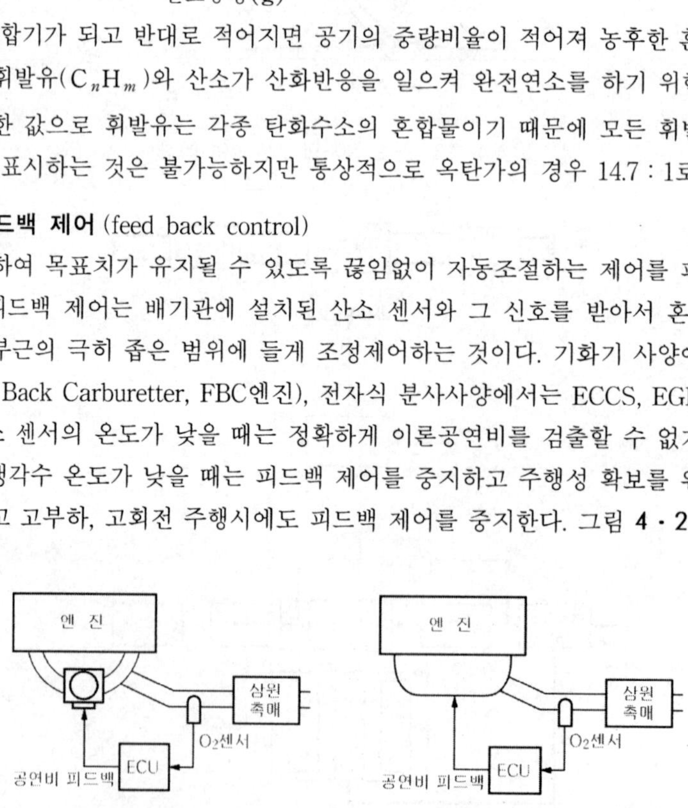

그림 4 · 25 피드백 시스템(Feed Back System)

템을 나타내고 그림 4 · 26은 산소 센서의 회로와 커넥터를 나타낸다. 표 4 · 13은 산소 센서의 규정저항값을 나타내고 표 4 · 14는 산소 센서의 규정 출력전압값을 나타낸다. 또한 표 4 · 15는 가감속시 산소 센서의 규정 출력전압값을 나타낸다.

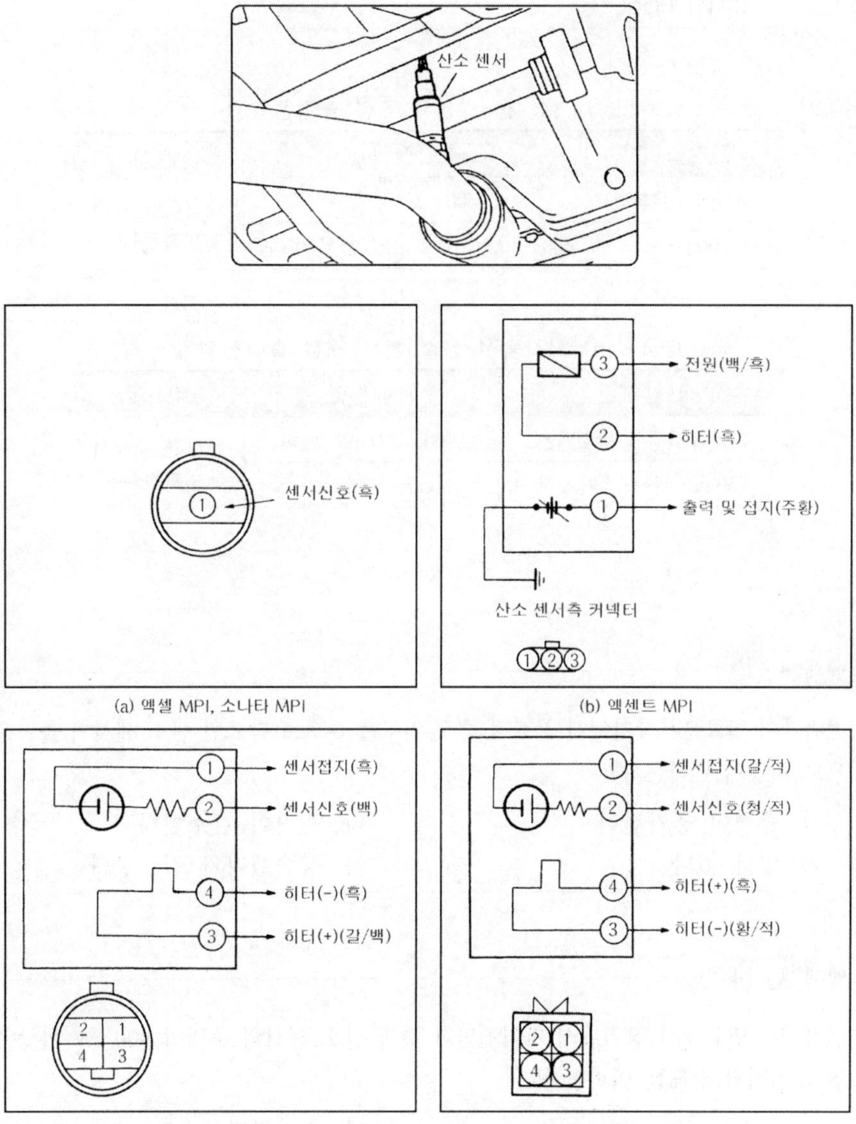

그림 4 · 26 산소 센서의 회로와 커넥터

표 4 · 13 산소 센서 규정저항값

차 종	온 도	규정저항	비 고
엑센트 MPI	20℃	2 ~ 5 Ω	3단자
소나타 MPI	-	-	1단자
아반테 DOHC 소나타 DOHC	400℃	30 Ω 이상	4단자

표 4 · 14 산소 센서 규정 출력전압값

점검조건	출력전압	비 고
750 rpm (공회전)	400 mV 이하	규정값 내에서 변화한다.
2000 rpm	600～1000 mV (최소 0.6 V 이하)	

표 4 · 15 가감속시 산소 센서 규정 출력전압값

점검조건	출력전압	비 고
4000 rpm에서 급감속시	200～250 mV 이하	규정값 내에서 변화한다.
750 rpm에서 급가속시	600～1000 mV	

예제 4 · 13

전자제어 연료분사장치에서 공회전 중 흡입구를 손으로 막으면 산소 센서의 출력은 순간적으로 어떻게 변하는가?

가. 출력이 증가한다. 나. 출력이 감소한다.
다. 변화 없다. 라. 상승했다가 감소한다.

예제 4 · 14

전자제어 연료분사 장치에서 자기진단한 결과 산소 센서의 출력이 800 mV 이상이 출력되면 공연비의 상태는 어떠한가?

가. 농후하다. 나. 희박하다.
다. 농후 후 희박하다. 라. 희박 후 농후해진다.

예제 4 · 15

산소 센서 설명 중 틀린 것은?

가. 일정 온도 이상이 되어야 전압이 발생한다.
나. 입력전원 없이 출력전압이 발생한다.
다. 배출가스 흐름에 직각으로 장착해야 정밀도가 보장된다.
라. 이론혼합비에서 출력전압이 500 mV로 고정된다.

예제 4 · 16

산소 센서의 작동 온도는?

가. 200℃　　나. 250℃
다. 300℃　　**라**. 350℃

예제 4 · 17

전자제어 엔진에서 사용하는 피드백 시스템은 공연비를 얼마로 맞추기 위한 것인가?

가. 13 : 1　　나. 14 : 1
다. 15 : 1　　라. 16 : 1

4.2.6 스로틀 포지션 센서 (TPS)

스로틀 포지션 센서는 스로틀 바디의 축과 같이 회전하는 가변저항기로 스로틀 밸브의 개도를 검출한다. 밸브의 개도량에 따라 연료분사량을 제어하며 공회전, 부분부하, 전부하를 감지한다. 접점식(switch type), 가변저항식(linear type) 및 복합식이 있다.

〔1〕 접점식

가이드 캠의 홈을 따라 움직이는 가동 접점, 고정 파워 접점 및 아이들 접점으로 구성되어 있다. 가이드 캠은 스로틀 밸브와 같은 축에 고정된 레버에 의해 작동한다. 스로틀 밸브의 열림 각도 1.3° 이하, 1.3°~75° 사이, 75° 이상으로 나누어지며 각각 전폐상태, 중속상태, 전개상태로 감지해 개도 정도를 파악한다. 이 방식은 가변저항식과 비교하여 검출성이 나쁘지만 간단하고 원가가 저렴한 장점이 있다. 그림 **4 · 27**은 스로틀 포지션 센서를 나타내고 그림 **4 · 28**은 스로틀 포지션 센서의 회로도와 커넥터를 나타낸다. 표 **4 · 16**은 TPS 규정저항값을, 표 **4 · 17**은 TPS 규정 출력전압값을 나타낸다.

표 4 · 16 TPS 규정 저항값

차 종	규정 저항
엑셀 소나타 MPI 구형	3.5~6.5 kΩ
엑셀 소나타 MPI 신형	3.5~6.5 kΩ
엑센트 MPI, 아반테 DOHC	0.7~3.0 kΩ

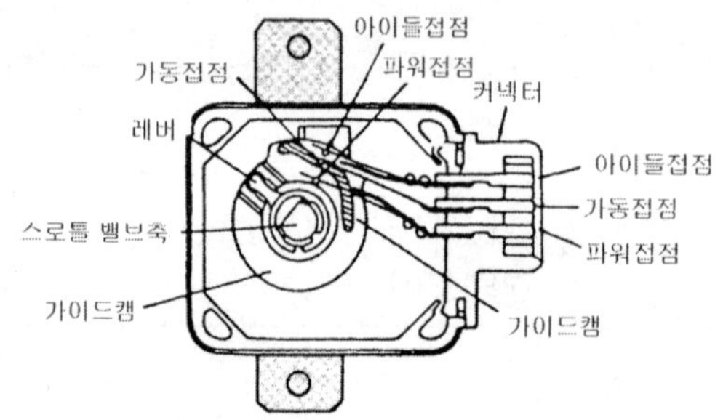

(a) 접점식 구조도

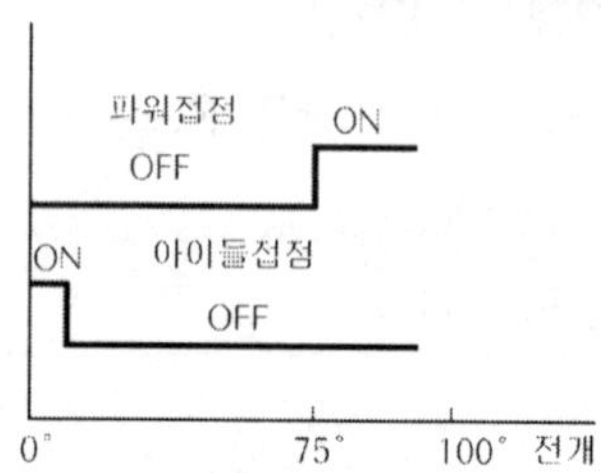

(b) 개도와 접점신호

그림 4 · 27 접점식 TPS

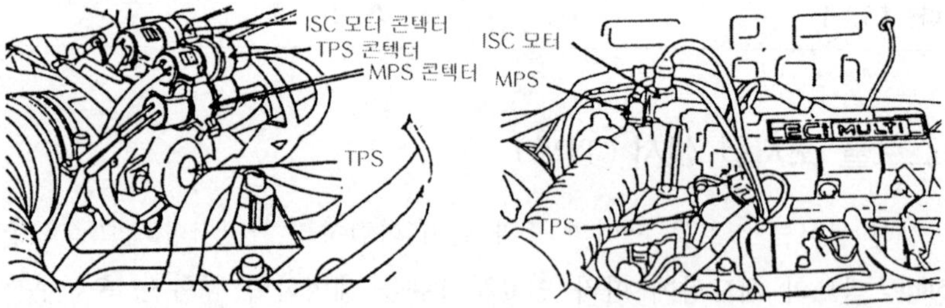

(a) 엑셀, 소나타 MPI 구형

(b) 엑셀, 소나타 MPI 신형

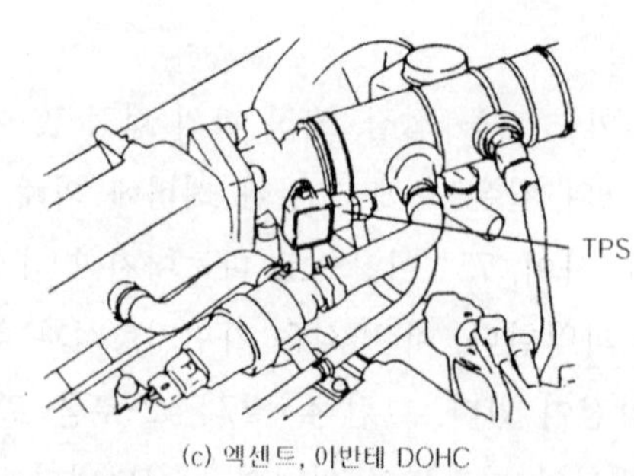

(c) 엑센트, 아반테 DOHC

그림 4 · 28 스로틀 포지션 센서

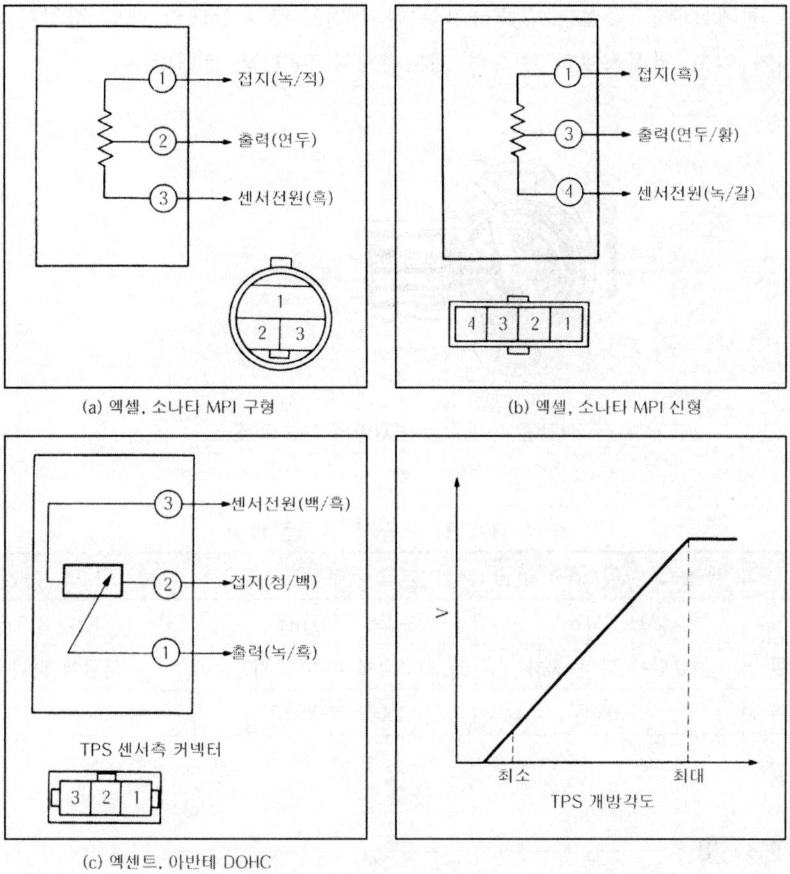

(a) 엑셀 소나타 MPI 구형	터미널 1 : 센서접지 터미널 2 : 센서출력 터미널 3 : 센서전원
(b) 엑셀 소나타 MPI 신형	터미널 1 : 센서접지 터미널 3 : 센서출력 터미널 4 : 센서전원
(c) 엑센트 MPI, 아반테 DOHC	터미널 1 : 센서출력 터미널 2 : 센서접지 터미널 3 : 센서전원

그림 4 · 29 스로틀 포지션 센서의 회로도와 커넥터

〔2〕 가변저항식

스로틀 밸브와 같이 연동하여 움직이는 2개의 브러쉬가 있고 한 개의 접점은 기판에 인쇄한 저항체 위를 습동함으로써 밸브 개도에 따른 출력값을 얻고 이 전압의 크기에 따라 개도 정도를 알 수 있다. 그림 **4 · 30**은 가변저항식 스로틀 밸브의 구조를 나타낸다. 이 형식은

스로틀 밸브 전폐상태를 확실히 검출하기 위하여 밸브 전폐상태일 때만 접점이 ON되는 아이들 스위치가 있고 접점식보다 정확한 개도상태를 ECU로 보낸다.

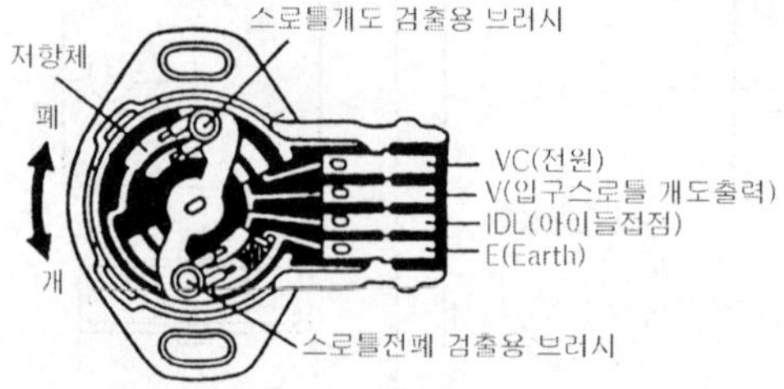

그림 4 · 30 가변저항식 TPS 구조

표 4 · 17 TPS 규정 출력전압값

구 분	엑셀 소나타 MPI 구형	엑셀 소나타 MPI 신형	엑센트 MPI, 아반테 DOHC
공회전 위치	480~520 mV	450~550 mV	100~875 mV
서서히 열림	열림에 따라 증가	열림에 따라 증가	열림에 따라 증가
완전히 열림	5500 mV	4500~5500 mV	

예제 4 · 18

다음 센서 중 공전상태, 부분부하 및 전부하를 감지하는 센서는?

가. 크랭크각 센서　　나. 공기유량 센서
다. 산소 센서　　**라**. 스로틀 포지션 센서

예제 4 · 19

스로틀 포지션 센서의 종류가 아닌 것은?

가. 접점식　　나. 복합식
다. 부분부하식　　라. 가변저항식

4.2.7 모터 포지션 센서

MPS는 가변저항식으로 ISC(Idle Speed Control) 내에 설치되어 있다. MPS의 내부 저항의 변화에 따라 출력전압이 변화하고 ISC 서보 플런저의 위치를 검출해 ECU로 보낸다. ECU는 이 신호와 공전신호, 냉각수온, 부하신호 및 차속신호를 종합해서 스로틀 밸브의 개도를 조절해 공전시 회전수를 조절한다. ISC플런저 행정과 출력전압은 비례하고 그림 **4 · 31**은 모터 포지션 센서를 나타낸다. 이 센서는 엑셀 MPI, 소나타 MPI 구형, 엑셀 MPI, 소나타 MPI 신형에 장착되어 있고 엑센트 MPI, 아반테 DOHC에는 ISA로, 소나타 III에는 ISC서보(스텝모터형)로 대체되어 MPS는 없다. 그림 **4 · 31** (a)는 엑셀 MPI, 소나타 MPI 구형의 회로 커넥터를 나타내고, 그림 **4 · 31** (b)는 엑셀 MPI, 소나타 MPI 신형의 회로와 커넥터를 나타내며, 표 **4 · 18**은 MPS 규정 출력전압값을 나타낸다.

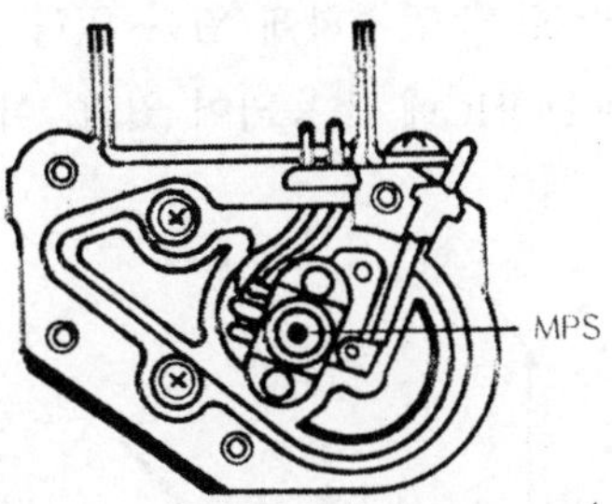

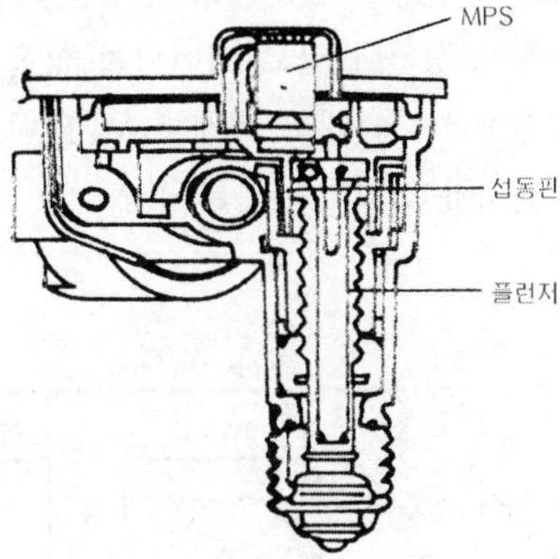

그림 4 · 31 엑셀 MPI, 소나타 MPI의 모터 포지션 센서

표 4 · 18 MPS 규정 출력전압값

구 분	엑셀, 소나타 MPI
공회전	500 ~ 1300 mV
에어컨스위치 ON	1200 ~ 1600 mV
점화스위치 ON 상태로 15초 경과 후	900 mV

4.2.8 공회전속도 조절장치

공회전속도 제어장치는 공회전 상태에서 최적의 연비 및 정숙성을 유지해야 하고 에어컨 작동시, 시동시 냉각수 온도에 따라 흡입공기량 증대, 감속시 대쉬포트(dash-pot, 움직임을 완화하는 장치)제어를 위해 공회전속도를 규정 RPM까지 상승시켜야 한다. 이 기능을 수행하기 위해 공회전 속도조절 장치가 부착되어 있다. 그림 **4 · 32**는 공회전속도 조절장치 구성도를 나타내고 그림 **4 · 33**은 공회전속도 조절장치 회로도와 커넥터 배선을 나타낸다. 표 **4 · 19**는 스텝 모터 스텝수를 표 **4 · 20**은 MPS 규정 출력전압값을 나타낸다.

〔1〕 아이들 스피드(공회전속도) 액추에이터(idle speed actuator)

ISA는 공회전 상태에서 엔진에 부하가 작용하여 규정의 공회전 속도보다 저하되면 스로틀 밸브를 바이패스하는 공기량을 엔진상태에 따라 듀티(duty)제어하여 아이들링을 향상시킨다. 공회전속도가 컴퓨터가 기억하고 있는 목표 회전수가 될 수 있도록 피드백 제어한다. 목표 회전수는 냉각수온, 에어컨의 가동유무, A/T차량의 변속범위에 따라 다르게 설정된다. 듀티가 짧으면 공전시 상태이고 듀티가 길어지면 에어컨 가동이나 대시포트 기능으로 들어간 것이다. 내부에는 전기자에 서로 반대방향의 두 개의 코일을 감아 통전시 열고 닫힘을 조절할 수 있도록 구성되어 있고 제어되지 않을 때는 항상 일정하게 열려 있다. 그림 **4·32** (a)는 ISA 구성도를 나타내고 엑센트 MPI, 아반테 DOHC에 적용되어 있다. 이 시스템에는 모터 포지션 센서가 없다.

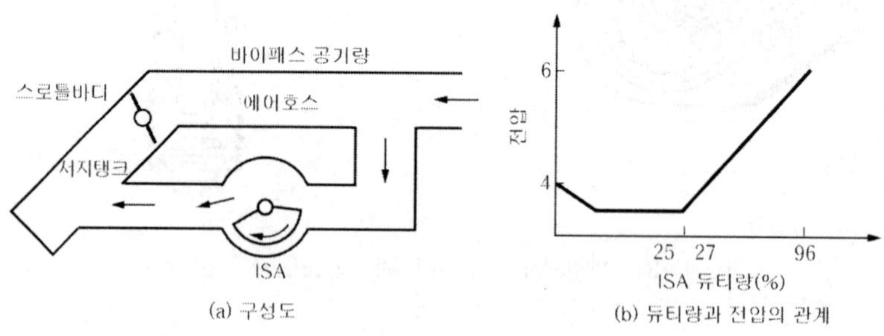

그림 4·32 공회전속도 조절장치(ISA) 구성도

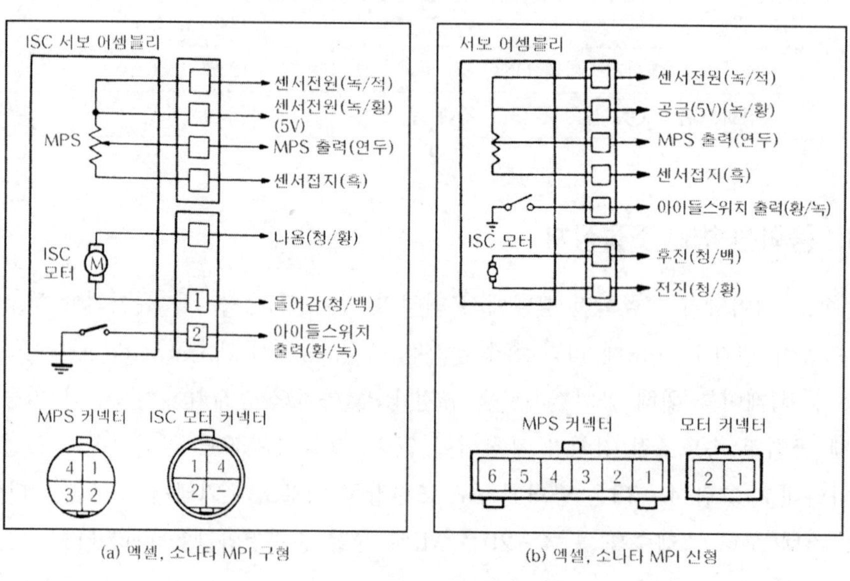

<엑셀, 소나타 MPI 구형 커넥터 배선>

커넥터	터미널	배 선
MPS 커넥터	터미널 1 : MPS출력 터미널 2 : 센서전원 터미널 3 : 센서전원(5V) 터미널 4 : 센서접지	[Lg : 연두] [GR : 녹색에 적색띠] [GY : 녹색에 황색띠] [B : 흑색]
ISC 모터 커넥터	터미널 1 : 모터수축 터미널 2 : 아이들스위치출력 터미널 4 : 모터팽창	[LW : 청색에 백색띠] [YG : 황색에 녹색띠] [LY : 청색에 황색띠]

<엑셀, 소나타 MPI 신형 커넥터 배선>

커넥터	터미널	배 선
MPS 커넥터	터미널 1 : 센서전원(5V) 터미널 2 : MPS출력 터미널 3 : 아이들스위치출력 터미널 4 : 센서접지 터미널 5 : 센서전원 터미널 6 : -	[GY : 녹색에 황색띠] [Lg : 연두] [YG : 황색에 녹색띠] [B : 흑색] [GR : 녹색에 적색띠] -
ISC 모터 커넥터	터미널 1 : 모터수축 터미널 2 : 모터팽창	[LW : 청색에 백색띠] [LY : 청색에 황색띠]

그림 4 · 33 ISC서보 어셈블리 회로도와 커넥터 배선

참고

• **듀티 제어** (duty control)

듀티는 규정량제어를 의미한다. 예를 들면 아이들링시 듀티율은 30~32%, 미등 ON시 32~33%, 에어컨 ON시 33~35%, 대쉬포트시 최대 55%, 냉각수 20℃ 이하시 45~47%의 규정값으로 제어한다.

〔2〕 ISC (Idle Speed Control) 서보모터 방식

이 방식은 공전속도제어는 ISC-서보모터가 스로틀 밸브를 조절한다. ISC-servo는 공전스위치, 웜기어, 플런저기어로 구성되며 플런저의 위치를 검출하는 것이 MPS(Motor Position Sensor)이다. 이 방법은 회전수 피드백 제어 방법에 속한다. 그림 **4 · 34**에 ISC-servo 모터의 원리도를 나타내었다. 이 방식은 엑셀 MPI, 소나타에 적용되었고 형식도 신형과 구형이 있다.

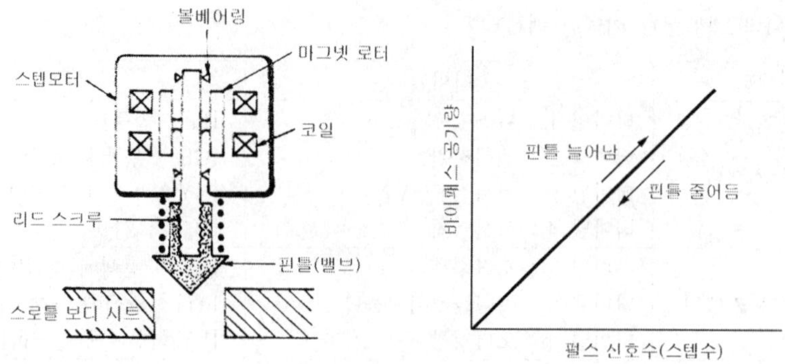

(a) 원리도 (b) 스텝수와 공기량과의 관계

그림 4 · 34 ISC-서보모터 원리도

〔3〕 **스텝모터**(step motor) **방식**

엔진 부하가 걸릴 때 아이들링의 안정성을 위해 ECU는 스텝모터 내의 솔레노이드 밸브를 작동시켜 아이들링을 안정시키는 장치이다. 그림 **4 · 35**는 스텝모터의 원리를 설명한 그림이다. 그림에서 핀틀밸브가 움직여 바이패스되는 공기량이 증감된다. 소나타 III에 적용되어 있다. 이 시스템에도 모터 포지션 센서가 없다.

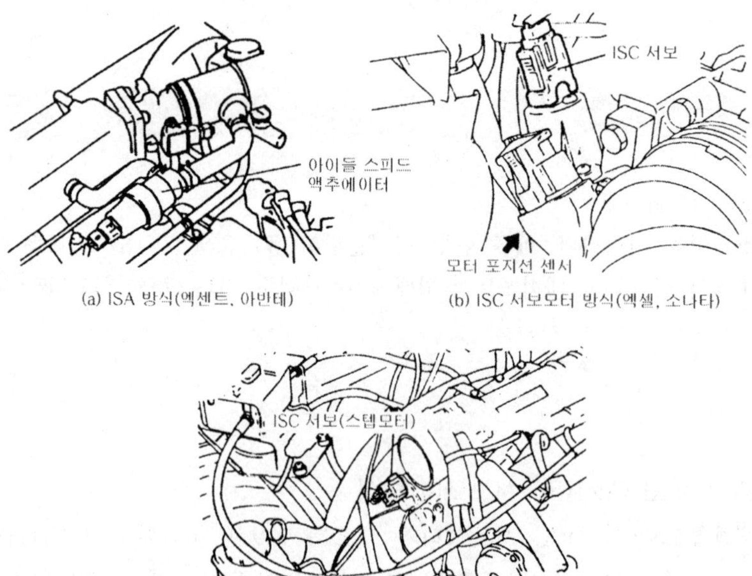

(a) ISA 방식(엑센트, 아반떼) (b) ISC 서보모터 방식(엑셀, 소나타)

(c) 스텝모터(소나타 III)

그림 4 · 35 공회전속도 조절장치

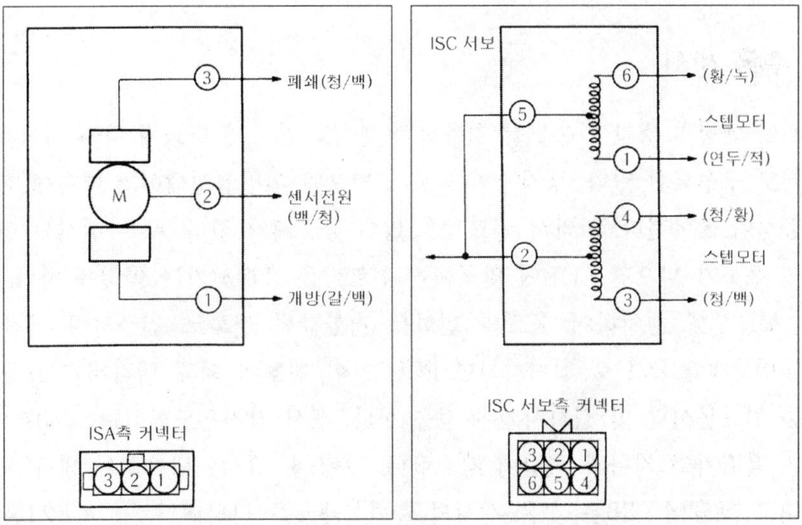

(a) ISA(엑센트, 아반테)방식 (b) 스텝모터(소나타 III)방식

<ISA 엑센트 배선>

커넥터	터미널
ISA커넥터	터미널 1 : 개방 터미널 2 : 센서전원 터미널 3 : 폐쇄

<스텝모터형 소나타 III 배선>

커넥터	터미널
ISC 서보커넥터	터미널 1 : 스텝모터 터미널 2 : 모터전원 터미널 3 : 스텝모터 터미널 4 : 스텝모터 터미널 5 : 모터전원 터미널 6 : 스텝모터

그림 4 · 36 공회전속도 조절장치 회로도와 커넥터

표 4 · 19 스텝모터 스텝수

부하상태	정상치
공회전 에어컨 OFF	4~14 스텝
공회전 에어컨 ON	20~60 스텝
공회전 에어컨 ON 및 변속레버 D	38~68 스텝

표 4 · 20 MPS 규정출력전압

구 분	엑셀 소나타 MPI
공회전	500~1300 mV
에어컨스위치 ON	1200~1600 mV
점화스위치 ON 상태로 15초 경과 후	900 mV

4.2.9 수온 센서

수온 센서는 엔진의 냉각수 온도를 검출하는 센서로 온도의 변화에 따라 저항값이 변화하는 서미스터로 구성되어 있다. 냉각수의 온도가 낮으면 워밍업상태이기 때문에 혼합비는 농후해야 시동성이 좋아진다. 따라서 연료량을 많이 공급해야 한다. 수온 센서는 냉각수 온도를 감지하여 온도가 낮으면 ECU에 입력되어 연료량을 증대시키는 역할을 한다. 통상 엔진의 냉각수 통로부에 설치하여 온도의 변화를 저항값의 변화로 검출하여 엔진의 워밍업(warming up)상태를 ECU로 입력시키면 ECU는 이 신호에 의해 냉각시 연료를 농후하게 공급하는 등 연료분사량 및 점화시기 보정을 한다. 센서 감지온도범위는 −40℃에서 120℃이고 수온이 올라가면 저항과 전압이 감소한다. 그림 **4 · 37**은 냉각수온 센서 회로와 커넥터를 나타내고 그림 **4 · 38**은 수온 센서의 출력그래프를 나타낸다. 표 **4 · 21**은 냉각수온 센서 규정저항값을, 표 **4 · 22**는 냉각수온 센서 규정 출력전압값을 나타낸다.

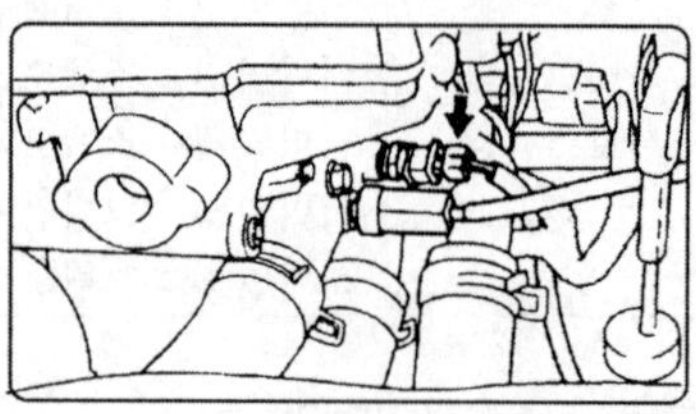

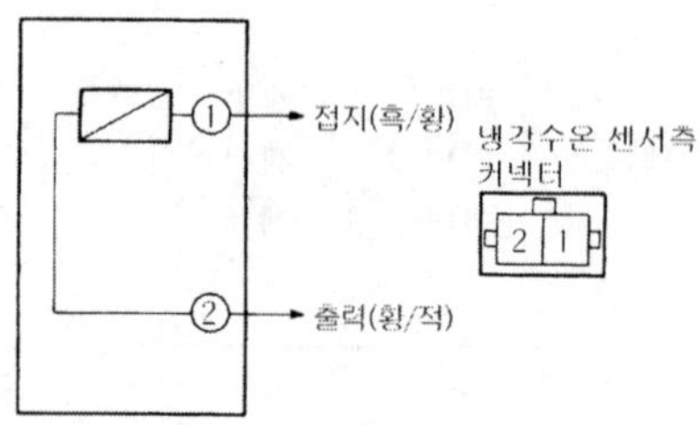

그림 4 · 37 냉각수온 센서 회로와 커넥터(엑센트 MPI)

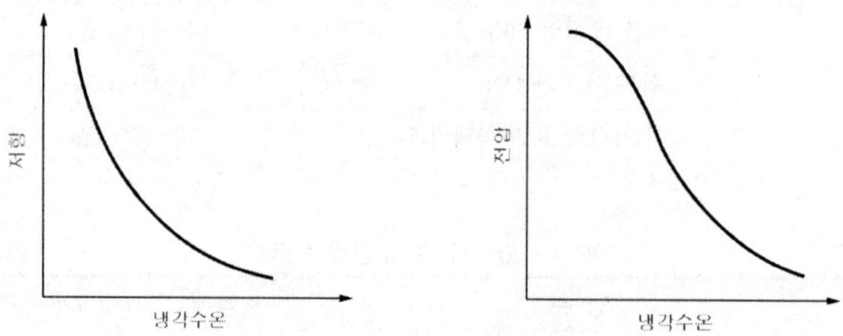

그림 4 · 38 수온 센서의 출력 그래프

표 4·21 냉각수온 센서 규정저항값(kΩ)

냉각수 온도(℃)	엑셀, 소나타	엑센트, 아반테
0	5.9	5.18~6.60
20	2.5	2.27~2.73
40	1.1	1.06~1.28
80	0.3	0.29~0.35

표 4·22 냉각수온 센서 규정 출력전압값

냉각수 온도(℃)	규정출력전압
0	4.05 V
20	3.44 V
40	2.72 V
80	1.25 V

예제 4·20

전자제어 분사차량에서 수온 센서의 역할이 아닌 것은?

가. 냉각수 온도를 감지한다.
나. 점화시기보정에 사용된다.
다. 기본 연료분사량 보정에 사용된다.
라. 연료분사량 보정의 입력자료로 사용된다.

예제 4·21

전자제어분사 차량에서 수온 센서에 대한 설명 중 틀린 것은?

가. 냉각수 온도를 감지한다.
나. 냉각수온이 증가하면 저항이 감소한다.
다. 엔진의 워밍업상태를 감지한다.
라. 냉각수온이 증가하면 전압이 증가한다.

예제 4·22

냉각수온 센서가 위치하는 곳으로 가장 적당한 곳은?

가. 라디에이터 상부
나. 실린더 블록
다. 라디에이터 하부
라. 실린더 헤드 내 물재킷부

예제 4 · 23

전자제어 분사차량에서 수온 센서의 감지온도 범위는?

가. −20℃ ~ 100℃ 나. −30℃ ~ 110℃
다. −40℃ ~ 120℃ 라. −50℃ ~ 130℃

참고

• **수온조절기** (서모스탯, thermostat)

수온조절기는 실린더헤드의 냉각수 통로 출구에 설치되어 엔진 내부의 냉각수 온도의 변화에 의해 냉각수 통로를 개폐하여 냉각수를 라디에이터로 순환하여 냉각수 온도를 일정하게 유지한다. 수온조절기는 차량의 엔진의 배기량, 시스템의 종류에 따라 다르나 냉각수 온도가 출구제어식인 경우 88℃, 입구제어식인 경우 82℃가 되면 밸브가 개방되기 시작하고 이 이하의 온도에서는 밸브를 닫아 냉각수는 라디에이터로 순환되지 않는다. 냉각수 온도가 출구제어식인 경우 100℃, 입구제어식인 경우 95℃가 되면 밸브는 완전히 열려 라디에이터로 냉각수가 순환해서 방열이 된다. 따라서 밸브의 형태는 ON-OFF의 형태가 아니라 온도 12℃ 정도가 증가하는 동안 서서히 개방된다. 이 수온조절기는 ECU의 입출력신호와는 전혀 관계가 없으며 오직 냉각수의 온도에 의해서만 개폐된다. 수온조절기의 종류에는 펠릿(pellet)형과 벨로(bellow)형이 있으며 펠릿형이 벨로형보다 수압에 강하고 기능이 높고 온도에 따라 정확히 개폐를 할 수 있어 많이 사용한다.

• **수온 센서와 냉각수온 게이지 유닛**

그림 **4 · 39**는 수온 센서와 냉각수온 게이지 유닛을 나타낸다. 수온 센서는 라디에이터에 들어가기 전 수온이 높은 부분에 설치되어 온도의 변화에 따라 전기저항값이 변하는 서미스터 형식으로 되어 있다. 출력전압을 기준으로 ECU는 엔진의 온도상태를 파악하고 특히 냉간시 연료량

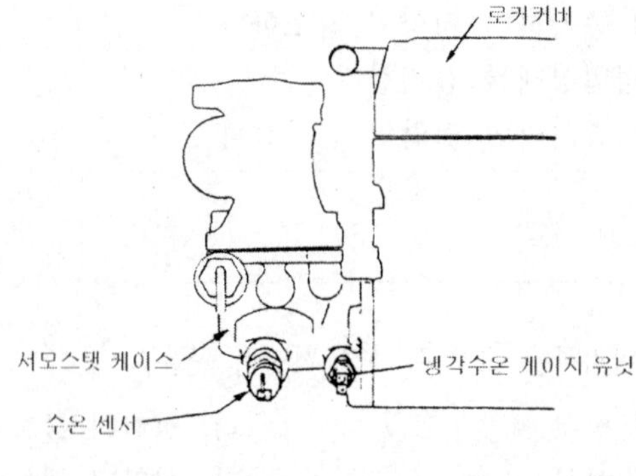

그림 4 · 39 수온 센서와 냉각수온 게이지 유닛

보정제어를 한다. 그리고 냉각수 온도가 40℃ 이하일 때는 냉각팬모터를 정지시킨다. 냉각수온 게이지 유닛은 수온 센서와 같은 곳에 설치되어 냉각수 온도를 계기판에 표시하여 운전시 엔진의 냉각수 온도를 볼 수 있도록 하는 장치이다. 온도에 따라 저항값이 변하는 서미스터를 사용하여 아날로그형태로 전자회로를 이용하여 디지털형태로 계기판에 표시한다.

• **수온스위치** (서모 센서)

수온스위치는 라디에이터 하부에 설치되어 냉각수 온도를 검지하여 미리 설정된 온도에서 접점이 개폐하도록 되어 있다. 냉각수 온도가 90℃가 되면 쿨링유닛(cooling unit)에 음의팬의 작동을 높은(high) 속도로 돌게 하는 스위치이다.

4.2.10 1번 TDC 및 크랭크각 센서

크랭크각 센서는 전자제어엔진에서 사용 센서 중 가장 중요하며 점화시기 및 연료분사제어에 대한 기준신호를 제공한다. 흡입공기량을 검출할 때 에어플로미터는 단위시간당 흡입공기량을 검출하지만 1사이클마다의 흡입공기량 검출은 불가능하기 때문에 1사이클마다의 흡입공기량을 검출하기 위해 단위 시간당 엔진회전속도를 검출할 필요가 있고 분사시기 조절을 위해 크랭크각 위치를 검출할 필요가 있다. 이 역할을 하는 센서가 크랭크각 센서이다. 1번 실린더 TDC센서는 캠축 각도를 기준으로 1번 실린더의 압축행정의 상사점을 감지하여 이를 펄스 신호로 바꾸어 ECU로 입력한다. ECU는 이 신호를 감지하여 각 실린더의 연료분사순서를 결정한다. 이 감지가 정확하지 않으면 순차분사가 되지 않아 엔진이 정지할 수 있으며 공회전이 불규칙해 진다. 전자식, 옵티컬 방식 및 마그네틱 방식이 있다.

엑셀 MPI, 소나타 MPI는 고강력 점화방식(High Energy Ignition)의 점화장치를 채택하고 있어 배전기가 있기 때문에 이들 센서는 배전기 내에 옵티컬 방식으로 되어 있고 소나타 DOHC, 엑센트 MPI, 아반테 DOHC는 무배전기 점화방식(DLI방식)을 채택하고 있어 소나타 DOHC는 캠축에 센서가 분리되어 설치되어 있고 엑센트 MPI와 아반테 DOHC는 캠축의 각도를 측정하는 캠축 위치 센서(홀센서)와 마그네틱 방식의 크랭크축 위치 센서로 나누어 설치되어 있다. 표 **4·23**은 TDC, CAS, CPS, Phase센서의 규정 출력전압값을 나타낸다.

표 4·23 DTC, CAS, CPS, Phase 센서의 규정 출력전압값

센 서	전 압
TDC 센서	0.2 ~ 1.2 V
CAS 센서	1.8 ~ 2.5 V
CPS 센서	0.1 ~ 5.0 V
Phase 센서	0.3 ~ 0.5 V

〔1〕 전자식

전자식 센서는 디스트리뷰터 축에 고정되어 회전하는 타이밍 로터와 로터 외측에 설치되어 있는 픽업코일, 마그네틱 및 브래킷으로 고정되어 있다. 마그네틱 자속은 타이밍 로터를 거쳐 픽업코일로 통과하고 타이밍 로터가 회전하면 로터의 돌기부의 에어갭이 변화하기 때문에 픽업코일의 자속량이 변화한다. 이 변화량에 따라 전압이 코일 양단에 발생한다. 이 발생전압은 교류출력으로 나타난다. 그림 **4 · 40**은 전자식 크랭크각 센서를 나타낸다.

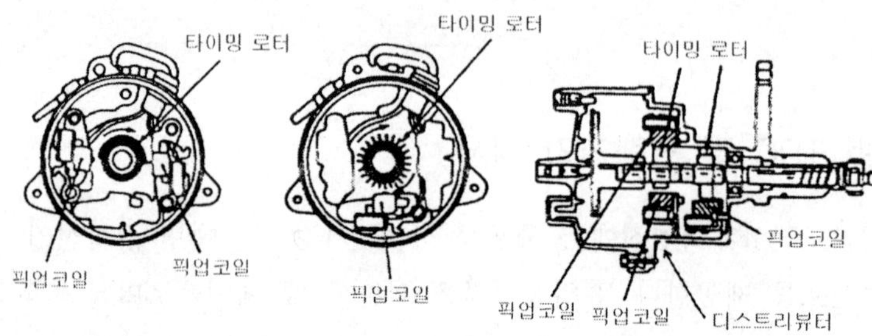

그림 4 · 40 전자식 크랭크각 센서

〔2〕 옵티컬 방식

옵티컬 방식은 광학적으로 크랭크 회전 각도를 검출하는 방식으로 디스트리뷰터에 내장되어 있다. 디스트리뷰터 축에 고정되어 있는 디스크와 센서로 구성되어 있다. 디스크는 90° 간격으로 홈이 파져 있는 크랭크 앵글 센서와 1개의 홈이 파져 있는 1번 실린더 TDC 센서로 구성되어 있어 축에 고정된 디스크가 1회전할 때 크랭크 앵글 센서 신호는 4번 빛을 투과시키고 1번 실린더 TDC센서는 1번 빛을 투과시킨다. 발광다이오드형식이다.

〔3〕 마그네틱 방식

마그네틱 방식은 영구자석, 코일 및 코어로 되어 있고 실린더 블록의 크랭크 풀리부에 설치된다. 플라이 휠의 기어 잇수의 간격은 일정하게 되어 있는데 한 곳에는 간격이 넓다. 이 곳을 감지하여 기준으로 한 후 점화시기를 결정한다.

그림 **4 · 41**은 옵티컬 방식 크랭크각 센서를 나타내고 그림 **4 · 42**는 마그네틱 방식 크랭크각 센서를 나타낸다. 그림 **4 · 43**은 크랭크각 센서, 캠샤프트 포지션 센서(홀센서),크랭크샤프트 포지션 센서를 나타내고, 그림 **4 · 44**는 엑셀, 소나타 MPI의 센서와 커넥터, 그림 **4 · 45**는 소나타 DOHC 센서와 커넥터, 그림 **4 · 46**은 엑센트 MPI, 아반테 DOHC 센서와 커넥터를 나타낸다.

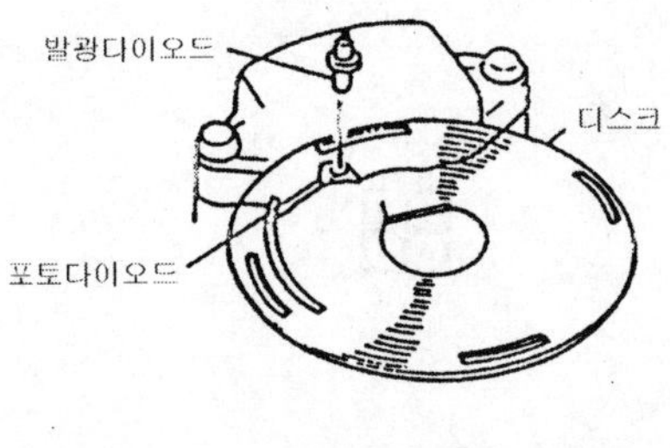

그림 4 · 41 옵티컬 방식 크랭크각 센서

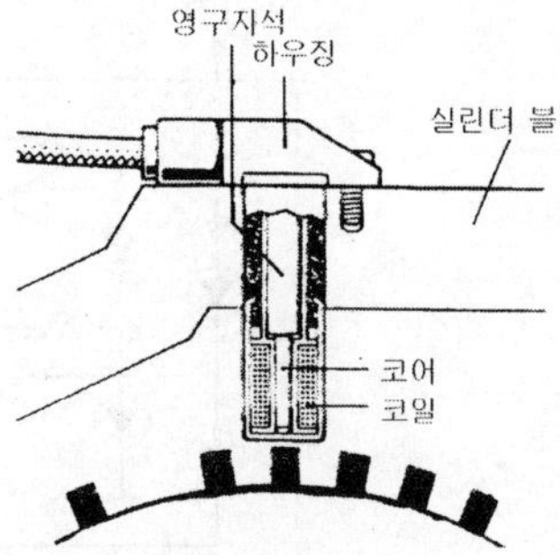

그림 4 · 42 마그네틱 방식 크랭크각 센서

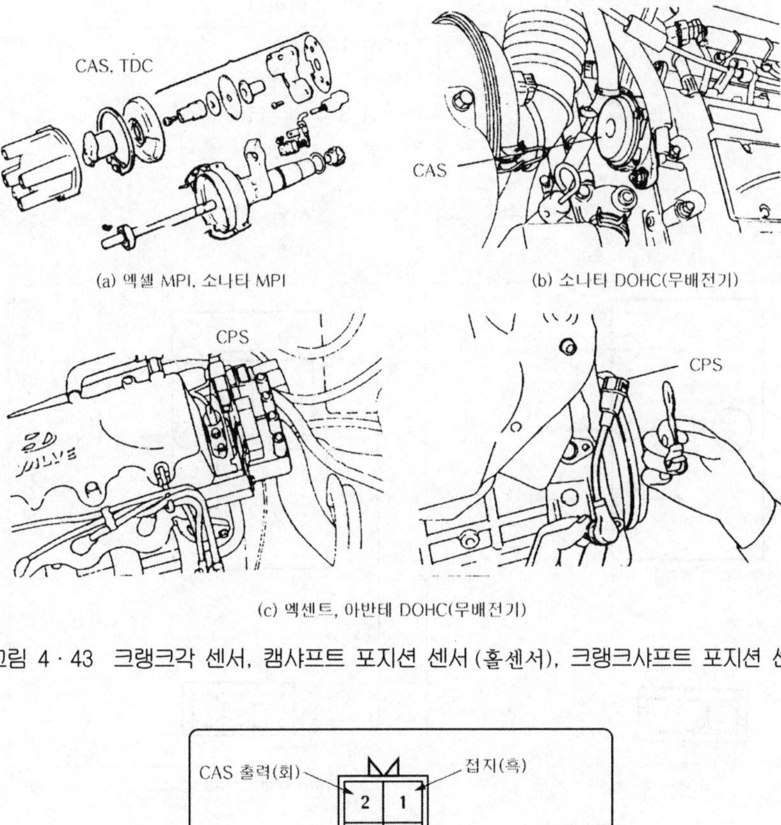

(a) 엑셀 MPI, 소나타 MPI

(b) 소나타 DOHC(무배전기)

(c) 엑센트, 아반테 DOHC(무배전기)

그림 4 · 43 크랭크각 센서, 캠샤프트 포지션 센서(홀센서), 크랭크샤프트 포지션 센서

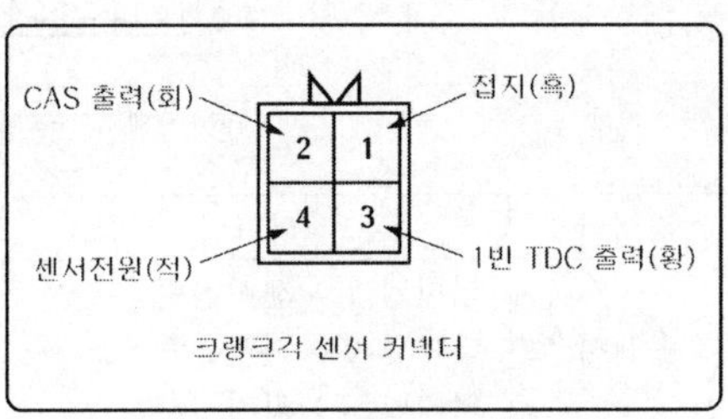

커넥터	터미널	
TDC센서와 CAS	터미널 1 : 접지	터미널 2 : 크랭크각 출력
	터미널 3 : 1번TDC 출력	터미널 4 : 센서전원

그림 4 · 44 엑셀, 소나타 MPI의 센서와 커넥터

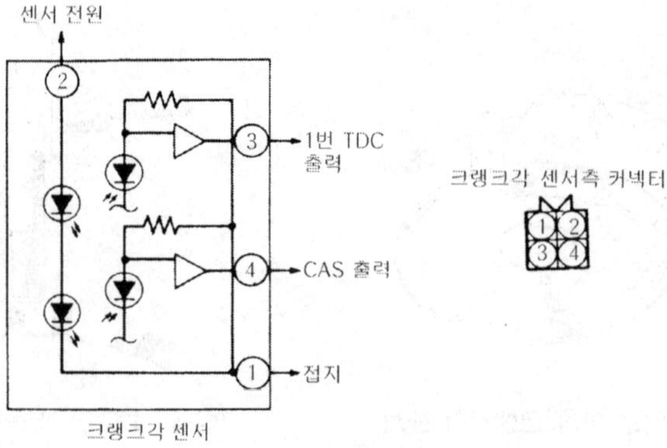

커넥터	터미널
TDC 센서와 CAS	터미널 1 : 접지 터미널 2 : 센서전원 터미널 3 : 1번 TDC 출력 터미널 4 : 크랭크각 출력

그림 4 · 45 소나타 DOHC 센서와 커넥터

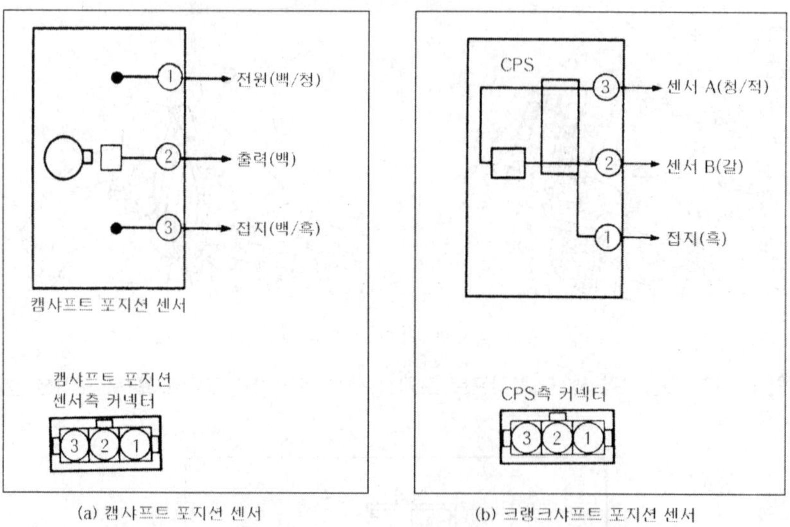

커넥터	터미널
홀센서	터미널 1 : 센서전원 터미널 2 : 센서출력 터미널 3 : 접지
CPS	터미널 1 : 접지 터미널 2 : 센서B 터미널 3 : 센서A

그림 4 · 46 엑센트 MPI, 아반테 DOHC 센서와 커넥터

예제 4·24

크랭킹 도중 점화시기를 보정하여 제어하는 센서는?

가. 수온 센서　　나. 흡기온 센서
다. 산소 센서　　**라**. 크랭크각 센서

예제 4·25

전자제어 연료분사기관에서 파워트랜지스터가 작동하려면 ECU에서 점화순서에 의해서 전압이 나와야 한다. ECU는 어느 센서의 신호를 사용하여 파워트랜지스터에 입력을 주는가?

가 흡기온 센서　　**나**. 크랭크각 센서
다. 대기압 센서　　라. 냉각수온 센서

4.2.11 노크 센서

엔진 작동 중 노크가 발생하면 실린더 블록은 5~10 kHz의 특정주파수로 진동하는 특성이 있다. 이러한 진동을 노크 센서 내의 압전소자의 작용에 의해 전기적 신호로 변환하여 ECU로 입력된다. 사용온도 범위는 130℃ 정도이므로 플라스틱으로 코팅하여 사용한다. 가솔린 엔진의 점화플러그의 불꽃으로 착화되어 화염이 혼합기 내로 전파된다. 그런데 화염전파 도중에 압력이 이상적으로 높아질 경우 화염전파에 의해 연소하지 않고 자기착화를 하여 일시적으로 연소하는 현상을 노킹이라 한다. 이러한 경우 급격한 연소에 의해서 생기는 압력 상승이 연소실 내의 가스를 진동시켜 이상음을 발생하게 되고 연소가스의 진동에 의해 열의 전도가 좋아지기 때문에 노킹이 계속되면 엔진은 파손된다.

노킹은 점화시기와 밀접한 관계가 있고 점화시기를 빠르게 하면 연소최대압력은 높아져 엔진의 힘은 좋아지지만 노킹이 발생한다. 엔진의 노킹 발생을 방지하기 위해서 점화시기를 제어하는 장치이다. 일반적으로 노킹 발생한계에 가까운 점화시기(최대 토크가 발생하는 점화시기, MBT, minimum spark advance for best torque)에서의 운전은 연소효율을 향상시켜 출력이나 연비 성능면에서 출력이나 연비는 좋아지지만 노킹이 발생하기 쉽다. 이러한 노킹 발생을 방지하기 위하여 노크 센서를 사용하여 전기적으로 치밀하게 점화시기를 컨트롤하여 최대의 출력을 발휘하는 노킹 한계로 항상 유지하는 것이 노킹 제어 시스템이다. 그림의 작동에 대하여 설명하면 노크 센서로부터의 전기신호는 노킹 이외의 기계적인 노이즈에 의한 신호도 포함되어 있기 때문에 노킹 검출부분에서 약 7 kHz의 주파수를 가진 노킹 신호만을 검출한다. 다음에 검출한 노킹 신호로부터 노킹 강도를 노킹 강도 판정부에서 점화할 때마다 판정한다. 이 경우 미리 정해진 신호레벨과 입력된 순간값을 비교해서 정해진

신호레벨보다 높은 신호가 검출되었을 때 처음에는 노킹으로 판정하고 레벨을 초과하는 정도에 따라 노킹 강도를 판정한다. 노킹이 발생한다고 판정되면 지각 제어부로부터 배전기의 이그나이터로 진각신호가 송출되어 노킹의 정도에 따라 점화시기를 늦추고 그 이후의 연소에서 다시 노킹이 발생하고 있다고 판정되면 더욱 점화시기를 늦추고 반대로 노킹이 발생하지 않으면 진각의 신호가 나온다. 노킹이 발생하면 ECU에서는 점화시기를 진각시키고 노킹이 없으면 다시 진각시킨다. 그림 **4 · 47**에 노크 센서 회로도와 커넥터를 나타낸다.

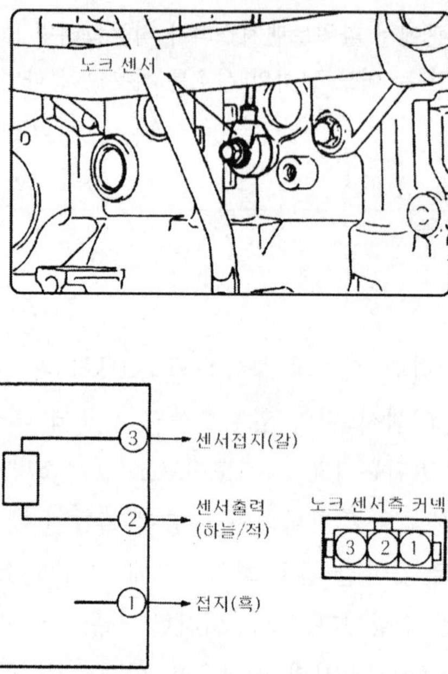

터미널
터미널 1 : 센서접지
터미널 2 : 센서출력
터미널 3 : 접지

그림 4 · 47 노크 센서 회로와 커넥터(아반테 DOHC)

4.2.12 인젝터

인젝터는 흡기매니폴드에 장착되어 ECU의 분사신호에 의해 작동하고 니들밸브, 플런저, 솔레노이드 코일 등으로 구성된다. 분사량은 니들밸브의 행정, 분사구의 면적, 분사장소의 압력 및 연료압력과 솔레노이드 코일에의 통전시간에 의해 결정된다. 인젝터의 종류에는 전압제어식과 전류제어식이 있다. 그림 **4 · 48**은 인젝터의 회로와 커넥터를 나타낸다. 표 **4 ·**

24는 인젝터 통전시간을 나타낸다.

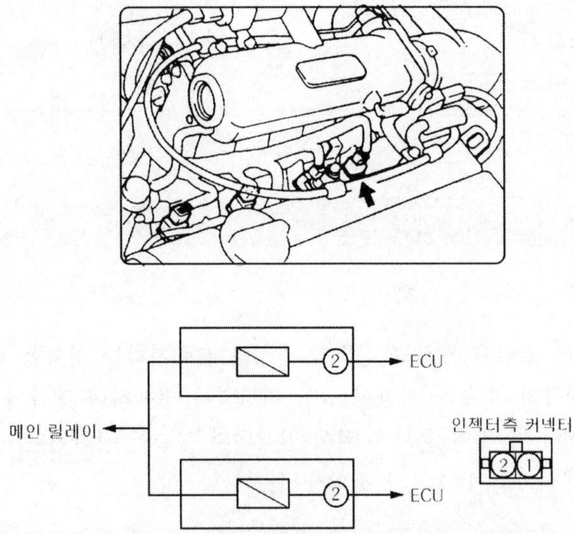

그림 4 · 48 인젝터 회로와 커넥터

표 4 · 24 인젝터 통전시간

점검 조건	통전시간
공회전	2~6 ms
급가속	증가

예제 4 · 26

가솔린 분사장치의 인젝터 분사량결정은 다음 중 어느 것인가?

가. 솔레노이드 코일의 통전시간　　나. 니들밸브의 분사구 체적
다. 연료분사압력　　라. 코일에 흐르는 전류량

예제 4 · 27

전자제어 연료분사 장치 중 인젝터에 대한 설명 중 틀린 것은?

가. ECU의 제어를 받는다.
나. 솔레노이드 밸브 구조이다.
다. 연료라인의 압력에 의해 분사량이 조절된다.
라. ECU가 작동시키는 분사시간에 의해 분사량이 결정된다.

예제 4 · 28

인젝터의 구성요소가 아닌 것은?

가. 압력조절기 나. 니들밸브
다. 솔레노이드 코일 라. 플런저

참고

• **인젝터 저항**

인젝터 저항은 인젝터 코일에 흐르는 전류를 일정하게 유지하는 역할을 하고 엔진의 회전속도가 빠르면 코일에 전류가 흐르는 시간이 길어 저항열이 발생하여 전류가 적게 흐른다. 엔진의 회전속도가 느리면 전류가 많이 흐르게 되어 인젝터의 성능이 저하된다. 이러한 현상을 방지하기 위해 상온 20℃에서 13~16 kΩ의 저항을 설치한다.

4.3 연료분사량 제어

연료분사량을 결정하기 위해서 크랭크각 센서에 의해 검출되는 엔진회전수, NO.1 TDC센서, 공기유량 센서 등 각종 센서로부터 신호를 입력받아 연료분사량을 결정하고 인젝터를 구동시킨다. 연료분사량이 이론공연비로 제대로 분사되었는지를 검증하기 위해 산소 센서에서 신호를 받아 공연비 피드백 제어를 한다. 연료분사량은 인젝터의 개폐시간에 따라 결정되며 이 시간은 ECU에서 제어한다. ECU는 측정 공기량과 크랭크각 센서의 엔진회전수에 따라 기본 분사량을 결정하고 각종 센서들이 엔진의 작동상태를 감지하여 ECU의 기본 분사량을 보정함으로써 항상 최적의 상태로 연료를 공급한다. 그림 **4 · 49**는 각 센서와 ECU와의 입출력 관계를 나타낸다.

〔1〕 기본 분사량의 결정

ECU는 크랭크각 센서에 의해 검출되는 엔진회전수와 공기유량 센서에 의해 검출되는 흡입공기량에 의해 기본 분사량이 결정된다.

〔2〕 분사량 보정

기본 분사량은 흡입공기량과 엔진의 회전수에 의해 결정되고 엔진의 조건과 배기가스의 상태에 따라 기본 분사량을 보정할 필요가 있다. ECU는 각종 센서의 출력을 종합하여 각

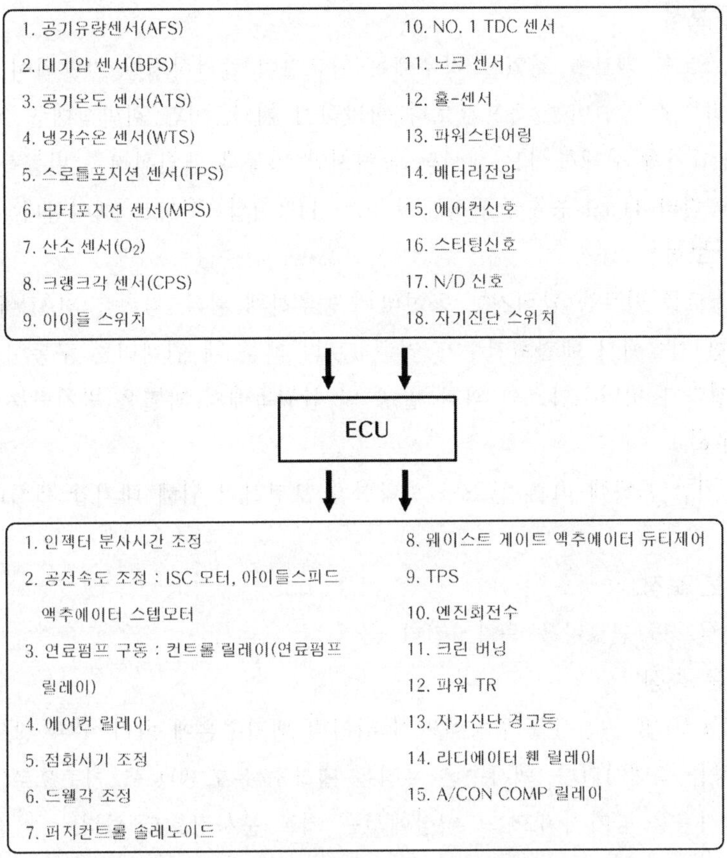

그림 4 · 49 센서와 ECU의 입출력 관계

경우에 따라 분사량을 보정한다.

(1) 냉간 시동시 연료보정

시동성 향상을 위해서는 ECU는 농후한 혼합비 및 점화시기를 제어한다. 냉간시동시에는 낮은 회전수와 엔진의 낮은 온도로 인하여 혼합가스가 실린더 벽에서 응축되어 희박해질 수 있으므로 연료량을 증가시키고 증가 시간도 길게 한다. 이러한 제어를 ECU는 다음 식으로 보정한다.

$$\text{연료분사량} = \text{시동시 분사량} \times \text{냉각수 온도보정} \times \text{배터리 전압보정}$$

(2) 난기보정(warm up보정)

엔진이 자력으로 회전할 수 있는 상태 직후에는 흡입밸브 및 실린더 내벽온도는 폭발시의 화염에 의해 급상승하고 그 후 냉각수 온도의 상승과 더불어 서서히 상승한다. 이 냉각수 온도의 상승에 따른 흡입밸브 및 실린더 내벽온도의 상승과정에서의 가솔린 부족분을 보정하는 것이 난기보정이다. 냉각수의 온도가 35℃가 될 때까지 보정한다.

(3) 가속시 보정

가속시 즉, 스로틀 밸브를 열었을 경우에는 연료량이 증가하지만 가솔린이 기화하기까지는 시간이 걸리므로 공연비는 목표값보다 희박하게 된다. 이런 희박상태를 보정하는 것이 가속보정이다. 급가속 상태를 TPS센서의 출력전압 변동과 엔진회전수 변동을 비교 분석하여 연료량을 공연비 11 : 1(농후), 점화시기 10°~11°(지각) 정도로 제어한다.

(4) 감속시 보정

감속시 즉 스로틀 밸브는 닫혀지고 공연비는 농후하게 된다. 감속은 MAP에 의해 감지되며 TPS가 닫힌 신호에서 엔진회전수가 기준값보다 빠를 때 인젝터는 구동이 정지된다. 이것은 연료의 절약과 미연소가스의 과다 발생 및 삼원촉매의 과열을 방지하는 역할을 한다.

(5) 고도 보정

고지대에서 기압 저하에 따른 산소의 희박함을 보정하기 위해 대기압 센서나 MAP 센서로 보정한다.

(6) 흡기온도 보정

흡기온도가 낮으면 연료량을 증가시킨다.

(7) 냉각수온 보정

저온시의 시동성 및 운전성을 향상시키기 위하여 냉각수온에 따라 수온 센서로부터 신호를 받아 분사량을 증대시킨다. 냉각수온 보정은 냉각수 온도 80℃를 기준으로 하여 그 이하 온도에서는 분사량을 증가시키고 그 이상에서는 기본 분사량으로 한다.

예제 4·29

전자제어식 연료분사장치 기관에서 분사노즐의 개방시간은 2~8 ms이다. 다음 중 기본 분사량을 결정하는 데 필요한 신호는?

가. 분사노즐의 양정　　　　나. 연료펌프의 크기
다. 배터리의 전압세기　　　**라**. 흡입공기량

예제 4·30

전자제어 분사차량에서 냉간시동시 공급되는 혼합비의 상태는?

가. 혼합비 값이 적은 농후한 상태이다.
나. 혼합비 값이 큰 농후한 상태이다.
다. 이론혼합비로 공급해야 한다.
라. 혼합비와는 무관하다.

예제 4·31

전자제어 연료방식 중 연료량 보정과는 상관없는 센서는?

가. 산소 센서 나. 수온 센서
다. 흡기온 센서 **라**. 노크 센서

예제 4·32

전자제어 연료방식의 연료량 보정과는 상관없는 센서는?

가. 흡기온 센서 나. 수온 센서
다. 진공스위치 라. 스로틀 포지션 센서

예제 4·33

냉각수 온도를 감지하여 수온에 따르는 연료량 보정 신호를 ECU로 보내는 부품은 어느 것인가?

가. 수온스위치 **나**. 수온 센서
다. 수온조절기 라. 수온게이지

예제 4·34

가속시 스로틀 밸브를 열 때 ECU는 연료량 보정을 한다. 이때 제어되는 방법으로 적합한 것은?

가. 공연비 농후, 점화시기 진각 **나**. 공연비 농후, 점화시기 지각
다. 공연비 희박, 점화시기 진각 라. 공연비 희박, 점화시기 지각

연습문제

1. 기화기(Carburettor)방식과 전자제어 방식(MPI)의 분사장치의 차이점을 설명하고 장단점을 기술하여라.
2. K-제트로닉, L-제트로닉, D-제트로닉의 기본 구조를 그리고 기본 차이점을 요약하여라.
3. 연속분사와 간헐분사의 차이점을 설명하여라.
4. MPI와 SPI를 구별하고 설명하여라.
5. 연료분사장치 시스템의 발전 순서를 설명하여라.
6. K-jetronic 시스템에서 센서플레이트, 컨트롤 플런저, 난기제어밸브(warm up regulator)의 역할과 작동원리를 설명하여라.
7. L-jetronic 시스템에서 기본 분사량과 연료증량 보정에 관계되는 센서를 구별하여 기술하여라.
8. L-jetronic 시스템에서는 처음으로 배출가스 규제를 위해 산소 센서를 부착하여 공연비 피드백 제어방식이 채용되었다. 이 공연비 피드백 제어방식을 스케치하고 원리를 설명하여라.
9. LH-jetronic 시스템이란 무엇인가?
10. K-jetronic 시스템과 L-jetronic 시스템에서 공기량 측정방법, 연료량 보정방법이 서로 어떻게 다른지 기술하여라.
11. 전자제어엔진에 부착되는 압력관련 센서에 대하여 설명하여라.
12. 전자제어엔진에 부착되는 온도관련 센서에 대하여 설명하여라.
13. 전자제어엔진에서 연료보정 방법에 대하여 설명하여라.
14. 다음 각 센서의 역할과 작동 원리를 간단하게 설명하여라.
    1) 흡기온도 센서
    2) 냉각수온 센서
    3) 대기압 센서
    4) 공기흐름 센서
    5) MAP 센서
    6) 스로틀 포지션 센서
    7) 모터포지션 센서
    8) 산소 센서

9) 노크 센서
10) 크랭크 각 센서
11) 1번 TDC 센서

15. 전자제어 연료방식 중 연료량 보정과 관계되는 센서를 모두 적어라.
16. 공연비 피드백 제어에 대하여 설명하고 전자제어 가솔린기관에서 이 제어를 수행하는 센서는 무엇인가?
17. 전자제어 가솔린엔진에서 기본 분사량은 어떻게 결정되는 지를 설명하여라.
18. 산소 센서에서 전원의 입력없이 기전력을 얻는 방법에 대하여 설명하여라.
19. 피에조 소자(압전소자, piezo element)의 원리를 설명하고 전자제어 엔진의 센서 중 이 원리를 사용하는 센서을 나열하여라.
20. 산소 센서는 고온하에서는 산소 농도검출이 손쉬우나 저온시에는 특성이 변해 검출이 어려운 특성이 있다. 따라서 시동시 산소 센서를 가열시키기 위해 열을 가해 주는 형식이 있다. 이것은 궁극적으로 무엇을 위해 이렇게 하는가?
21. 서미스터 형식을 사용하는 흡기온도 센서와 냉각수온 센서는 출력전압의 변화에 따라 온도가 어떻게 변하는가(부특성)?
22. 전자제어 엔진의 센서 중 엔진회전속도를 검출하는 센서는 무엇인가?
23. 전자제어 엔진의 센서 중 연료분사순서를 결정하는 센서는 무엇인가?
24. ISA의 듀티제어에 대하여 설명하여라.
25. 기본 분사량은 흡입 공기량과 엔진의 회전수에 의해 결정되고 엔진의 조건과 배기가스의 상태에 따라 기본 분사량을 보정할 필요가 있는데 차량이 어떤 조건일 때 분사량 보정이 이루어지는가?

5 가솔린기관의 구성

5.1 개 요

가솔린기관은 기관의 연소, 증발가스 제어장치, 배기가스 제어장치, 크랭크 케이스 배출가스 제어장치, 촉매변환기, 연료와 연소, 연료장치, 윤활장치, 냉각장치 및 흡배기장치 등으로 구성된다.

5.2 가솔린기관의 연소

가솔린기관의 정상연소는 화염의 확산에 의해 순차적으로 혼합기 전체가 연소되는 것이다. 정상적인 화염전파가 끝나기 전에 미연의 혼합기가 자발화하는 현상이 노킹이다. 또한 연소실 일부가 고온으로 되어 이 부분에서 혼합기가 가열되어 자발화하면 표면점화로 되고 연소의 점화가 스파크 점화시기보다 빠르면 조기점화로 된다. 연소시 와류의 형태는 다음과 같다.

① 스월(swirl) : 흡입시에 포트에 의해 생성되는 선회와류

② 스쿼시(squash) : 압축상사점 부근에서 연소실벽과 피스톤 윗면과의 압축에 의해 생성되는 와류

〔1〕 정상연소

흡입된 혼합기는 압축행정에서 압축을 받아 400℃로 가열되어 기화되어 점화되기 쉬운 상태가 된다. 전기스파크로 점화하여도 곧바로 스스로 전파될 만큼 화염은 발생하지 않고

점화 후 약간의 지연을 거친 다음 화염이 발생한다. 이를 점화지연이라 한다. 정상연소시는 연소속도는 20~25 m/sec이고 화염전파(flame propagation), 확산연소(diffusive combustion), 자기발화(self-ignition)의 순으로 연소가 진행된다. 그림 **5 · 1**은 실린더 내 압력과 열발생률을 나타낸다.

① 제 1 기 점화지연 : 스스로 전파하기 위한 화염핵 형성기간으로 압력상승지연, 열발생지연기간이다.

② 제 2 기 점화지연 : 연소에 의해 압력상승이 나타나고 열발생기간이다.

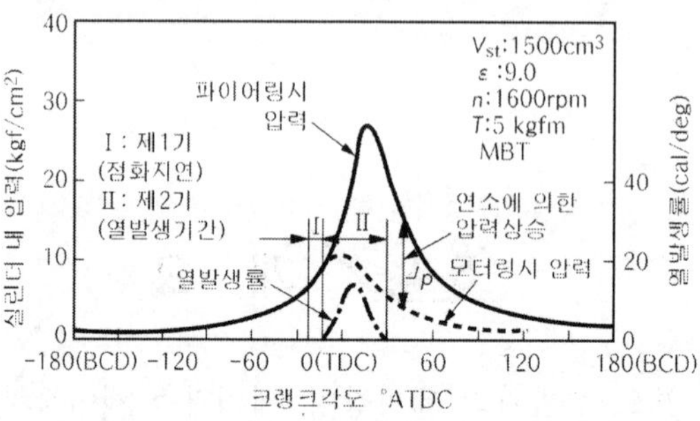

그림 5 · 1 실린더 내 압력과 열발생률

〔2〕 이상연소

실린더 내의 미연가스가 자연발화 온도를 넘으면 자연발화에 의해 전부 연소되어 실린더 내의 화염속도가 300~2000 m/sec에 도달하는데 이때 발생하는 충격파를 디토네이션파(detonation wave)라 하고 노킹의 원인이 된다. 노킹은 연소 도중 화염면에서 떨어진 미연가스가 자연발화를 하여 고주파의 압력진동과 소음을 발생하는 현상으로 기관에 과부하, 과열이 발생할 때 혼합비가 농후할 때, 점화시기가 빠를 때 발생한다. 방지법으로는

① 고옥탄가의 연료를 사용한다.

② 미연가스의 온도와 압력을 낮추고 연소기간을 단축한다.
(실린더설계변수 : 압축비내림, 화염전파거리를 단축, 난류증대로 화염속도 높이고 화염전파거리 단축)

③ 점화시기를 늦춘다.

④ 회전속도를 높인다.

⑤ 냉각수 온도를 저하시킨다.

⑥ 흡기온도를 저하시킨다.

〔3〕 역화, 후연

정상연소, 노킹, 표면점화는 모두 연소실 내에서의 연소이나 연소실 밖인 흡배기계에서

도 연소가 발생하는 경우가 있다. 흡기계에서의 연소를 역화(backfire), 배기계에서의 연소를 후연(afterburning)이라 한다.

5.3 가솔린기관 제어장치

5.3.1 증발가스 제어장치

휘발유에 포함되어 있는 HC가스는 전체 연료라인으로부터 대기 중으로 방출되는 경우 법적인 규제값 내에 있어야 하고 휘발유는 대기의 온도에 따라 체적이 커지므로 만약 연료라인이 숨구멍도 없이 밀폐된 상태라면 연료탱크의 팽창, 연료압력의 증가와 같은 연료계통의 많은 문제점이 나타난다. 이러한 문제를 해결하기 위해 연료탱크의 상단면에는 가능한 한 위치를 높게 하여 차량 전복시 연료의 누출을 방지하는 컨트롤 밸브(롤오버 밸브)를 장착하고 연료 탱크 내에서 대기의 온도의 증가에 따라 많이 증발되는 HC가스를 컨트롤 밸브를 통과하여 캐니스터 활성탄에 흡착시키고 있다가 엔진 시동상태에서 일정한 조건이 되면 엔진 안으로 흡입 연소시켜 증발가스를 제거하는 장치이다. 그림 **5 · 2**는 증발가스 제어장치의 전체적인 구성도를 나타내고 실린더로 흡입되는 증발가스를 조절하는 밸브인 퍼지컨트롤 밸브, 캐니스터, 2-웨이밸브 등으로 구성된다. 퍼지컨트롤 밸브는 ECU에 의해 제어되는 PWM(pulse with module) 형태와 흡기 서지탱크 내의 부압과 ECU제어에 의해 ON-OFF기능만을 하는 형태가 있다. 현재 국내에서는 거의 ON-OFF기능만을 하는 퍼지컨트롤 밸브

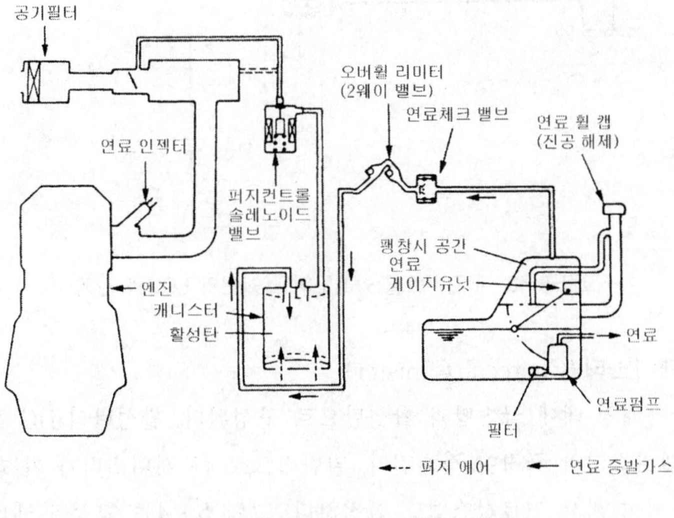

그림 5 · 2 증발가스 제어장치 구성도

가 많이 사용된다. 이 밸브는 엔진의 냉각수온이 낮거나 공회전시에는 밸브가 닫히고 엔진이 워밍업되어 정상 작동시에는 밸브가 열려 캐니스터에 저장되었던 증발가스는 서지탱크로 유입된다.

〔1〕 2-웨이밸브

압력밸브와 진공밸브로 구성되어 있고 압력밸브는 연료탱크의 내부압력이 규정보다 높으면 개방되고 진공밸브는 탱크 내에 진공이 있을 때 개방되도록 되어 연료의 압력을 조절하기나 캐니스터가 부착되지 않는 차량의 경우 연료탱크로부터 연료의 누출을 방지하고자 할 때 사용한다.

〔2〕 퍼지컨트롤 솔레노이드 밸브

퍼지컨트롤 솔레노이드 밸브는 ECU로부터 흡기다기관 부압상태(맵센서), 냉각수온(냉각수온센서) 등에 영향을 받고 듀티 제어한다. 퍼지제어는 냉각수온 70℃ 이상 및 산소센서 피드백 보정량의 평균값을 감안하여 듀티 제어량을 ECU는 계산한다. 듀티가 0%일 때는 밸브는 닫혀 있고 100%일 때는 완전히 열려 있다. 공회전 상태에서 듀티량은 1～3% 정도이고 최대 제어량은 92%이다. 퍼지제어는 계속 수행하는 것이 아니고 몇 분 작동하다가 캐니스터에 증발가스를 포집할 때는 작동하지 않는다. 다른 형태로는 ECU의 제어를 받지 않고 매니폴드 부압에 의해서만 작동하는 것도 있다. 그림 **5 · 3**은 퍼지컨트롤 솔레노이드 밸브와 ECU의 관계를 나타낸다.

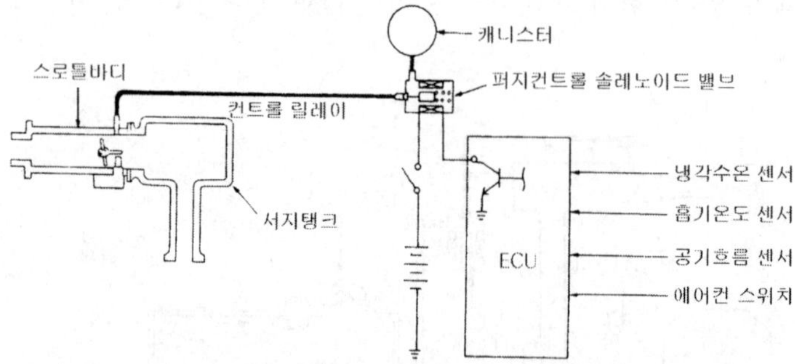

그림 5 · 3 퍼지컨트롤 솔레노이드 밸브와 ECU의 관계

〔3〕 활성탄 캐니스터 (Charcoal Canister)

캐니스터는 금속패킹 내에 금속망과 활성탄으로 구성된다. 활성탄의 HC 흡수중량이나 포집시간에 의해 캐니스터의 규격이 정해진다. 일반적으로 큰 캐니스터가 가격도 비싸지만 증발가스의 처리능력이 커서 연료시스템도 안정하다. 그림 **5 · 4**는 활성탄 캐니스터의 단면도이다.

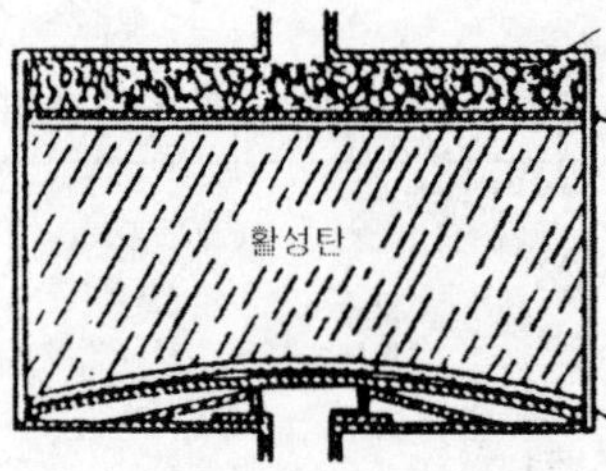

그림 5·4 활성탄 캐니스터의 단면도

예제 5·1

증발가스 제어장치는 다음 중 어느 가스와 관계가 있는가?

가. CO　　**나**. HC　　다. NO_x　　라. SO_x

예제 5·2

증발가스 제어장치 부품이 아닌 것은?

가. 캐니스터　　나. 롤오버 밸브
다. 퍼지솔레노이드 밸브　　**라**. 압력레귤레이터

예제 5·3

증발가스 제어장치에 대한 설명이다. 틀린 것은?

가. 캐니스터에 증발가스를 일시 보관한다.
나. 흡기다기관의 부압을 이용한다.
다. 캐니스터에 저장된 증발가스는 연료탱크로 되돌아간다.
라. 흡기다기관과 캐니스터 사이에는 퍼지컨트롤 밸브가 부착되어 있다.

예제 5·4

공회전시 퍼지컨트롤 밸브의 듀티제어량은 얼마인가?

가. 0 %　　**나**. 1~3%　　다. 10~30%　　라. 90~100%

예제 5·5

퍼지컨트롤밸브의 듀티제어량이 0%이면 밸브의 상태는?

가. 닫혀 있다. 나. 약간 열려 있다.
다. 많이 열려 있다. 라. 완전히 열려 있다.

5.3.2 배기가스 제어장치

〔1〕 공기/연료 혼합비율 조정 장치

MPI 엔진은 산소 센서의 신호를 사용하여 매니폴드에 장치되어 있는 각 실린더의 인젝터를 작동시키고 제어하여 정확히 공기/연료 비율을 조정하여 배기가스를 감소시키는 장치이다. 이 장치는 삼원 촉매가 최적으로 작용할 수 있게 혼합비를 조절한다. 삼원 촉매는 HC, CO, NO_x 등의 유해가스를 인체에 무해한 가스로 변환시켜 주는 역할을 한다. 작동회로에는 개방회로(opened loop)와 폐쇄회로(closed loop)의 두 가지 유형이 있다. 개방회로는 공기와 연료의 비율이 ECU에 입력되어 있는 자료에 의해 제어되고 폐쇄회로는 산소 센서에서 보내진 정보를 이용하여 ECU가 공기와 연료의 비율을 변화시킨다.

〔2〕 배기가스 재순환 장치 (Exhaust Gas Recirculation System)

배기가스 중의 NO_x를 저감하는 한 방법으로 불활성인 배기가스의 일부를 흡입계통으로 재순환시키면 엔진에 흡입되는 혼합기에 혼합되어서 연소시의 최고온도를 내리고 NO_x 생성을 적게 하는 장치이다. NO_x의 저감은 물론 보다 효과적으로 EGR를 가동시키기 위해 흡기온도, 냉각수 온도, 차속이나 변속기어의 위치를 감지하고 운전상태에 따라 가장 적합한 제어 조건에서 배기가스의 일부(15%)를 흡입관으로 재순환시킨다. 흡입관으로 재순환된 배기가스는 스로틀 밸브의 상류방향으로 재순환시키는 상류 EGR과 하류방향으로 재순환시키는 하류 EGR이 있다. NO_x저감을 위해서는 부하나 차속에 관하여 EGR율이 일정하게 되는 것이 바람직하다.

$$\text{EGR} = \frac{\text{배기가스 재순환량}}{\text{흡입공기량} + \text{배기가스 재순환량}} \times 100\% \qquad (5 \cdot 1)$$

EGR컨트롤 시스템의 종류는 부압컨트롤 방식, 배압컨트롤 방식, 부하비례 방식이 있다.

(1) EGR 부압컨트롤 방식

그림 **5·5**에 설명도를 나타내며 흡입관과 배기관이 파이프로 연결되어 있고 중간에 EGR 컨트롤 밸브가 설치되어 있다. 이 밸브의 개폐 및 스트로크를 변화시켜 배기가스가 흡입관에 흡입되는 것을 차단하거나 그 양을 변화시킨다. 이와 같은 작용은 EGR 컨트롤 밸브와 반대쪽에 있는 부압실에서 생기는 부압에 의해서 제어된다. 그림에는 부압통로에 TVV (Thermal Vaccum Valve, 수온감지 밸브)가 장치되어 있어 엔진이 식어 있을 때는 밸브를 닫아 EGR 컨트롤 밸브에 부압이 작용하지 않아 시스템이 작동하지 않는다. EGR 컨트롤 밸브

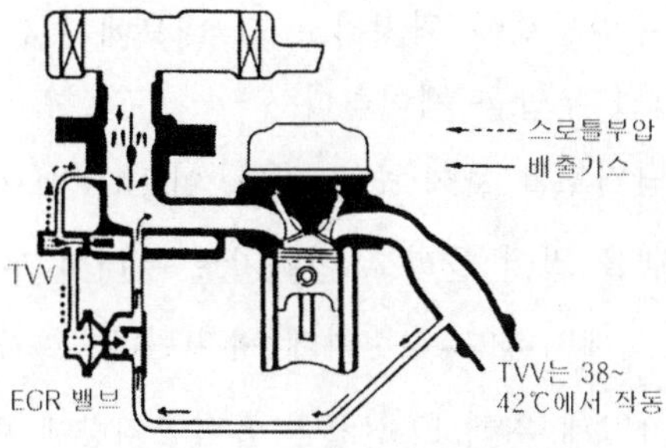

그림 5·5 EGR 부압 컨트롤 방식

의 작동은 기화기 스로틀 밸브 부근의 EGR포트 부압에 의해 제어된다. 그 작동은 TVV가 EGR 컨트롤 밸브의 부압통로를 개방한 상태에서 다음과 같다.

① 저속 운전시

거의 40 km/h 속도까지는 스로틀 밸브 선단은 EGR포트보다 아래쪽에 있기 때문에 매니폴드 부압은 EGR포트에 작용하지 않아 EGR포트 부압은 작고 EGR밸브 스프링의 힘이 강하여 EGR 컨트롤 밸브는 밸브시트에 접촉하고 있어 배기가스의 재순환은 이루어지지 않는다.

② 중속·고속 운전시

중·고속시의 스로틀 밸브는 크게 열려 EGR 포트부압이 크게 되고 이 힘이 EGR 컨트롤 밸브의 스프링 힘보다 커서 컨트롤 니들을 움직여 EGR 컨트롤 밸브는 열리고 배기가스가 흡입관으로 빨려들어 온다.

(2) EGR 배압 컨트롤 방식

배기관의 배압이 엔진의 흡입 공기량과 상관관계가 있는 것을 이용하여 배압에 의해 EGR부압을 제어하는 것이다. 그림 **5·6**은 배압 컨트롤 방식의 기능을 설명하고 있다. 배압 컨트롤의 주된 밸브는 BPT(back pressure transducer) 밸브로 기화기와 EGR 컨트롤 밸브

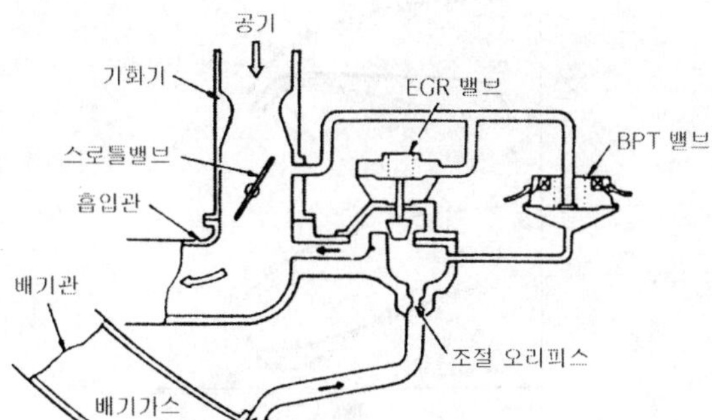

그림 5·6 EGR 배압 컨트롤 방식

를 연결하는 EGR 시그널 부압통로에 위치하고 그 내부에 있는 다이어프램부에 작용하는 배기압에 의해서 EGR 시그널 부압을 제어한다.

그림 **5・7**에 BPT 밸브 단면도를 보여 주고 있다. 이 BPT밸브의 작동은 배압 P_2가 상승하면 BPT밸브의 다이어프램을 밀어 올리고 기화기로 부터의 부압에 의해 EGR 컨트롤 밸브가 작동하여 P_2의 상승을 제어하여 일정하게 유지된다. P_2가 일정하게 유지되면 P_2와 배기관 내의 배압 P_1과의 차압에 의해 EGR량은 흡입공기량에 비례한다. 엔진의 흡입 공기량에 비례한 배기 재순환량은 운전상황에 따라 높은 EGR비율을 제공할 수가 있어 NO_x를 저감할 수 있다.

그림 **5・8**에 부압 컨트롤 방식과 배압 컨트롤 방식의 EGR특성 비교를 나타내었다. 그림에서 보면 2000 rpm 부근에서 상당한 범위에 걸쳐서 일정하게 높은 EGR비가 얻어진다.

(3) EGR 부하비례 방식

그림 **5・9**에 부하비례 방식 EGR시스템의 구조도를 나타낸다. 이 방식은 배압 컨트롤식의 BPT밸브를 대신하여 VVT(Ventri Vaccum Transducer) 밸브를 피드백 기구로 사용하고 배압 컨트롤 방식의 대기압에 대해서 벤투리 부압을 컨트롤신호로 사용하여 흡입 공기량

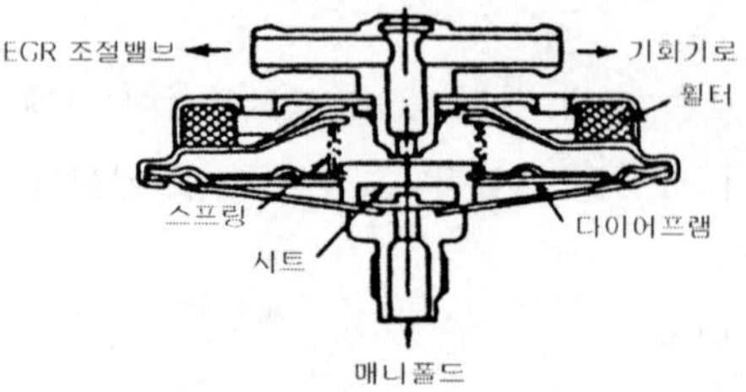

그림 5・7 BPT밸브의 단면도

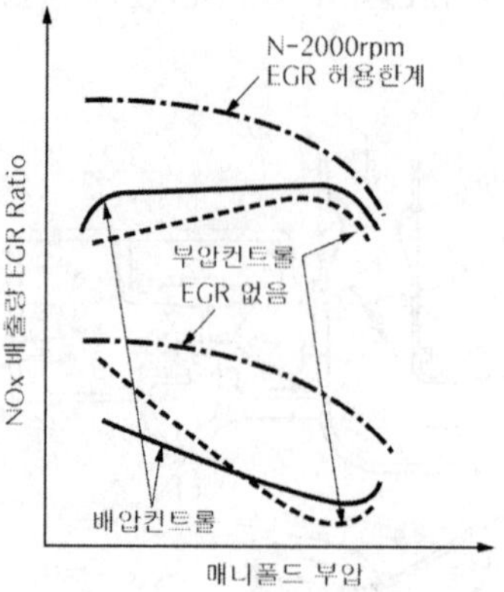

그림 5・8 부압 컨트롤 방식과 배압 컨트롤 방식의 ERG Ratio 특성비교

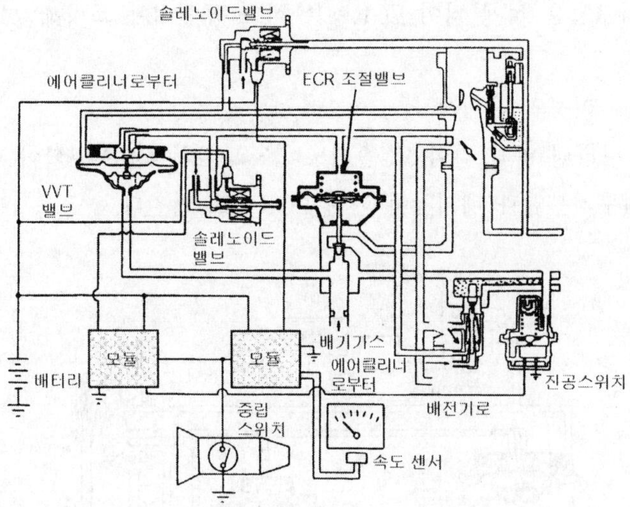

그림 5 · 9 부하비례 방식의 EGR 시스템

에 비례하는 EGR량을 공급한다. 이 시스템은 VC솔레노이드 밸브를 ON, OFF시키면서 EGR량을 제어한다. 다음은 EGR제어장치의 작동을 설명한다.

① 냉간시의 EGR장치

엔진이 웜업되기 전의 상태에서는 TVV밸브는 열려 있어 대기를 유입시키고 있기 때문에 차속과는 관계없이 EGR 컨트롤 밸브와 VVT밸브에 부압이 걸리지 않아 EGR는 차단된다.

② 차속 55 km/h 이상의 난기시

그림 **5 · 10**에 나타낸 바와 같이 VC 솔레노이드 밸브는 ON으로 되어 VVT밸브로 대기압

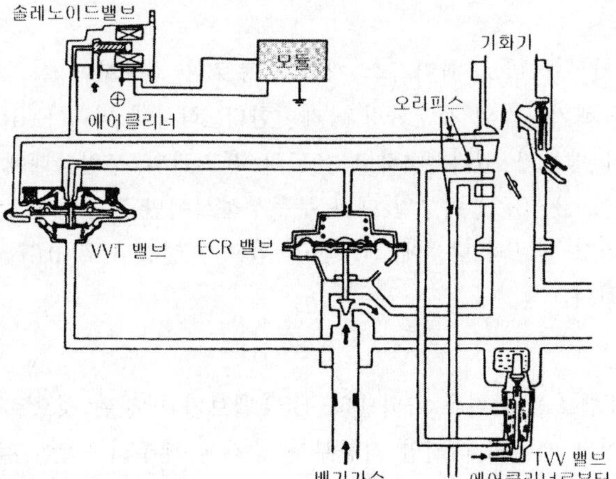

그림 5 · 10 55 km/h 이상의 EGR 작동도

이 들어가 벤투리부압은 적게 되어 EGR량은 적고 공연비는 희박해지고 점화진각은 적어진다.

③ 차속 55 km/h 이하의 난기시

그림 **5·11**에 나타낸 바와 같이 VC솔레노이드 밸브는 OFF로 되어 VVT밸브로 대기유입이 차단되고 벤투리부압과 배기압이 커져 EGR량도 커진다.

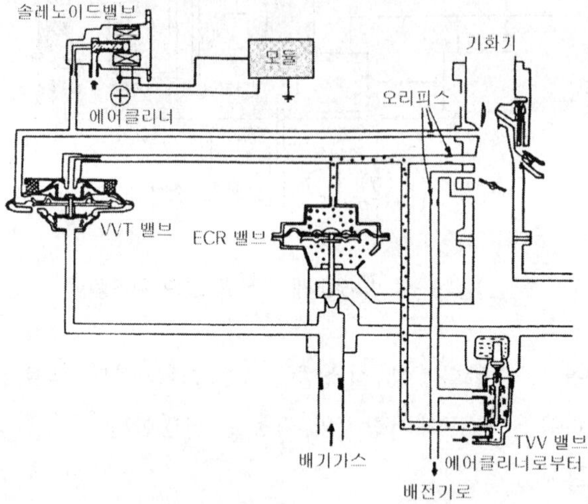

그림 5·11 55 km/h 이하의 EGR 작동도

참고

• EGR control 밸브

EGR시스템 구성장치의 하나로 배기가스 재순환 통로의 최종부에 설치되어 컨트롤계의 제어부압의 크기에 따라 배기가스의 재순환량을 제어한다. 회사에 따라 EGR제어 정밀도를 높이기 위해 다양한 종류의 밸브가 있다. 냉각수 온도와 흡기관의 부압상태에 의해 밸브가 ON 및 OFF된다. 냉각수온이 63~67℃ 이상일 때와 부분부하시에만 작동한다. 점검법으로는 밸브에서 진공호스를 분리시키고 밸브의 니플에 핸드진공 펌프를 연결한 후 0.67 ata의 진공을 가하면서 공기밀폐도를 점검한다.

• VVT밸브

그림 **5·12**에 VVT밸브의 단면을 나타낸다. BPT밸브가 발전된 것으로 BPT밸브의 다이어프램 2매를 3매로 늘이고 배압의 대기압 작동부분 중간에 벤투리부압이 걸리도록 하고 있다. 엔진의 흡입 공기량이 많아지면 벤투리부압 V_v는 크게 되고 배압 P_2도 크게 된다. 따라서 대기입구를 막으려는 압력은 크게 되어 대기의 도입량은 감소하여 EGR 컨트롤 밸브의 열림폭은

크게 되고 EGR량은 증가한다.

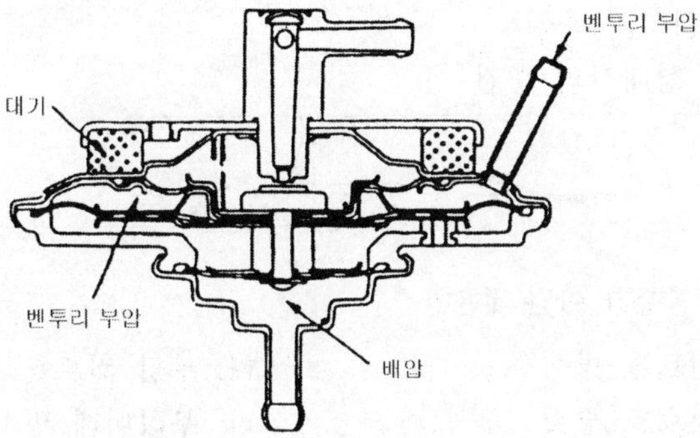

그림 5·12 VVT밸브의 단면도

(4) EGR thermo 밸브

냉각수 온도가 50℃ 이하이면 밸브가 열려 EGR 밸브는 진공이 해제되어 작동하지 않고 냉각수 온도가 80℃ 이상이면 밸브가 폐쇄되어 EGR 시스템이 진공이 걸려 EGR 밸브가 작동한다.

예제 5·6

배기가스 재순환 밸브의 주된 역할은?

가. NO_x의 저감　　나. HC의 감소
다. CO의 감소　　라. smoke의 감소

예제 5·7

EGR시스템의 원리를 설명한 것이다. 틀린 것은?

가. 배기가스를 흡입계통으로 재순환시킨다.
나. 연소시 최고온도를 낮춘다.
다. NO_x 생성을 적게 하는 장치이다.
라. ECU의 컨트롤을 받는다.

예제 5·8

배기가스 재순환 시스템이 작동하는 상태를 설명한 것이다. 틀린 것은?

가. 중 고속시의 운전
나. 냉각수온이 일정온도 이상이 되었을 때
다. 부분부하시의 운전
라. 공회전 상태시의 운전

예제 5·9

EGR시스템의 종류가 아닌 것은?

가. 동압 컨트롤 방식 나. 부압 컨트롤 방식
다. 배압 컨트롤 방식 라. 부하비례 방식

예제 5·10

NO_x 생성원리를 설명한 것이다. 틀린 것은?

가. 이론혼합비의 약 10% 희박측에서 최대로 발생된다.
나. 연소온도가 높을 때 발생하기 쉽다.
다. 여분의 산소가 실린더 내에 있을 때 발생하기 쉽다.
라. NO_x와 CO, HC의 생성 여건은 비슷하다.

5.3.3 크랭크 케이스 배출가스 제어장치

크랭크 케이스 내 블로바이 가스(blowby gas, HC)를 대기 중으로 방출되는 것을 방지하기 위해 흡기다기관(서지탱크)으로 재순환하여 연소시킨다. 미연소가스인 HC가스를 재순환시켜 연소시키므로 배출가스를 정화할 수 있고 블로바이 가스에 의한 엔진내부부식, 엔진오일의 열화(슬러지)를 방지할 수 있다. 엔진과 서지탱크 사이에는 PCV(positive crankcase ventilation valve) 밸브가 부착되어 있어 흡기 매니폴드의 압력강도(부압)에 따라 블로바이 가스의 유량을 조절한다. 그림 **5·13**은 크랭크 케이스 배출가스 제어장치의 구성도를 나타낸다.

PCV밸브의 점검법으로는

① PCV밸브에서 벤틸레이션 호스를 탈거한다.
② PCV밸브를 로커커버에서 탈거하고 벤틸레이션 호스에 재장착한다.
③ 엔진을 공회전시키며 PCV밸브의 개방된 끝을 손가락으로 막았을 때 흡기 매니폴드의 진공이 느껴지는지를 확인한다.
④ 진공이 걸리지 않으면 PCV밸브와 벤틸레이션 호스를 청소하거나 교환한다.

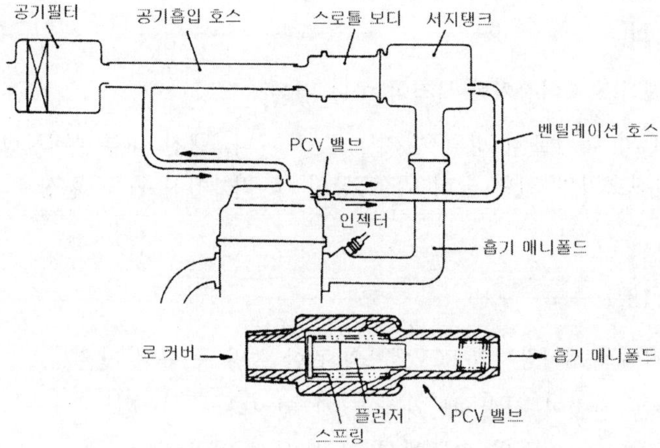

그림 5 · 13 크랭크 케이스 배출가스 장치 구성도

참고

• PCV 밸브

밸브의 구조와 매니폴드 부압, PCV밸브 유량과의 관계를 그림 **5 · 14**에 나타내었다. 흡기 매니폴드측에 진공이 없으면 그림과 같이 진공통로는 막혀 있고 낮은 진공이 걸릴 때가 진공통로는 가장 크게 열린다. 높은 진공이 걸리면 진공통로는 작게 열린다. 따라서 공회전시나 2000 rpm 이하의 속도에서 PCV밸브는 가장 많이 열려 HC가스는 벤틸레이션 호스를 거쳐 서지탱크로 들어간다. 급가속이나 고속주행시 등 진공이 크게 걸리면 PCV밸브보다는 브리더 호스를 통하여 흡기관으로 유입된다.

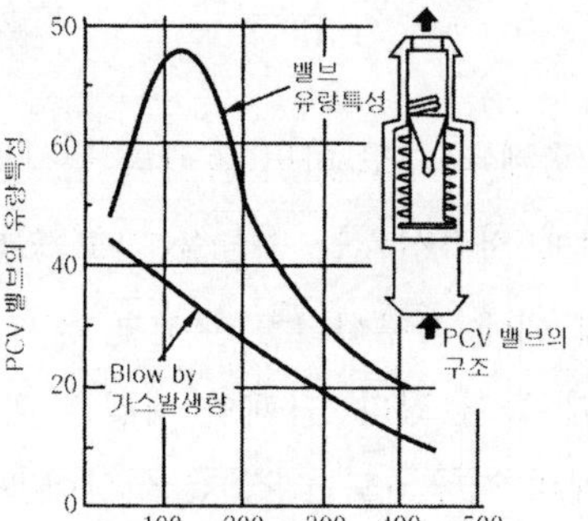

그림 5 · 14 PCV밸브의 구조와 작동 원리

예제 5 · 11

크랭크 케이스 제어장치의 목적이 아닌 것은?

가. HC의 대기로의 방출 방지
나. 엔진 내부 부식 방지
다. 엔진오일의 열화(슬러지)를 방지
라. 엔진 출력 향상

예제 5 · 12

크랭크 케이스 제어장치의 PCV밸브의 관한 설명 중 틀린 것은?

가. 낮은 진공이 걸릴 때 가장 크게 열린다
나. 2000 rpm 이하의 속도에서 가장 크게 열린다
다. 급가속이나 고속주행시 가장 크게 열린다
라. 엔진헤드와 서지탱크 사이에 위치한다.

5.3.4 촉매변환기 (Catalystic Converter)

〔1〕 산화 촉매 컨버터

자동차 배기가스 중 CO, HC를 저감하는 산화촉매장치로 펠릿(Pellet, 입상촉매)을 봉입한 하향흐름식(downflow) 촉매 컨버터가 많이 사용된다. 이 촉매 컨버터 중의 촉매 펠릿을 통과하는 사이에 배기가스 중의 CO, HC가 다음과 같이 산화반응을 하면서 무해한 물질로 정화된다.

$$2CO + O_2 \rightarrow 2CO_2 \tag{5 · 2}$$

$$2C_2H_6 + 7O_2 \rightarrow 4CO_2 + 6H_2O \tag{5 · 3}$$

〔2〕 삼원 촉매

Three Way Catalyzer(삼원 촉매)라고도 하며 촉매의 주성분은 백금과 로듐이고 배기가스 중의 CO, HC, NO_x를 동시에 저감시키는 기능을 갖고 있다. 그림 **5 · 15**의 단면에서 알 수 있듯이 세라믹 일체의 담체 내에 알루미나를 모체로 해서 표면에 백금+로듐을 얇은 막으로 처리한 입상촉매(Pellet)가 들어 있다. 담체의 재질은 내열성이 높은 마그네슘, 알미늄 실리게이트가 주성분이다. 촉매의 작동온도는 250℃ 이상이 되어야 촉매작용이 시작되고 이러한 현상은 가솔린기관에서 배기가스 규제치 내에 들기 위해서 높은 기술력이 필요로 하는 부분이 되고 있다. 보통 작동시의 촉매의 온도는 400~800℃ 내에 있으며 촉매 온도가 950℃ 이상이 되면 촉매 담체는 녹기 시작하여 기능이 상실된다. 다음과 같이 산화반응을 하면서 무해한 물질로 변화된다.

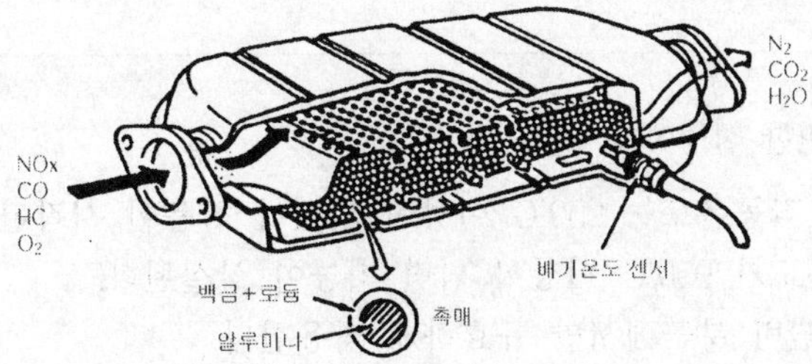

그림 5 · 15 삼원 촉매의 단면도

$$2CO + O_2 \rightarrow 2CO_2 \quad (5 \cdot 4)$$

$$2C_2H_6 + 7O_2 \rightarrow 4CO_2 + 6H_2O \quad (5 \cdot 5)$$

$$2NO + 2CO \rightarrow N_2 + 2CO_2 \quad (5 \cdot 6)$$

이러한 촉매의 정화율은 이론 공연비 부근의 수치에서만 유효하게 작용하고 그 유효혼합비 폭이 극히 좁다. 따라서 이론공연비 내에서 엔진이 가능한 가동되어 촉매의 효율을 높게 하기 위해서 산소 센서를 이용한 공연비 피드백 제어시스템을 거의 모든 차량은 채용하고 있다.

펠릿식과는 다른 모노리스(monolith)식의 촉매도 있다. 세라믹 원통이 일체로 된 담체의 표면에 백금(Pt), 팔라듐(Pd), 로듐(Ro) 등의 촉매를 코팅한 형태이다. 모노리스 촉매 컨버터는 펠릿식과 비교해서 촉매 열화에 대한 교환은 시간, 비용 모두 나쁘지만 촉매의 안정성이 높아져 특별한 경우가 아닌 한 교환이 불필요하다. 또한 배기저항도 적어지는 장점이 있어 현재 국내 자동차에는 대부분 채용이 되고 있다. 촉매 담체는 고가이므로 파손을 막기 위해서는 다음과 같은 점에 유의해야 한다.

① 무연휘발유만 사용한다.

② 여름철 장기간의 공회전을 삼가 해서 촉매의 온도를 낮춘다.

③ 스파크점프테스트를 삼간다. 이 테스트를 계속하면 연소되지 않은 연료가 배기관까지 흘러 들어가 배기관의 온도를 높인다.

④ 장시간 압축압력 측정을 삼간다.

⑤ 연료가 거의 없는 상태에서 엔진을 작동시키면 엔진이 실화하게 되고 촉매장치에 과부하가 걸린다.

예제 5 · 13

전자제어 가솔린기관의 촉매변환기가 가장 좋은 성능을 발휘할 수 있는 공연비는 얼마인가?

가. 11 : 1　　나. 13 : 1　　**다**. 14.7 : 1　　라. 15 : 1

예제 5 · 14

삼원 촉매에 관한 설명이다. 틀린 것은?

가. 촉매의 작동온도는 250℃ 이상이 되어야 작용이 시작된다.
나. 촉매 온도가 950℃ 이상이 되면 기능이 상실된다.
다. 이론공연비 부근에서만 유효하게 작용한다.
라. 배기가스가 환원반응을 하면서 무해한 물질로 정화된다.

예제 5 · 15

세라믹 원통이 일체로 된 담체의 표면에 코팅하는 촉매가 아닌 것은?

가. 백금(Pt) 나. 팔라듐(Pd) **다**. 금(Au) 라. 로듐(Ro)

예제 5 · 16

차량에서 삼원 촉매의 파손은 심각한 손상에 속한다. 다음 중 파손방지책을 설명한 것 중 틀린 것은?

가. 무연휘발유만 사용해야 한다.
나. 여름철 장기간의 공회전을 해서 배기관의 온도를 높인다.
다. 장시간 압축압력 측정을 삼간다.
라. 연료가 거의 없는 상태에서는 작동을 삼간다.

예제 5 · 17

다음은 배기장치의 삼원 촉매와 관련되는 시스템이다. 관련이 없는 것은?

가. 이론공연비에서 제어 나. 산소 센서
다. 피드백 제어 시스템 **라**. 머플러

5.4 연료와 연소

5.4.1 연 료

연료는 통상 화석연료와 바이오매스연료(biomass fuel)로 분류된다. 화석연료는 석탄, 석유, 천연가스 등 지하매장자원에서 얻어진다. 바이오매스 연료는 재생산이 가능한 에너지로

써 동식물성 유지, 발효에 의한 에틸알코올 등이다. 에너지원에는 화석에너지 외에 풍력, 지열, 태양열 등 자연에너지와 원자력에너지가 있고 이것을 1차 에너지라 한다. 1차 에너지를 이용하기 쉬운 형태로 가공한 가솔린, 코우크스, 전력, 도시가스 등을 2차 에너지라 한다. 현재 인류가 이용하고 있는 에너지의 90%는 화석연료에서 얻어지고 있다.

기관 중 외연기관은 화석연료의 연소열을 열에너지로 이용하고 내연기관은 화석연료를 가공해 이용한다. 자동차용 연료에는 가솔린, 경유, 액화석유가스(LPG, Liquefied Petroleum Gas), 에틸알코올, 압축천연가스(CNG, Compressed Natural Gas) 등이 사용된다. 최근에는 환경보존, 석유 대체의 관점에서 연료성분 중에 산소를 포함하는 함산소연료(알코올류)와 수소의 이용이 연구되고 있다.

5.4.2 석유계 연료

〔1〕 연료의 종류

석유계 연료는 탄소와 수소로 된 탄화수소이고 그 구조에 따라 파라핀계(paraffins), 올레핀계(oreffins), 나프텐계(naphtens) 및 방향족계(aromatics)의 4종류로 나누어진다. 올레핀계는 자연계에는 존재하지 않고 석유제조과정에서 생성된다. 석유 원유에서 얻어지며 증류에 의하여 비점이 다른 각종의 성분이 얻어진다. 이것을 분류라 한다. 분류된 각 성분은 정제 및 분리처리를 거쳐 제품으로 된다. 표 **5·1**에 분류된 성분을 탄소수를 기준으로 나타내었다.

가장 가벼운 성분은 메탄(CH_4)으로 천연가스의 주성분이다. 천연가스는 원유와 같이 존재하거나 단독으로 존재한다. 프로판(C_3H_8), 부탄(C_4H_{10})도 가스로 취급되지만 액화시켜 취급이 용이한 액화석유가스(LPG)로 이용되고 있다.

표 5·1 분류 성분

탄소수	분 류	제 품	비 점(℃)	밀 도(kg/l)	발열량 MJ/kg (kcal/kg)
2 이하	천연가스	메 탄 에 탄	−162 −89	0.3 0.37	52(12425) 48(11470)
3~4	LPG	프로판 부 탄	−42 −0.5	0.51 0.58	48 48
5~11	나프타	가솔린	35~180	0.6~0.74	44(10513)
9~15	등 유	등 유	150~250	0.74~0.82	43(10275)
12~22	경 유	경 유	190~350	0.82~0.88	42(10036)
23 이상	중 유	중 유	190~600	0.89 이상	42

액체상태에서 가장 가벼운 성분은 비점이 35~180℃인 나프타(naphtha, 조제가솔린)로 C_5-C_{11}의 성분이 함유되어 있다. 나프타는 경질의 가솔린과 중질의 가솔린으로 구별되고 나프타의 경질분은 탈황, 탈취처리를 한 후에 직류가솔린(straight gasoline)으로 된다. 나프타의 중질분도 탈황처리를 한 후에 방향족을 많이 함유하는 가솔린이 된다. 그 외에 경유를 분해한 분해 가솔린도 있다. 이러한 가솔린을 조합하여 자동차용 가솔린, 항공용 가솔린 및 석유화학 연료를 만든다.

비점이 150~250℃의 C_9-C_{15} 성분을 함유하는 것은 등유이다. 난방용의 백등유와 농업용, 어업용 엔진의 연료가 되는 공업용 등유가 있다. 경유(gas oil)는 $C_{12}-C_{22}$를 함유하고 증류온도가 190~350℃인 연료로 주로 고속디젤, 가스터빈의 연료로 사용되고 있다. 중유(heavy oil)는 원유의 증류잔유의 점도를 조정한 중질의 연료이다. 점도가 낮은 쪽부터 A, B, C중유라 불린다. 용도는 발전용, 선박디젤연료로 쓰인다.

〔2〕 성 질

연료의 특성으로 중요한 항목은 발열량, 밀도, 기화성, 점도 등이다. 특히 스파크점화 기관용 연료는 자발화 온도가 높고 연소개시까지의 시간인 착화지연이 긴 것이 요구되고 압축점화 기관용 연료는 반대로 자발화 온도가 낮고 착화지연도 짧은 것이 요구된다.

(1) 발열량

석유계 연료의 발열량은 거의 비슷하지만 고비점의 중질분의 중유가 42 MJ/kg 정도이다. 연료 1 kg 중에 포함된 탄소, 수소, 산소, 유황 및 수분의 각각 C, H, O, S, W [kg]으로 하면 저발열량은 다음 식으로 표시된다.

$$H_l(\text{저위발열량}) = 34C + 143\left(H - \frac{O}{8}\right) + 9.2S - 2.5W \ [\text{MJ/kg}] \qquad (5 \cdot 7)$$

$$= 8100C + 29,000\left(H - \frac{O}{8}\right) + 2500S - 600W \ [\text{kcal/kg}]$$

(2) 밀도

밀도는 탄소와 수소의 원자수비가 크면 크게 되고 탄소수가 같은 경우는 다음과 같다.

방향족계 > 나프텐계 > 파라핀계

예를 들면 경질의 부탄은 0.6 kg / l, 중유가 0.95 kg / l 이다.

(3) 기화성

각종의 탄화수소의 혼합물인 석유연료는 넓은 비점범위를 가진다. 특히 방향족의 비점이 가장 높고 나프텐, 파라핀, 올레핀의 순으로 낮다. 석유연료가 어느 정도의 비점을 가지는 성분으로 구성되어 있는가를 표시하는 증류특성(기화성)을 측정하는 방법으로는 ASTM 증류법과 평형공기 증류법(EAD)이 있다.

5.4.3 가솔린

가솔린의 일반적인 성질은 기화성과 내노크성이다.

〔1〕 기화성(휘발성)

기화성은 엔진이 저온상태로 시동되는 냉간시동, 엔진이 고온상태로 시동되는 열간시동 및 저속시의 가속과 깊은 관계가 있다. 카뷰레터 기관에서 냉간시동시 기화기를 나온 가솔린은 액체상태로 흡입관을 거쳐 연소실로 들어간다. 압축행정시 압축상승에 의해 온도가 올라감에 따라 일부의 가솔린이 증발하여 공기와 혼합된 후 연소하고 연소되지 않고 액체상태로 남은 가솔린의 일부는 배기로 배출되고 남은 가솔린은 다음 사이클에서 증발하여 혼합비를 농후하게 만든다. 이것이 냉간시동시 배기가스 중의 미연 탄화수소와 일산화탄소의 농도를 높게 하는 원인이다. 냉간시동을 쉽게 하기 위해 연료성분 중 저비점 성분을 증가시키면 연료의 증기압이 높게 되고 워밍업 후 연료펌프, 연료라인, 기화기에서 연료증기가 발생되어 연료공급이 어려워지고 혼합비가 희박해지는 등 운전이 부조로 된다. 이와 같은 현상을 베이퍼로크(vapor lock)라 한다. 또한 열간으로 운전되는 엔진을 정지시키면 기화기내의 연료가 비등하여 흡기 매니폴드로 유입되어 재시동이 곤란해진다. 이 현상을 퍼콜레이션(percolation)이라 한다. 이는 LPG 기관의 역화의 원인이 된다. 저속시 급가속을 하면 흡기 매니폴드 내의 공기유속이 느려져 기화기 노즐에서 분사된 가솔린 입자는 공기 중에 유동하면서 공기와 함께 흐르지 않고 대부분은 흡기 매니폴드와 실린더에서 막을 형성하는 흐름이 된다. 이 흐름은 공기유속과 비교하여 느리므로 혼합비가 희박해진다. 가솔린의 기화성을 표시하는 방법에는 ASTM 증류법, 리드증기 압력법, 기체와 액체비율 측정법, 평형공기 증류법 등이 있다.

〔2〕 내노크성

연료가 균일하게 혼합되어 있는 예혼합기의 연소는 화염전파에 의해 이루어진다. 화염전파 도중에 화염면에서 떨어진 미연 혼합기의 잔류가스가 자발화를 하여 고주파의 압력진동과 소음을 발생하는 현상을 노킹이라 한다. 자발화온도가 낮고 자발화까지의 지연시간인 착화지연이 짧은 연료를 사용하면 노킹이 생기기 쉽다. 이와 같은 연료를 옥탄가(octan number)가 낮다고 한다. 옥탄가는 연료의 내노크성을 평가하는 지표이고 가장 노킹을 일으키기 쉬운 기준 연료를 정헵탄(n-heptan), 그 옥탄가를 0으로 한다. 가장 노킹을 일으키기 어려운 기준 연료를 이소옥탄(iso-octan), 그 옥탄가를 100으로 한다. 중간의 옥탄가를 가지는 기준연료는 양자를 혼합하여 만든다. 옥탄가는 다음 식으로 표시된다.

$$\text{옥탄가}(ON) = \frac{\text{이소옥탄}}{\text{이소옥탄} + \text{노르말(정)헵탄}} \times 100 \qquad (5 \cdot 8)$$

일반적으로 옥탄가는 압축비를 조절할 수 있는 CFR(Cooperative Fuel Research)엔진을 일정조건으로 운전하여 측정한다. 옥탄가가 100이 넘는 연료에는 퍼포먼스수(Performance Number)를 적용한다.

$$PN = \frac{2800}{128 - ON} \qquad (5 \cdot 9)$$

탄화수소의 종류와 옥탄가의 관계는

① 파라핀, 올레핀, 나프텐계에서는 탄소수가 적은 경우 옥탄가는 높다.

② 탄소수가 같은 경우 방향족이 가장 높고 이소파라핀, 올레핀, 나프텐, 정헵탄 순으로 옥탄가가 높다.

엔진의 노킹은 연료 이외에도 압축비, 연소실 형상과 점화플러그의 위치 등에 영향을 받는다. 따라서 엔진이 필요로 하는 연료의 옥탄가는 다르고 이것을 기계적인 옥탄가라 한다. 엔진의 내노크성을 향상시킬 수 있는 물질은 4연화에틸 [$Pb(C_2H_5)_4$], 벤젠, 에틸알코올, 아닐린 등이 있다.

5.4.4. 디젤엔진용 연료

디젤엔진의 연료로는 경유와 중유가 이용된다. 경유는 증류에 의해 얻어지고 고속디젤엔진용의 연료로 사용된다. 중유는 중저속 디젤엔진에 이용되는 가격이 저렴한 연료이다. 디젤엔진용 연료의 성질로서는 자발화성이 가장 중요하다. 디젤 엔진에서는 고온, 고압의 공기 중에 연료를 분무(미립자)하여 공급한다. 연료는 공기에 의해 가열되어 연료증기로 되고 공기와 혼합하여 혼합기를 형성한다. 가연범위에 들어간 혼합기는 착화지연 후에 스스로 점화(자발점화)한다. 연료분사에서 착화까지의 시간을 착화지연이라 한다. 착화지연은 연료분사에서 가연혼합기가 자발점화에 도달하기까지의 시간과 그 후 자발점화하는 시간으로 나누어진다. 전자를 물리적 지연, 후자를 화학적 지연이라 한다. 화학적지연은 세탄가로 표시된다. 착화하기 쉬운 기준연료를 세탄가 100, 착화하기 어려운 기준연료를 세탄가 0으로 한다. 탄화수소의 종류와 세탄가의 관계는 옥탄가와 반대의 관계이다. 세탄가는 정헵탄이 가장 높고 나프텐, 올레핀, 이소파라핀, 방향족순으로 낮다. 경유의 세탄가는 55 이상 중유의 세탄가는 25~40 정도이다.

$$\text{세탄가}(CN) = \frac{\text{세탄}}{\text{세탄} + \alpha\ \text{메틸나프탈렌}} \times 100 \qquad (5 \cdot 10)$$

착화성 향상제로는 아초산아밀($C_5H_{11}NO$)과 초산에틸(C_5H_5NO)이 사용된다. 착화성을 간단하게 표현할 때는 디젤지수(DI, Diesel Index)를 사용한다. 이는 연료의 물성만으로 항노크성을 표현한 것이다.

$$\text{디젤지수}(DI) = \frac{\text{아닐린점} \times \text{연료비중}}{100} \qquad (5 \cdot 11)$$

5.4.5 기체연료

연료로 사용되는 보통의 기체연료는 석유계 가스와 천연가스가 있다. 표 **5·2**에 각종 기체연료의 특성을 표시한다.

〔1〕 석유계 가스

석유가스는 C_3, C_4의 탄화수소의 혼합물인 액화석유가스(LPG)와 석유분해 개량가스로 분류된다. LPG는 유전에서 석유와 동시에 만들어지는 것과 석유정제과정에서 부산물로 생산된다. 그 외 천연가스에서 분리회수된 것도 있다. LPG는 가압하면 간단히 액화하므로 취급이 용이하여 가정용 연료와 택시연료로 많이 이용된다. LPG는 옥탄가가 높다. 석유분해개량가스는 석유정제 때의 폐가스를 분해하여 얻어지는 수소, 일산화탄소, 메탄, 에틸렌을 주성분으로 하는 가스로 도시가스와 석유화학제품의 연료로 사용된다.

〔2〕 천연가스

천연가스는 메탄(CH_4)을 주성분으로 하는 가스이고 생산지에 따라 조성이 다르다. 우리나라의 경우 수입하고 있는 천연가스의 90% 이상은 메탄이다. 천연가스는 석유와는 달리 중동지역에 편재되어 있지 않고 광범위하게 생산되므로 공급이 안정적이고 1970년대부터 생산이 증대되어 현재 세계 1차 에너지의 20%를 점유하고 있다. 이 에너지는 주로 발전용으로 사용되고 도시가스용으로도 이용된다.

천연가스를 피스톤엔진의 연료로 사용하는 경우 다음의 특징이 있다.

① 옥탄가는 높고 세탄가는 거의 0이다. 스파크점화기관에서는 고압축비화에 의해 열효율이 향상한다.

② 단열화염온도가 가솔린보다 약 150℃ 정도 낮으므로 질소산화물(NO_x)의 생성이 적다

③ 액체연료와는 달리 연료의 증발지연이 없다.

표 5·2 기체연료의 특성

종류	분자식	밀도		발열량			이론혼합비		비점 ℃	자발화 온도 ℃	옥탄가
		기체 kg/m^3	액체 kg/l	기체 $kcal/m^3$	액체 kcal/kg	이론혼합비 $kcal/m^3$	기체 m^3/m^3	액체 kg/kg			
수소	H_2	0.089	0.074	2600	29,000	760	2.58	34.3	−253	571	>130 MON
메탄	CH_4	0.714	0.37	9200	12,000	810	9.52	17.2	−162	632	130 MON
프로판	C_3H_8	1.86	0.53	23,000	11,000	880	23.8	15.7	−42.1	481	96 MON
부탄	C_4H_{10}	2.46	0.60	31,000	11,000	880	30.9	15.5	−11.7	441	90 MON
가솔린	-	5.09	0.74	53,000	10,500	910	59.3	14.7	< 30	430	90 RON

④ 단위발열량당 CO_2 발생량은 가솔린의 약 75%이고 지구온난화 대책이 된다.

⑤ 혼합기의 단위체적당의 발열량은 가솔린의 90%로 엔진의 출력은 가솔린을 사용하는 경우와 비교할 때 그다지 낮지 않다.

최근에는 천연가스가 자동차대체연료로 주목받고 있지만 비점이 −162℃로 낮기 때문에 액체상태로 차량에 탑재하는 것은 곤란하고 압축가스(compressed natural gas)로 하여 사용하는 법이 연구되고 있다.

5.4.6 대체연료

1973년 제 1 차 석유파동 이후 석유대체연료에 대한 관심이 높아져 석탄의 유효이용, 바이오매스 연료(에탄올)와 메탄올의 이용 등 각 방면으로 연구가 되고 있다. 그러나 현재에는 대체연료의 경제적 의미는 희박하고 지구환경보전의 목적으로 연구가 되고 있다.

〔1〕 메탄올

메탄올 연료의 특징을 가솔린과 비교하면 다음과 같다.

① 옥탄가가 높고 세탄가는 낮다.

② 단위용적당 발열량이 가솔린의 1/2이다.

③ 기화잠열이 크다

④ 연소속도가 크다.

⑤ 단일조성으로 기화성이 크다

스파크점화기관에 메탄올로 운전하면 가솔린과 비교하여 압축비가 커져 출력, 열효율이 상승하고 배기 중의 질소산화물, 탄화수소가 저감한다.

〔2〕 에탄올

브라질에서는 외화절약을 위해 사탕수수에서 에탄올을 연간 300만 kl 생산하여 약 400만대의 가솔린 차량에 이용하고 있다. 제조원가가 가솔린보다 높고 생산능력도 한계가 있어 대체연료로의 가능성은 적다.

〔3〕 수 소

엔진에서 배출이 규제되고 있는 일산화탄소, 미연탄화수소 및 지구온난화 때문에 배출규제의 대상이 되고 있는 이산화탄소도 발생하지 않는다. 연소에 의해 생기는 것은 물과 질소산화물이어서 배기대책이 용이하다. 그러나 체적당 에너지 밀도가 적고 자동차 연료로는 적합하지 않다.

예제 5 · 18

가솔린의 주성분은 다음 중 어느 것인가?

가. 탄소와 수소 나. 탄소와 황산
다. 탄소와 질소 라. 아황산가스

예제 5 · 19

발열량이 높은 것에서 낮은 순서로 맞는 것은?

가. 등유-LPG-천연가스-경유 나. LPG-천연가스-등유-경유
다. 천연가스-LPG-등유-경유 라. 천연가스-LPG-경유-등유

예제 5 · 20

가솔린의 자발화온도는 몇 도인가?

가. 230℃ 나. 330℃ **다**. 430℃ 라. 530℃

예제 5 · 21

다음 중 가솔린 연료의 내폭성을 높이는 재료가 아닌 것은?

가. 4에틸납 나. 벤젠 다. 에틸알코올 **라**. 초산아밀

예제 5 · 22

디젤연료에서 연소 전 반응을 빠르게 하여 착화지연을 짧게 하는 물질은?

가. 4에틸납 나. 아닐린 다. 크실론 **라**. 초산아밀

예제 5 · 23

디젤의 엔진의 노킹 방지책으로 맞는 것은?

가. 착화성이 나쁜 연료를 사용한다. **나**. 압축비를 높인다.
다. 세탄가가 낮은 연료를 사용한다. 라. 냉각수온도를 낮춘다.

예제 5 · 24

가솔린 연료의 구비조건이 아닌 것은?

가. 기화성이 클 것.　　　　나. 내노크성이 클 것.
다. 발열량이 클 것.　　　　**라**. 점도가 높을 것.

5.4.7 연료의 분석

고체연료(석탄)를 분석하는 시험 방법에는 착탄검사, 공업분석, 원소분석 및 발열량 시험으로 구분된다. 착탄 검사란 석탄 내에 습분이 포함되어 있는 비율(%)을 검사하는 것으로 검사시의 석탄의 중량을 G(kg), 습분의 중량을 m(kg)으로 하면 습분의 비율은 다음으로 표시된다.

$$M = \frac{m}{G} \times 100 \quad [\%] \qquad (5 \cdot 12)$$

공업분석은 소정의 방법에 의해 습분을 조절한 항습시료를 사용하고 수분, 회분, 휘발분 및 고정탄소의 질량비를 구하는 방법이다. 이들 비율 중 고정탄소와 휘발분의 비를 연료비(fuel ratio)라 한다. 대표적인 고체 연료인 석탄의 가연성분은 주로 탄소와 수소로 구성되고 연소성 유황도 포함되어 있다. 불연성분에 속하는 것은 산소, 질소, 수분, 불연성 유황 및 미량의 광물질이다. 원소분석은 연료 중에 있는 회분, 탄소, 수소, 산소, 연소성 유황 및 질소의 비율을 측정하는 것이다.

발열량은 연료가 완전히 연소된 후 발생하는 열량을 말한다. 단위중량당의 발생열량[kcal/kg]으로 표시한다. 기체연료에서는 0℃, 760 mmHg에 있어서 단위체적당 발생하는 열량[kcal/kg]으로 표시한다. 발열량은 저위발열량과 고위발열량으로 나누어지며 연료는 수분과 수소를 포함한 상태로 연소가스로 되면 연료 후의 수분이 액체 상태로 있는 발열량을 저위발열량, 증기상태로 남는 발열량을 고위발열량이라 한다.

예제 5·25 **석탄의 습분, 수분 및 전수분 문제**

어느 석탄의 습분 정량용 시료를 940 g 채취하고 건조시킨 결과 중량이 800 g으로 되었다. 또한 수분 정량용 시료 1000 g을 가열시킨 후 중량을 측정하니 980 g이 되었다. 이 석탄의 습분, 수분 및 전수분을 구하여라.

관련식 습분의 비율 : $M = \frac{m}{G_a} \times 100$ [%] (m : 연료 중의 습분량)

수분의 비율 : $W = \frac{w}{G_b} \times 100$ [%] (w : 연료 중의 수분량)

전수분의 비율 : $M + W \times \frac{100 - M}{100}$ (전수분 : 습분과 수분의 합)

해답 습분의 비율 : $M=\dfrac{m}{G_a}\times 100\ [\%]=\dfrac{(940-800)}{940}\times 100=14.89\%$

수분의 비율 : $W=\dfrac{w}{G_b}\times 100\ [\%]=\dfrac{(1000-980)}{1000}\times 100=2.00\%$

전수분의 비율 : $M+W\times\dfrac{100-M}{100}=14.89+2.00\times\dfrac{(100-14.89)}{100}=16.59\%$

예제 5 · 26 공업분석, 원소분석 문제

다음은 석탄의 분석 결과이다. 이 석탄의 수분이 함유한 조성을 구하여라.

공업분석 [%]

수분 3.00%, 회분 16.67%, 휘발분 33.57%, 고정탄소 46.76%

원소분석 [%]

탄소 70.81%, 수소 5.24%, 산소 9.64%, 연소성황 0.3%, 질소 1.82%, 회분 12.19%

관련식 수분을 포함하는 연료의 조성[%]을 계산할 때는 다음의 원소 분석 결과식을 사용한다.

(1) 전수분 = $M+W\times\dfrac{100-M}{100}$ [%]

(2) 연료의 조성 = 원소분석량 × $\dfrac{100-w}{100}$

해답 수분 : 공업분석량인 3.0%

수소 : $\dfrac{100-3}{100}\times 5.24=5.08\%$

탄소 : $\dfrac{100-3}{100}\times 70.81=68.69\%$

산소 : $\dfrac{100-3}{100}\times 9.64=9.35\%$

연소성황 : $\dfrac{100-3}{100}\times 0.3=0.29\%$

질소 : $\dfrac{100-3}{100}\times 1.82=1.77\%$

회분 : $\dfrac{100-3}{100}\times 12.19=11.82\%$ [계 = 100%]

5.4.8 공연비와 공기비

양론공기에서는 일반적으로 완전연소는 불가능하다. 따라서 이론공기량보다 많은 공기를 공급한다. 과잉의 공기공급은 불활성인 질소와 과잉 산소에 의해 연소온도가 낮아지는 특성도 있다. 연소 공기의 과잉 정도를 표현하는 방법으로는 공기와 연료 양의 비 즉 공연비(혼합비, air fuel ratio, AF)를 사용한다. 연료는 공기중의 산소와 화합하여 탄산가스(CO_2), 일산화탄소(CO), 아황산가스(SO_2) 및 수증기(H_2O)를 발생하면서 연소한다. 탄소가 완전연소하는 경우 다음 반응식이 성립한다.

$$C + O_2 = CO_2 \quad (5 \cdot 13)$$

12 kg : 32 kg : 44 kg (질량기준)

탄소 1 kg을 연소시키는 데 필요한 산소의 양은 질량기준으로 탄소 12 kg의 연소에 대하여 산소 32 kg이 필요하기 때문에 32/12=2.667 kg이 필요하다. 또한 체적기준으로는 탄소 12 kg의 연소에 대하여 산소 22.4 Nm^3이 필요하기 때문에 1 kg에 대하여는 1.867 Nm^3이 된다.

표 5·3 물질 1 kg 연소시 필요한 산소량

	C	H	S	CO
질량(kg)	2.67	8	1	0.571
체적(Nm^3)	1.867	5.6	0.7	0.4

연소에 필요한 산소는 공기 중에 질량기준으로 약 23.2%, 체적기준으로는 약 21% 포함되어 있기 때문에 연소에 필요한 이론공기량을 C_O라 하면 다음 식이 성립한다.

[고체 및 액체 연료에 대하여]

$$\text{질량기준} : C_O = \frac{1}{0.232} \times (2.67C + 8H - O + S) \ [kg/kg] \quad (5 \cdot 14)$$

$$= 11.5C + 34.5H - 4.31O + 4.31S \ [kg/kg]$$

$$\text{체적기준} : C_O = \frac{1}{0.210} \times (1.867C + 5.6H - 0.7O + 0.7S) \ [Nm^3/kg] \quad (5 \cdot 15)$$

$$= 8.89C + 26.7H - 3.3O + 3.3S$$

[기체 연료에 대하여]

$$C_O = \frac{1}{0.210} \times (0.5CO + 0.5H_2 + 2CH_4 + 3C_2H_4 - O_2) \ [Nm^3/Nm^3] \quad (5 \cdot 16)$$

$$= 2.38CO + 2.38H_2 + 9.52CH_4 + 14.3C_2H_4 - 4.8O_2 \ [Nm^3/Nm^3]$$

공기비는 공기의 과잉 정도를 나타내는 하나의 지표이고 공기과잉계수 혹은 공기과잉률이라 한다. 실제의 연소에 필요한 공기량을 $C\,[m^3]$, 이론공기량을 $C_O[m^3]$, 연소효율을 좋게 하는 과잉공기량을 $C_e[m^3]$, 공기비를 λ라 하면 이들 사이에는 다음 식이 성립한다.

$$C = C_O + C_e = \lambda C_O \quad (5 \cdot 17)$$

$$C_e=(\lambda-1)C_O \tag{5·18}$$

이 식에서 $\lambda-1$를 과잉공기율이라 한다.

예제 5·27 **이론공기량 문제**

다음의 조성을 갖는 연료가 있다. 완전 연소시키는 데 필요한 이론공기의 질량 및 체적을 구하여라.

C : 82%, H : 12%, O : 2%, S : 1%, N : 3%

관련식 질량기준 : $C_O=\frac{1}{0.232}\times(2.67C+8H-O+S)$ [kg/kg]

체적기준 : $C_O=\frac{1}{0.210}\times(1.867C+5.6H-0.7O+0.7S)$ [Nm³/kg]

해답 질량 이론공기량 :

$$C_O=\frac{1}{0.232}(2.67\times0.82+8\times0.12-0.02+0.01)=13.53\text{ kg/kg}$$

체적 이론공기량 :

$$C_O=\frac{1}{0.210}(1.867\times0.82+5.6\times0.12-0.7\times0.02+0.7\times0.01)$$
$$=10.46\text{ Nm}^3\text{/kg}$$

예제 5·28 **이론공기량 문제 (C_2H_4)**

다음의 조성을 갖는 가스연료를 2500 kg/h의 속도로 연소시키는 노가 있다. 이 가스가 완전연소하는 경우 이론공기량을 구하여라.

H_2 : 55.3%, CO_2 : 3%, C_2H_4 : 2.7%, O_2 : 0.5%, CO : 6%, CH_4 : 3%

관련식 체적기준 : $C_O=\frac{1}{0.210}\times(3C_2H_4+0.5CO+2CH_4+0.5H_2-O_2)$ [m³/kg]

해답 체적 이론공기량 :

$$C_o=\frac{1}{0.210}(3\times0.027+0.5\times0.06+2\times0.3+0.5\times0.553-0.005)=4.68\text{ m}^3\text{/kg}$$

단위시간에 필요한 공기량 :

$$C_o=4.68\times2500=11700\text{ m}^3\text{/h}$$

예제 5·29 **공연비 문제**

어떤 탄화수소 C_aH_b를 연소시켜 건연소가스의 체적조성을 측정한 결과 다음과 같이 되었다. 질량기준으로 공연비를 구하여라.

CO_2 : 8%, CO : 0.9%, O_2 : 8.8%, N_2 : 82.3%

관련식 $C_aH_b + cN_2 + dO_2 \rightarrow$

$$(0.08A)\,CO_2 + (0.009A)\,CO + (0.088A)\,O_2 + (0.823A)\,N_2 + B\,H_2O$$

A : 연료 1 kmol에 대한 전연소가스의 양 [kmol]

B : 연료 1 kmol에 대한 전연소가스의 수분량 [kmol]

해답 공기조성 : $\dfrac{c}{d} = \dfrac{79}{21}$

N_2 수지 : $c = 0.823A,\ d = \dfrac{21}{79} \times 0.823A = 0.2188A$

C 수지 : $a = 0.08A + 0.009A = 0.089A$

O 수지 : $2d = 2\times0.08A + 0.009A + 2\times0.088A + B$

$2\times0.2188A = 2\times0.08A + 0.009A + 2\times0.088A + B$

$B = 2\times0.2188A - 0.345A = 0.0926A$

H 수지 : $b = 2B = 2\times0.0926A = 0.1852A$

따라서

$$C_{0.089A}H_{0.1852A} + (0.823A)\,N_2 + (0.2188A)\,O_2 \rightarrow$$
$$(0.08A)\,CO_2 + (0.009A)\,CO + (0.088A)\,O_2 + (0.823A)\,N_2 + (0.0926A)\,H_2O$$

$$\text{공연비} = \frac{(0.823A + 0.2188A)\times28.964}{0.089A\times12 + 0.1852A\times1} = 24.08\ \text{kg(공기)/kg(연료)}$$

예제 5·30 공기과잉계수, 공기비 문제 (CO_2)

C=84%, H=16%의 조성을 갖는 액체연료를 150 kg/h로 연소한 다음 배기가스를 분석한 결과 다음의 조성을 얻었다. 과잉공기계수와 시간당 필요한 연소공기량을 구하여라.

CO_2 : 17.4%, O_2 : 0.6%, N_2 : 82.0%

관련식 C 1 kg, H 1 kg을 완전연소시키는 데 필요한 산소량은 $\dfrac{22.4}{12}$ m^3, $\dfrac{22.4}{4}$ m^3이기 때문에 이론공기량은

$$C_O(\text{이론공기량}) = \frac{1}{0.21}\left(\frac{22.4}{12}C + \frac{22.4}{4}H\right) = 8.89C + 26.7H$$

$$\lambda(\text{공기비}) = \frac{N_2}{N_2 - \dfrac{79}{21}O_2}$$

해답 C 1 kg, H 1 kg을 완전 연소시키는 데 필요한 산소량은 1.87 m^3, 5.6 m^3이다.

이론공기량 : $C_O = 8.89C + 26.7H = 8.89\times0.84 + 26.7\times0.16 = 11.74\ m^3/kg$

공기과잉계수 : $\lambda = \dfrac{N_2}{N_2 - \dfrac{79}{21} O_2} = \dfrac{0.82}{0.82 - \dfrac{79}{21} \times 0.006} = 1.03$

실제공급공기량 : $C = \lambda \times C_O = 1.03 \times 11.74 = 12.09\ \mathrm{m^3/kg}$

시간당 필요한 연소공기량 : $C = 12.09 \times 150 = 1813.5\ \mathrm{m^3/h}$

5.4.9 연료의 발열량

발열량은 열량계로 실측이 가능하고 화학분석으로 얻어진 연료성분의 비율로부터 계산할 수 있다. 연료생성물의 물이 전부 액체로 될 때 기준온도 25℃에서의 표준엔트로피를 고위발열량, 물이 전부 기체로 될 때 기준온도 25℃에서의 표준엔트로피를 저위발열량이라 한다. 연소생성 물질이 물을 포함하는 경우 물의 일부는 25℃의 포화증기압 3.166 kPa에 도달할 때까지 계속 증발하기 때문에 고위발열량은 가상적인 값을 갖는다. 연소생성물질이 물을 포함하지 않으면 고위발열량과 저위발열량은 25℃에 있어서의 표준 엔트로피의 절대값과 같다.

[고체 및 액체연료]

$$H_h(\text{고위발열량}) = 8100\mathrm{C} + 34,000\left(\mathrm{H} - \frac{\mathrm{O}}{8}\right) + 2500\mathrm{S}\ [\mathrm{kcal/kg}] \tag{5·19}$$

$$H_l(\text{저위발열량}) = 8100\mathrm{C} + 29,000\left(\mathrm{H} - \frac{\mathrm{O}}{8}\right) + 2500\mathrm{S} - 600\mathrm{W}\ [\mathrm{kcal/kg}] \tag{5·20}$$

$$H_l = H_h - 600(\mathrm{W} + 9\mathrm{H})\ [\mathrm{kcal/kg}] \tag{5·21}$$

[기체연료]

$$H_l = 3040\mathrm{CO} + 2570\mathrm{H_2} + 8570\mathrm{CH_4} + 14000\mathrm{C_2H_4}\ [\mathrm{kcal/Nm^3}] \tag{5·22}$$

여기서 H_h는 고위발열량, H_l은 저위발열량이다. 또한 연소효율은 연료가 실제로 연소되어 발생하는 단위질량당의 열량을 H라 하면 연소효율 η_c는

$$\eta_c(\text{연소효율}) = \frac{H}{H_l} \tag{5·23}$$

로 되고 일반적으로 85~98%의 값을 갖는다.

예제 5·31 발열량 문제 (SI단위)

석탄을 시료 분석하여 습분 2.26%, 수분 2.26%를 얻었다. 또한 석탄의 규정발열량은 27,000 kJ/kg이다. 습분을 포함한 석탄의 고위발열량을 구하여라. (규정발열량은 습분을 제거한 석탄 1 kg이 연소할 때 발생하는 발열량이다.)

관련식 $H_h = \dfrac{100 - M}{100} \times H_o\ [\mathrm{kJ/kg}]$

H_h : 시료의 고위발열량 [kJ/kg]

H_o : 시료의 규정 고위발열량 [kJ/kg]

M : 습분의 비율 [%]

해답 $H_h = \frac{100-M}{100} \times H_o = \frac{100-2.26}{100} \times 27,000 = 26,389$ [kJ/kg]

예제 5·32 **발열량 문제 (SI단위)**

습분 1.42%, 수분 1.42%, 회분 27.88%, 휘발분 29.61%, 고정탄소 39.67%, 발열량 26,000 kJ/kg의 석탄을 수일 방치한 결과 습분의 양이 변화하여 전수분이 2.6%로 되었다. 이 경우 습분의 변화량을 구하여라.

관련식 전수분의 비율 : $M + W \times \frac{100-M}{100}$ (전수분 : 습분과 수분의 합)

해답 $2.6 = M + 1.42 \times \frac{100-M}{100}$

M(습분의 비율) $= \frac{260-142}{100-1.42} = 1.197\%$

예제 5·33 **저위발열량 문제 (공학단위)**

질량성분비율이 다음과 같을 때 석탄 1 kg당 발생되는 저위발열량을 계산하여라. 연소효율은 85%이다.

C : 45%, H : 5%, O : 13%, S : 2%, N : 3%, W : 17%

관련식 H_l(저위발열량) $= 8100\text{C} + 29,000\left(\text{H} - \frac{\text{O}}{8}\right) + 2500\text{S} - 600\text{W}$ [kcal/kg]

해답 저위발열량 : $H_l = 8100 \times 0.45 + 29,000\left(0.05 - \frac{0.13}{8}\right) + 2500 \times 0.02 - 600 \times 0.17$

$= 4542$ [kcal/kg]

실제 석탄 1 kg당 발생하는 저위발열량 : $\text{H} = \eta_c H_l = 0.85 \times 4542 = 3860$ kcal/kg

예제 5·34 **고위발열량 문제 (SI단위)**

석탄의 분석 결과 습분 3.01%, 수분 4.12%, 회분 16.45%, 휘발분 31.66%, 연소성 황 0.16%, 탄소 60.21%, 수소 5.01%, 질소 1.52%이었고 석탄의 발열량을 측정하니 27,500 kJ/kg이었다. 석탄의 고위발열량을 구하여라.

관련식 H_h(고위발열량) $= \frac{100-M}{100} \times H_o$ [kJ/kg]

해답 $H_h = \frac{100 - 3.01}{100} \times 27,500 = 26,672$ [kJ/kg]

예제 5·35 **고위발열량 문제 (공학단위)**

질량성분비율이 다음과 같을 때 석탄 1 kg당 발생되는 고위발열량을 계산하여라.

C : 80%, H : 3.5%, O : 6%, S : 3%, W : 4%

관련식 $H_h = 8100\text{C} + 34,000\left(\text{H} - \frac{\text{O}}{8}\right) + 2500\text{S}$ [kcal/kg]

해답 $H_h = 8100 \times 0.8 + 34,000\left(0.035 - \frac{0.06}{8}\right) + 2500 \times 0.03 = 7490$ [kcal/kg]

예제 5·36 **이론공기량 문제**

어떤 연료의 성분은 다음과 같다. 체적기준 이론공기량을 구하여라.

C : 85%, H : 13%, O : 2%, S : 4%

관련식 체적기준 : C_O(이론공기량) $= \frac{1}{0.210} \times (1.867\text{C} + 5.6\text{H} - 0.7\text{O} + 0.7\text{S})$ [Nm^3/kg]

해답 $C_O = \frac{1}{0.210} \times (1.867 \times 0.85 + 5.6 \times 0.13 - 0.7 \times 0.02 + 0.7 \times 0.04)$

$= 11.09\ \text{Nm}^3/\text{kg}$

예제 5·37 **이론공기량 문제**

어떤 연료의 성분은 다음과 같다. 체적기준 이론공기량을 구하여라.

C : 80%, H : 10%, O : 4%, S : 5%

관련식 체적기준 : C_O(이론공기량) $= \frac{1}{0.210} \times (1.867\text{C} + 5.6\text{H} - 0.7\text{O} + 0.7\text{S})$ [Nm^3/kg]

해답 $C_O = \frac{1}{0.210} \times (1.867 \times 0.8 + 5.6 \times 0.1 - 0.7 \times 0.04 + 0.7 \times 0.05)$

$= 9.81\ \text{Nm}^3/\text{kg}$

예제 5·38

중량비로 공기 중의 질소와 산소의 혼합비율로 옳은 것은?

가. 질소 24%, 산소 76%
나. 질소 23.2%, 산소 76.8%
다. 질소 20%, 산소 80%
라. 질소 18%, 산소 82%

예제 5·39

체적비로 공기 중의 질소와 산소의 혼합비율로 옳은 것은?

가. 질소 18%, 산소 82%　　나. 질소 19%, 산소 81%
다. 질소 21%, 산소 79%　　라. 질소 23%, 산소 77%

예제 5·40

연료 1 kg을 연소시키는 데 필요한 이론적 공기량과 실제로 필요한 공기량과의 비율은?

가. 혼합비　　나. 연소율　　**다**. 공기과잉률　　라. 공기율

예제 5·41

가솔린기관 300 cc를 완전연소시키는 데 몇 m^3의 공기가 필요한가? 혼합비는 14, 가솔린 비중은 0.73, 공기의 비중량은 1.206 kg/m^3이다.

해답 $AF = \frac{\text{공기량}}{\text{연료량}}$

$$C_o = 14 \times 300 \times 10^{-6} \times 0.73 \times 1000 = \frac{3.066}{1.206}\ \text{kg} = 2.542\ \text{m}^3$$

예제 5·42

연소시 발생열량 중 수분의 증발열을 뺀 발열량은?

가. 이론발열량　　나. 규정발열량
다. 저위발열량　　라. 고위발열량

예제 5·43

ASTM 증류법은 다음 중 무엇을 측정할 때 사용하는가?

가. 기화성　　나. 내노크성　　다. 착화성　　라. 옥탄가

예제 5·44

옥탄가를 측정하기 위해서는 기관의 압축비를 변경할 수 있어야 한다. 이러한 기관은?

가. 디젤엔진　　**나**. CFR엔진
다. DOHC엔진　　라. VGIS엔진

예제 5 · 45

다음은 노킹방지법을 나열한 것이다. 아닌 것은?

가. 자발화가 어려운 연료를 사용한다. **나**. 냉각수온도를 낮춘다.
다. 화염속도를 낮춘다. 라. 혼합기의 난류를 증대시킨다.

예제 5 · 46

공기 1 m^3의 무게는 몇 kg인가?

가. 1.43 나. 1.78 **다**. 1.293 라. 1.98

예제 5 · 47

다음 중 공연비를 옳게 나타낸 것은?

가. 공급공기량 = 공기과잉률 × 이론공기량
나. 공급공기량 = 연소실체적 × 이론공기량
다. 공급공기량 = 공기과잉률 × 이론열효율
라. 공급공기량 = 실린더체적 × 이론공기량

5.4.10 연료장치

(1) 구조와 작동원리

연료계통의 전체적인 구성도를 그림 **5 · 16**에 나타내었고 연료펌프(릴리프 밸브, 체크밸브), 연료필터, 연료탱크, 압력조절기, 인젝터, 캐니스터, 퍼지컨트롤 밸브, 롤오버 컨트롤 밸브, 2-웨이밸브, 공급라인(feeding line), 리턴라인(return line), 플라스틱 연료라인, 스틸 연료라인 등의 부품으로 하나의 시스템을 이루고 있다. 이러한 부품은 각 회사마다 서로 다른 부품을 용도에 맞게 선정해서 쓰고 부품 명칭도 약간씩 차이가 있지만 전체적인 구성은 유사하기 때문에 이해에는 큰 어려움이 없을 것이다.

연료장치의 작동은 연료탱크 내에 설치된 연료펌프(in-tank reservior)에 의해 공급라인을 통해 연료필터로 압송되고 여기서 연료 내의 이물질이 제거된다. 필터를 거친 연료는 공급파이프에 설치된 연료압력조절기에 의해 일정압력이 유지되어 인젝터에 가해진다. 흡기관의 부압에 의해 작동되는 연료압력 조정기를 통해 압력 이상의 남은 연료는 리턴파이프를 통해 연료탱크로 되돌아온다. 주유시 연료는 연료 보충 튜브(fuel filler tube)를 통해 연료탱크로 공급되고 연료액면이 탱크 내의 연료 보충 파이프(fuel filler pipe)를 통해 연료 보충 튜브로

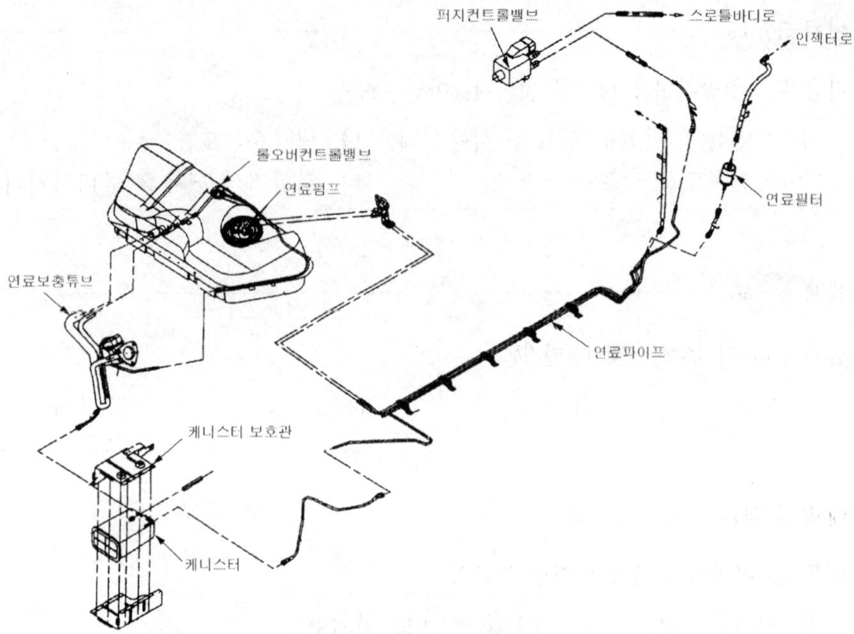

그림 5 · 16 연료장치 구성도

연료가 차오르면서 연료주입건에 신호를 주게 된다. 증발가스의 양이 많아지는 여름철에는 겨울철보다 연료의 주입이 원활하지 못하기 때문에 연료보충 튜브의 설계는 매우 중요하다. 연료탱크의 상부에 잔류하는 연료증발가스는 롤오버 컨트롤 밸브를 통하여 캐니스터로 포집되고 캐니스터의 활성탄의 용량에 따라 성능이 좌우된다. 보통 국내 자동차에는 배기량 1500 cc 기준으로 850 cc 내외, 북미 수출차량에는 1850 cc 내외 용량의 캐니스터가 사용된다. 포집된 증발가스는 진공 PCV밸브가 열리면 퍼지파이프, 진공 PCV 밸브, 스로틀보디에 부착된 진공포트를 통하여 서지탱크로 유입되어 연소된다. 연료 시스템 중 연료탱크 상부에 부착된 롤오버 컨트롤 밸브(rollover control valve)와 진공 PCV밸브는 매우 중요한 역할을 하는 부품이다. 이것이 연료시스템에서 가장 중요한 장치인 연료증발 가스 제어장치(evaporative emissions control system)이다. 연료증발 가스는 증발가스에 포함된 HC가스로 인체에 유해하므로 이것이 대기 중에 방출되지 않도록 해야 한다. 이러한 시스템을 개발할 때 가장 중요한 시험이 100,000 km 증발가스 시험(evaporative emission test)이다. 이 시험법은 차량이 100,000 km 운행되는 동안에 차량으로부터 방출되는 HC의 양이 규정값 내에 들어야 시스템에 대한 보증이 인증을 받게 된다. 그 외 롤오버 시험(rollover test), 연료보충 튜브 기능시험이 있다. 롤오버 시험은 규정된 충돌시험 후 차량을 규정시간 회전시킬 때 연료라인이나 밸브 등 모든 연료장치로부터 연료의 누출여부를 시험하는 것으로 이때 연료의 누출이 없어야 한다.

〔2〕 연료펌프

(1) 다이어프램식 연료 펌프

다이어프램식 연료 펌프는 기화기 방식의 기관에서 많이 사용된 방식으로 그림 **5 · 17**과 같다. 다이어프램식 연료펌프는 작용방향이 반대인 2개의 체크밸브(흡입밸브, 배출밸브)와 다이어프램, 다이어프램 스프링, 푸시 로드 로커암으로 구성되어 있다. 다이어프램은 캠축에 설치된 캠에 의해 작동하며 다이어프램이 하강하면 흡입밸브가 열려 연료가 흡입되고 다이어프램이 위로 올라갈 때 배출밸브가 열리면서 연료를 배출한다. 연료가 기화기의 플로트실 내에 차서 니들밸브가 닫히면 다이어프램의 윗면에 작용하는 압력에 의해서 다이어프램은 평형위치에서 유지되어 연료 배출량은 자동 조정된다. 펌프의 흡입능력이 부족하면 펌프 내 부품의 기능 불량이 원인이고 송출압력이 너무 높으면 기화기는 오버플로(overflow)가 되며 너무 낮으면 연료 부족으로 인해 기관이 정지된다. 이 형식의 연료펌프의 송출압력은 0.2~0.3 kg/cm^{2}이고 기관이 정지하면 자동으로 펌프는 정지한다.

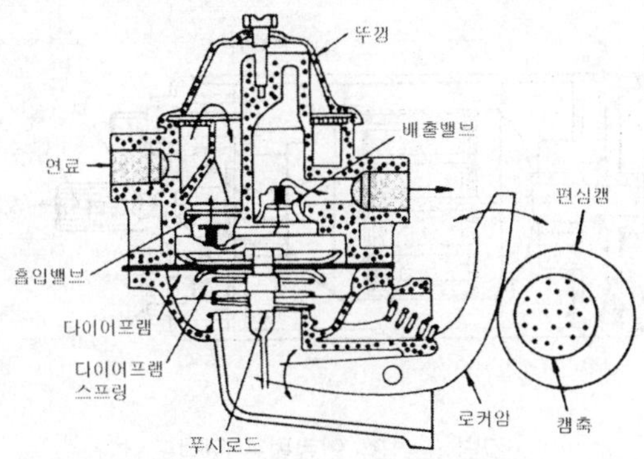

그림 5 · 17 다이어프램식 연료펌프

(2) 전기식 연료 펌프

전기식 펌프는 기관의 힘에 의해 작동하지 않고 배터리 전원에 의해 전동기 힘으로 작동한다. 이 형태는 임의의 위치에 설치할 수 있어 베이퍼로크 현상이 적고 펌프의 송출능력도 기관의 회전 속에 영향을 받지 않는 장점이 있다. 그림 **5 · 18**은 전기식 연료펌프를 나타낸다.

(3) 연료탱크 내 부착된 전기식 연료펌프 (in-tank reserved fuel pump)

현재의 가솔린 차량에는 연료펌프를 탱크에 내장하여 소음을 저감하고 연료라인의 맥동 노이즈 및 베이퍼로크 현상을 방지하는 시스템을 채택하고 있다. 연료펌프, 연료게이지를 별도로 한 형식과 일체로 한 형식이 있다. 그림 **5 · 19**는 연료탱크 내에 들어 있는 연료펌프를

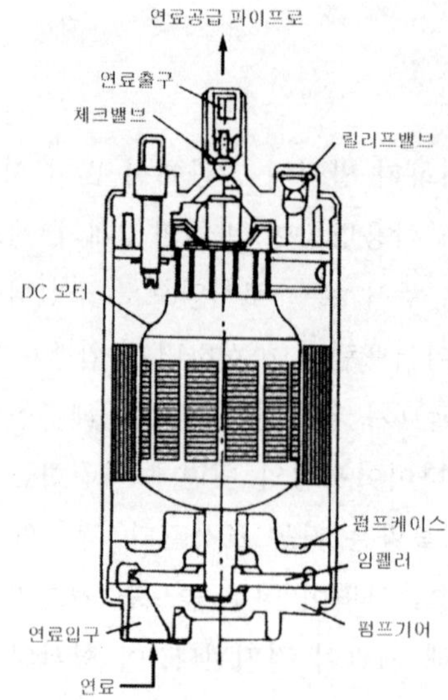

그림 5·18 전기식 연료펌프

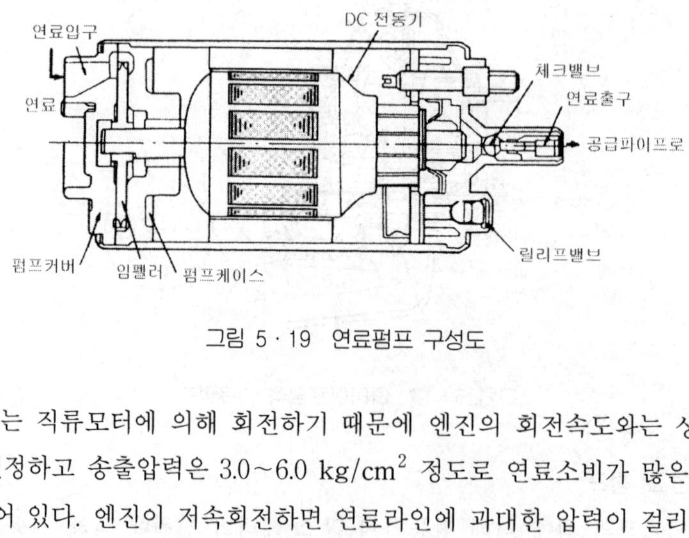

그림 5·19 연료펌프 구성도

나타낸다. 펌프는 직류모터에 의해 회전하기 때문에 엔진의 회전속도와는 상관없이 송출되는 연료량은 일정하고 송출압력은 3.0~6.0 kg/cm^2 정도로 연료소비가 많은 고속회전을 기준으로 설정되어 있다. 엔진이 저속회전하면 연료라인에 과대한 압력이 걸리고 연료라인 연결부위가 파손되어 화재가 날 염려가 있다. 이때는 릴리프 밸브가 열려 연료입구로 들어온 연료는 연료탱크로 되돌아간다. 체크밸브는 한 방향으로만 흐르게 하는 역할을 하며 엔진이 정지하면 스프링에 의해 자동으로 닫혀 연료라인 내 잔압유지, 온도상승에 의한 베이퍼로크 방지, 연료의 역류를 방지하여 엔진의 재시동성을 향상시킨다.

〔3〕 압력조절기 (pressure regulator)

흡기다기관 내의 압력변화에 대응하여 연료분사량을 일정하게 유지하기 위하여 인젝터에 걸리는 연료 압력을 흡기다기관 내의 압력보다 2.6~3.35 kg/cm^2 정도 높게 조정한다. 그림

5 · 20은 압력조절기의 구조를 나타낸 것이고 그림 5 · 21은 대기압과 연료압력과의 관계를 나타낸다. 압력조절기의 스프링 체임버(spring chamber)는 진공호스로 서지탱크에 연결되어 항상 흡기다기관의 부압이 걸린다. 연료압력이 규정압력보다 높을 때는 다이어프램이 밀려 올라가 여분의 연료는 리턴파이프(return pipe)를 통하여 연료탱크로 회수된다. 고속시에는 연료분사량이 많기 때문에 작동하지 않으나 저속시에는 연료소비량이 적으므로 연료탱크로 돌려보내 압력이 일정하게 유지된다.

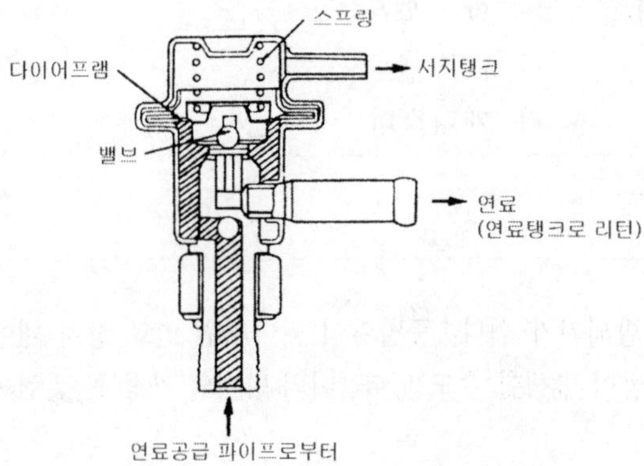

그림 5 · 20 압력 조절기

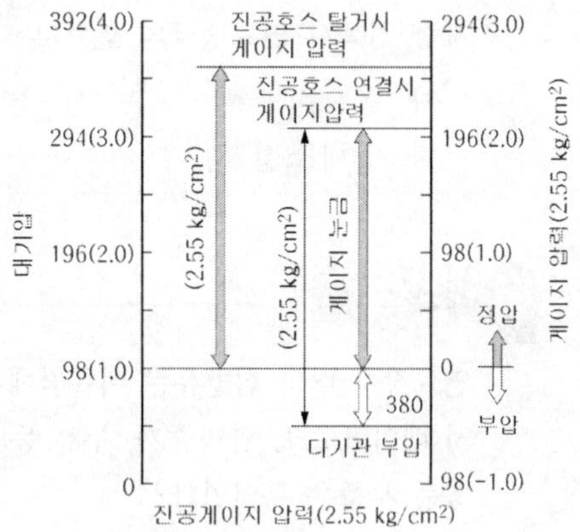

그림 5 · 21 대기압과 연료압력과의 관계

(4) 인젝터 (injector)

ECU로부터 전달된 분사신호에 의해 연료를 분사하는 솔레노이드 밸브가 내장된 분사 노즐이다. 실린더의 다기관에 1 개씩 설치되어 있으며 니들밸브와 플런저가 일체로 되어 있어 인젝터의 작동시 플런저와 같이 전개의 위치까지 올려져 분사구를 연다. 분사량은 분구의 면적, 연료의 압력이 일정하기 때문에 니들밸브의 개방시간에 의해 결정된다. 인젝터의 작동회로는 배터리, 컨트롤릴레이를 거쳐 ECU 분사신호가 발생하면 파워트랜지스터의 B에서 E로 전류가 흘러 파워트랜지스터는 스위치가 ON되어 파워트랜지스터의 C와 E 사이에 전류가 흘러 솔레노이드 코일이 접지되어 인젝터가 작동한다.

(5) 롤오버 컨트롤 밸브

연료탱크 상단에 부착된 컨트롤 밸브는 차량이 언덕에서 주차할 때 연료에 잠기지 않도록 충분히 높은 위치에 설계되어야 하며 연료탱크 내의 압력을 조절하는 밸브이다. 이 밸브의 역할이 전체 연료 시스템의 압력 조절에 큰 비중을 차지하며 차량 전복시 연료탱크로부터의 연료유출은 이 밸브에 의해 차단된다.

예제 5·48

다음 중 연료장치 부품에 속하지 않는 것은?

가. 컨트롤 밸브
나. PCV밸브
다. 압력조절기
라. 캐니스터

예제 5·49

차량 전복시 연료탱크의 연료가 나오지 못하도록 하는 밸브는?

가. 롤오버밸브
나. PCV밸브
다. 압력조절기
라. 캐니스터

예제 5·50

연료장치 내의 휘발유는 여름철에는 증발되기가 쉽다. 증발량이 많아지면 연료 장치 내에서 베이퍼로크, 압력증가, 누유 등의 결함이 발생할 수도 있다. 이의 방지와 가장 큰 관련이 있는 부품은 무엇인가?

가. 롤오버밸브
나. PCV밸브
다. 압력조절기
라. 캐니스터

예제 5·51

연료펌프는 다이어프램식, 전기식으로부터 연료탱크 내 부착 연료펌프로 발전이 되어 왔다. 그 이유가 아닌 것은?

가. 소음저감
나. 맥동노이즈 방지
다. 원가절감
라. 베이퍼로크 현상 방지

예제 5·52

연료장치의 압력조절기는 인젝터에 걸리는 연료 압력을 흡기다기관 내의 압력보다 어느 정도 높게 조정하는가?

가. 1.3~2.2 kg/cm^2
나. 2.6~3.4 kg/cm^2
다. 3.3~4.2 kg/cm^2
라. 4.2~5.0 kg/cm^2

예제 5 · 53

기계식 연료펌프의 송출압력은 얼마인가?

가. 0.05~0.1 kg/cm^2 **나**. 0.2~0.3 kg/cm^2
다. 0.3~0.4 kg/cm^2 라. 0.4~0.5 kg/cm^2

예제 5 · 54

전기식 연료펌프의 송출압력은 얼마인가?

가. 3.0~6.0 kg/cm^2 나. 4.0~7.0 kg/cm^2
다. 7.0~8.0 kg/cm^2 라. 9.0~10.0 kg/cm^2

예제 5 · 55

다음 중 인젝터의 구성요소가 아닌 것은?

가. 솔레노이드 밸브 나. 플런저
다. 니들밸브 **라**. 컨트롤 밸브

예제 5 · 56

압력조절기의 역할이 아닌 것은?

가. 연료분사량을 일정하게 유지 나. 연료라인의 일정 압력을 유지
다. 연료라인의 압력강하 라. 연료레일과 리턴파이프 사이에 설치

5.5 전자제어 연료분사

전자기술과 전자부품의 신뢰성의 향상에 의해 엔진에도 많은 전자부품이 이용되게 되었다. 전자제어에 의한 연료분사 장치가 그 예이다. 연료분사계는 그림 5 · 22에 표시한 형태로 되어 있고 연료탱크를 나온 연료는 연료펌프의 가압에 의해 흡기관에 부착되어 있는 연료분사밸브(인젝터)에 도달한다. 이 분사밸브는 전자적으로 개폐되어 연료가 흡입관으로 분사된다. 전자제어 기관의 연료분사장치에서는 연료분사량은 주로 흡입공기유로에 있는 공기흐름 센서의 신호에 의해 제어된다. 공기유량 이외에도 대기압력, 대기온도, 기관온도, 회전

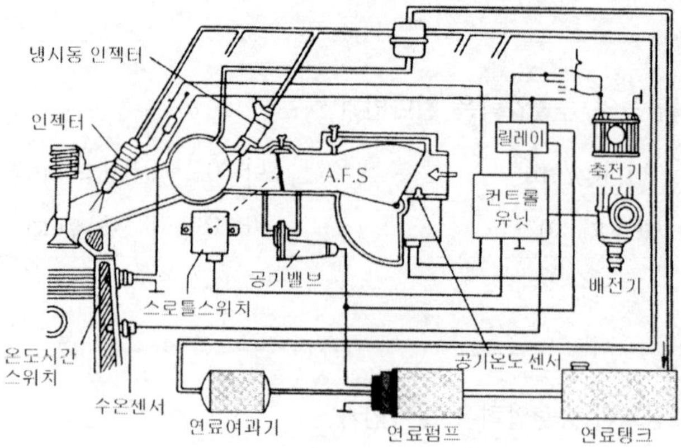

그림 5·22 연료분사시스템

수, 점화시기 및 부하 등이 ECU로 입력되고 있다. 연료분사량의 제어방식에는 연료분사 밸브의 개폐시간을 공기유량에 대응하여 변화시키는 방법을 주로 사용하고 있다. 연료분사 밸브는 대부분 흡기관에 설치되므로 실린더간 혼합비 농도차가 적고 혼합비가 일정하다. 또한 부하조건의 변화에 빠르게 대응하기 위해서는 연료분사방식이 기화기방식보다 훨씬 우수하다. 연료분사방식이 기화기방식보다 좋은 점은 다음과 같다.

① 체적효율이 증가되어 고출력을 얻을 수 있다.
② 배기가스가 저감된다.
③ 압축비를 높일 수 있고 평균유효압력, 효율이 증가한다.
④ 연료소비율이 낮다.
⑤ 부하의 변화에 응답이 빠르다.
⑥ 산소 센서에 의한 피드백 시스템이 작동하므로 혼합비의 조정이 확실하다.

5.6 윤활 및 윤활장치

5.6.1 윤활의 기초

윤활장치는 기관의 작동을 원활하게 하고 기관의 수명을 오래 유지하기 위해 운동 마찰부분에 윤활유를 공급하는 장치이다. 이때 윤활유는 두 섭동면 사이에 유막(oil film)을 형성하여 고체 마찰을 유체 마찰로 바꾸는 작용을 한다. 따라서 마찰저항이 적어져 마모가 적고 마찰열의 온도상승을 방지한다. 엔진에서 윤활을 필요로 하는 장소는 실린더 라이너와 피스톤링 사이, 크랭크축의 크랭크 핀, 피스톤 핀과 축, 캠축 등이다. 이러한 마찰부분은 금속끼리

접촉하면 마찰열이 발생하고 마찰면이 빨리 마모하거나 소착 등의 고장이 발생하여 기관이 운전할 수 없게 된다. 따라서 두 섭동면 사이에 유막이 형성되면 다음과 같다.

① 마찰과 마모를 감소시키고

② 마찰에 의해 발생한 열을 냉각시켜 소착을 방지하고

③ 연소에 의해 생긴 카본과 슬러지, 마모에 의해 생긴 금속분을 습동면에서 제거한다.

습동면 유막은 점성유체로 작용하고 윤활액의 점도와 습동속도에 대응하는 유압을 발생하여 지지한다. 이와 같은 윤활을 유체윤활 혹은 완전윤활이라 한다. 윤활유의 점도의 저하, 습동속도 감소, 하중의 증가에 따라 유막의 두께가 없어지면 윤활유는 점성유체로서 성질이 없어진다. 회전축의 마찰계수 f, 윤활유의 점성계수 μ, 축의 회전수 n, 축하중 P와의 관계를 나타내면 그림 **5 · 23**과 같다. 마찰계수 f의 값은 $\frac{\mu n}{P}$에 비례하고 $\frac{\mu n}{P}$가 어느 값 이하로 되면 급격히 증대한다. 비례하는 영역이 유체윤활영역이고 급격히 증대되는 영역이 경계윤활이다. 응착의 경우는 윤활유가 점성유체로서의 성질을 잃고 금속면이 직접 접촉이 발생하여 마찰계수가 무한대인 상태이다. 엔진에서는 일반적으로 유체윤활의 영역이 적용되지만 실린더라이너와 피스톤링 사이에는 경계윤활이 적용된다. 섭동면 사이에 유막이 형성되어도 유막의 두께와 거칠기의 상태에 따라 고체접촉이 있는 경우가 많다. 이 고체 접촉이 차지하는 비율에 따라 다음의 윤활로 나누어진다.

윤활작용에 있어서 마찰면 사이에서 유막으로 두 금속면이 완전히 분리될 때를 유체윤활 혹은 완전윤활이라 하고 이때의 마찰력은 윤활유자체의 내부저항력으로 매우 작고 마찰계수는 윤활유의 점도, 마찰면 사이의 상대속도 및 면적에 비례한다. 이에 반하여 상대속도나 점성이 작아지고 작용하는 하중이 커지거나 충격적으로 가해지는 경우에는 유막이 얇아져서 파괴되어 금속면이 직접 접촉하게 된다. 이러한 상태를 경계윤활 또는 불완전윤활이라 한다. 엔진의 마찰력 및 마멸량을 좌우하는 요인이 각 섭동부의 윤활 상태이다. 윤활 상태의 기본적인 분류는 다음과 같다.

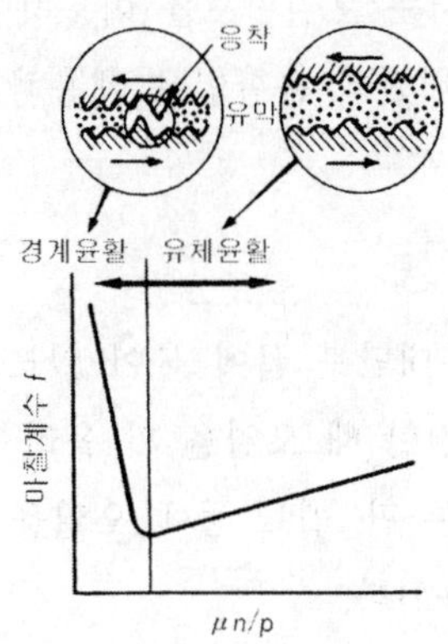

그림 5 · 23 유체윤활과 경계윤활

① 유체윤활 : 유체윤활을 완전윤활 또는 점성윤활이라 한다. 충분한 유막이 형성되어 고체 접촉이 되지 않는 이상적인 윤활 상태이다. 이 경우에는 고체 접촉이 없으므로 정상상태로 있는 한 마모는 발생하지 않는다.
② 혼합윤활 : 형성된 유막의 두께가 섭동면의 거칠기보다 얇으므로 고체접촉이 많은 경우이며 마모나 소착이 생길 수 있는 임계적 윤활 상태이다.
③ 경계윤활 : 유체윤활과 혼합윤활의 중간이다.

참고

마찰이란 접촉하는 2개의 물체가 상대운동할 때 저항력이며 건조마찰, 경계마찰, 유체마찰로 대별된다.
① 건조마찰 : 고체마찰이라고도 하며 고체표면끼리의 마찰이다.
② 경계마찰 : 고체표면에 얇은 액체 및 기체의 막이 형성된 마찰이다. 이때 고체표면의 마찰이나 마모를 충분히 저하시킬 수 없으나 건조마찰에 비해 좋은 것이다.
③ 유체마찰 : 고체표면간에 상대운동에 의한 유체막이 형성되어 2면이 분리되어 그 유체막으로 하중을 지지하는 상태로 가장 이상적인 마찰이다.

5.6.2 기관의 윤활법

개발 초기 엔진에서는 항상 새로운 윤활유를 공급하는 형태로 되어 있어 급유량이 적을 때는 경계윤활이 되기 쉽고 또한 윤활유에 의한 냉각도 어려웠다. 현재의 엔진에서는 2 사이클을 제외하고는 윤활유는 엔진 내에 강제순환시킨다. 이를 강제급유, 순환급유라 한다. 윤활유를 대량으로 공급하기 때문에 안정한 윤활을 할 수가 있지만 윤활유의 열화로 교환하지 않으면 안 된다. 자동차기관에서는 오일펌프를 이용하여 오일을 가압하고 각 부로 대량으로 공급하지만 소형기관에서는 비산식 윤활법을 채용하고 있다. 2사이클엔진에서는 혼합식과 분리윤활식이 사용된다.

〔1〕 비산식

그림 **5 · 24**와 같이 커넥팅로드 대단부 끝에 붙어 있는 오일디퍼(oil dipper)를 사용하여 오일팬의 윤활유를 크랭크축이 회전할 때 오일을 퍼 올려 비산시킴으로서 크랭크축 베어링, 캠축, 실린더벽과 피스톤 링, 피스톤 핀, 밸브 등에 오일을 공급한다. 이 방식은 단기통, 2사이클엔진 등 소형기관에 많이 사용된다.

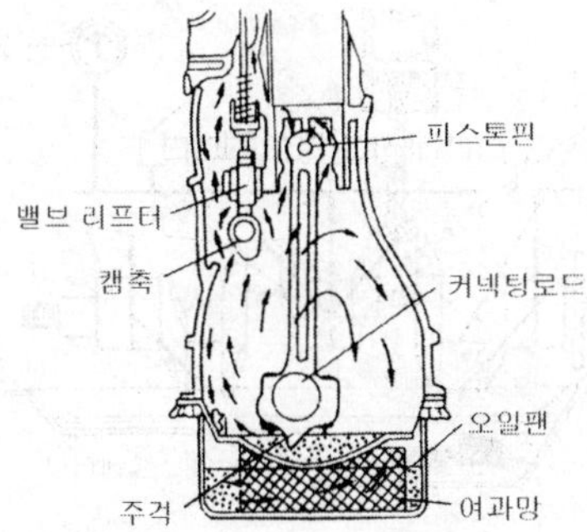

그림 5 · 24 비산식

〔2〕 압송식(강제식, 순환식)

그림 **5 · 25**와 같이 오일 펌프에 의하여 오일팬 내에 있는 오일을 가압하여 각 윤활부에 강제 순환시키는 방법이다. 오일 펌프에 의해 흡입된 윤활유는 실린더 블록의 크랭크 케이스 쪽에 있는 주 오일통로로 들어가고 다시 크랭크 저널베어링, 캠축으로 공급된다. 압송식은 경주용차 등 특수차량에 많이 이용된다.

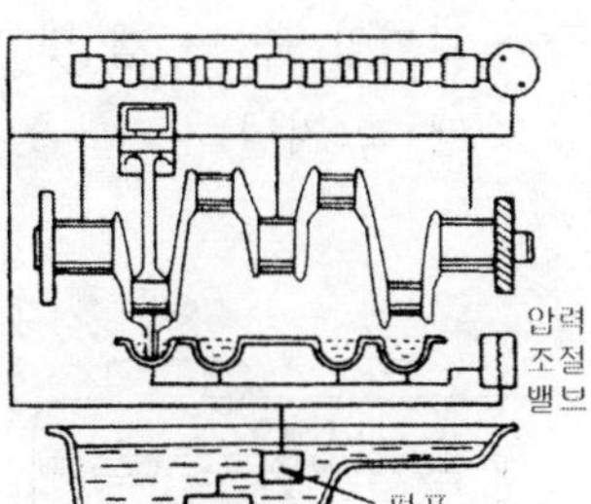

그림 5 · 25 압송식

〔3〕 비산압송식

그림 **5 · 26**과 같이 오일스트레이너를 통해서 오일팬의 윤활유를 크랭크축 베어링, 캠축 베어링, 밸브 등에는 압송식으로 윤활되고 실린더벽, 피스톤 핀 등은 비산식에 의해 윤활되는 방법이다. 이것은 현재의 자동차기관에서 가장 많이 사용되는 방식이다.

대부분의 엔진에서는 크랭크실의 하부에 윤활유를 남게 하는 습식윤활법이 사용되고 크랭크실에 오일을 모아두지 않고 크랭크실 하부에 떨어진 윤활유를 받아두는 접시의 역할로서 여기에 배유펌프로 오일탱크로 회수한다. 이 방식은 건식윤활이고 항공기용기관 등 대형기관에서 볼 수 있다.

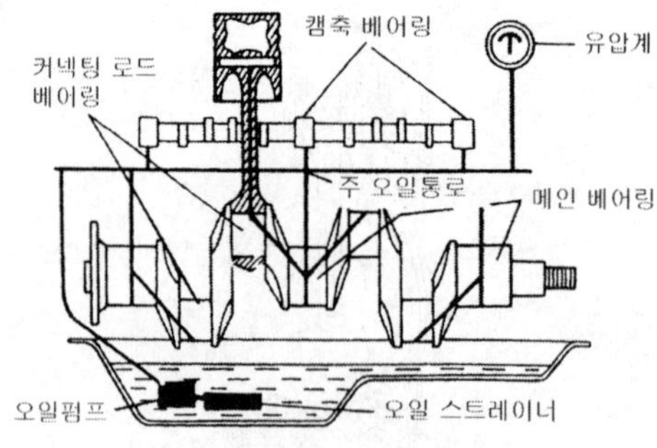

그림 5·26 비산압송식

5.6.3 윤활장치의 경로

가솔린엔진의 윤활장치는 그림 **5·27**과 같이 오일팬, 오일스크린, 오일 펌프, 릴리프 밸브 및 오일 압력 스위치 등으로 구성되며, 윤활 경로는 다음과 같다.

① 오일팬 → 오일스크린 → 오일 펌프 → 릴리프 밸브(감압밸브) → 오일필터 → 주 오일통로

② 주 오일통로 → 크랭크축 → 커넥팅로드 → 실린더 및 피스톤
↳ 실린더헤드 → 로커암 축 → 캠 및 밸브
↳ 캠 축(저널)

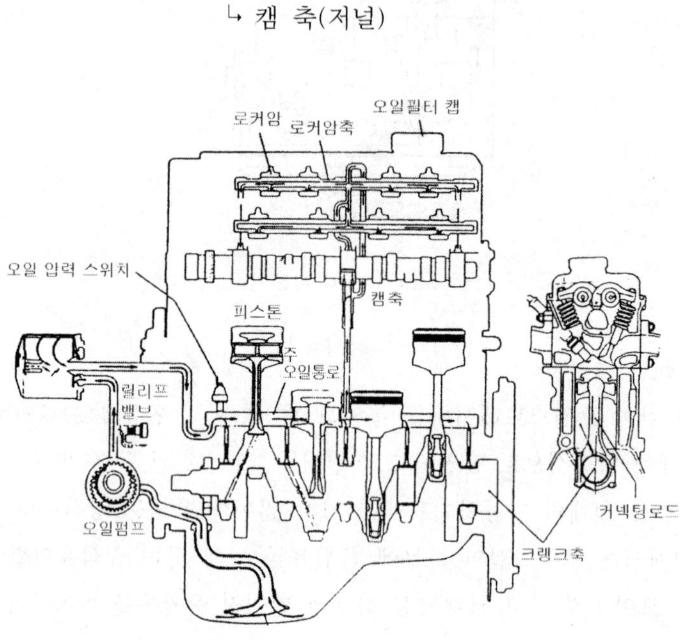

그림 5·27 윤활장치와 윤활경로

5.6.4 윤활유

〔1〕 윤활유의 작용

윤활장치는 엔진 내부의 각 윤활부에 엔진오일을 공급하여 마찰을 감소시키고 마모를 방지하며, 마찰부분의 열과 피스톤의 열을 냉각시키는 작용을 한다. 기관이 운전될 때 윤활부에는 마찰열이 발생되며, 이 열이 상당히 축적되었을 때에는 베어링이 고착되기도 한다. 윤활장치는 이러한 것이 일어나지 않게 하는 장치로 윤활부의 각 섭동면에 유막을 만들어 고체마찰을 마찰력이 아주 작은 유체마찰이 되게 한다. 따라서 마찰저항이 작아져 마모가 적어지고 마찰열의 온도 상승도 방지하게 된다. 윤활은 기본적으로 마모의 방지, 밀봉작용 및 냉각작용의 3대 작용 이외에 세척작용, 응력분산작용, 방청작용 등의 여러 작용이 있다. 다음은 윤활유의 작용을 정리한 것이다.

① 마모방지

마찰이 가장 작은 상태인 완전윤활을 유지하고 한계 상태에서도 강인한 유막을 형성하여 섭동 부분의 표면 마찰과 이에 기인하는 마멸을 방지한다.

② 밀봉작용

실린더부분 윤활에서와 같이 피스톤 링과 함께 고압가스의 누설을 방지한다.

③ 냉각작용

윤활부에서 발생된 마찰열을 흡수하여 오일팬 등 다른 곳으로 방열시킨다.

④ 세척작용

윤활부에서 발생하는 카본 및 철분 등의 불순물을 흡수한 후 오일필터에 저장시켜 윤활부를 항상 깨끗하게 한다.

⑤ 응력 분산작용

윤활부에는 국부적 혹은 순간적으로 큰 압력이 걸려 유막을 파괴하여 고착을 일으키게 하는 일이 생긴다. 이때에 윤활유는 액체의 성질로 국부 압력을 액 전체에 분산시키는 작용을 한다.

⑥ 방청작용

윤활면에 수분이 침투하면 녹이 발생하게 되고 부식이 일어난다. 윤활유는 수분이나 부식성 가스의 침투를 막아준다.

〔2〕 윤활유의 구비조건

엔진 오일의 성질은 엔진의 성능 발휘나 엔진의 경제적 사용 등에 크게 영향을 준다. 엔진 오일의 성질은 원유나 정제 방법에 따라 달라지며, 엔진 오일에는 대부분 그 성질을 향상시키기 위한 첨가제가 포함되어 있다. 다음은 오일의 필요한 성질을 나타낸다.

① 점도 지수가 높을 것

점도 지수가 높은 오일은 저온이나 고온을 통하여 점도의 변화가 적어서 저온일 때에는 엔진의 기동이 쉽고 고온에서도 유막이 형성이 쉽다.

② 청정성이 좋을 것

연소과정이나 오일의 열화에 의해 오일이 오염되어, 윤활 불량에 의한 장애를 일으킨다. 따라서 오일은 항상 깨끗하게 유지되어야 한다.

③ 산화 안정성이 좋을 것

엔진은 고온하에 장시간 운동하므로 고온에 의해 오일은 산화 변질되기 쉽다. 엔진 오일은 산화에 대한 충분한 저항력을 가져야 한다. 산화의 의미는 오일이 산소와 결합하는 것이다.

④ 부식 방지성이 좋을 것

연소에 의한 생성물이나 오일의 열화물은 실린더 내면등 마찰부분의 금속부분을 부식시킨다. 따라서 오일은 부식을 막는 성질이 요구된다.

⑤ 기포 발생이 적을 것

오일에 기포가 발생하면, 오일펌프의 기능이 저하되어 오일이 순환이 좋지 않게 된다. 때문에 윤활 부족 현상을 일으키므로 기포 발생에 대한 상당한 저항력이 있어야 한다.

⑥ 응고점이 낮을 것

응고점이 낮은 오일이면 저온에서 유동성이 좋아 엔진의 기동이 쉽다.

〔3〕 오일의 첨가제

오일의 성질을 개선시키기 위해 다음과 같은 첨가제를 넣는다. 유성은 오일이 금속면에 부착하는 힘이다.

① 산화 방지제 : 페놀계화합물, 유황화합물, 아민류, 유기금속화합물

② 점도지수 향상제 : 지방산, 불포화탄화수소 등의 고분자중합물

③ 청정 분산제 : 플러싱오일(flushing oil)

④ 부식 방지제 : 인의 유기화합물, 금속염

⑤ 기포 방지제 : 규소유

⑥ 유동점 강화제 : 유기화합물

⑦ 유성 향상제 : 지방산, 에스테르, 비누류, 파라핀산화물

〔4〕 오일의 분류

엔진 오일의 규격은 보통 오일의 점도를 나타내는 SAE(Society of American Engineers) 규격과 사용조건을 나타내는 API(American Petroleum Institute) 규격으로 분류된다.

(1) SAE 분류

내연기관용 윤활유는 석유계 광물질로부터 만들어지고 거의 모든 윤활유에는 사용 조건

에 맞는 적당한 첨가제가 함유된다. 윤활유의 기본 특성은 점성계수이다. 점도의 단위는 [Pa·s]이고 점성계수를 밀도로 나눈 동점성계수의 단위는 [m^2/s]이지만 관례에 따라 점성계수는 공학단위계인 [poise, p], 동점성계수에는 [stokes, St]가 사용된다. 미국의 SAE(Society of Automotive Engineers)에는 엔진용 윤활유의 점도를 0 W에서 60까지 11단계로 나누고 여기서 W(winter)의 의미는 겨울을 나타내고 저온용으로 사용된다. 번호가 크면 점도가 높다. 윤활유의 점도는 온도에 따라 변화한다. 온도에 따른 윤활유의 동점성계수의 변화는 점도지수로 평가되고 지수가 크면 온도에 의한 변화가 적음을 나타낸다. 엔진용 윤활유로서는 냉간시의 시동에서는 마찰저항이 적고, 또한 고온 고부하 운전시에는 유막이 확보 가능한 온도에 의해 동점성계수의 변화가 적은 윤활유가 좋다. 최근에는 점도지수향상제를 사용하여 온도에 따라 동점성계수의 변화를 적게 한 윤활유가 많다. 동점성계수의 성질은 온도가 낮아지면 커지고 온도가 높아지면 작아진다. 그림 **5·28**은 외기온도에 대한 점도의 분포를 나타낸다. 그림 **5·28**에서 10 W-30의 경우는 저온에서는 10 W, 고온에서는 30번에 해당하는 점도를 가진 오일이다. 캐나다 등 극저온 지역에는 SAE 5 W, 10 W, 동절기용으로는 SAE 20 W, 20, 하절기용으로는 SAE 40, 중동지방의 혹서지용으로는 SAE 50을 사용한다. 그러나 현재 우리나라의 자동차에는 최고급품에 해당하는 5 W-30, 10 W-30 제품이 사계절 가장 많이 사용이 되고 있다.

SAE에서 분류하는 방법은 윤활유 점성의 크기에 따라 분류한 것이다. 여기서 W는 겨울용(winter)이라는 뜻이고 숫자가 클수록 점성이 크다.

① SAE 등급

5 W, 10 W, 20 W, 20, 30, 40 ,50

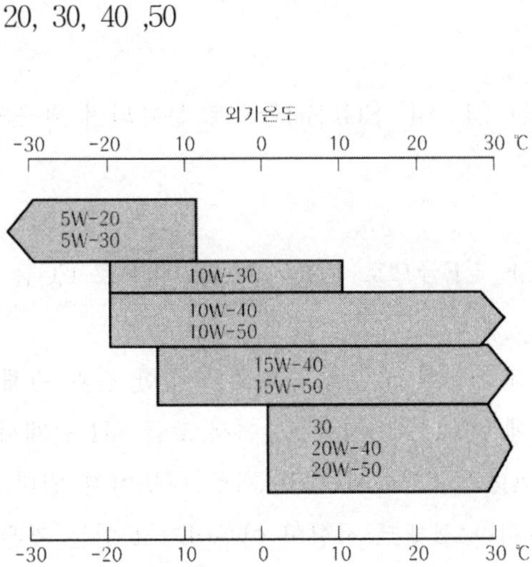

그림 5·28 외기온도와 윤활유의 점도

② 다등급

다등급을 사계절용(all season oil)이라 하고 10 W/20, 10 W/30, 20 W/20, 20 W/30, 20 W/40로 분류된다. 다등급 오일에서 10 W/20의 의미는 저온에서는 10 W와 같은 성질이 있고 고온에서는 20과 같은 성질이 있다는 것이다.

(2) API 분류

자동차용 윤활유의 품질규격에서는 API(American Petrolium Institute)의 분류가 일반적으로 사용되고 있다.

① 가솔린기관

ⓐ ML (motor light) : 가벼운 운전조건일 때 사용하며 승용차가 경제적 속도하에서 기관의 정상온도를 유지하며 운전할 때 사용한다.

ⓑ MM (motor moderate) : 중부하 운전조건하에서 기관온도가 정상온도보다 높아질 때 사용하며 승용차 등 장거리용에 사용한다.

ⓒ MS (motor severe) : 고부하 운전조건하에서 기관의 온도가 저하되거나 정지와 발진이 많을 때 사용한다.

② 디젤기관

ⓐ DG (diesel general) : 알맞은 온도와 경부하에서 운전할 때 또는 질이 좋은 연료를 사용할 때 사용한다.

ⓑ DM (diesel moderate) : 중부하에서 운전하에서 연료의 질이 나쁠 때 사용한다.

ⓒ DS (diesel severe) : 고부하에서 운전하에서 연료의 질이 아주 나쁠 때 사용한다.

(3) SAE 신분류

① 가솔린기관

SA, SB, SC, SC, SD, SE, SF, SG, SH급으로 분류되며 최근의 승용차에는 SF급 이상을 사용한다.

② 디젤기관

CA, CB, CC, CD, CE, CF급으로 분류되며 일반적으로 CC급 이상을 사용하도록 권하고 있다.

SAE에서는 보다 고품질의 오일을 추가로 규정한 결과 현재는 표 **5・4**에 표시한 바와 같이 가솔린기관에 대해서는 저급 SA에서 고급 SH 단계까지 8단계로 나누고 디젤기관에 대해서는 CA에서 CE까지의 5단계로 나누어져 있다. 윤활유의 시험방법에는 SAE가 규정하고 있지만 실제로 시험이 이루어지고 있는 것은 SG, SH와 CD, CE의 4종류이다. 각각의 급에 적합한 윤활유는 첨가제에 의해 결정된다. 첨가제는 점도지수향상제, 산화방지제, 청정분산제, 응고점강하제, 부식방지제 등이 있다.

표 5·4 윤활유 등급의 SAE신 분류

명칭	특 징
SA	첨가제 등을 넣지 않은 오일, 경부하 운전시 사용하는 통상의 엔진오일
SB	1930년대 가솔린 차량에 사용, 축의 부식, 산화방지를 위해 최소한의 첨가제를 사용
SC	1964 - 1967년의 가솔린 차량에 사용, 고온, 저온에서의 마모, 부식방지
SD	1968 - 1970년의 가솔린 차량에 사용, 마모, 부식면에서 SC보다 우수
SE	1972 - 1978년의 가솔린 차량에 사용, SD보다 우수
SF	1972 - 1978년의 가솔린 차량에 사용, SE보다 산화안정성의 증대, 내마모성의 개량
SG	1989 - 현재의 가솔린 차량에 사용, 엔진의 고성능함 및 고급지향에 대응한 오일
SH	1989 - 현재의 가솔린 차량에 사용, 엔진의 고성능함 및 고급지향에 대응한 오일로 SG보다 성능이 우수하고 증발성 등 요구성능이 높다.
CA	1940 - 1950년의 디젤 차량에 사용, 경부하 및 연료의 질이 좋을 때 사용, 축의 부식과 실린더부의 퇴적물 방지
CB	1949년에 도입, 중부하 및 유황분이 많은 저질연료를 사용하는 차량, 축의 부식과 실린더부의 퇴적물 방지
CC	1961년에 도입, 자연흡기, 기계식 과급의 디젤, 중고부하 운전용
CD	1955년에 도입, 자연흡기, 터보과급, 기계식 과급의 디젤, 극한지역 사용용, 고유황분 연료를 포함한 광범위한 품질의 연료에 적합
CDII	2사이클용, CD와 성능 동일
CE	1983년 이후, 디젤터보엔진에 사용

5.6.5 윤활장치의 구성

윤활장치의 주요 부품은 오일펌프, 오일압력 조절기, 오일여과기 블로바이 가스 환기장치 등 여러 가지 항목으로 구성되어 있다. 오일펌프가 작동되면 오일스트레이너를 통해 윤활유가 압송되어 오일필터를 거치고 실린더블록의 주오일 공급통로를 통하여 크랭크축으로 공급되고 실린더 헤드의 주오일 공급통로로 압송된 오일은 흡배기캠축으로 오일이 전달된다.

(1) 오일팬

오일팬(oil pan)은 강판을 프레스로 제작되어 실린더블록 하부에 개스킷을 대고 볼트로 고정되어 윤활유가 저장되는 용기이며 외부로 열을 발산하여 오일의 온도를 낮추는 역할을 한다. 오일팬에는 언덕길을 주행할 때 엔진이 기울어져도 윤활유가 고여 있도록 섬프(sump)구조로 되어 있다. 또한 연료탱크 내와 같이 윤활유의 출렁거림을 방지하기 위해 배플(baffle)을 두기도 한다.

(2) 윤활펌프

오일펌프는 오일통로 내의 오일을 흡입 및 가압하여 각 윤활부에 보내는 일을 한다. 펌프의 용량은 송유량(l/min-rpm)과 송유압력(kg/cm^2-rpm)으로 표시하고, 오일의 과도한 송출이나 높은 압력은 유압 조절기(Relief valve)로 조절한다. 오일펌프의 종류에는 로터리식, 기어식, 플런저식, 베인식이 있고 기어식과 로터리식이 주로 사용된다.

① 트로코이드펌프 : 로터리펌프의 일종으로 그림 **5·29**와 같이 케이싱 내에 2개의 회전로터가 있어 안쪽에 있는 내부회전로터는 트로코이드곡선의 기어이고 기어축의 중심은 케이싱의 중심과 편심을 이루고 있다. 바깥쪽의 외부회전로터는 케이싱과 동심이고 그 내면에는 내부회전로터의 이수보다 1개 더 많은 잇수의 이가 있으며 내부회전로터의 회전으로 구동된다. 이 펌프는 효율이 좋아 많이 쓰인다.

② 기어펌프 : 기어펌프에는 그림 **5·30**과 같은 외접 기어펌프, 그림 **5·31**과 같은 내접 기어펌프가 있고 작동 방법은 비슷하다. 2개의 기어는 흡입구와 배출구 외에는 거의 틈새가 없는 관계로 이(齒)가 물리는 용적에 따라 오일을 흡입하고 배출한다.

③ 플런저 및 베인펌프 : 플런저펌프는 그림 **5·32**와 같은 보디(body) 안에 조립된 플런저는 편심 캠에 의해 작동되고 플런저 내부에는 스프링이 있다. 그리고 아래위에는 2개의 흡입 및 배출용 체크 볼이 설치되어 있다. 선박 등 저속기관에 많이 사용되고 그 마멸에 의한 송출동력의 저하가 비교적 적은 장점이 있으나 송출압력에 맥동을 일으

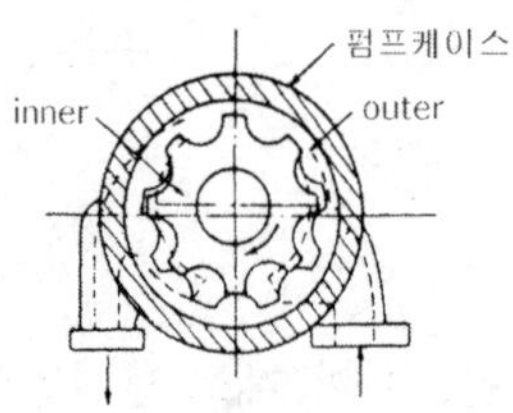

그림 5·29 트로코이드펌프

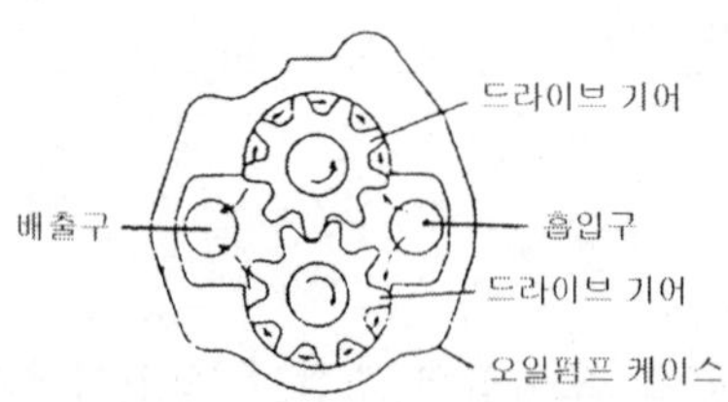

그림 5·30 외접 기어펌프

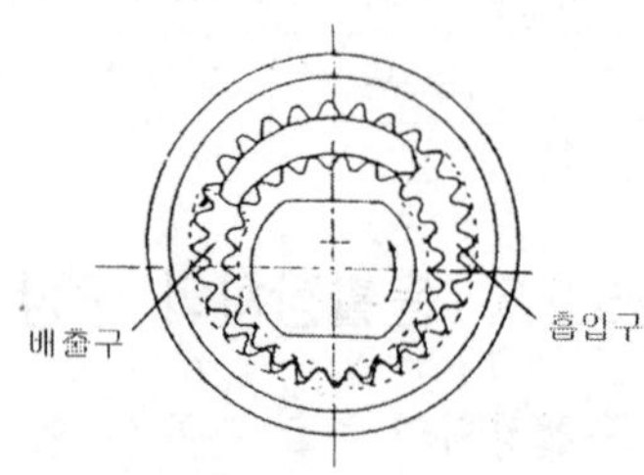

5·31 내접 기어펌프

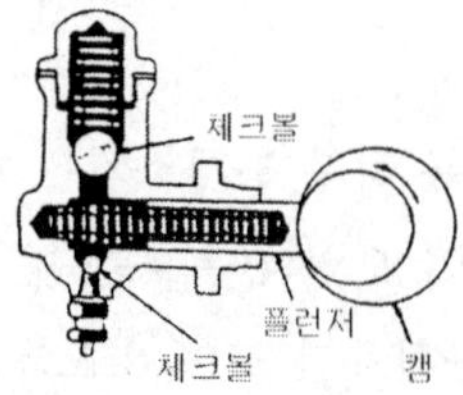

그림 5·32 플런저펌프

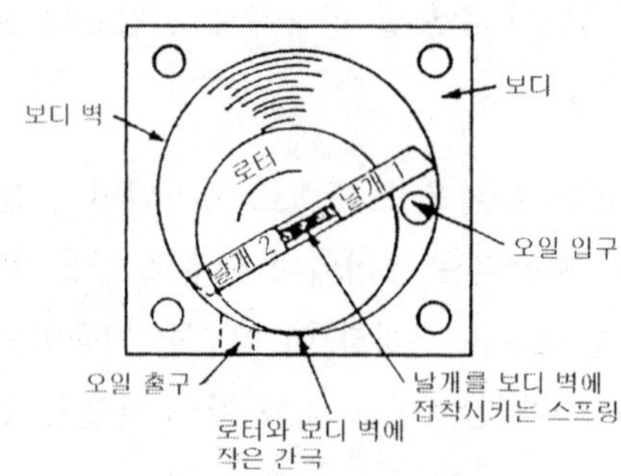

그림 5·33 베인펌프

키고 왕복속도가 0.5 m/sec로 제한된다. 베인펌프는 그림 **5 · 33**과 이 둥근 하우징과 그 속에 편심으로 설치되어 있는 로터로 구성되어 있다. 로터에는 두개의 날개가 스프링을 사이에 두고 있어 축이 회전하면 펌프실 안쪽면과 날개가 접촉되면서 오일을 흡입 및 배출한다.

〔3〕 오일 스크린

오일 스크린(oil screen)은 오일팬 내의 오일을 펌프에 유도하고 동시에 오일 가운데 포함된 비교적 큰 입자의 불순물을 제거하기 위해 철망 스크린이 설치되어 있다.

〔4〕 릴리프 밸브

유압 조절기(relief valve)는 윤활 회로 내의 유압이 과도하게 올라가는 것을 방지하여 유압을 일정하게 유지하는 기능을 하며, 프런트 케이스 측면에 설치되어 감압밸브라고도 한다. 이 밸브의 동작이 원활하지 못하면 윤활회로에 유압이 과도하게 걸리게 되고, 심할 경우에는 오일 필터가 파열되어 중대한 결함이 발생하기도 한다. 릴리프 밸브는 그림 **5 · 34** (a)와 같이 윤활회로에 과도한 압력이 걸리게 되면 릴리프 플런저는 스프링 힘을 이기고 그림 **5 · 34** (b)와 같이 위로 이동하여 과도한 압력만큼의 오일을 오일 팬으로 복귀시킨다. 스프링의 장력이 너무 크면 바이패스회로가 폐쇄되어 유압은 커진다.

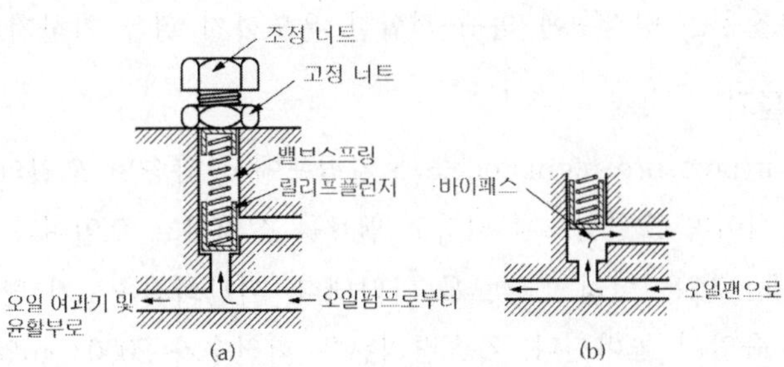

그림 5 · 34 유압조절기의 원리

〔5〕 오일필터

오일필터(oil filter)는 윤활회로 내에 설치되어 오일에 혼입된 먼지, 카본, 금속분말, 산화생성물 등을 제거하는 역할을 하며 보통 5000~10,000 km 주행시마다 엔진 오일과 함께 교환해야 한다. 오일필터의 구조는 그림 **5 · 35**와 같이 케이스, 엘리먼트, 바이패스 등으로 구성되며, 필터 내의 바이패스 밸브는 엘리먼트가 막혔을 때 열려 여과되지 않은 오일을 공급하도록 되어 있다.

〔6〕 오일의 냉각장치

엔진 오일의 온도는 90℃ 가량을 넘지 않는 것이 좋으나, 각 윤활부와 실린더 및 피스톤

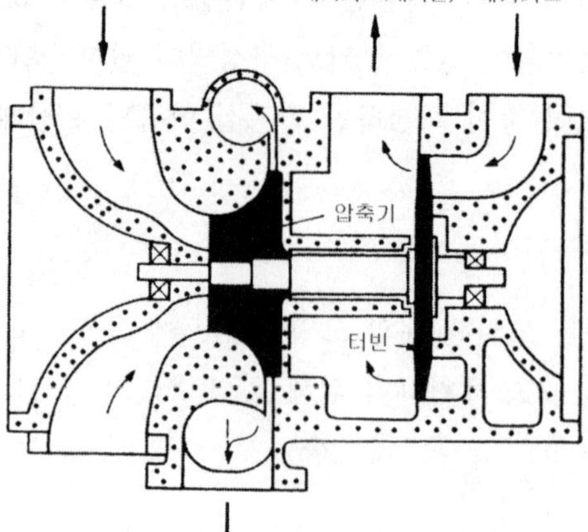

그림 5·35 오일필터의 바이패스 밸브

등에 의해 오일의 온도가 높게 되며, 오일의 온도가 높아지게 되면 윤활성을 급격히 상실하기 때문에 오일을 냉각시킬 필요가 있다. 일반적으로 가솔린 엔진의 경우는 오일팬에 의해 냉각이 가능하지만 디젤 엔진의 경우는 열방산이 부족하기 때문에 별도의 오일 쿨러(oil cooler)를 설치하여 오일을 냉각시킨다. 오일 쿨러에는 냉각수를 공급하여 오일을 냉각시키고, 낮은 온도의 윤활유는 냉각수에 의해 적합한 온도까지 열을 가하기도 한다.

〔7〕 오일압력조절기

오일압력조절기(oil pressure regulator)는 오일펌프에서 압송된 오일의 압력을 일정한 압력으로 조정하는 장치이며 오일펌프에 릴리프 밸브를 설치하고 오일여과기에 바이패스 밸브를 설치한다. 그림 **5·36**은 릴리프 밸브를 나타낸다. 기관회전속도가 빨라지면 오일펌프의 배출량이 증가되어 유압이 높아진다. 가솔린기관은 회전수가 2000 rpm일 때 2~3 kg/cm^2

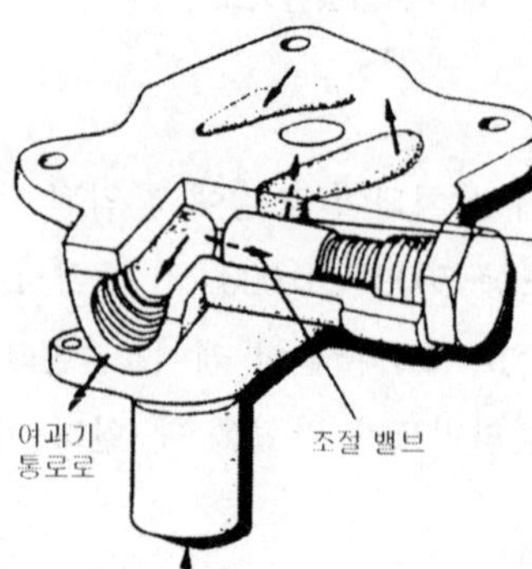

그림 5·36 릴리프 밸브

정도이다. 유압이 규정압력에 비하여 30% 이상 저하될 때는 오일이 누설되므로 점검해야 되고 유압이 너무 높으면 밸브가 열려 여분의 오일을 바이패스를 통하여 흡입 쪽으로 되돌려 보내 유압을 낮춘다. 유압이 너무 낮으면 스프링 장력이 윤활유 압력보다 크기 때문에 유압조절밸브가 바이패스 통로를 막아 배출하는 오일을 모두 급유부분으로 압송한다. 유압의 조정방법은 조정플러그, 즉 조정스크루로 조정할 때는 고정너트를 약간 풀고 조정스크루를 시계방향으로 돌리면 유압은 높아지고 반시계방향으로 돌리면 유압은 낮아진다.

〔8〕 오일압력스위치 (오일압력게이지)

오일의 점도는 오일의 온도에 따라 변하고 엔진회전수의 변화에 따라 오일펌프의 작동 회전수도 변하여 오일량도 변화된다. 변화되는 오일량은 오일압력조절기에 의해 유압이 일정하도록 조절되지만 이의 확인은 오일압력스위치가 한다. 즉 오일압력스위치는 실린더블록에 부착되어 엔진 각 부로 압송되는 윤활유의 압력을 측정하며 냉간시에는 높은 점도로 인하여 높게 나타나며 충분한 워밍업이 끝나면 엔진 회전수에 따라서도 유압의 변화는 거의 없다. 엔진에서 오일압력이 내려가는 경우는 거의 없고 그러나 유압이 어떤 원인에 의해 내려가면 대시보드에 있는 유압경고등이 점등된다. 적정 유압이 확보되지 않으면 윤활계통이 원활하게 작동되지 않는다. 오일 압력스위치의 작동압력은 0.2~0.4 kg/cm^{2}이다. 이와는 별도로 엔진오일의 양이나 상태를 파악하는 오일레벨게이지가 있다. 그림 **5 · 37**은 오일압력스위치를 나타낸다.

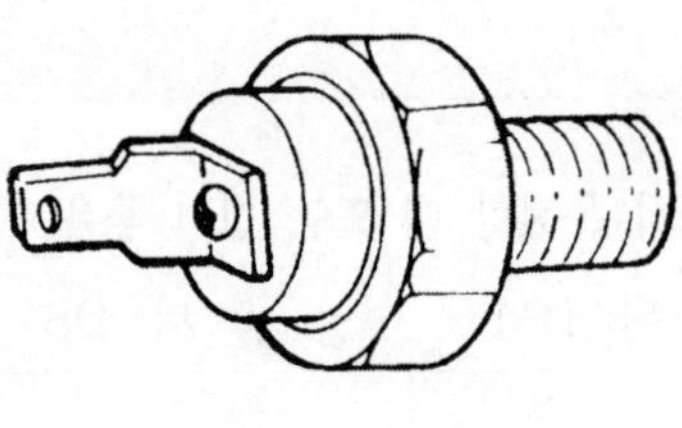

그림 5 · 37 오일압력스위치

예제 5 · 57

윤활유의 구비조건이 아닌 것은?

가. 점도가 적당할 것 나. 응고점이 낮을 것
다. 인화점과 발화점이 낮을 것 라. 카본 생성이 적을 것

예제 5 · 58

섭동면 사이에 유막이 형성되어도 유막의 두께와 거칠기의 상태에 따라 고체접촉이 있는

경우가 많다. 이 고체 접촉이 차지하는 비율에 따라 나누어지는 윤활의 종류가 아닌 것은?

가. 유체윤활 나. 경계윤활 다. 혼합윤활 **라**. 고체윤활

예제 5 · 59

형성된 유막의 두께가 섭동면의 거칠기보다 얇고 고체접촉이 많은 경우이며 마모나 소착이 생길 수 있는 임계적 윤활 상태는?

가. 유체윤활 나. 경계윤활 **다**. 혼합윤활 라. 고체윤활

예제 5 · 60

윤활유의 작용에 속하지 않는 것은?

가. 마찰감소와 마모방지 **나**. 오일 작용
다. 밀봉작용 라. 냉각작용

예제 5 · 61

윤활유에 냉각수가 들어갔을 때 오일 색은?

가. 우유색 나. 흑색 다. 검은색 라. 붉은색

예제 5 · 62

알맞은 온도와 경부하에서 운전할 때 또는 질이 좋은 연료를 사용할 때 사용하는 것은?

가. DG 나. DM 다. DS 라. DN

예제 5 · 63

가솔린 차량에 사용하고 엔진의 고성능 및 고급지향에 대응한 오일로 SG보다 성능이 우수하고 증발성 등 요구성능이 높은 오일은?

가. SC 나. SD 다. SF **라**. SH

예제 5 · 64

가솔린기관에서 회전수가 2000 rpm일 때 오일의 압력은?

가. 0.1~0.2 kg/cm^2 나. 1~2 kg/cm^2

다. 2~3 kg/cm^2 라. 3~4 kg/cm^2

예제 5 · 65

다음 중 윤활유의 성질에서 요구되는 사항이 아닌 것은?

가. 비중이 적당할 것.
나. 점성이 온도에 따라 변화가 크지 않을 것.
다. 강인한 유막을 형성할 것.
라. 인화점과 발화점이 낮을 것.

예제 5 · 66

다음 중 윤활유 급유 펌프가 아닌 것은?

가. 기어펌프 나. 베인펌프 **다**. 원심펌프 라. 플런저펌프

예제 5 · 67

다음 중 윤활유 분류법이 아닌 것은?

가. SAE분류법 나. API분류법
다. SAE신분류법 **라**. ASTM분류법

예제 5 · 68

다음 중 윤활유의 작용에 속하지 않는 것은?

가. 냉각작용 나. 기밀작용 **다**. 압력상승작용 라. 방청작용

예제 5 · 69

다음 중 유체마찰과 같은 것은?

가. 윤활마찰 나. 혼성마찰 다. 경계마찰 라. 고체마찰

예제 5 · 70

SAE번호와 점도와의 관계를 옳게 표시한 것은?

가. 점도가 높을수록 SAE번호가 커진다.

나. 점도가 높을수록 SAE번호가 작아진다.
다. SAE번호는 점도지수를 표시한다.
라. SAE번호는 윤활유와 관련이 없다.

예제 5·71

다음 중 윤활유의 첨가제가 아닌 것은?

가. 부식방지제 나. 산화방지제
다. 유동점강하제 **라**. 산화촉진제

예제 5·72

점도지수란 무엇인가?

가. 압력에 따른 윤활유의 변화정도 **나**. 온도에 따른 윤활유의 변화정도
다. 체적에 따른 윤활유의 변화정도 라. 밀도에 따른 윤활유의 변화정도

5.7 냉각장치

5.7.1 냉각장치의 목적

냉각장치는 엔진을 냉각하여 과열을 방지하고 또 적당한 온도를 유지하는 장치이다. 실린더 안의 연소가스 온도는 약 2000~2500℃에 이르며, 이 열의 상당한 양이 실린더 벽, 실린더 헤드, 피스톤, 밸브 등에 전달된다. 이러한 부분의 온도가 너무 높아지면 부품 재료의 강도가 저하되어 고장이 생기거나 수명이 단축되고 연소 상태도 나빠져(노킹, 조기점화) 엔진의 출력이 저하된다. 또한 너무 냉각되면 냉각으로 손실되는 열량이 크기 때문에 엔진 효율이 낮아지고, 연료 소비량이 증가하는 등의 문제가 생기므로, 엔진의 온도를 약 80~90℃로 유지시키는 것이 냉각장치의 기능이다.

용적형 내연기관인 피스톤엔진에서는 연소가 간헐적으로 이루어지고 연소실과 피스톤은 고온의 연소이지만 신기와 항상 접촉하므로 엔진 내부의 온도는 크게 상승하지 않는다. 작동가스와 접촉하고 있는 실린더 헤드, 피스톤, 실린더라이너 부분은 특수한 재질과 냉각방법을 사용하지 않아도 연소온도 2500℃까지 견딜 수 있다. 피스톤 엔진의 냉각의 목적은 실린더, 피스톤의 온도를 적정하게 하여 엔진의 기계적 강도를 유지하고 습동면의 윤활작용을 원활하게 하는 데 있다. 그 외 실린더헤드의 국부적인 과열에 의한 변형, 균열의 발생, 배기

밸브의 과열, 윤활유의 연소 등의 방지 효과가 있고 냉각은 엔진의 신뢰성, 내구성을 유지하는 중요한 장치이다. 엔진 1사이클 동안 작동가스의 온도는 500℃~2800℃까지 변하고 실린더라이너의 표면온도는 100~180℃ 정도로 작동가스온도에 비례한다. 그림 **5·38**에 작동가스, 실린더벽 및 냉각액의 온도분포를 표시한다. 연소가스에서 외부의 냉각액에 전해진 단위 전열 면적당의 열량 q[W/m^2]는 열통과율을 k[W/(m^{2}K)], 작동가스의 온도 T_g[K], 냉각액의 온도를 T_w[K]로 하면,

$$q = k(T_g - T_w) \tag{5·24}$$

로 표시된다. 전열현상을 간단히 1차원으로 하여 열전도, 열전달의 전열면적이 같다고 하고 가스의 열전달율을 h_g[W/(m^{2}K)], 실린더 벽 두께를 δ[m], 실린더벽의 열전도율을 k_c [W/mK], 냉각액의 열전달율 h_w[W/(m^{2}K)]이라 하면 상당 열통과율 k는 다음과 같이 된다.

$$\frac{1}{k} = \frac{1}{h_g} + \frac{\delta}{k_c} + \frac{1}{h_w} \tag{5·25}$$

정상상태에서는 작동가스에서 냉각액으로 전해진 평균열전달량 q는 작동가스에서 실린더벽으로의 열전달량, 실린더벽 내의 열전달량, 실린더 외벽에서 냉각액으로의 열전달량과 같다. 실린더 내벽온도를 T_i[K], 실린더 외벽온도를 T_o[K]로 하면 열전달량은 다음과 같다.

$$\begin{aligned} q &= k(T_g - T_w) \\ &= h_g(T_g - T_i) \\ &= h_c(T_i - T_o) \\ &= h_w(T_o - T_w) \end{aligned} \tag{5·26}$$

실린더 벽의 열전도율 h_c는 재질에 의해 결정되고 주철은 약 40 W/mK이고, 벽두께

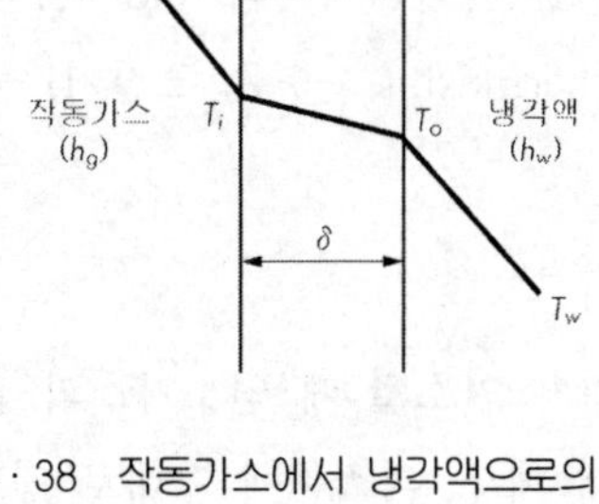

그림 5·38 작동가스에서 냉각액으로의 열전달

0.01 m이면 $\frac{k_c}{\delta}$는 4000 [W/(m^{2}K)]이고, 냉각액 열전달율 h_w[W/(m^{2}K)]은 5000~6000 W/m^{2}K이다.

예제 5 · 73

연소가스의 온도가 1600℃, 냉각수의 온도 85℃, 전열면적 1.538 m^{2}인 실린더를 가진 기관의 방열량을 구하라. 단, 열통과율 k=217.4 kcal/m^{2}h℃이다.

관련식 $Q = kA(T_g - T_w)$

해답 $Q = 217.4 \times 1.538 \times (1600 - 85) = 506,557$ kcal/h

5.7.2 냉각방식

〔1〕 공냉식 냉각장치

공냉식 냉각장치는 엔진을 직접 대기와 접촉시켜 열을 방산하는 형식으로, 실린더 헤드와 실린더 블록에 냉각핀이 설치되어 있다. 구조가 수냉식에 비하여 간단하나 운전 상태에 따른 온도가 변화되기 쉽고 냉각이 균일하게 되지 않아 과열되기가 쉽다. 냉각방식으로는 기관의 이동에 의해 들어오는 공기를 이용해 냉각시키는 자연 통풍식과 냉각팬을 이용해 강제 통풍시켜 냉각시키는 강제 통풍식이 있다. 공냉식은 자동차용 엔진에는 거의 이용되지 않고 모터사이클이나 경비행기 엔진에 이용되고 있다.

〔2〕 수냉식 냉각장치

수냉식 냉각장치는 냉각수를 이용하여 엔진을 냉각하는 형식으로, 물의 순환 방식에 따라 자연 순환식과 강제 순환식이 있다. 자연순환식은 냉각수를 대류에 의해 순환시키기 때문에 현재의 고성능 엔진에서는 적합하지 못하며 전혀 사용되지 않고 있다. 강제 순환식은 자동차 엔진의 대표적인 방식으로, 워터 펌프를 이용하여 냉각수를 강제로 순환시켜 냉각하는 방식이다. 이 방식의 주요 구성부품은 라디에이터(Radiator), 워터 펌프(Water Pump), 워터 재킷(Water jacket), 서모스탯(Thermostat : 수온 조절기) 등으로 구성된다.

5.7.3 구조와 작동원리

냉각장치는 연소실에서 혼합기가 연소될 때 연소가스의 온도는 최고 2000~3000℃에 도달하고 이 열은 실린더벽, 실린더 헤드, 피스톤에 그대로 전달되어 실린더 블록의 벽면온도가 200℃ 이상이 되면 윤활유의 고유특성 파괴, 실린더 블록의 변형 등 엔진의 파괴현상이 발생한다. 따라서 냉각장치는 이러한 열을 방열시켜 기관의 온도를 일정하게 유지시켜 기관을 정상적으로 가동시키는 장치이다. 냉각장치는 열을 방열하는 라디에이터와 냉각팬, 냉각수를 순환시키는 워터 펌프, 냉각수의 체적팽창을 흡수하는 보조탱크 그리고 수온조절기, 수온 센서, 수온스위치 등의 부품으로 냉각시스템을 이루고 있다. 시스템 내에는 작동유체로 물(연수, 수냉식)이 들어 있고 수냉식인 경우 겨울철 응고를 방지하기 위해 부동액도 들어있다. 각 자동차 엔진의 형태 및 구조에 따라 서로 다른 시스템으로 구성되어 있지만 기본원리는 거의 비슷하다. 차량의 과열(오버히트, overheat)은 냉각장치 부품의 고장일 때 흔히 발생한다. 시스템 설계상 일반적인 보기(bogie, 설계허용 최대온도)는 140℃로, 이 온도 이상이면 오버히트가 발생한다. 오버히트가 발생하면 점화스위치를 IG ON에 놓고 에어컨을 켜서 냉각팬을 돌려 엔진을 식혀야 하며, 찬물을 급하게 넣으면 실린더 블록의 변형 등이 발생하여 엔진파손의 원인이 된다. 차량 운전시 오버히트를 방지하는 방법으로는 냉각계통 부품정비가 제일 먼저 선행되어야 하지만 오버히트는 고속도로 주행보다는 여름철 언덕길(grade road 12%)을 에어컨을 켜고 서행으로 올라갈 때 부하가 가장 높아 많이 발생한다. 이때 에어컨을 잠시 OFF하여 엔진의 부하를 줄이면 훨씬 안전하게 언덕을 넘을 수 있다.

냉각장치의 작동은 엔진의 온도가 높지 않아 방열이 필요 없는 경우에는 수온조절기가 열리지 않고 엔진 워터 재킷을 통하여 엔진내부로만 물이 순환이 된다. 엔진의 온도가 상승하여 수온조절기가 열리면 라디에이터 내에 막혀 있던 냉각수는 수온조절기를 통하여 흐르면서 라디에이터에서 방열을 시작한다. 수온조절기의 위치에 따라 출구제어방식과 입구제어방식으로 나누어지지만 현재는 입구제어 방식이 많이 쓰인다. 그림 **5 · 39**는 출구와 입구 제어 방식의 냉각수 흐름을 나타낸다.

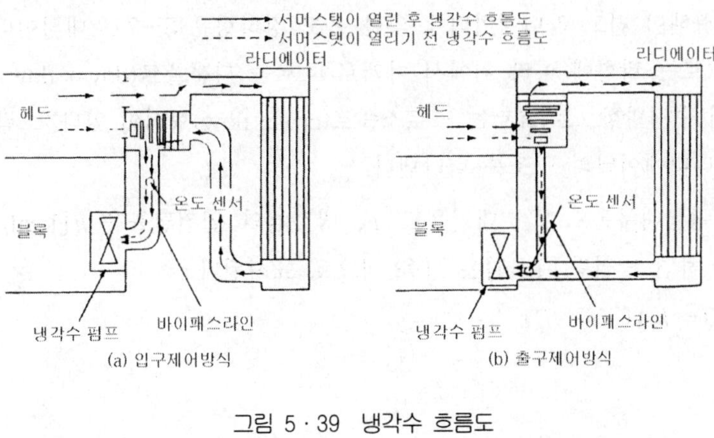

그림 5 · 39 냉각수 흐름도

(1) 출구제어 방식

출구제어 방식은 냉각수온도가 88℃가 되면 수온조절기(서모스탯)가 열리고 냉각수는 라디에이터로 가서 냉각되고 냉각된 물이 워터펌프, 실린더블록, 실린더헤드를 통해 수온조절기에 도달하여 수온조절기가 열려 있는 시간이 길게 된다. 따라서 흐르는 냉각수 유량이 많고 냉각수 온도분포의 변화도 크게 되어 온도분포가 불균일하여 연료량보정이 부정확해져 배기가스 저감에 불리하게 된다.

(2) 입구제어 방식

입구제어 방식은 냉각수온도가 88℃가 되면 수온조절기(서모스탯)가 열리면 라디에이터에 막혀 있던 냉각수가 수온조절기를 통하여 곧 바로 엔진으로 들어가 수온조절기가 열려 있는 시간이 짧게 된다. 따라서 냉각수 온도 분포가 비교적 균일해지고 온도조절을 정밀하게 할 수 있는 장점이 있다.

5.7.4 냉각장치 부품

〔1〕 워터펌프

워터펌프는 실린더 블록에 부착되어 냉각수를 회전시키는 장치이며 구동은 구동벨트를 통하여 크랭크축에 의해 이루어진다. 형식은 원심임펠러식이 많이 사용된다.

〔2〕 라디에이터

라디에이터는 가열된 냉각수를 코어로 흘러 전열면적을 증대시킨 코루게이트(corrugated) 형식의 알루미늄 핀을 통하여 방열시키는 역할을 하며 상부탱크, 하부탱크, 라디에이터 캡, 코어, 캡, 드레인플러그 등으로 구성되어 있다. 라디에이터의 성능은 1500 cc인 경우 40,000 kcal/h, 1800 cc인 경우 45,000 kcal/h 정도이다. 라디에이터 코어 막힘률이 20% 이상이면 라디에이터를 교환해야 하고 라디에이터에 의한 온도 강하량은 5~7℃ 내외이다. 라디에이터는 냉각수가 흐르는 방향에 따라 위에서 아래로 흐르는 다운플로(down flow) 형식과 좌우에 탱크가 있어 수평방향으로 흐르는 크로스플로(cross flow)형식이 있다. 그림 **5·40**은 다운플로형식의 라디에이터의 구조를 나타낸다.

라디에이터 평균내부온도 T_i, 대기온도 T, 냉각액의 열전달률을 h[kcal/(m^2 ℃)], 전열면적을 A라 하면 방열량 [kcal]은 다음 식으로 표시된다.

$$Q = hA(T_i - T) \tag{5·27}$$

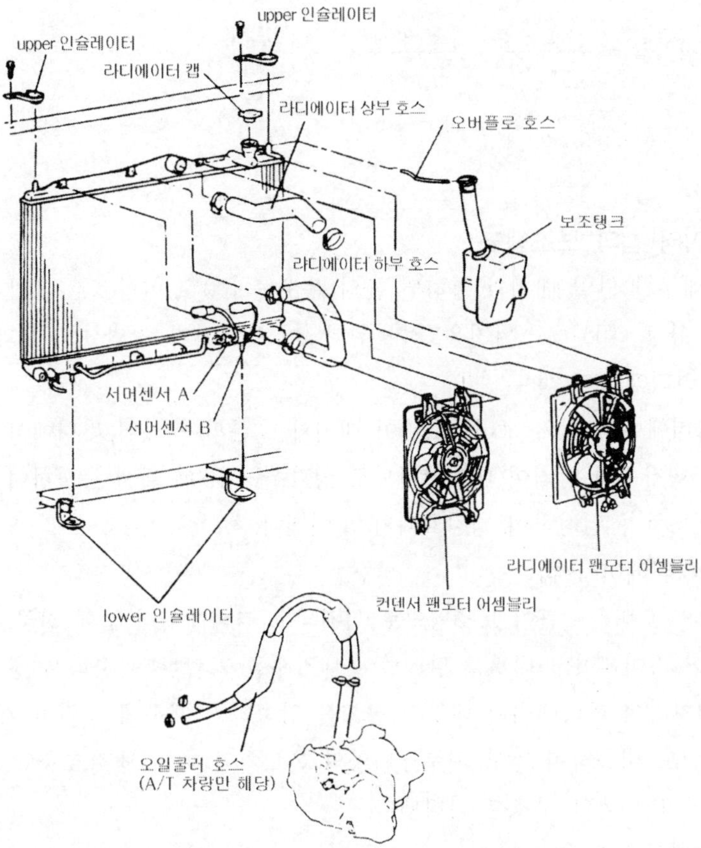

그림 5 · 40 다운플로형식의 라디에이터의 구조

예제 5 · 74

라디에이터 내 온도가 90℃, 외기온도 20℃, 전열면적 2.6 m^2인 라디에이터의 시간당 방열량을 구하여라. 단, 열전달률 $h = 220\,\text{kcal/m}^2\,\text{h}\,℃$이다.

관련식 $Q = hA(T_i - T)$

해답 $Q = 220 \times 2.6 \times (90 - 20) = 40,040\ \text{kcal/h}$

예제 5 · 75

라디에이터의 냉각수의 용량이 6 l 인데 라디에이터의 주수량이 4 l 였다. 라디에이터의 막힘률은 얼마인가?

관련식 $막힘률 = \frac{신품용량 - 구품용량}{신품용량}$

해답 $\frac{6-4}{6} \times 100 = 33.3\%$

〔3〕 라디에이터 캡과 보조탱크

라디에이터 내부가 만일 대기와 통하면 물의 온도는 100℃ 이상으로 올라가지 않고 대기와의 온도차는 항상 (100℃ − 외기온도)가 된다. 이 온도차가 크면 냉각효과는 좋아진다.

(1) 개방식 라디에이터 캡

이 방식은 라디에이터 캡의 오버플로관이 대기와 오픈되어 있어 라디에이터 내의 압력이 대기압과 같다. 냉각수의 압력이 대기압이므로 냉각수는 100℃에서 증발하여 체적이 증가하고 대기와의 온도차가 일정하여 냉각효과가 떨어진다.

(2) 가압식 라디에이터 캡

이 방식은 캡의 오버플로관이 보조탱크로 연결되고 라디에이터 캡에 진공(부압)밸브와 압력밸브를 만들어 라이에이터 내부를 밀폐하여 냉각수를 가압한다. 따라서 냉각수 온도가 높아지면 물이 팽창하여 라디에이터 내부의 공기를 압축하기 때문에 압력이 가해져 냉각수가 100℃ 이상 되어도 비등하지 않고 외부공기와의 온도차가 커져 냉각효율도 좋아진다. 그림 **5·41**은 라디에이터 캡의 구조를 나타낸다.

① 압력밸브(메인밸브)

기관의 운전 중에 냉각시스템 내에 생긴 압력을 유지하고 냉각수온이 110~120℃ 정도되어 압력이 0.83~1.1 kg/cm^{2}로 되면 밸브가 개방되어 오버플로관을 통해 밖으로 배출되어 냉각시스템은 항상 일정한 압력으로 유지된다. 보조탱크(리저버탱크)가 달린 경우에는 보조탱크의 오버플로관을 통해 배출된다.

② 진공(부압)밸브

기관의 온도가 내려가서 라디에이터 내부의 압력이 대기압보다 낮아졌을 때 이 밸브가 열려 외부공기가 유입되어 냉각시스템 내의 부압이 해소된다. 따라서 냉각시스템의 파손이 방지된다. 개방압력은 −0.07 kg/cm^{2}이다. 라디에이터에 보조(리저브)탱크가 부착된 경우는 냉각수의 오버플로량을 저장해 냉각수 손실을 막아 장기간 냉각수를 보충하지 않아도 된다. 냉각수 온도가 상승되면 팽창하여 넘친 양만큼 리저브탱크에 저장되고 냉각수온이 내려가면 냉각수는 수축하므로 리저브탱크에서 라디에이터로 사이펀 작용으로 시스템 내로 되돌아간다. 따라서 냉각수가 넘쳐흘러도 증기만이 외부로 방출되어 냉각수 손실이 거의 없다.

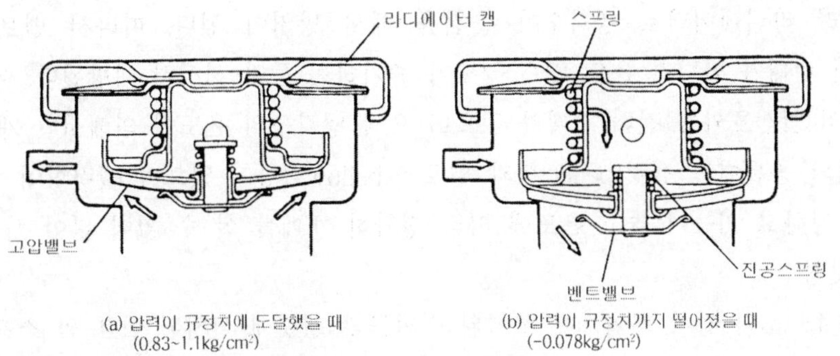

그림 5·41 라디에이터 캡의 구조

〔4〕 라디에이터 휀

냉각휀은 라디에이터 후면에 부착되어 라디에이터 내의 냉각수의 방열을 증가시키고 엔진내부의 열을 강제로 환기시키는 역할을 한다. 현재의 차량에는 콘덴서 모터 휀과 같이 부착되어 있다. 2개의 휀 중 약간 크게 설계된 것이 라디에이터 휀이고 작게 설계된 것이 콘덴서 모터 휀의 역할을 한다. 그림 **5·42**는 라디에이터 휀을 나타낸다.

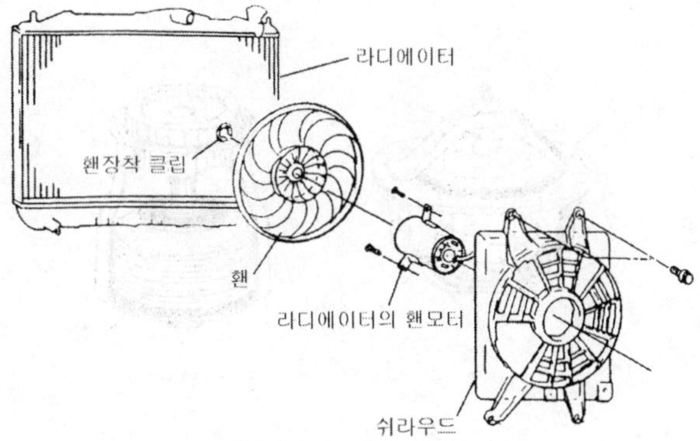

그림 5·42 라디에이터 휀

〔5〕 **수온조절기**(서모스탯, thermostat)

수온조절기는 실린더헤드의 냉각수 통로 출구에 설치되어 엔진 내부의 냉각수 온도의 변화에 따라 냉각수 통로를 개폐하여 냉각수를 라디에이터로 흐르도록 하여 냉각수 온도를 일정하게 유지되도록 조절한다. 수온조절기는 차량에 부착된 엔진의 크기, 시스템의 종류에 따라 다르나 냉각수 온도가 출구제어식인 경우 88℃, 입구제어식인 경우 82℃가 되면 밸브가 개방되기 시작하고 이 이하의 온도에서는 밸브를 닫아 냉각수가 라디에이터로 흐르지 않도록 한다. 냉각수 온도가 출구제어식인 경우 100℃, 입구제어식인 경우 95℃가 되면 밸브는 완전히 열려 라디에이터로 냉각수가 순환을 해서 방열이 된다. 따라서 밸브의 형태는 ON-OFF의 형태가 아니라 온도 12℃ 정도가 증가하는 동안 서서히 개방된다. 이 수온조절기는 ECU의 입신호와는 전혀 관계가 없으며 오직 냉각수의 온도에 의해서만 개폐를 한다. 수온조절기의 종류에는 펠릿(pellet)형과 벨로즈(bellows)형이 있으며 펠릿형이 벨로즈형보다 수압에 강하고 기능이 높고 온도에 따라 정확히 개폐를 할 수 있어 많이 사용한다.

(1) 펠릿형

그림 **5·43** (a)와 같이 케이스에 설치된 스핀들과 펠릿에 설치된 벨브 및 스프링을 결합한 것으로 펠릿 안에는 왁스(wax)와 합성고무가 봉입되어 있다. 이 왁스는 온도에 따라 수축과 팽창을 하는데 냉각수의 온도가 높아지면 왁스가 팽창하여 합성고무막을 압축하여 스핀들을 축으로 하여 이 스프링을 누르고 내려가 밸브가 열리고 냉각수온도가 낮아지면 팽창했던 왁스가 수축되고 합성고무막에 가해진 압력이 제거되어 펠릿은 스프링의 힘에 의해 밸브는 닫힌다. 이 형식은 내구성이 우수하고 수압에 의한 영향이 작아 많이 쓰인다.

(2) 벨로즈형

그림 **5·43** (b)와 같이 얇은 황동판으로 만든 벨로즈(초롱형상) 속에 에테르나 알코올과 같은 휘발성이 큰 액체를 밀봉하여 액체의 수축과 팽창에 따라 밸브가 개폐된다. 이 형식은 수압의 영향을 받기가 쉬워 현재는 거의 사용되지 않는다.

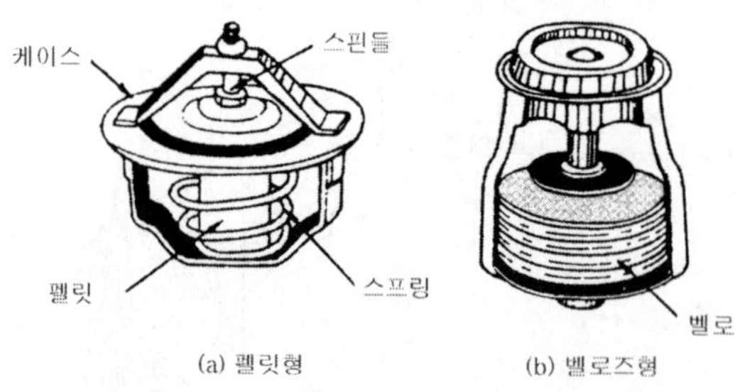

그림 5·43 수온조절기

예제 5·76

냉각계통의 온도조절기에 대한 설명 중 틀린 것은?

가. 온도가 100℃에서 열리기 시작하여 110℃가 되면 완전히 열린다.
나. 온도조절기 내에는 에테르를 봉인한 것도 있다
다. 온도조절기에는 벨로즈형과 펠릿형이 있다
라. 온도조절기는 엔진의 과열을 방지한다.

5.7.5 수온 센서와 냉각수온 게이지 유닛

그림 **5·44**는 수온 센서와 냉각수온 게이지 유닛를 나타낸다. 수온 센서는 라디에이터에 들어가기 전 수온이 높은 부분에 설치되어 온도의 변화에 따라 전기저항값이 변하는 서미스트 형식으로 되어 있다. 출력전압을 기준으로 ECU는 엔진의 온도상태를 파악하고 특히 냉간시 연료량보정 제어를 한다. 그리고 냉각수 온도가 40℃ 이하일 때는 냉각 홴모터를 정지시킨다. 냉각수온 게이지 유닛은 수온 센서와 같은 곳에 설치되어 냉각수 온도를 계기판에 표시하여 운전시 엔진의 냉각수 온도를 볼 수 있도록 하는 장치이다. 온도에 따라 저항값이 변하는 서미스트를 사용하여 반도체소자를 이용하여 아날로그형태로 전자회로를 이용하여 디지털형태로 계기판에 표시한다.

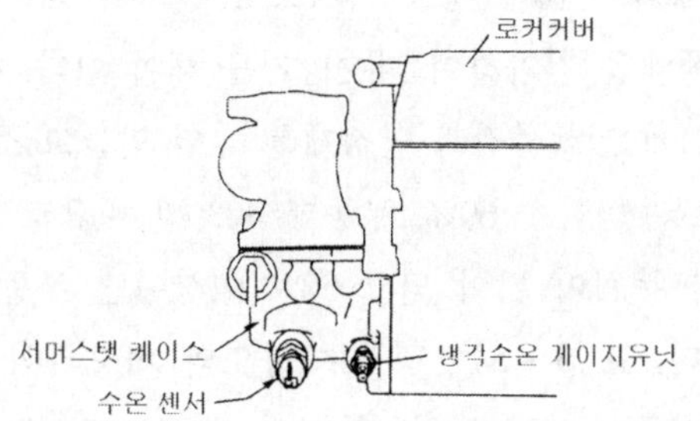

그림 5·44 수온 센서와 냉각수온 게이지 유닛

5.7.6 수온스위치

수온스위치는 라디에이터 하부에 설치되어 냉각수 온도를 검지하여 미리 설정된 온도에서 접점이 개폐하도록 되어 있다. 냉각수온도가 90℃가 되면 쿨링유닛(cooling unit)에 음의 신호를 주어 냉각홴의 작동을 낮은(low) 속도로 돌게 하고 냉각수 온도가 100℃가 되면 냉각홴의 작동을 높은(high) 속도로 돌게 하는 스위치이다.

5.7.7 냉각수, 냉각액 및 부동액

〔1〕 냉각수

냉각용액으로 연수를 사용하며 이유는 열을 잘 흡수하고 구입이 용이하기 때문이다. 물은 0℃에서 얼고 100℃에서 비등하고 물때가 생기기 쉽고 금속을 부식시키는 결점이 있다. 물만을 냉각수로 사용하면 냉각장치의 고장의 원인이 되므로 다음을 보완해야 한다

① 가압 후 냉각수의 비등점을 올려야 한다

② 부동액을 사용하여 냉각수의 응고점을 내려야 한다

③ 물의 수질에 따라 방지제를 사용해야 한다.

(2) 냉각액

수냉식 냉각장치에는 대부분 물을 사용해 왔으나 무게를 줄이기 위한 알루미늄 라디에이터의 사용으로 인하여 부식이나 녹이 슬게 되어 방청제, 부식방지제, 동결방지제가 첨가된 냉각액이 사용된다. 이러한 냉각액을 롱 라이프 냉각액(Long Life Coolant, LLC)이라 한다. 이것은 에틸렌글리콜에 방청제, 부식방지제 및 산화방지제를 첨가하여 장시간 사용할 수 있는 냉각액으로 금속부식을 방지하고 동결과 과열을 방지하는 성능과 부동액의 역할도 하여 부동액을 쓸 필요가 없다.

(3) 부동액

물은 0℃가 되면 얼어 체적이 10% 정도 커지므로 엔진이 파손될 수가 있다. 겨울철에는 냉각수에 빙점이 낮은 부동액을 첨가하여 파손방지를 해야 한다. 부동액은 에틸렌글리콜(빙점 : −50℃, 비등점 197℃)에 청색물감과 안정제를 넣어 만들고 물과의 혼합비율에 따라 빙점을 변경할 수 있으나 보통 냉각수 60%, 부동액 40%의 비율로 한다. 부동액 농도가 30% 이하이면 내식성이 떨어져 부식이 많이 되고 60% 이상이면 부동성 및 냉각성이 감소하여 엔진에 나쁜 영향을 미친다. 표 **5・5**는 냉각수 농도와 비중과의 관계를 나타낸다. 표에서 보면 20℃ 냉각수의 측정비중이 1.058일 때의 안전 작동온도는 −15℃이다. 따라서 액체비중계로 냉각수 비중을 측정한 다음 표로부터 농도를 산출해서 규정 농도로 맞추어야 한다.

표 5・5 냉각수 농도와 비중과의 관계

냉각수온도(℃) 및 비중					빙 점 (℃)	안전작동온도 (℃)	부동액농도 (%)
10	20	30	40	50			
1.054	1.050	1.046	1.042	1.036	−16	−11	30
1.063	1.058	1.054	1.049	1.044	−20	−15	35
1.071	1.067	1.062	1.057	1.052	−25	−20	40
1.079	1.074	1.069	1.064	1.058	−30	−25	45
1.087	1.082	1.076	1.070	1.064	−36	−31	50
1.095	1.090	1.084	1.077	1.070	−42	−37	55
1.103	1.098	1.092	1.084	1.076	−50	−45	60

예제 5・77

부동액의 종류 중 가장 많이 사용되는 것은?

가. 에틸렌글리콜　　나. 에틸렌
다. 메틸알코올　　라. 글리세린

예제 5 · 78

안전작동온도가 −20℃일 때 부동액의 농도는?

가. 20%　　나. 30%　　**다**. 40%　　라. 50%

5.8 흡배기장치

5.8.1 흡배기계통의 기초

열기관은 열에너지를 기계적 에너지로 변환하는 시스템이고 열에너지는 연료의 연소에 의해 발생한다. 그러므로 시스템을 유효하게 이용하기 위해 연료를 충분하게 연소시키는 데 필요한 신기를 흡입하는 흡기계와 연소를 마친 배기가스를 계외로 배출하는 배기계는 중요한 역할을 한다. 신기 혹은 혼합기를 연소가스와 대체하는 것을 가스교환(gas exchange)이라 하고 이것은 엔진의 최대출력에 직접적으로 영향을 미치는 중요한 인자이다. 가스교환을 정확히 하기 위해 밸브의 개폐시기는 중요하고 흡입행정에서는 많은 공기를 흡입하고 배기과정에서는 연소가스를 많이 배출하여 실린더 내 연소가스가 잔류하지 않도록 해야 한다. 이를 위해 작동유체인 공기의 압축성과 관성을 고려하여 밸브개폐시기 등이 정해져야 한다.

〔1〕 압축성의 영향

통상의 운전조건에서 작동유체인 공기의 압축성이 밸브개폐 시기에 가장 크게 영향을 미친다. 작동유체가 비압축성이면 흡기밸브는 상사점에서 열리고 하사점에서 닫히면 흡입공기량은 최대가 된다. 그러나 실제 공기는 압축성 유체이므로 밸브개폐 시기는 흡기계는 하사점을 조금 지난 시기에 닫고 배기밸브는 상사점을 조금 지난 시기에 닫으면 흡입공기는 최대가 된다.

〔2〕 관성의 영향

작동가스는 질량을 가지고 있기 때문에 관성력이 작용한다. 특히 엔진의 회전수가 높고 유속이 빠른 경우 관성력의 영향은 매우 크다. 관성력은 가스교환 과정을 지연시키는 방향으로 작용하므로 그 영향을 고려하여 밸브개폐 시기를 정해야 한다. 그림 **5 · 45**는 밸브개폐 시기를 나타낸다. 관성력의 영향은 압력파의 이동을 이용하여 설명된다. 흡입행정에서 피스톤의 흡입작용에 의해서 흡기밸브 쪽에서 음의 압력(부압)이 발생하면 음의 압력파로 되어서 흡기의 흐름과 반대방향으로 관내로 전파되고 관의 개방된 끝에서 반사되어 양의 압력파가 되어 흡기흐름과 같은 방향이 되어 잠시 후에 실린더로 되돌아온다. 양의 압력파가 밸브에 되돌아 왔을 때 흡기밸브가 열려 있으면 이 양의 압력파는 많은 공기를 실린더 내에 공급하게 된다. 이 효과를 관성효과(inertia effect)라 하고 압력파의 성질을 이용한 흡기 방식을 관성과급이라 한다. 압력파가 흡기계를 왕복하는 시간과 흡기밸브가 열리고 있는 시간이 거의 같으면 관성효과가 나타나지만 그 외는 의미가 없다. 따라서 압력파가 왕복하는 시간은 음속으로 거의 일정하고 흡기관의 길이가 중요 설계변수가 된다. 그림 **5 · 46**은 흡기관 내의 압력파의 전파 형태를 나타낸다.

흡기밸브가 닫힌 후에도 흡기관 내에도 압력진동이 잔존하며 차차 감쇄되어 양의 압력파가 다음 흡기에 동조하면 흡기 끝의 압력을 높여서 체적효율을 증가시킬 수 있고 음의 압력파가 동조하면 체적효율은 저하된다. 이와 같이 흡기관 내에 존재하는 압력파가 다음 사이클의 흡기과정에 미치는 영향을 맥동효과(pulsation effect)라 한다. 그러나 중저속과 부분부하에서는 관성과 맥동효과는 적게 되고 밸브개폐 시기의 결정은 압축성의 영향만을 고려하면 된다.

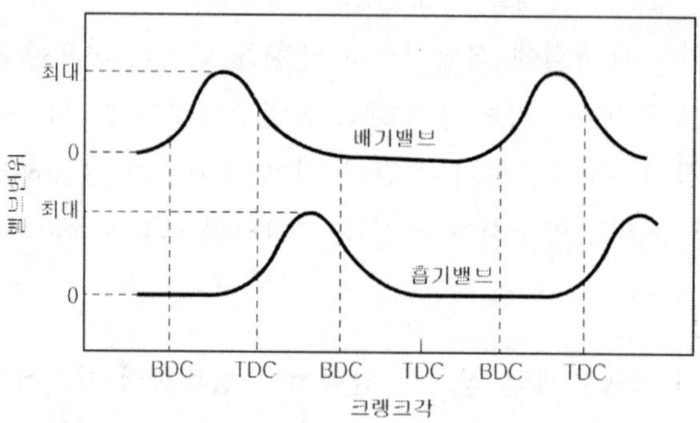

그림 5 · 45　공기의 압축성과 관성을 고려한 경우의 밸브개폐 시기

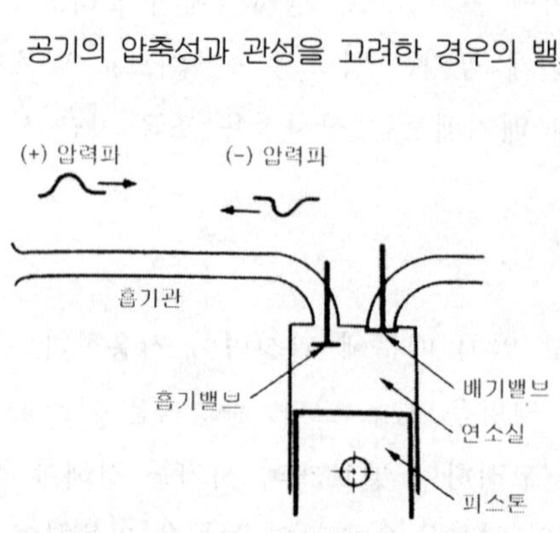

그림 5 · 46　흡기관 내의 압력파의 전파

5.8.2 흡기계통

가솔린엔진의 흡입혼합기의 최대량은 흡기계의 형상, 상태, 밸브개폐 시기에 의해 결정된다. 실제의 운전상태에서는 공연비가 거의 일정해서 흡입공기량과 연료량은 비례한다. 즉 입력에너지의 양은 흡입공기량에 비례하고 기관의 출력은 흡입공기량에 의해 결정된다. 디젤엔진의 경우에는 연료분사량은 흡입공기와 직접 연관이 없지만 분사된 연료를 완전히 연소시키기 위해서 흡입공기를 충분히 확보할 필요가 있다. 이와 같이 최대출력과 흡기계의 조건은 밀접한 관계가 있다. 흡기장치의 전체 구성은 그림 **5・47**과 같다. 공기의 유로를 형성하고 물의 흡입을 방지하는 에어덕트, 공기 중의 먼지를 제거하는 에어클리너와 필터, 국소범위의 흡기소음을 제거하는 레조네이터(공명기), 각 실린더에 혼합기를 분배하는 흡기 매니폴드 등으로 구성되어 있다. 앞서 설명한 바와 같이 흡기계통은 많은 공기를 얻기 위해 흡기관의 지름과 길이 및 소음이 설계에 있어서 가장 중요한 변수이다.

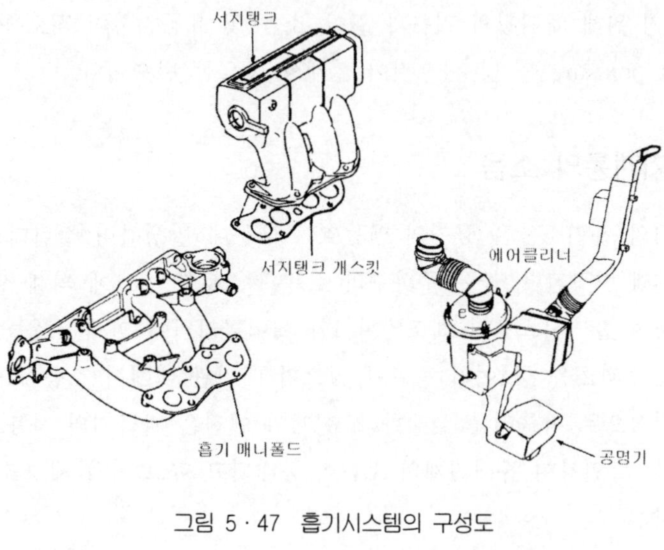

그림 5・47 흡기시스템의 구성도

5.8.3 배기계통

잔류가스가 실린더 내에 많은 경우 불활성가스가 신기 중에 많이 포함되므로 연소속도와 연소온도가 저하한다. 배기가스 저감을 위해 특별히 잔류가스를 많게 하는 경우를 제외하고는 잔류가스는 가능한 한 적은 것이 좋고 연소가스를 충분히 배기되는 형태로 배기계통이 설계되어야 한다. 이상과 같이 가스교환 과정은 기관의 출력과 연소에 영향을 미치는 중요한 과정이다. 배기장치의 전체 구성은 그림 **5・48**과 같다. 실린더 연소가스의 유로를 모으고 산소 센서가 장착되는 배기 매니폴드, 엔진의 진동이 배기관을 통하여 실내로 전달되는 것

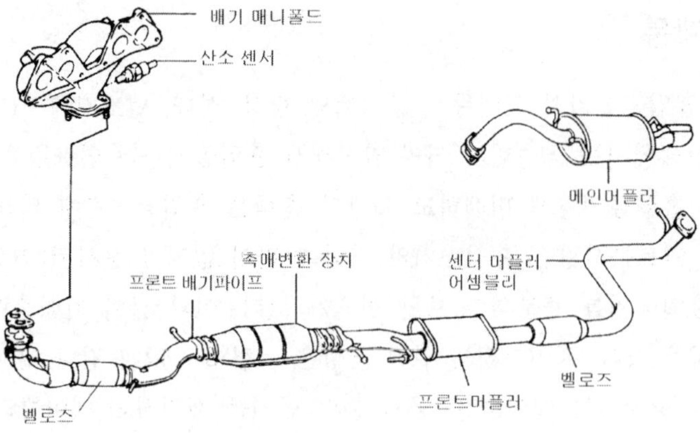

그림 5 · 48 배기시스템의 구성도

을 방지하는 벨로즈(bellows), 배기가스를 정화하는 촉매변환장치, 배기소음을 줄이고 물이 역류하는 것을 방지하는 프런트 머플러와 메인머플러로 구성되어 있다. 배기계통은 많은 연소가스를 배출하기 위해 배기관의 지름과 길이, 소음 및 유동저항이 적도록 배기관 내의 압력 즉, 배압(back pressure)을 낮추는 것이 설계상 중요한 변수이다.

5.8.4 흡배기계통의 소음

엔진입구로부터의 흡기소음은 공기의 맥동효과 때문에 발생하며 실린더 내의 공명과 흡기 매니폴드에 의해 변경된다. 높은 주파수의 소음은 스로틀 밸브에 의해 생기는 유동의 와류에 의해 발생하며 흡기시스템의 레조네이터와 에어클리너에 의해 소음이 감소된다. 배기소음은 방사소음, 투과소음 등 여러 종류가 있으며 배기관 내에서 소음이 줄어들거나 압력파를 흡수하는 형식으로 머플러를 설계한다. 현재의 엔진은 과급기의 사용으로 고출력화와 탑재방법의 다양화로 인하여 흡배기계의 소음이 증대되고 있고 이의 제거를 위해 여러 장치가 개발되고 있다.

머플러(소음기)는 음파가 전달되는 통로에서 음파의 감쇄를 목적으로 사용된다. 소음기는 크게 수동형 소음기와 능동형 소음기로 나누어지며 전자는 전달되는 음파가 외부에너지의 도움 없이 소멸되도록 한 머플러이며 후자는 줄이려는 소음의 크기와 위상을 측정하여 정반대의 소음을 전기적으로 발생시켜 상쇄시키는 머플러이다. 자동차에는 수동형 소음기가 장착되며 반사형과 흡음형의 두 가지가 있다. 배기장치는 기관에서 배출되는 고온의 배기가스의 온도와 압력을 600~750℃, 3~5 kg/cm^2 정도 줄이는 역할을 한다. 소음기로 일반적으로 사용하는 것은 공동형, 삽입관 공동형, 흡음형, 공명형, 측지공명형 등이 있고 이것을 조합하여 원하는 소음특성을 얻는다. 흡기와 배기에 사용되는 소음기는 원리는 같다. 그림 **5 · 49**는 기본요소의 소음특성을 표시한다.

요소명	구 조	TL(dB), Att(dB)
공동형	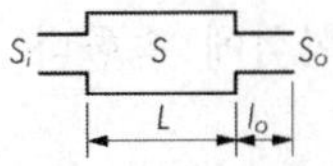	$TL = 10\log\left\lvert\frac{1}{4}\left(1+\frac{m}{m'}\right)\cos^2 KL + \left(m+\frac{1}{m'}\right)^2\right.$ $\left.\sin^2 KL + 10\log\frac{m}{m'}\right\rvert$ $m=\frac{S}{S_i}$ $S_i = S_o$의 경우 $m'=\frac{S}{S_o}$ $TL = 10\log\left\lvert 1+\frac{1}{4}\left(m-\frac{1}{m}\right)^2\sin^2 KL\right\rvert$ $ATT \fallingdotseq 20\log\left\lvert\frac{S}{S_o}\sin KL\sin Kl_o\right\rvert$ $(S \gg S_o)$
삽입관 공동형	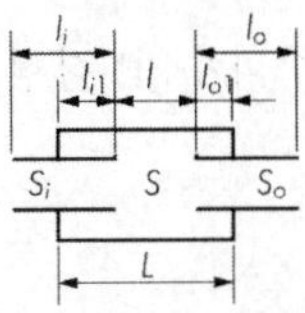	$ATT \fallingdotseq 20\log\left\lvert\frac{S}{S_o}\frac{\sin Kl\sin Kl_o}{\cos Kl_a\cos Kl_{o1}}\right\rvert$ $(S \gg S_i,\ S \gg S_o)$
흡음형	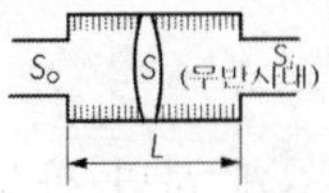	$TL = 10\log\left\lvert 1+\frac{1}{4}\left(m-\frac{1}{m}\right)^2\sin^2 KL\right\rvert + 10\log\alpha\frac{S_w}{S_o}$ α : 흡음율 S_w : 흡음재 내 길이 표면적
공명형	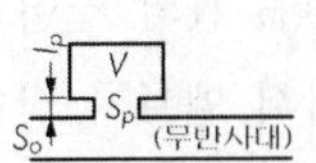 반지름 a의 구멍이 n개 있는 경우 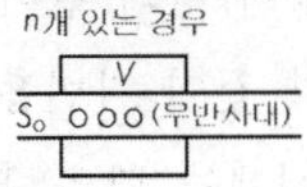	$TL = 10\log\left\lvert 1+\left(\frac{\frac{\sqrt{GV}}{2S_o}}{\frac{f}{f_r}+\frac{f_r}{f}}\right)^2\right\rvert,\ f_r=\frac{C}{2\pi}\sqrt{\frac{G}{V}}$ $G=\frac{S_p}{l_p+1.6a}$ (a : 단면적 S_p의 등가 반지름) 반경 a의 구멍이 n개 있는 경우 $G=\frac{n\cdot\pi a^2}{t+1.6a}$
측 지 공명형	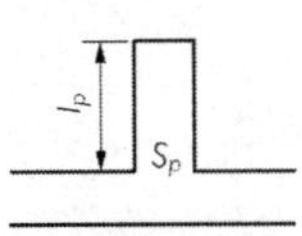	$TL = 10\log\left\lvert 1+\frac{1}{4}\tan kl_p\right\rvert$ $f_r=\frac{(2n-1)C}{4l}$ $l = l_p + 1.6a$ (a : 단면적 S_p의 등가 반지름)

그림 5·49 기본요소의 소음 특성

① 공동형 (cavity type)

에어클리너와 간단한 머플러가 공동형에 속한다. 팽창실의 길이, 팽창실의 단면적, 출입구의 관의 단면적에 의해 소음 감쇄량이 정해진다.

② 삽입관 공동형 (insert-pipe type)

배기 머플러는 이 형식에 속한다. 공동형과 비교할 때 소음감쇄량이 우수하다.

③ 흡음형 (absorbtion type)

흡음재로서 글라스울(glass wool), 록 울(rock wool), 스틸 울(steel wool)을 사용하여 흡음재와 음파와 마찰에 의한 음향에너지가 감쇄된다. 2~3 kHz의 주파수를 중심으로 넓은 범위에 대하여 효과가 있다. 메인 머플러가 이 형식에 속한다.

④ 공명형 (resonator type)

헬름홀츠(Helmholtz) 공명기로 알려져 있다. 공명실의 체적, 관의 단면적, 길이에 의해 감쇄되는 음파의 주파수 및 감쇄량이 결정된다. 흡기시스템에 많이 장착되어 있다.

⑤ 측지공명형 (side branch type)

분기관의 길이와 관의 지름에 의해 감쇄되는 음파의 주파수가 결정되고 흡기관에 장착된다.

5.8.5 가변흡기 시스템 (VGIS, variable geometry intake system)

〔1〕 기본 원리

엔진이 저속 회전시에는 흡기제어 밸브를 닫아서 관로를 길게 하면 관성효과가 크게되어 체적효율이 높아지고 저속토크를 증가시킨다. 고속 회전시에는 밸브를 열면 관로는 짧게 되고 유속이 빨라져 흡기관성이 강해져 충분한 공기가 흡입된다. 관의 길이가 짧으면 저속회전시는 흡기의 유속이 느리므로 압축압력이 흡기관성보다 커서 밸브가 닫히기 전에 공기를 밀어내어 버린다. 이런 경우 관의 길이를 길게 하면 흡기관성이 관의 길이를 통과하는 만큼 커져서 압축압력을 이기게 되므로 체적효율이 상승된다. 이와 같이 가변흡기 시스템은 저속시에는 긴 흡기관을 사용하여 저속토크를 향상시키고 고속시에는 짧은 흡기관을 사용하여 고속토크를 향상시킨다. 그림 **5·50**은 흡기관의 길이에 따른 엔진토크의 변화량을 나타낸다.

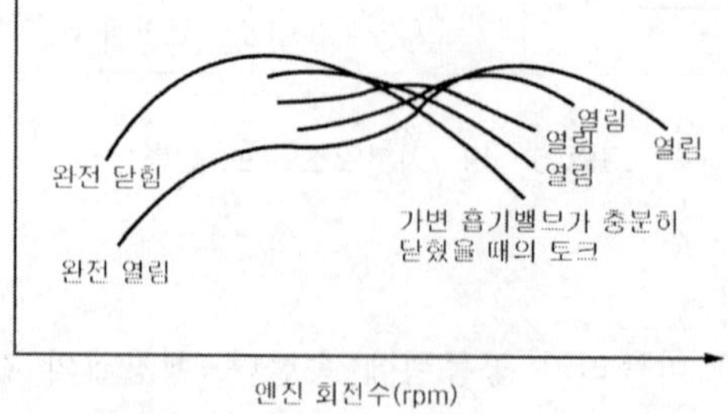

그림 5·50 흡기관 길이에 따른 엔진성능 변화

(2) 시스템 구성

흡입공기의 흐름을 자동으로 조절하여 엔진회전수에 따라 최대출력이 나오도록 하고 저속시에는 파이프를 길게 하고 고속시에는 짧게 한다. 밸브의 구동은 모터로 하고 이 모터는 ECU에 의해 제어된다. 엔진회전수에 따라 흡기 제어밸브의 목표값을 설정해 놓고 목표값과 실제값 사이에 차이가 생기면 이 차이를 흡기 제어밸브 위치 센서에서 감지하여 모터를 작동하여 목표값과 실제값이 같도록 제어한다. 그림 **5·51**은 시스템의 구성도를 나타낸다.

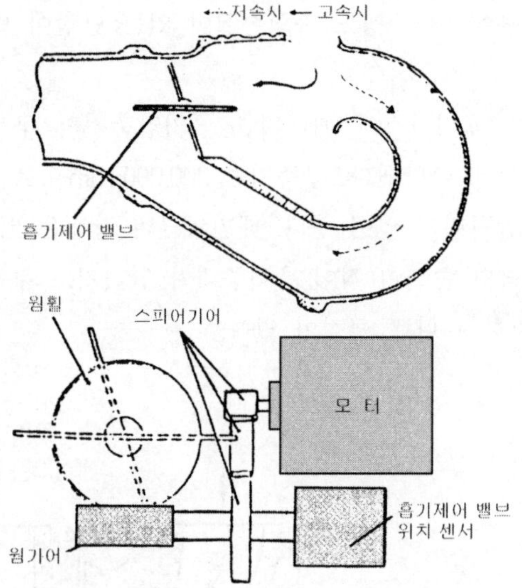

그림 5·51 가변흡기 시스템의 구성도

5.8.6 과급장치

(1) 기본 원리

흡입공기량은 기관의 출력에 직접 영향을 미치므로 흡입공기량을 증가시킬 목적으로 과급기(super charger)가 엔진에 부착된다. 과급기는 처음에는 항공기엔진의 고공성능을 향상시킬 목적으로 개발되었으나 현재는 가솔린기관, 디젤엔진에도 사용되고 있다. 과급기는 기본적으로 출력을 증대시키는 수단이지만 연소조건과 과급방법에 의해 열효율이 개선되는 경우도 있다. 과급기는 회전속도의 증가 없이 기관의 출력의 일부를 사용하거나 배기터빈에 의해 구동되는 압축기를 사용하여 혼합기의 밀도를 증가시켜 기관의 출력을 증대시키는 방법이다. 과급방식 중 배기가스가 가지는 유효에너지를 이용하여 터빈을 구동하고 이때 얻어지는 동력으로 터빈축과 일체로 연결된 압축기를 구동하는 터보과급방식이 보편화되어 있다. 이 기관은 기관회전속도의 증가 없이 기관의 출력을 20~30% 증가시킬 수 있으며 마력당 기관의 중량과 부피가 작아져서 기관의 소형화가 가능하고 연료소비율이 개선된다.

〔2〕 과급기의 종류

(1) 기계구동식 과급기

기계구동식 과급기의 구동력은 크랭크축 출력의 일부가 사용되고 루트(roots)식 과급기이다. 이 과급기는 그림 **5·52**에 표시한 루트형상의 로터가 회전하는 용적식 펌프이다. 기관 회전속도의 1.4~2.0배의 속도로 회전되고 가솔린, 디젤기관에 적용되고 있다. 기계구동방식의 장점은 기관회전수의 변화에 대하여 과급하는 시간의 지연이 적고 엔진의 출력의 일부를 구동력으로 사용하기 때문에 어느 정도 출력손실이 있는 단점이 있다.

(2) 배기터빈 과급기

배기터빈 과급기에서는 배기가스의 에너지를 공기압축기의 구동력으로 이용한다. 그림 **5·53**은 배기터빈 과급기를 나타낸다. 압축기는 300,000 rpm으로 회전하고 원심형 압축기에서는 2.5~5.0 정도의 압력비가 얻어 진다. 배기과급의 장점은 배기에너지를 이용하여 과급기를 구동하므로 축출력의 손실이 적어 출력증대가 얻어지고 부하의 변화에 대응하는 응답성은 기계식 과급에 비하여 나쁜 단점이 있다.

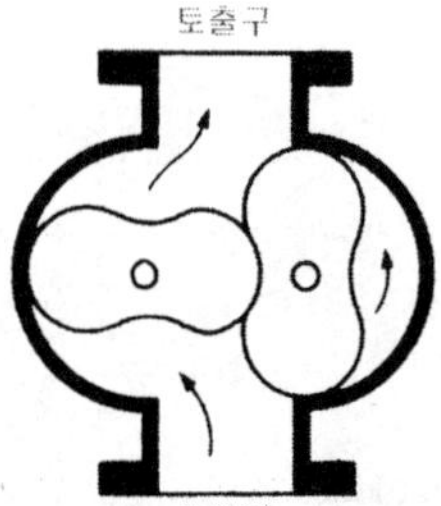

그림 5·52 루트식 과급기

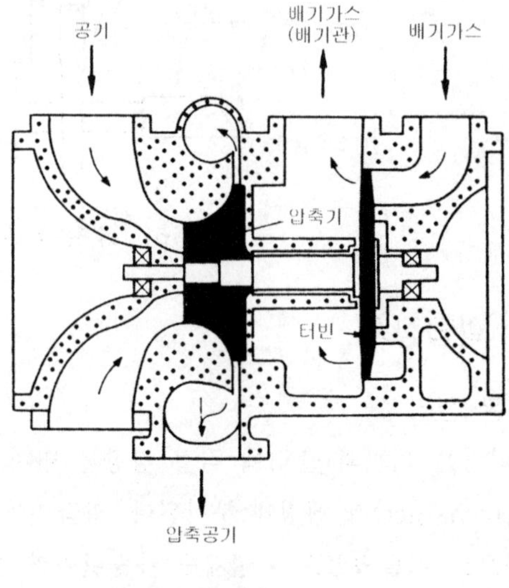

그림 5·53 배기터빈 과급기

연습문제

Ⅰ. 증발가스 제어장치

1. 증발가스 제어장치의 구성도를 그려라.
2. 퍼지컨트롤 밸브는 ECU로부터 어떻게 제어되는가?
3. ECU로부터 제어되지 않는 형태의 퍼지컨트롤 밸브는 어떤 원리로 작동하는지 알아보자.
4. 만약 증발가스가 대기로 누출되면 차량의 결함이 발생하여 차량의 리콜이 될 수도 있다. 증발가스 제어장치 중 어느 부품의 고장이 가장 큰 원인이 되기 쉬운지 추론하여라.
5. 활성탄 캐니스터의 구조를 그리고 어떤 원리에 의해 증발가스를 일시 저장할 수 있는지 설명하여라.
6. 캐니스터의 용량과 연료장치 시스템과는 어떤 관계가 있는지를 설명하여라.
7. 2-웨이밸브의 원리를 설명하여라.

Ⅱ. 배기가스 재순환장치

1. 배기가스 재순환장치의 시스템도를 그려라.
2. EGR시스템의 원리를 설명하고 시스템을 설치하는 목적은 무엇인가?
3. 소나타 차량에서 EGR thermo 밸브와 EGR control 밸브의 위치를 알아보아라.
4. 배기가스 재순환장치의 작동은 어떤 순간에 이루어지는지 설명하여라.
5. EGR control 밸브는 ECU의 제어를 받지 않는다. 어떤 원리로 작동하는지 생각해 보라.
6. EGR 시스템은 냉간시, 공전시, 고속에서는 작동하지 않고 일정온도 이상의 중저속 상태인 부분 부하때만 작동을 한다. 그 이유는 무엇인가?
7. EGR control 밸브의 내부구조를 그려라.
8. NO_x생성 원리를 설명하여라.

Ⅲ. 크랭크 케이스 제어장치

1. 크랭크 케이스 제어장치의 원리도를 그려라.
2. 크랭크 케이스 제어장치는 무슨 가스를 대기로 방출되는 것을 방지하는가?

3. 소나타 차량에서 PCV밸브를 찾아보고 시스템 원리를 스케치 하여보아라.
4. PCV밸브의 내부 구조를 그려라.
5. PCV밸브와 ECU의 제어의 관계를 설명하고 어떤 조건에서 작동하는지 알아보아라.

Ⅳ. 피드백제어 장치

1. 피드백제어 시스템에서 산소 센서, 삼원 촉매, 이론공연비와의 관계를 설명하라.
2. 촉매변환기에서 펠릿식과 모노리스(monolith)식의 차이점은 무엇인가?
3. 차량에서 촉매변환기의 장착위치를 살펴보고 그 위치를 엔진 쪽으로 당길 경우 촉매변환기의 효율은 어떻게 되는지 추론하여라.
4. 배기다기관에 부착되어 있는 산소 센서의 종류를 몇 대의 차량에서 조사해 보면 출력선 하나만 있는 1, 2단자 센서와 고급차량에는 4단자 센서로 되어 있다. 이 2개 센서의 차이점은 무엇이며 어떤 원리가 포함되어 있는가?
5. 배기다기관에 부착되는 산소 센서는 흐름의 방향과 직각으로 설치해야 제 성능을 발휘할 수 있다. 그 이유는 무엇인가?

Ⅴ. 연료와 연소

1. 석탄을 분석한 결과 중량조성 C=62.4%, H=6.0%, O=0.8%, S=0.7%, W=2%의 석탄 1 kg을 완전연소시킬 때 석탄의 저위발열량은 몇 kcal/kg인가?

   답 6770.9 kcal/kg

2. 다음 조성을 갖는 중유 600 kg/h를 연소시키는 노에서 완전연소에 필요한 이론최소공기량을 계산하여라.

   회분 0.5%, C 84%, H 13%, O 2.5 %

   답 6510 m^3/h

3. 다음과 같은 조성을 갖는 석탄의 고위발열량은 몇 kcal/kg인가?

   C 70%, H 7.5%, O 7%, S 3%, W 4%

   답 7997.5 kcal/kg

4. 1 kmol의 탄소를 완전연소시키는 데 필요한 최소산소량은 몇 kmol인가?

   답 1 kmol

5. 다음 성분을 갖는 석탄 1 kg에 대하여 9.3 m^3의 공기를 통풍시켰다. 과잉공기율을 계산하

여라.

C 60%, H 6%, O 9%, S 2%, W 12%

답 1.39

6. 메탄 1 kg은 공기 중에서 이론공기로 완전연소시키기 위한 공기의 체적은 표준상태인 경우 몇 m^3인가?

답 13.3 m^3

7. 순수한 탄소 1 kg을 연소시키는 데 필요한 공기량은 몇 Nm^3인가?

답 8.89 Nm^3

8. 옥탄의 완전연소 방정식은 다음과 같다.

$$C_8H_{18} + 12.5O_2 \rightarrow 8CO_2 + 9H_2O$$

옥탄 1 kg을 완전연소시키는 데 필요한 산소량은 몇 kg인가?

답 3.51 kg

9. 3 kmol의 탄소를 완전연소시키는 데 필요한 최소의 산소량은 몇 kmol인가?

답 3 kmol

10. 공학상 표준상태(1 ata, 10℃)에서 1 kmol이 차지하는 완전기체의 체적은 몇 m^3인가?

답 22.4 m^3

11. 10 mol의 탄소를 완전연소시키는 데 필요한 최소산소는 몇 mol인가?

답 10 mol

12. 일산화탄소를 공기 중에서 연소할 때 과잉공기의 양이 많으면 생성되는 이산화탄소의 양은 어떻게 되는가?

답 증가한다

13. 중량비를 다음과 같이 갖는 석탄 1 kg당 발생하는 발열량은? 연소효율은 90%이다.

C	H	O	S	N	W	회분
45%	5%	13%	2%	3%	17%	15%

답 4115 kcal/kg

14. 석탄을 원소분석한 결과 다음의 값을 얻었다. 석탄의 고위발열량을 7000 kcal/kg으로 볼 때 저위발열량은? 단, 석탄 1 kg 중 성분은 다음과 같다.

수분 : 3.24%, 탄소 : 67.95% 수소 : 4.99%

산소 : 11.32%, 질소 : 1.01%, 유황 : 0.52%

답 6511 kcal/kg

15. 탄소 1 kg이 완전 연소할 때 생성되는 이산화탄소의 양은?

답 3.667 kg

16. 탄소 1 kg이 완전 연소할 때 필요로 하는 산소의 중량은?

답 2.67 kg

Ⅵ. 연료장치

1. 여름철에는 겨울철보다 연료의 주입이 원활하지 못하다. 그 이유는 무엇인가?
2. 여름철 대기온도가 높을 때 경사진 곳에 차량을 주차시키면 연료탱크 내에 증발압이 커져 연료시스템에 문제가 발생할 수도 있다. 이의 방지를 위한 연료장치의 부품은 무엇인가?
3. 연료장치에서 압력조절기의 위치는 어디이며 이 조절기의 역할을 설명하여라.
4. 연료펌프의 구조를 그려보고 어떻게 발전되었는지를 설명하여라.
5. 연료장치 시스템의 구조를 그려보아라.
6. 기계식 연료펌프의 작동원리를 설명하고 전기식 연료펌프가 어떤 면에서 좋은지 설명하여라.
7. 연료분사방식이 기화기 방식보다 좋은 점을 설명하여라.

Ⅶ. 윤활유

1. SAE분류, API 분류, SAE 신 분류에 대하여 설명하여라.
2. 차량에서 오일압력 스위치와 오일압력 조절기의 위치를 알아보고 각각의 역할을 설명하여라.
3. 엔진오일의 공급방식을 설명하여라.
4. 엔진오일이 엔진 내부에서 공급되는 유로를 설명하여라.
5. 윤활유의 구비조건을 나열하여라.
6. 엔진오일의 압력은 기관을 정상적으로 운전하는 데 매우 중요하다. 유압이 높아지는 원인을 나열하여라.
7. 각각의 급에 적합한 윤활유는 첨가제에 의해 결정된다. 윤활유의 첨가제에 대하여 설명하여라.
8. 유체윤활, 경계윤활 및 혼합윤활에 대하여 설명하여라.

9. 캐비테이션현상은 무엇인지 설명하라.

Ⅷ. 냉각장치

1. 냉각장치의 구조를 스케치하고 작동원리를 설명하라. 그리고 임의의 차량에서 냉각 부품을 확인하여라.
2. 출구제어 방식과 입구제어 방식에 대하여 설명하여라.
3. 라디에이터 캡과 보조탱크의 역할을 설명하여라.
4. 수온조절기, 수온 센서, 냉각수온 게이지 유닛, 수온스위치를 구별하고 각각의 역할을 설명하여라.
5. 냉각수온을 측정하는 곳으로 가장 적당한 곳은 어느 곳이며 이유는 무엇인가?
6. 라디에이터의 역할은 무엇이며 제거 열량과 온도 강하는 어느 정도인가?
7. 오버히트가 일어난 경우 처치법을 설명하여라.
8. 오버히트가 가장 일어나기 쉬운 조건은 어떤 경우이며 방지법은 무엇인가?
9. 냉각수 안전작동온도와 부동액의 비율에 관하여 설명하여라.
10. 다운플로(down flow) 형식, 크로스플로(cross flow)형식을 설명하고 차량을 조사하여 어떤 형식이 적용되고 있는 지 확인하여라.

Ⅸ. 흡배기장치

1. 흡기장치의 구조를 스케치하고 작동원리를 설명하라. 에어클리너와 공명기의 역할을 설명하여라.
2. 배기장치의 구조를 스케치하고 작동원리를 설명하여라. 그리고 벨로즈, 소음기의 역할을 설명하여라.
3. 가변흡기시스템(VGIS, variable geometry intake system)의 기본 원리를 설명하여라.
4. 과급기의 종류를 논하고 과급장치의 기본 원리를 설명하여라.
5. 흡배기계통의 소음를 줄이는 방법을 나열하고 흡기계통의 공명기, 에어클리너, 머플러가 어떤 방법으로 소음을 줄이는지 비교 설명하여라.
6. 흡기계통으로 유입되는 공기량과 배기계통의 배압은 엔진의 성능에 어떤 영향을 미치는가?
7. 흡기계통의 관성효과에 대하여 설명하여라.
8. 흡기계통의 맥동효과에 대하여 설명하여라.

9. 배기장치에서 머플러의 체적이 커지면 소음은 어떻게 되는지 설명하여라.

10. 흡기장치의 길이가 길어지면 엔진성능과 엔진소음이 어떻게 변하는지 설명하여라.

6 가솔린기관 점화계통 제어장치

6.1 기계식 점화장치

가솔린기관은 혼합기가 매니폴드를 통과하여 실린더에서 압축된 후 스파크플러그의 양극간의 전기방전으로 불꽃을 발생시켜 점화한다. 점화시기는 최적이어야 하고 스파크플러그의 양극간에는 고압의 전압이 필요하다. 이와 같이 고압의 전류를 발생시켜 플러그에서 방전시키는 장치를 점화장치라 한다. 고압의 전류를 발생시키는 방법에 따라 기계식과 전자식으로 대별된다. 기계식 점화장치의 구성은 점화스위치(ignition switch), 점화코일(ignition coil), 배전기(distributor), 축전기(condensor) 및 점화플러그(spark plug)로 구성되어 있고 MPI엔진이 적용되기 전인 카뷰레터식 엔진에 주로 장착되어졌다. 대부분의 엔진에는 실린더 당 한 개의 점화플러그가 있고 배전기와 점화플러그의 연결은 고압케이블로 하고 있다. 그림 6·1은 기계식 점화장치의 구성도를 나타낸다.

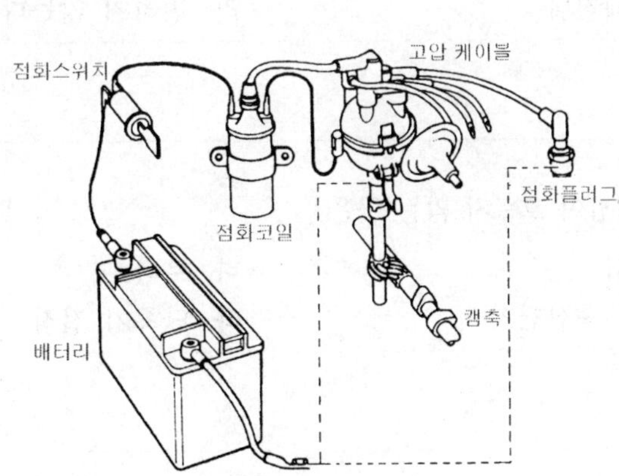

그림 6·1 기계식 점화장치

(1) 점화 회로도

그림 **6·2**에 기계식 점화장치의 회로도를 나타내었다. 점화스위치를 접속시키면 배터리 전압이 점화코일의 1차 코일을 거쳐 배전기 포인트(단속기 접점)에서 접지로 전류가 흐른다. 엔진이 회전하면 로터와 연결된 배전기 캠에 의하여 배전기 포인트가 열려 1차 전류는 차단되고 동시에 점화코일 내에서 유도작용에 의해 2차 코일에 고전압이 발생되어 배전기 로터를 통하여 점화플러그로 고전압이 공급된다. 점화코일-단자와 병렬로 연결되어 있는 축전기(Condenser)는 단속기와 병렬로 연결되어 접점이 열릴 때 접점에서 발생하는 스파크를 흡수하여 접점의 소손을 방지하고 1차 전류의 차단시간을 단축시켜 2차 전압을 높인다. 또한 접점이 닫힐 때는 축전된 전하를 방출하여 1차 전류의 회복을 신속하게 하는 역할을 한다.

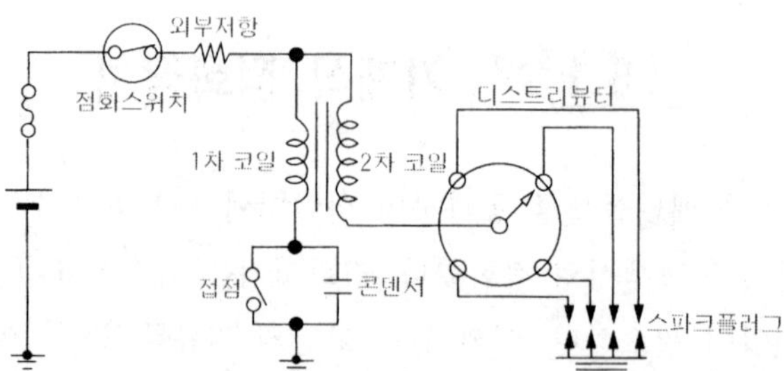

그림 6·2 기계식 점화장치 회로도

예제 6·1

축전기의 용량이 저하되면 점화플러그의 불꽃은 어떻게 변하는가?

가. 강해진다. **나**. 약해진다.
다. 점차 강해진다. 라. 변하지 않는다.

예제 6·2

점화장치에서 고압이 흐르지 않는 곳은?

가. 배전기 캡 나. 로터
다. 점화코일 중심단자 **라**. 단속기 접점

예제 6·3

점화장치에서 축전기의 역할이 아닌 것은?

가. 단속기와 직렬로 연결되어 있다.

나. 접점에서 발생하는 스파크를 흡수하여 접점의 소손을 방지한다.
다. 1차 전류의 차단시간을 단축시켜 2차 전압을 높인다.
라. 1차 전류의 회복을 신속하게 하는 역할을 한다.

---

〔2〕 점화코일 (IG coil)

점화코일은 변압기의 한 종류로 배터리의 12 V의 전압을 10~15 kV의 고전압으로 변압시키는 역할을 한다. 점화코일이 만들 수 있는 최대 절대전압을 코일의 출력이라 한다. 만약 코일의 출력이 스파크플러그의 점화요구 전압보다 낮으면 엔진의 시동은 걸리지 않는다.

(1) 고전압 발생의 원리

철심에 2종류의 코일을 감아 그림 **6 · 3**과 같은 회로에서 스위치(단속기접점)로 1차 코일에 흐르는 전류를 접속, 차단을 반복하면 1차 코일 전류의 과도현상이 나타나고 스위치가 차단에서 접속으로 될 때 역기전력(reverse electromotive force)은 1차전류의 방향과 반대 방향으로 발생한다. 이 기전력의 크기는 1차 코일의 인덕턴스에 비례하고 다음의 관계가 있다.

$$e_1 = L \times \frac{I_1}{t} \qquad e_2 = e_1 \times \frac{N_2}{N_1} \tag{6 · 1}$$

2차 전압은 코일의 권수비에 해당하는 전압이 발생한다. 식에서 알 수 있는 바와 같이 2차 전압은 전류의 변화량이 클수록, 변화시간이 짧을수록 더 높은 전압을 얻을 수 있다. 그러나 이 전압은 스파크플러그에서 불꽃을 발생할 수 있는 충분한 전압은 되지 못한다. 코일의 충분한 전압을 얻기 위하여 스위치를 단속하면 그림 **6 · 3**의 1, 2차 전류의 변화에서와 같이 2차 전압은 스위치가 차단에서 접속일 때보다 접속에서 차단일 때가 더 높게 된다. 점화장치는 스위치가 차단에서 접속되는 순간을 이용한다. 1차 코일에는 (+)와 (−)의 극성이 표시되어 있고 (+)는 점화스위치에, (−)는 배전기 절연단자와 연결되어 있다. 이것의 연결이 잘못되면 소비전압이 30% 정도 높아지고 실화의 원인이 되기도 한다. 코일은 실질적으로 변압기 역할을 하고 1차 코일은 권선수가 약 200이며 2차 코일은 권선수가 약 20,000으로 하나의 철심 주위에 감겨져 있다. 브레이크 접점이 닫혀 회로가 구성되면 2차 코일의 권선

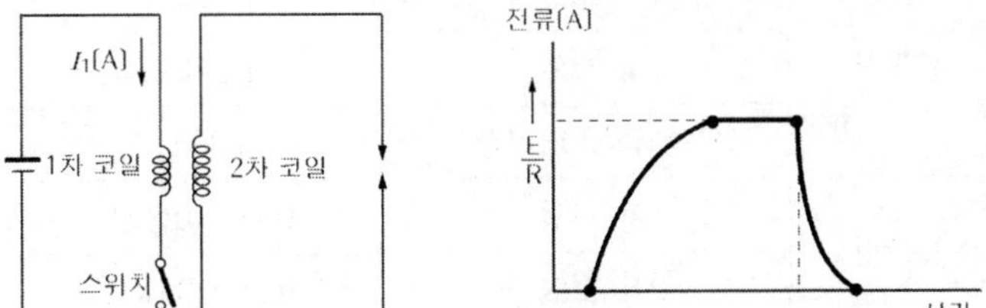

그림 6 · 3 고전압발생 원리

에 전압이 유도된다. 이때 유도된 전압은 저항에 의해 제한되어 매우 작은 값이다. 브레이크 접점이 열리면 2차 코일에 충분히 큰 전압이 발생되고 1차 코일에는 200~300 V의 전압이 발생되어 이 에너지는 축전기에 저장된다. 축전기가 없으면 브레이크 접점이 심한 방전으로 손상이 된다. 점화가 끝나면 축전기는 방전한다. 가스가 충분히 이온화되기 위해서는 초기에 9 kV의 전압이 요구되는데 스파크가 점프하면 전압이 2 kV 강하한다.

(2) 구 조

점화코일은 개자로 철심형(카뷰레터 엔진에 사용)과 폐자로 철심형(전자제어 엔진에 사용)으로 구분된다. 그림 **6 · 4**는 이들 점화코일의 구조를 나타낸다. 개자로 철심형은 중앙의 연철심에 1차 코일로 지름 0.4~1.0 mm의 에나멜 동선을 100~500회 감고 바깥부분에는 2차코일로 지름 0.1 mm 이하의 에나멜 동선을 13,000~40,000회 감아 사용한다. 1차 코일은 축전기와 단속기 접점과 연결되고 2차 코일은 배전기와 연결되고 나머지는 접지된다. 폐자로 철심형은 매우 작은 틈새를 갖는 폐자로 철심 위에 1차코일이 감겨 있고 그 위에 2차 코일이 감겨 있다. 개자로 철심의 경우 자속의 경로가 공기인 반면 폐자로 철심형은 자속이 이동하므로 권수비가 낮아도 높은 2차 전압을 발생한다. 표 **6 · 1**은 점화코일 저항을 나타낸다.

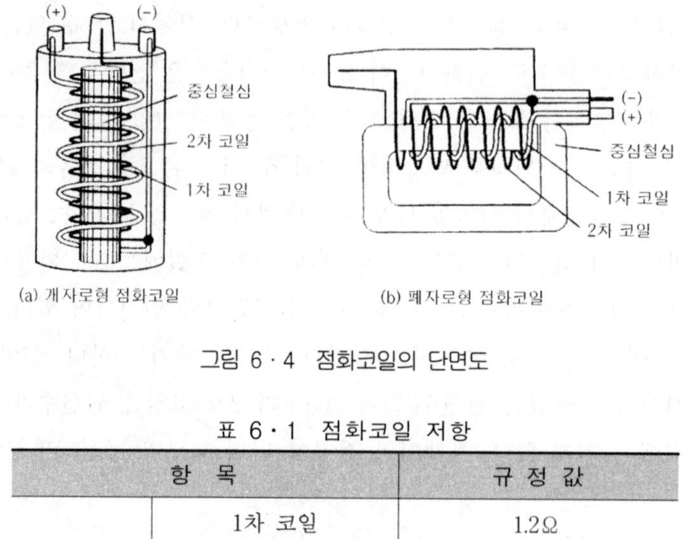

그림 6 · 4 점화코일의 단면도

표 6 · 1 점화코일 저항

항 목		규 정 값
원통형	1차 코일	1.2Ω
	2차 코일	13.7 kΩ
	외측레지스터저항	1.35 Ω
몰드형	1차 코일	0.72~0.88 Ω
	2차 코일	10.3~139 kΩ

예제 6·4

점화코일의 1차 코일의 권수가 200회이고 2차 코일의 권수가 20,000회일 때 직류 12 V를 가하는 1차 코일의 유기전압이 240 V이면 2차 전압은 얼마인가?

가. 24 kV　　나. 12 kV　　다. 1.2 kV　　라. 240 kV

관련식 $e_2 = e_1 \times \frac{N_2}{N_1} = 240 \times \frac{20000}{200} = 24\,\text{kV}$

예제 6·5

점화코일의 1차 코일의 권수가 500회이고 2차 코일의 권수가 15,000회일 때 1차 코일의 유기전압이 8000 V이면 2차 전압은 얼마인가?

가. 24 kV　　나. 12 kV　　다. 1.2 kV　　**라**. 240 kV

관련식 $e_2 = e_1 \times \frac{N_2}{N_1} = 8000 \times \frac{15000}{500} = 240\,\text{kV}$

예제 6·6

점화코일의 극성이 바뀌면 어떤 현상이 일어나는가?

가. 전류가 흐르지 않는다.　　나. 축전기가 손상된다.
다. 소요전압이 낮아진다.　　**라**. 실화의 원인이 된다.

〔3〕 배전기 (distributor)

그림 **6·5**는 기계식 점화장치인 접점식 배전기의 구조를 나타낸다. 1차 전류를 차단하여 2차 고전압을 유도하는 단속장치, 유도된 2차 고전압을 점화플러그에 공급하는 배전장치, 엔

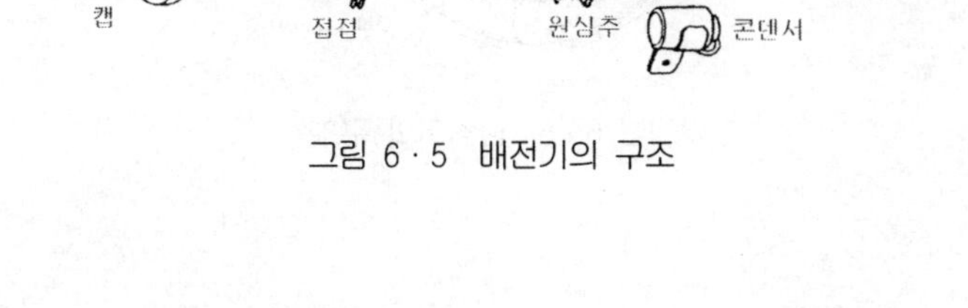

그림 6·5 배전기의 구조

진의 부하상태에 따라 점화시기를 제어하는 진각장치, 배전기를 캠축과 연결해 구동하는 구동장치로 구분된다.

① 배전장치 : 캡과 로터

② 단속장치 : 포인트, 콘덴서, 캠

③ 진각장치 : 거버너와 다이어프램

④ 구동장치 : 샤프트와 기어

(1) 배전장치

배전장치는 2차 코일에서 발생된 고전압을 점화순서에 따라 점화플러그에 분배하는 배전기의 캡과 로터로 구성된다. 점화코일의 고전압은 배전기 중앙의 접촉 카본을 통하여 로터의 선단을 거쳐 캡 안의 세그먼트로 흐른다. 캡에는 실린더 수와 동일한 세그먼트가 있으며 로터의 선단과 세그먼트사이에는 0.3 mm 정도의 작은 갭이 있는데 이 갭으로는 스파크로 흐른다.

(2) 단속장치

단속장치는 점화코일의 1차 전류를 차단하여 점화 2차 코일에 고전압을 유도시키는 장치로 포인트 캠과 콘덴서로 구성된다. 4기통 엔진에서 배전기 축은 크랭크축이 2회전할 때 1회전하도록 되어 있다. 즉 배전기축 1회전 당 고압배분은 4번 이루어진다. 전류를 차단하는 방법에 따라 접점식과 무접점식이 있다. 단속기 포인트에 불꽃이 튈 때 오존가스가 발생되고 이 가스를 배출하기 위해 배전기에 환기구멍이 있다.

① 접점식

그림 **6・6**에서와 같이 배전기 포인트, 캠, 캠으로 작동되는 단속기암, 콘덴서, 단속기판으로 구성되어 있다. 단속기 캠은 배전기의 로터와 같은 축에 붙어 있으며 크랭크축이 2회전하는 동안 1회전하도록 설계되어 있고 기어비는 1 : 2이다. 캠각의 조정은 접점간극으로 조정되고 캠의 제일 높은 부분이 포인트의 힐에 닿을 때의 접점간극을 갭이라 한다. 이것은 드웰각과 점화시기에 관련되고 이 갭이 감소하면 드웰각은 커지고

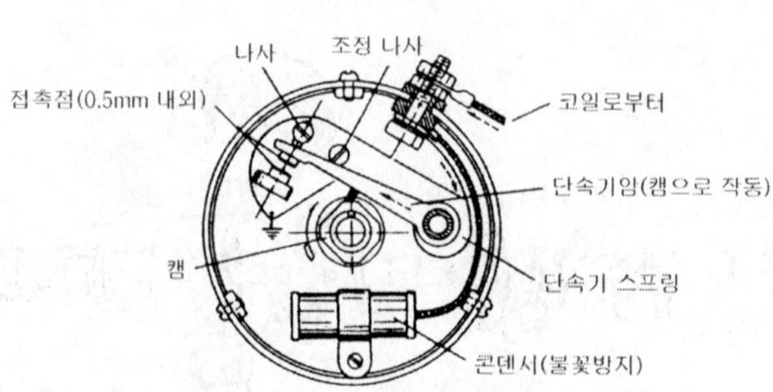

그림 6・6 단속기의 구조

포인트 오픈시에 고전압이 발생하기 때문에 점화시기는 지각이 된다. 접점간극은 0.5 mm가 규정값이고 간극이 크면 전류를 차단하는 데 지장이 생기고, 작으면 스파크가 발생하여 코일이 작용하는 데 시간을 갖지 못하여 작용이 원활하지 못하다. 캠각이 클 때는 점화시기가 느리고 접점간극이 작으며 1차 코일에 흐르는 시간이 길고 점화코일이 발열한다. 캠각이 적을 때는 점화시기가 빠르고 접점간극이 크며 1차 전류의 흐르는 시간이 짧고 고속에서 실화의 원인이 된다. 표 **6・2**에 카뷰레터 엔진의 규정 캠각을 나타낸다.

표 6・2 카뷰레터 엔진의 드웰각

구 분	포니	엑셀 FBC	포니엑셀
규정값	52±3°	62±3°	62±3°

캠각의 조정은 배전기의 캡과 로터를 빼내고 고압케이블을 제거한다. 그림 **6・7**의 포인트 고정 볼트를 약간 헐겁게 한 상태에서 크랭킹하면서 ADM 306으로 측정되는 드웰각을 보면서 조정한다. 테스터에 나타난 값이 주어진 문제값보다 크면 접점간극을

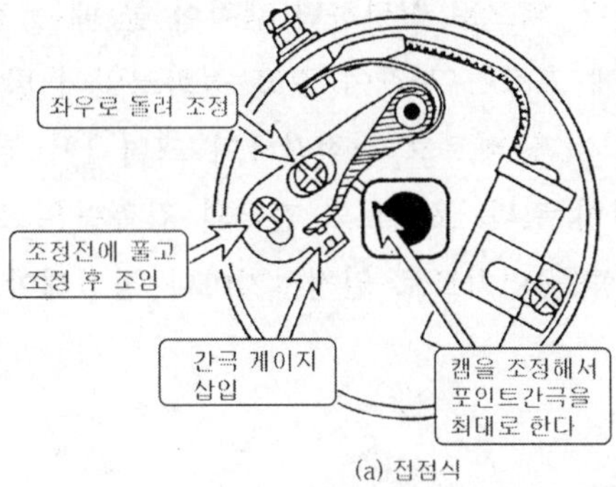

(a) 접점식

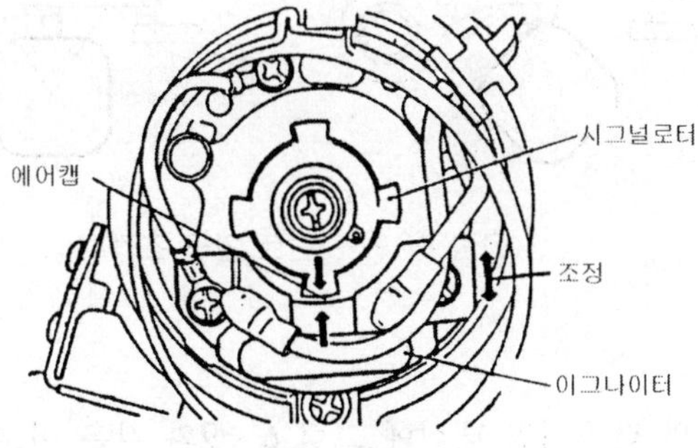

(b) 무접점식

그림 6・7 캠각 조정법

넓히고 작으면 줄이면서 크랭킹하면서 측정값을 조정한다. 배터리의 방전이 되면 측정이 어려우므로 배터리 준비에 만전을 기한다. 캠각을 조정하면 점화시기가 달라지므로 반드시 점화시기를 다시 조정해야 한다.

4기통 엔진에서는 크랭크축이 2회전하는 동안 단속기캠은 1회전한다. 이 1회전 동안 배전기의 고압배분은 4회 이루어지고 점화코일을 통해 흐르는 1차 전류는 단속기캠의 각 회전마다 포인트의 접속과 단속을 4번씩 한다. 그림 **6・8**은 단속기의 접점개폐기간을 캠의 회전 각도로 나타낸 것이다. 단속기접점(포인트접점)이 닫혀 있는 동안 배전기 캠이 회전한 각도를 캠각(드웰각)이라 한다. 4기통 엔진에서는 평균캠각은 다음과 같이 계산한다.

$$(360/\text{실린더 수}) \times 90/100 = 360/4 \times 90/100 = 81° \ (\text{포인트 닫힘}) \qquad (6 \cdot 2)$$

$$90 - 81 = 9° \ (\text{포인트 열림})$$

캠각의 조정은 접점간극으로 조정된다. 그림 **6・8**과 같이 캠의 제일 높은 부분이 포인트의 힐에 닿을 때의 접점간극을 갭이라 한다. 이것은 드웰각과 점화시기에 관련되고 이 갭이 감소하면 드웰각도 감소하고 포인트 오픈시에 고전압이 발생하기 때문에 점화시기는 진각이 된다. 접점간극은 0.5 mm가 적당하고 간극이 크면 전류를 차단하는데 지장이 생기고 작으면 스파크가 발생하여 코일이 작용하는 데 시간을 갖지 못하여 작용이 원활하지 못하다. 역으로 설명하면 캠각이 클 때는 점화시기가 느리고 접점간극이 작으며 1차 코일에 흐르는 시간이 길고 점화코일이 발열한다.

캠각이 적을 때는 점화시기가 빠르고 접점간극이 크며 1차 전류의 흐르는 시간이 짧고 고속에서 실화의 원인이 된다. 포인트의 간극과 접촉면은 스파크에 크게 관계하고 기관 출력에 막대한 영향을 미치므로 일정시기마다 점검해야 한다.

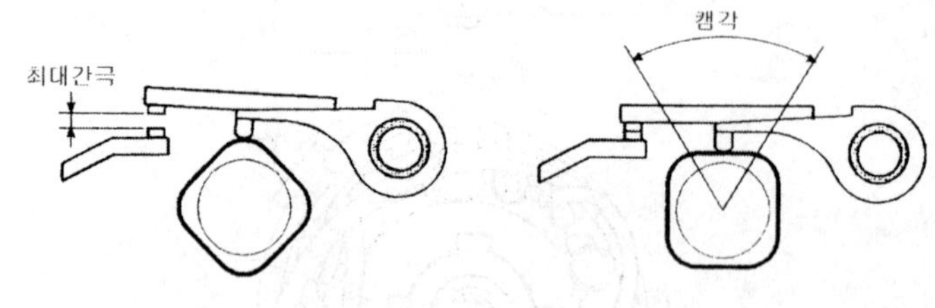

그림 6・8 포인트 간극 조정

② 무접점식

접점식의 포인트와 단속기암 대신에 그림 **6・9**와 같은 이그나이터와 시그널 제네레타(signal generator)로 시스템을 대체하여 정확성을 높인 방법이다. 점점식과는 달리 캠각(드웰각)의 정의는 점화 1차 코일에 전류가가 흐를 때 로터가 회전한 각도 혹은 1차 전류의 통전시간이나 트랜지스터 통전시간을 각도로 환산한 값이다. 접점식과는 반대로 에어 갭간극이 크면 캠각은 커지고 점화시기는 지각이 되고 간극이 적으면 캠각은 적어지고 점화시기는 빨라진다. 에어 갭간극은 0.8±0.1 mm가 표준 값이다. 접점식과는 반대로 에어 갭간극이 크면 캠각은 커지고 점화시기는 지각이 되고 간극이 적으면 캠각은 적어지고 점화시기는 빨라진다. 에어 갭간극은 0.8±0.1 mm가 표준값이다.

조정법은 접점식과 같은 방법으로 조정하며 그림 **6·7**의 오른쪽 간극조정나사를 약간 헐겁게 한 상태에서 크랭킹하면서 ADM 306에 나타나는 드웰각을 보면서 조정한다. 테스터에 나타난 값이 주어진 문제값보다 크면 접점간극을 줄이고 작으면 넓히면서 측정값을 측정한다.

그림 6·9 무접점식 배전기

정리

- **캠각** (드웰각)

1) 접점식 : 접점(POINT)이 닫혀 있는 동안 배전기 캠이 회전한 각도
   접점간극이 크면 캠각은 적어지고 점화시기는 진각
   접점간극이 적으면 캠각은 커지고 점화시기 지각
   규정드웰각 : 52°(포니), 포인트간극 : 0.5 mm
2) 무접점식 : 점화 1차 코일에 전류가 흐를 때 로터가 회전한 각도
   접점간극이 크면 캠각은 커지고 점화시기는 지각
   접점간극이 적으면 캠각은 적어지고 점화시기는 진각
   규정드웰각 : 62°(엑셀), 에어 간극 : 0.8 mm

(3) 거버너식 배전기의 점화시기 제어장치

이 진각기구는 카뷰레터 엔진에 적용된 장치이다. 피스톤이 혼합기를 압축하여 상사점에 도달하는 순간 폭발이 이루어지면 이상적이지만 실제 기관에서는 점화지연이 있다.

이러한 지연을 고려하지 않고 피스톤이 압축 상사점에 도달했을 때 점화시기를 맞추면 출력저하와 배기과열이 발생하고 점화시기를 너무 당기면 상사점 전에서 폭발이 이루어져 노킹이 발생한다. 따라서 기관에서는 상사점 전 10~15°로 점화시기를 맞추어 TDC를 10° 지난 후 완전 점화되도록 하는 것이 가장 이상적이다. 저속시에 알맞게 점화시기를 맞추어 놓아도 회전수가 증가함에 따라 TDC 10° 지난 후 완전 점화시키기 위해서는 자동적으로 점화시기를 앞당길 필요가 있다. 즉 엔진의 상태에 따라 점화시기는 적당히 변화되어야 하고 제어가 원활하지 못하면 노킹이나 출력의 저하가 발생한다. 이는 배전기에서 다음의 방법에 의해 점화시기가 조정된다.

① 진공진각장치

그림 **6 · 10**은 진공진각장치를 나타낸 그림이다. 다이어프램은 브레이크 베이스를 작동시켜 베이스가 캠의 회전방향과 반대방향으로 이동하도록 한다. 다이어프램은 매니폴드의 진공에 의해서 작동한다. 엔진의 부하가 작으면(스로틀 개도가 작음) 매니폴드의 부압이 커져 브레이크 베이스를 캠의 회전방향과는 반대쪽으로 움직이게 되어 점화시기는 진각이 된다. 반대로 엔진의 부하가 커질수록(스로틀 개도가 큼) 매니폴드의 부압도 낮아지고 진각도 작아지게 된다.

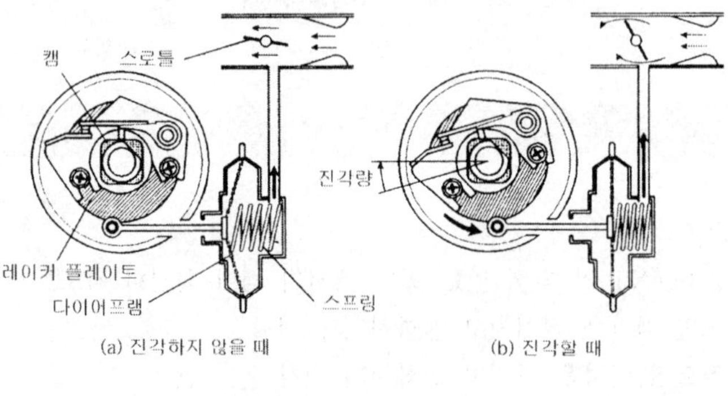

그림 6 · 10 진공진각장치

② 원심진각장치

매니폴드의 진공이 일정하면 엔진회전수와는 관계없이 점화시기는 일정해진다. 점화시기를 TDC에서 10° 지난 점에서 최대 연소압력을 얻으려면 매니폴드의 진공과는 상관없이 엔진회전수의 증가에 따라 진각되는 장치가 필요하다.

이 장치를 원심진각 장치라 한다. 그림 **6 · 11**에서와 같이 단속기는 축과 회전축으로 되고 구동축에는 원심추가 달려있다. 기관의 회전수가 변하면 이 추가 원심력에 의해서 서포트 핀을 지지점으로 하여 확장 혹은 수축한다. 회전수가 빨라지면 원심력에 의해 추는 전동축의 암을 원심력방향으로 밀어 움직이므로 캠과 암과의 작용시기는

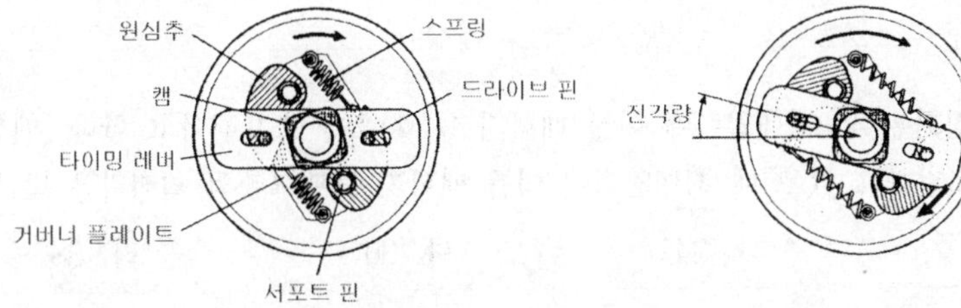

(a) 진각하지 않을 때 (b) 진각할 때

그림 6 · 11 원심진각장치

기관의 회전수에 따라 자동적으로 변화하고 점화시기도 진각된다.

③ 옥탄셀렉터

이 장치는 가솔린의 옥탄가에 적응할 수 있도록 점화위치를 조정하는 장치이다. 연료의 옥탄가가 높으면 노킹현상이 적어지지만 엔진의 출력을 좋게 하기 위해서는 점화시기를 진각시켜야 한다. 즉 가솔린의 옥탄가의 종류에 따라 출력과 연료소비율의 최적화를 이루기 위해 설치한다. 보통 옥탄가가 낮은 가솔린을 사용할 때는 점화시기를 앞당기고 옥탄가가 높은 가솔린을 사용할 때는 점화시기를 늦춘다.

예제 6 · 7

기관의 엔진회전 속도에 따라 점화시기가 변하는 장치는?

가. 원심식　　나. 진공식
다. 옥탄셀렉터　　라. 자동타이머

예제 6 · 8

전자제어분사차량에서 점화시기를 압축상사점에 맞출 때 일어나는 현상이 아닌 것은?

가. 기관의 출력이 저하된다.　　나. 연료의 소비량이 증대된다.
다. 엔진이 과냉될 우려가 있다.　　라. 배기과열이 발생한다.

예제 6 · 9

전자제어분사차량에서 점화시기가 너무 빠를 때 발생하는 대표적인 현상은?

가. 기관의 출력이 커진다.　　나. 연료의 소비량이 감소한다.
다. 노킹이 발생한다.　　라. 실린더간의 힘의 균형이 일정해진다.

예제 6 · 10

혼합비가 점화된 후 최대압력에 이를 때까지 1/500초가 소요된다고 한다. 엔진이 3000 rpm으로 회전하고 있을 때 최대압력에 이를 때까지 크랭크축의 회전각은 몇 도인가?

가. 32° 나. 34° **다.** 36° 라. 38°

관련식 $CA = 360° \times \dfrac{3000}{60°} = 18,000°,\ \dfrac{18000°}{500} = 36°$

(4) 부압식 배전기의 점화시기 제어장치

부압을 감지하여 배전기의 진공 컨트롤러에 전달하는 압력을 제어하고 지각 및 진각을 시킨다. 그림 **6 · 12**에 H사의 부압제어 밸브를 나타낸다. 밸브 작동압인 A실, B실의 차압이 75 mmHg 이하인 경우는 그림 **6 · 12** (a) 상태로 된다. 이 상태에서는 다이어프램은 리턴스프링에 의해서 위로 밀어 올려지고 있기 때문에 밸브가 열려 HIC 포트의 대기는 B실에서 중앙의 파이프 내를 통과하고 배전기의 어드밴스(진각) 쪽으로 흐른다. 한편 밸브 A는 동시에 밀어 올려져 어드밴스 포트 배큠은 부압지연 밸브를 통해서 배전기의 리타드(지각)쪽으로 작동한다. A실, B실의 차압이 75 mmHg 이상인 경우는 그림 **6 · 12** (b) 처럼 다이어프램이 내려지고 밸브 B는 닫힌다. 동시에 밸브 A는 리턴스프링에 의해서 아래로 눌려지기 때문에 HIC로부터 들어온 대기는 B실에서 중앙의 파이프 내를 통해 부압지연 밸브를 지나 배전기의 리타드 쪽으로 통한다. 한편 어드밴스 포트 배큠은 밸브를 통하고 배전기의 어드밴스 쪽으로 통한다. 이상의 작동에서 차압 75 mmHg 이하의 경우는 지각상태에 있고 75 mmHg 이상의 경우의 점화시기 제어장치는 진각상태에 있다. 이 방식의 점화시기 제어 시스템이 사용된 것은 비교적 배출가스 규제가 완만한 시기여서 가능했지만 규제값이 강화됨에 따라 전자식 점화시기 제어장치로 대체되었다.

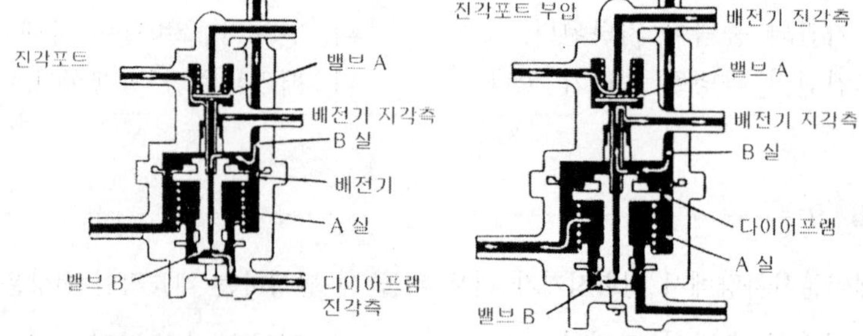

그림 6 · 12 부압식 점화시기 제어장치 설명도

참고

• **HIC** (hot idle compensator)

카뷰레터식 에어클리너 내에 설치되어 있는 바이메탈이다. 엔진온도가 상승해서 과열의 징후가 있으면 연료는 과농으로 되고 엔진회전속도가 떨어져서 불안전하게 되기 직전에 바이메탈을 작동시켜 에어클리너를 통해 공기를 넣어서 적합한 농도의 혼합비로 하고 회전속도를 올려 엔진회전이 불안전하게 되는 것을 방지한 기구이다. 그림 **6·13**은 이 장치를 설명한다.

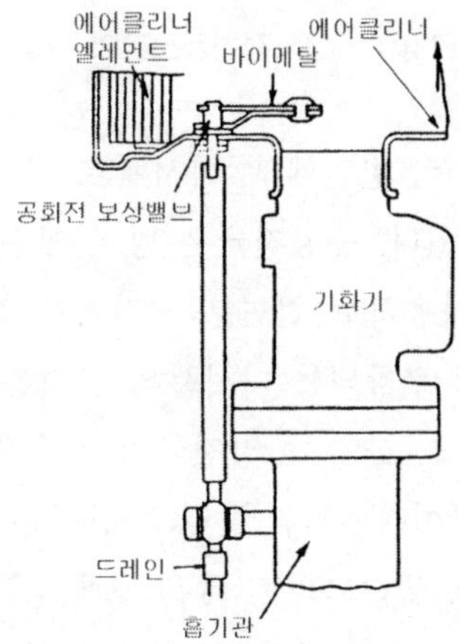

그림 6·13 Idle Compensator의 부착의 예

〔4〕 점화플러그

가솔린엔진에는 실린더당 한 개의 점화플러그가 있고 이 플러그는 배전기에서 공급된 고전압을 점화시기에 방전시켜 혼합기를 점화시키는 기구이다. 좋은 엔진 성능을 얻기 위해서는 점화플러그 중심전극의 온도가 350~700℃로 되어야 하고 온도가 너무 높으면 조기점화가 발생하고 너무 낮으면 중심 절연체에 탄소가 침착되어 절연이 파괴된다. 이 온도를 자기청정온도라 한다. 열은 중심 전극으로부터 세라믹 단열재를 통해 외부로 전달되므로 스파크플러그의 형상에 따라 중심전극의 온도가 결정된다. 운전 온도가 낮은 엔진의 경우에는 중심전극의 열유동 경로(열값, heat range)가 긴 고온용 점화플러그를 사용하고 고압축비 엔진과 같이 고온으로 운전되는 엔진에는 중심전극의 열유동 경로가 짧은 저온용스파크 플러그를 사용한다. 점화플러그에서 점화가 이루어지기 위해서는 5~15 kV의 전압이 요구되는데 전극간극이 크고 실린더 압력이 높을수록 높은 전압이 필요로 한다. 그림 **6·14**는 점화플러그의 구조를 나타낸다.

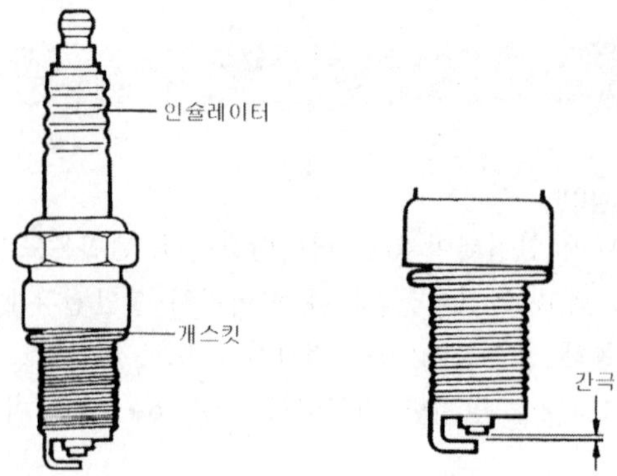

그림 6 · 14 점화플러그의 구조

점화플러그의 구조는 중앙전극부, 절연체부, 나사부로 되어 있다. 중앙전극은 배전판의 전극과 고전압 케이블로 연결되어 있다. 중앙전극은 방전 횟수가 많으므로 내열성과 내산화성이 큰 니켈합금이나 백금 등을 사용하고 절연부는 접지로 전기가 통하지 않는 절연성이 좋은 세라믹으로 되어 있다. 기관에 부착되는 나사부의 규격은 10 mm, 12 mm, 14 mm, 18 mm 등이 있고 나사부에 연결된 단자는 (−), 중앙전극의 돌출부는 (+)극이다.

이 사이의 간극을 플러그 간극이라 한다. 플러그 간극은 와이어 간극게이지를 사용하여 측정하고 필요할 때 조정을 한다. 플러그의 간극은 보통 1.0∼1.1 mm이다. 점화플러그의 분석이나 점검을 통하여 엔진의 상태를 파악할 수 있으며 이는 차량관리의 관점에서 매우 중요하다.

(1) 점검사항

① 인슐레이터의 파손

② 전극의 마모

③ 카본의 퇴적

④ 개스킷의 손상 및 파손

⑤ 플러그 간극에 있는 자기애자의 상태

(2) 분석사항

① 점검부가 검을 때 : 연료의 혼합농도가 농후하거나 흡입공기가 적다.

표 6 · 3 스파크 케이블 규정 저항값(kΩ)

차 종	1번 케이블	2번 케이블	3번 케이블	4번 케이블
엑센트 MPI	11.2	9.5	6.9	5.5
아반테 DOHC	15.3	12.4	10.7	8.8
소나타 MPI	10.6	13.1	16.7	22.1

② 점검부가 흰색일 때 : 연료의 혼합농도가 희박하거나 점화시기가 빠르거나 점화플러그의 조임토크(2.04~3.06 kg m)가 부족하다.

예제 6 · 11

점화플러그를 선정할 때 고온으로 되는 엔진에는 다음 중 어떤 것을 사용하는가?

가. 열형 **나**. 냉형 다. 온형 라. 특수형

예제 6 · 12

점화플러그에 관한 설명이다. 틀린 것은?

가. 중심전극의 온도가 350~700℃이다.
나. 플러그 간극의 간극은 0.7~1.1 mm 정도이다.
다. 점화플러그의 크기는 나사부의 유효지름으로 표시된다.
라. 저압축비, 저속회전엔진에는 냉형의 점화플러그가 사용된다.

예제 6 · 13

점화플러그의 자기 청정온도는?

가. 350~700℃ 나. 650~700℃
다. 750~900℃ 라. 850~950℃

6.2 반도체 점화장치

반도체 점화장치는 연비향상과 공급전류의 고효율화를 실현하기 위해 기계식 점화장치의 문제점을 보완한 장치이다. 반도체 점화장치는 1차 코일의 전류를 트랜지스터를 사용하여 단속하는 트랜지스터식과 콘덴서의 방전전류를 1차 전류로 이용하는 콘덴서 방전식이 있다. 트랜지스터 방식에는 접점식과 무접점식이 있다. 접점식 점화장치의 경우 저속시에는 아크가 발생하기 쉬워 2차 전압이 저하된다. 실화방지를 위해 1차 전류의 증가가 필수적이지만 접점식의 경우 아크의 증가가 유발되어 불가능하다. 그러나 트랜지스터식의 경우 1차 전류를 전기적으로 단속하므로 확실한 2차 전압을 안정하게 얻을 수 있고 점화시기도 전기적으로 제어할 수 있다. 반도체 점화장치에는 세미트랜지스터식과 전 트랜지스터식이 있다. 세미트랜지스터식에는 그림 **6 · 15**와 같이 배전기의 단속장치에 포인트식이 사용되어 트랜지스터를 구동하고 포인트에는 적은 전류가 흘러 아크의 발생이 거의 없어 접점이 손상될 염려가 없고 1차 전류의 차단이 확실해 안정적인 2차 전압을 얻을 수 있지만 접점의 조정작업이 남아 있다. 전 트랜지스터 식은 세미트랜지스터 방식의 기계적인 접점을 그림 **6·16**과 같이 무접점식으로 변경해서 접점간극에 따라 점화시기가 변경되는 단점을 보완하였다. 신호발생기구로 픽업코일을 이용하고 점화코일의 1차 전류를 이그나이터와 검출용 픽업을 이용하여 차단한다.

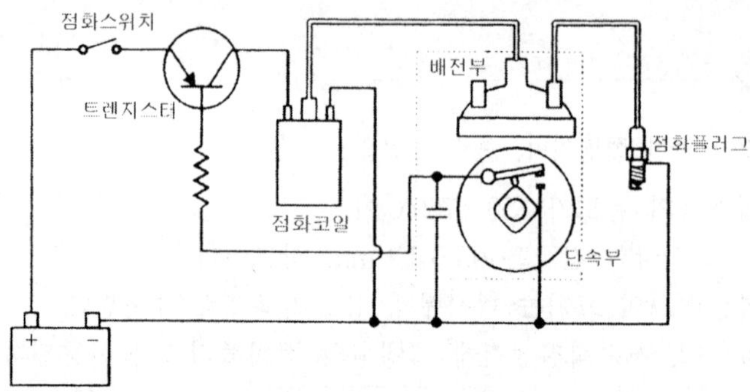

그림 6·15 세미 트랜지스터식 점화장치

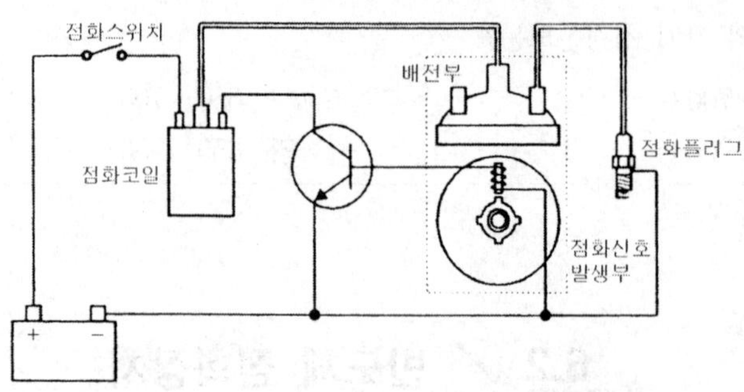

그림 6·16 전 트랜지스터식 점화장치

6.3 전자식 점화장치

전자식 점화장치는 기존의 접점식과 반도체 점화장치의 기계적인 부분을 전자식으로 바꾸어 고압전류의 안정적 발생과 공급을 가능하게 하였다. 이 방식에는 점화시기 제어를 각종 센서의 정보에 따라 ECU가 수행하고 고전압 분배기능을 하는 배전기의 유무에 따라 고강력점화 장치(HEI)와 무배전기 점화장치(DLI)로 구분된다.

〔1〕 고에너지 점화장치(high energy ignition)

그림 **6 · 17**은 HEI 전자식 점화장치를 나타내며 디스트리뷰터, 점화코일, 파워TR, 스파크플러그, 케이블 등으로 구성되어 있다. 이 방식은 기계적인 진각 장치를 사용하지 않으며 점화시기를 전자적으로 계산하여 최적인 점화시기로 제어한다. 따라서 배전기의 구조가 간단해지고 배전기는 고전압 분배기능만을 한다. 각종 센서로부터의 신호가 ECU에 입력되면 ECU는 미리 설정된 최적의 데이터 값과 현재의 상태를 비교하여 가장 적합한 점화시기를 연산한 후 파워 트랜지스터에 1차 전류 차단신호를 보낸다. 그러면 몰드형 점화코일에서 2차 고전압이 발생되어 고전압이 공급된다. 최적의 점화시기 제어가 가능하고 성능이 매우 좋은 특성이 있다.

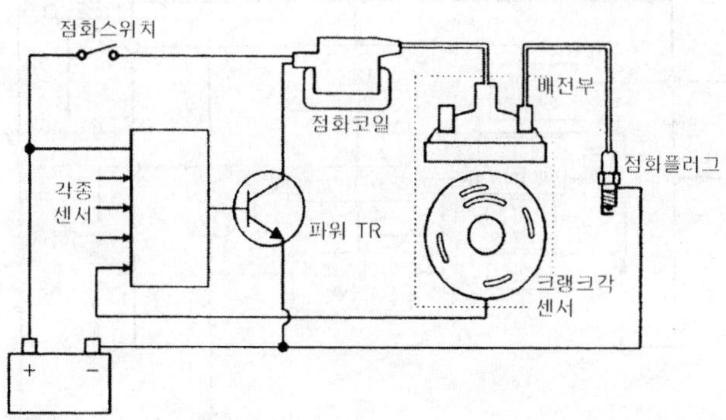

그림 6 · 17 HEI 점화 장치

〔2〕 무배전기 점화장치

무배전기 점화장치(DLI : Distributor Less Ignition)는 배전기가 없는 전자제어 방식으로 DIS(Distributorless Ignition System)라고도 한다. 기계적인 배전부가 없기 때문에 전압강하와 누전발생이 없으며 로터와 전극사이의 갭에 따른 에너지손실과 노이즈가 없다. 제어방식에 따라 다이오드 분배식과 코일분배식으로 나누어지며 그림 **6 · 18**은 코일분배식을 나타낸다.

〔3〕 점화시기 제어

엔진 회전수와 흡입공기량에 따라 미리 결정된 점화시기의 데이터를 ECU에 기억시켜 놓고 ECU는 흡입공기량에서 연산한 기본 분사량과 크랭크각 센서로부터 입력된 회전신호와 각도신호를 이용해서 기억데이타 중에서 최적인 점화시기를 찾아내고 그림 **6 · 19**에 보여주는 트랜지스터 이그나이터 유닛에 신호를 보내고 점화시기 및 통전시간을 단속한다. 따라

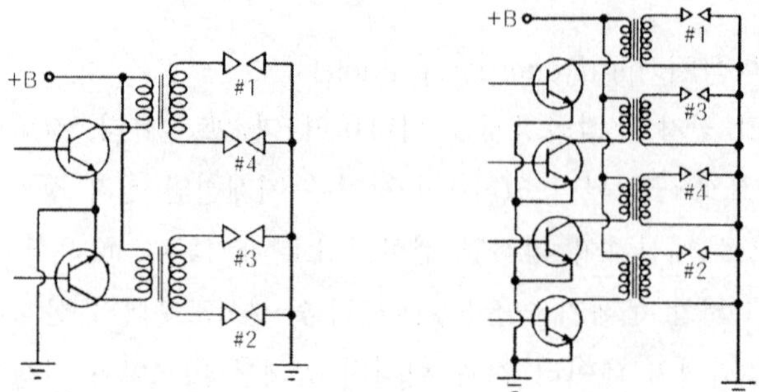

그림 6 · 18 DLI 점화 장치

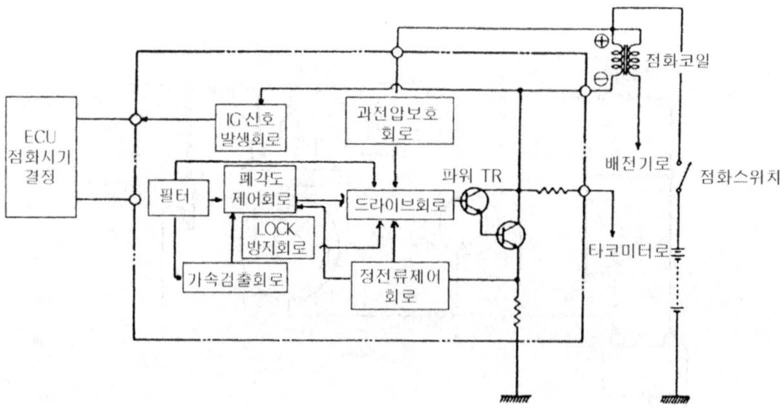

그림 6 · 19 점화제어시기 제어도

서 배전기에는 거버너 진각기구, 부압진각기구는 없고 배전기의 역할만 한다. 크랭킹시(시동시)는 엔진냉각수온에 의한 지각치 데이터를 사용해서 저온시의 시동성 향상을 도모하고 이 경우 최적점화시기는 TDC 근처이다. 아이들링시는 속도가 감소할 때는 진각시켜 엔진 토크를 증가시키고 상승할 때는 지각시켜 안정성을 도모한다. 그 외 통상의 점화시기는 엔진회전수 변화에 따른 흡입공기량에 대응하는 기본점화 진각도에 각 센서(수온 센서, 대기압 센서)로부터의 검출신호를 기초로 연산한 보정점화 진각을 더하여 결정한다.

점화시기 = 초기세트 점화시기(5° BTDC) + 기본점화 진각도 + 보정점화 진각도

초기세트 점화시기는 배전기 초기 세트각에 고정되어 있는 특성이고 시동시나 점화시기 조정시 이 각으로 고정된다. 보정점화 진각은 엔진의 운전 상태에 따라 보정작용을 하는 것으로 수온보정, 대기압보정 등의 제 보정 특성이 있다.

6.4 노킹제어 시스템(Knocking Control System)

〔1〕 노 킹

가솔린 엔진의 점화플러그의 불꽃으로 착화되어 화염이 혼합기내로 전파된다. 그런데 화염전파 도중에 압력이 이상적으로 높아질 경우 화염전파에 의해 연소하지 않고 자기착화를 하여 일시적으로 연소하는 현상을 노킹이라 한다. 이러한 경우 급격한 연소에 의해서 생기는 압력상승이 연소실 내의 가스를 진동시켜 이상음을 발생하게 되고 연소가스의 진동에 의해 열의 전도가 좋아지기 때문에 노킹이 계속되면 엔진은 파손된다. 노킹은 점화시기와 밀접한 관계가 있고 점화시기를 빠르게 하면 연소최대압력은 높아져 엔진의 힘은 좋아지지만 노킹이 발생한다.

〔2〕 노킹제어 장치

엔진의 노킹발생을 방지하기 위해서 점화시기를 제어하는 장치이다. 일반적으로 노킹발생한계에 가까운 점화시기(최대 토크가 발생하는 점화시기, MBT, minimum spark advance for best torque)에서의 운전은 연소효율을 향상시켜 출력이나 연비 성능면에서 출력이나 연비는 좋아지지만 노킹이 발생하기 쉽다. 이러한 노킹발생을 방지하기 위하여 노킹 센서를 사용하여 전기적으로 치밀하게 점화시기를 콘트롤하여 최대의 출력을 발휘하는 노킹한계로 항상 유지하는 것이 노킹제어 시스템이다. 그림 6·20에 N사의 노킹제어 시스템을 나타낸다. 그림의 작동에 대하여 설명하면 노킹 센서로부터의 전기신호는 노킹 이외의 기계적인

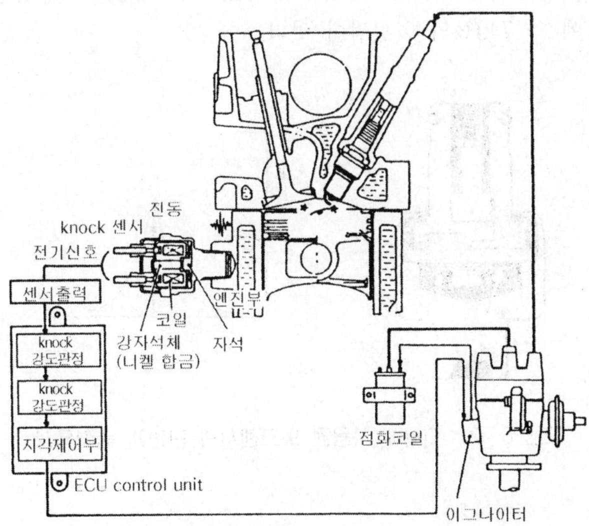

그림 6·20 N사의 노킹제어 시스템

노이즈에 의한 신호도 포함되어 있기 때문에 노킹 검출부분에서 약 7 kHz의 주파수를 가진 노킹 신호만을 검출한다. 다음에 검출한 노킹 신호로부터 노킹강도를 노킹강도 판정부에서 점화할 때마다 판정한다. 이 경우 미리 정해진 신호레벨과 입력된 순간치를 비교해서 정해진 신호레벨보다 높은 신호가 검출되었을 때 처음에는 노킹으로 판정하고 레벨을 초과하는 정도에 따라 노킹강도를 판정한다. 노킹이 발생한다고 판정되면 지각 제어부로부터 배전기의 이그나이터로 진각신호가 송출되어 노킹의 정도에 따라 점화시기를 늦추고 그 이후의 연소에서 다시 노킹이 발생하고 있다고 판정되면 더욱 점화시기를 늦추고 반대로 노킹이 발생하지 않으면 진각의 신호가 나온다. 노킹이 발생하면 ECU에서는 점화시기를 지각시키고 노킹이 없으면 다시 진각시킨다.

참고

• 노크 센서

노크센서는 엔진에서의 노킹발생을 감지하는 감지기이다. 압전소자(piezo-ceramic)의 표면에 일정방향으로 물리적인 힘이 가해질 때 일정방향의 전압이 발생하는 원리를 이용한 가속도 센서이다. 이러한 압전형 이외에 고니켈합금의 자왜효과를 이용한 자왜형도 있다. 그림 **6 · 21**에 D사의 센서 단면과 출력특성을 나타내고 있다.

이 경우의 형식은 자왜형이다. 강자성체의 코어와 코일 및 영구자석에 의해서 진동을 받으면 압전부에 진동이 전해지고 휘어지는데에 따라 사이에 끼어 있는 코어에 힘이 가해지기 때문에 내부 비틀림을 받게 되어 자속이 변화해서 미리 노킹 발생시의 진동 주파수에 맞추어 놓은 공진점에서 급격한 전압이 발생한다. 엔진은 계속 진동하고 있지만 노킹발생시의 진동 주파수는 6~8 kHz이기 때문에 약 7 kHz의 공진점이 있다.

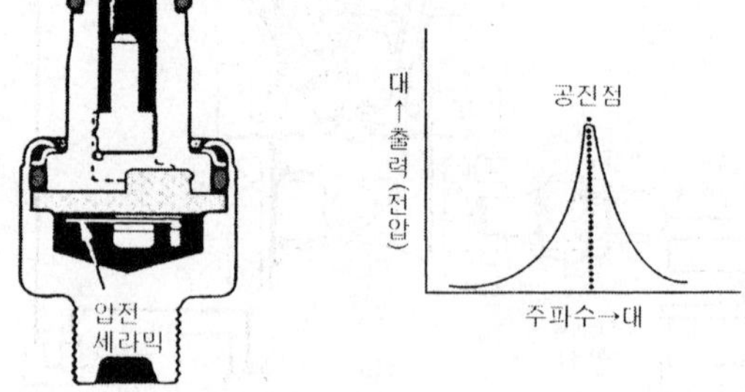

그림 6 · 21 D사에 사용된 노크센서의 단면과 출력특성

• 피에조 효과

압전효과라고도 한다. 수정이나 로셸염 등의 결정에 어떤 방향으로부터 압력을 가하면 일정방

향으로 전압을 발생시켜 역으로 전압을 걸면 결정체가 휘는 현상을 말한다.

예제 6 · 14

자동차 운행 중 노킹이 일어났을 때 해야 되는 일이 아닌 것은?

가. 점화시기를 늦춘다. 나. 흡기압력을 낮춘다.
다. 옥탄가가 높은 연료를 사용한다. **라**. 기관속도를 감소시킨다.

6.5 파워트랜지스터

파워트랜지스터는 ECU에서 신호를 받아 점화코일 1차 전류를 ON 및 OFF로 전환하여 점화코일 2차 전압을 유도하고 점화시기를 제어하는 역할을 한다. 반드시 아날로그 테스터기로 시험한다. 그림 **6 · 22**는 파워트랜지스터 회로와 커넥터를, 표 **6 · 4**는 파워트랜지스터 단자 저항을 나타낸다.

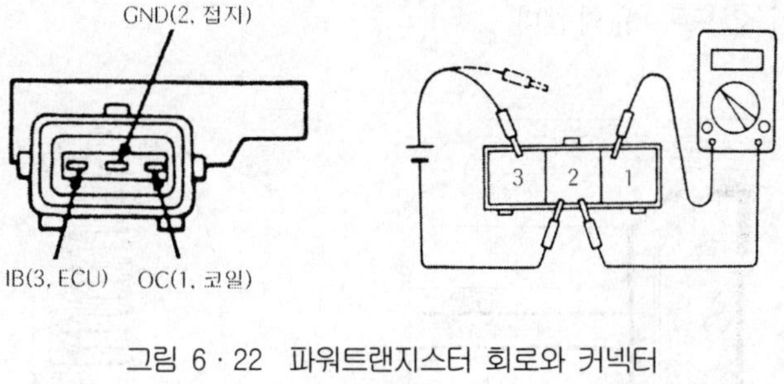

그림 6 · 22 파워트랜지스터 회로와 커넥터

표 6 · 4 파워트랜지스터 단자 저항

테스터 단자		규정값
+ 단자	− 단자	
IB(B)	OC(C)	순방향(∞Ω) : 소리
IB(B)	GND(E)	순방향(160Ω)
GND(E)	OC(C)	순방향(∞Ω)
OC(C)	IB(B)	역방향(100Ω)
GND(E)	IB(B)	역방향(500Ω)
OC(C)	GND(E)	역방향(25Ω)

6.6 점화코일의 1, 2차 점화전압

점화코일은 변압기의 한 종류로 배터리의 12 V의 전압을 10~15 kV의 고전압으로 변압시키는 역할을 한다. 점화코일이 만들 수 있는 최대 절대전압을 코일의 출력이라 한다. 만약 코일의 출력이 스파크플러그의 점화요구전압보다 낮으면 엔진의 시동은 걸리지 않는다. 그러나 10~15 kV의 전압은 스파크플러그에서 불꽃을 발생할 수 있는 충분한 전압은 되지 못한다. 코일의 충분한 전압을 얻기 위해서는 스위치를 단속하면 2차 전압은 스위치가 차단에서 접속일 때보다 접속에서 차단일 때가 더 높게 된다. 따라서 점화장치는 스위치가 차단에서 접속되는 순간을 이용한다. 1, 2차 점화전압은 코일(+) 공급 전압(1차 전압)은 기동시 8.5 V 이상, 운전시 13~15 V이면 정상이고, 코일출력전압(2차 전압)은 30 kV 이상, 연소시간은 1~2 ms이면 정상이다.

6.7 카부레터 시동배선

시동배선의 연결은 그림 **6 · 23**과 같이 한다. 연결할 때 배선을 잘못 연결하거나 느슨하게 하여 접촉불량이 없도록 유의한다.

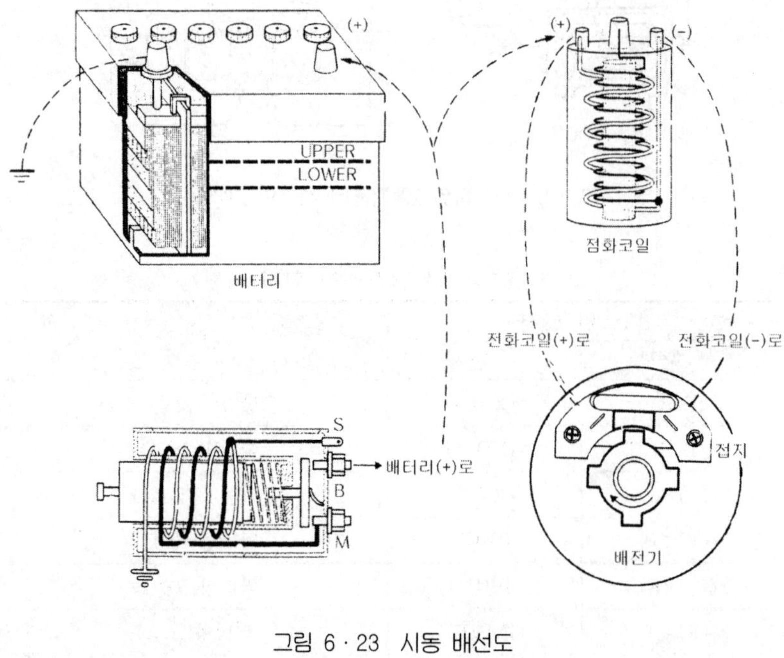

그림 6 · 23 시동 배선도

① 배전기의 2배선 중 C단자 배선을 점화코일 (−)단자에 연결한다.

② 배전기의 남은 배선인 B단자 12 V 공급배선은 점화코일 (+)단자와 연결한다.

③ 시동모터의 3터미널 S, B, M의 배선을 확인한다. 그림 **6・23**과 같이 B와 M은 비교적 큰 터미널이고 S는 작은 터미널로 되어 있다. M단자는 시동모터와 배선이 되어 있는 상태이고 B단자에서 2개의 배선을 연결한다. 하나는 점화코일 (+)단자와 연결하여 점화코일에 전원을 공급하고 또 하나는 시동모터에 전원을 공급하기 위해 배터리 (+)와 연결할 배선을 준비한다. S단자에는 짧은 배선을 연결하여 B단자와 기동전동기를 기동시킬 준비를 한다.

④ 배터리 (+)단자를 시동모터 B단자와 연결한다. 점화코일 (+)단자와 시동모터 B단자를 연결한다.

⑤ 배터리 (−)단자를 접지시킨다.

⑥ 시동모터 S단자와 B단자를 연결해서 시동을 건다.

6.8 전자제어 기관의 시동작업

(1) 기관의 타이밍이 맞는지 확인하고 틀리면 타이밍 벨트를 탈거하고 다시 조정한 후 타이밍 벨트를 부착한다.

(2) 밸브간극의 조정

기계식 태핏을 사용한 엔진의 경우 카뷰레터와 같은 방법으로 밸브간극을 조정한다.

(3) 배전기 1번 실린더를 폭발상태로 하여 잘 부착되어 있는지를 확인한다. 잘못 부착되어 있으면 다시 부착한다.

(4) 시험관의 지시에 따라 한 가지 부품을 교환 및 탈부착한다. 배전기 탈부착이 가장 많다.

(5) 시동작업

① 배터리를 연결한다.

② 그림 **6・24**의 시동회로도에서 IG에 시동키를 위치시키고 전원이 들어오는지 확인한다.

ⓐ 컨트롤릴레이 7, 8번을 탐침하여 전원이 들어오면 엔진 관련 퓨즈(ECI, 점화스위치)가 정상상태이다.

ⓑ 인젝터 입력단자, 배전기 IG단자, 점화코일 +, −단자, 공기유동 센서 2번단자 등을 탐침하여 전원이 들어오는지 확인한다.

ⓒ 연료펌프 입력선(컨트롤릴레이 1번선)을 탐침한 후 배전기를 반시계 방향으로 돌릴 때 전원이 들어오는지 확인한다. 반드시 1번 실린더를 폭발상태로 해야 한다.

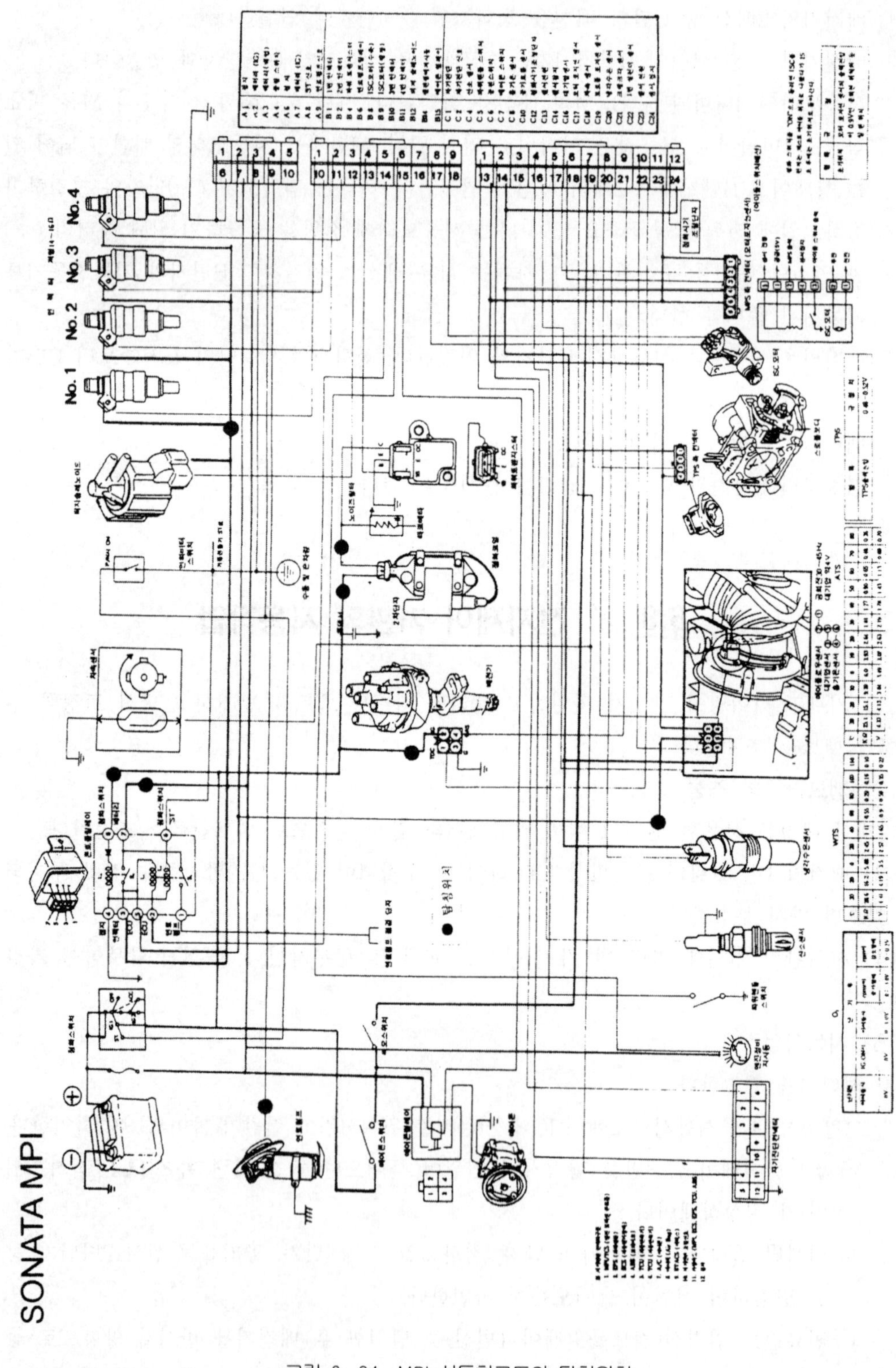

그림 6 · 24 MPI 시동회로도와 탐침위치

전원이 들어오면 연료펌프가 구동되고 있음을 의미한다.

ⓓ 이상의 확인이 완료되면 시동키를 돌려 시동을 건다.

(6) 시동 후 조정 작업

시동 후에는 초기 점화시기, 실제 점화시기, 공회전속도 등을 Hi-scam ETR-Top을 이용하여 점검 조정하고 특히 탈착 후 부착한 부품에 대한 부품별 조정 작업을 하여 규정값 안에 들도록 한 후 작업을 마친다.

연습문제

1. 카뷰레터식 점화장치의 회로도를 그려라.
2. 전자제어식 점화장치의 회로도를 그려라.
3. 점화장치의 점화스위치가 열려 있으면 1차 회로와 2차 회로는 각각 어떤 상태인가?
4. 단속기의 집짐에 대하여 실명하여라.
5. 드웰각의 정의에 대하여 설명하여라.
6. 원심력식 점화진각기구에 대하여 설명하여라.
7. 진공진각 점화진각기구에 대하여 설명하여라.
8. 단속기에서 콘덴서의 역할은 무엇인가?
9. 점화진각 장치에서 옥탄 셀렉터는 무엇인가?
10. 점화코일에서 고전압 발생원리를 설명하여라.
11. 점화코일의 1차 코일과 2 차코일의 권수비는 얼마인가?
12. 단속장치 중 접점식과 무접점식을 상세 설명하여라.
13. 점화플러그의 종류와 플러그 간극에 대하여 설명하여라.
14. 스파크플러그의 자기청정온도에 대하여 설명하여라.
15. 점화플러그의 열값에 대하여 설명하여라.
16. 실린더 내부의 연소조건은 점화플러그의 색깔로 판단할 수 있다. 각 경우를 설명하여라.
17. 공연비와 최적점화시기의 관계에 대하여 설명하라.
18. 전자제어식 엔진의 점화시기보정에서, 초기세트 점화시기, 기본점화 진각도, 보정점화 진각도를 설명하여라.
19. 엔진의 회전수가 상승할 때 점화시기를 진각시키는 이유에 대하여 설명하여라.
20. 전자 제어식 엔진에서 점화시기 보정은 왜 필요한지 설명하고 어떻게 보정되는 지를 알아보아라.
21. MBT란 무엇인가?
22. 노킹이 발생하는 메커니즘에 대하여 설명하여라.

7 엔진 파형 해설

7.1 발전기, 인젝터, 점화코일과 파워트랜지스터 점화 파형 분석

자기진단시험 결과는 각 센서의 디지털 결과에 의해 고장 유무를 판단하는 것이며, 엔진 종합 테스터기에 의해 각 부품의 파형을 검사함으로써 고장 유무를 손쉽게 파악할 수 있다. 파형의 분석법을 알아야 어느 부분이 고장인지 파악할 수 있으므로 본 절에서는 파형의 분석법에 대하여 알아본다.

〔1〕 발전기

발전기의 충전파형으로 발전기의 다이오드, 스테이트코일, 전압조정기, 배터리, 벨트의 장력상태 등을 점검할 수 있다. 각 조건에서의 규정값은 다음과 같다.

접점이 닫히고 전류가 흐를 때의 회전수(cut-in speed) : 2000 rpm 이하 조정기 고정전압(regulator setting) : 13.6 V 이상 15 V 이하 최대충전율(maximum charge rate) : 20 Amp 이상 다이오드 조건(Diode condition) : 정상 혹은 고장

그림 **7 · 1**은 정상적인 발전기 파형의 형태를 나타낸다. 그림에서 파형의 산이 끊어짐이 없이 6산 이상이 검출되면 정상이다. 그림 **7 · 2**는 다이오드가 불량일 때, 그림 **7 · 3**은 발전기 충전 불량시의 발전기의 파형을 나타낸 그림이다.

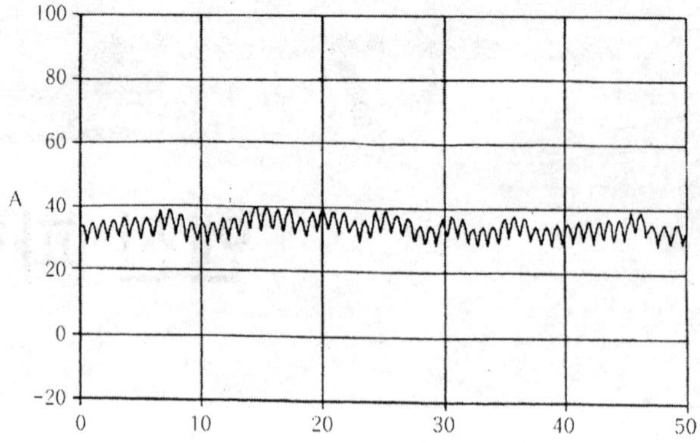

그림 7 · 1 발전기 충전파형

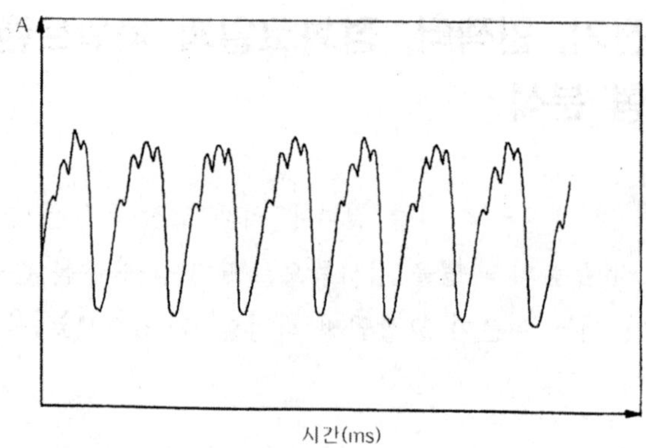

그림 7 · 2 발전기 다이오드 불량 파형

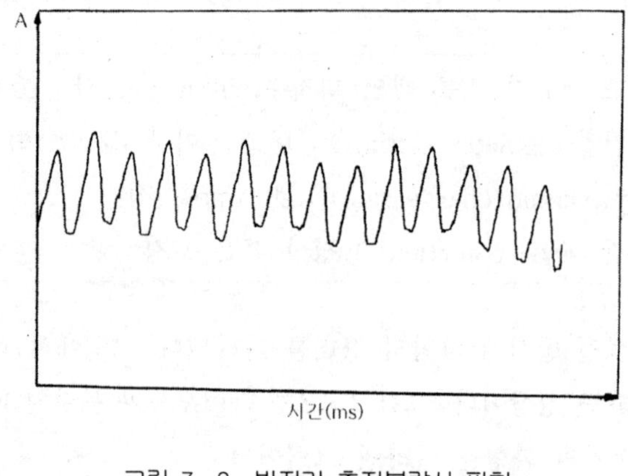

그림 7 · 3 발전기 충전불량시 파형

참고

• 다이오드

양극과 음극의 단자를 가지고 있으며 양극에서 음극으로만 전류를 흐르게 하는 성질이 있다. PN 접합다이오드가 있다.

• 발전기 조정기

발전기에서 발생되는 전류와 전압을 제어하여 발전기를 보호한다. 발전기 출력은 엔진 회전수의 증가에 따라 증가하기 때문에 발생전압과 출력전압의 전류보다 높으면 발전기가 손상된다.

• Cut in voltage

발전기에서 발전전류를 외부에 보내도록 전자석의 자력이 스프링 장력을 이기고 접점이 닫힐 때의 전압이다.

---

〔2〕 인젝터

인젝터 파형에는 전류형과 전압형 타입이 있으며 현재는 전압형이 많이 사용된다. 또한 전압이 0 V일 때 작용하는 싱크(sink)전압 형식이다. 엔진부조시, 엔진 힘이 부족할 때, 시동불가 또는 불량시 간헐적 진동 발생시 측정한다. 인젝터의 분사파형을 통하여 연료의 분사량을 알 수가 있다. 통전시간이 길면 분사시간이 길고 분사량도 많다. 그림 **7 · 4**는 인젝터 파형의 형태를 나타낸다.

(1) 파형 측정

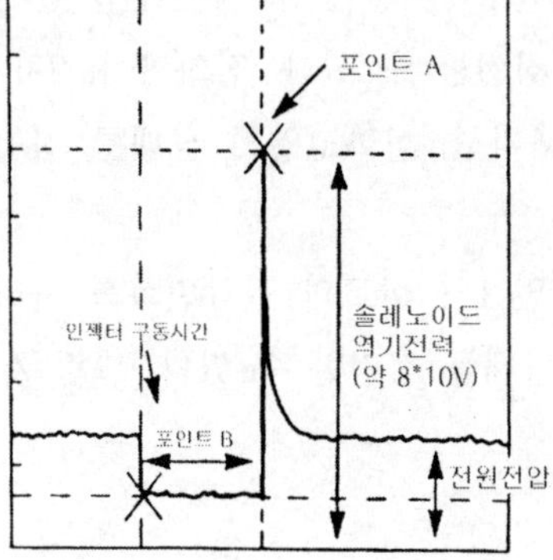

그림 7 · 4 인젝터 파형

(2) 파형분석

통상시에는 전원전압이 걸리고 ECU에서의 신호가 있으며 인젝터 구동시간에는 전압이 0 V에 근접한다. 엔진 ECU에서의 신호가 끊어지면 코일 솔레노이드의 역기전력에 의해 전압 정점(80~87 V)이 생성되고 ECU신호가 없는 통상시에는 전원 전압으로 되돌아간다. 최고전압은 차종마다 다르며 12 V - 0 V - 80 V - 12 V의 순서로 변화한다. 보통 최고전압 82 V, 인젝터 열림시간 3.8 ms 동안 (−)듀티로 있는 시간을 나타낸다.

① 인젝터 구동시간 : 공기유량(AFS) 센서 등 각종 센서 출력값에 의해 엔진 ECU에서 결정되는 연료분사시간이다.

② 솔레노이드 코일 역기전력 : 엔진 ECU에서의 신호가 OFF되면 인젝터 코일에 84 V~87 V의 역기전력이 발생한다.

③ 전원전압 : 엔진 ECU에서의 신호가 없을 때에는 전원전압이 걸린다. 전원전압이 저하될 경우에는 무효분사시간이 길어지고 구동시간도 길어진다.

(3) 분석요령

① 역기전력에 의한 피크 전압의 값이 4개의 인젝터에 대하여 동일해야 하고 5 V 이상 차이가 날 경우에는 인젝터의 종류 여부와 인젝터 본선과 어스상태를 확인한다.

② 인젝터 구동시간에서의 파형의 기울기가 다른 인젝터와 비교했을 때 0.5 V 이내에 있어야 하고 하단의 기울기가 거칠거나 계단 모양일 때는 인젝터 어스선을 점검한다.

③ ECU쪽 접지불량 : (−)파형 하단부가 계단 모양으로 경사지고 최대전압은 낮아진다. 접지불량이 전류를 적게 흐르게 하고 그에 따라 최고 전압은 낮아진다.

④ 본선쪽 접지불량 : (−)파형 하단부는 직선 모양으로 정상이고 최대전압은 10~14 V로 낮아진다.

〔3〕 점화코일과 파워트랜지스터의 파형

오실로스코프에 의한 파형관측을 통해 엔진 ECU에서 실제로 출력되고 있는 파워트랜지스터의 상태 등을 시각적으로 점검할 수 있다. 점화 1차, 2차 파형을 관측하는 것으로 점화플러그, 점화케이블, 캠샤프트포지션, 점화코일의 상태를 점검하는 것이 가능하다.

(1) 점화 1차 파형

점화코일 1차 파형은 점화코일 1차 회로의 전압변화를 나타내는 파형으로 파형의 분석을 통하여 점화관련 부품 및 엔진상태를 점검할 수 있다. 그림 **7·5**는 점화 1차 파형의 형태를 나타낸다.

① 파형 측정

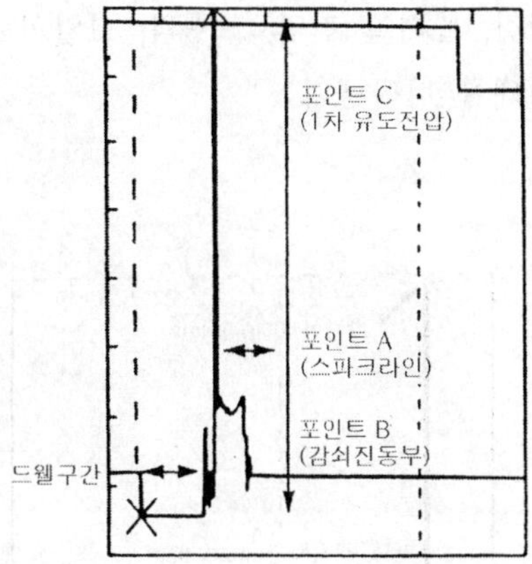

그림 7·5 점화코일 1차 파형

② 파형 분석

점화코일과 파워트랜지스터의 분석에 사용된다. 점화 1차 전압은 최대 500 V 이내이므로 쉽고 깨끗하게 파형이 측정된다. 이 파형은 최대전압, 불꽃지속 시간의 측정이 중요하다, 스파크플러그 갭의 크기에 따라 파형의 모양이 변하고 갭이 넓어지면 불꽃지속 시간이 감소한다.

ⓐ 점화전압 : 1차 측 코일로 자기 유도전압(약 295 V)이 형성된다.

ⓑ 스파크 라인 : 플러그의 전극간에 아크방전이 연속되면 유도전압이 나타난다.

ⓒ 감쇄진동부 : 점화코일에 잔류한 에너지가 1차 코일을 통해 감쇠소멸되는 구간이다.

ⓓ 중간부분 : 감쇠진동이 끝나고 파워트랜지스터 ON까지의 구간이다.

ⓔ 드웰구간 : 파워트랜지스터가 ON에서 OFF될 때까지의 구간으로 트랜지스터 내의 저항에 의해 ON에서 약간의 전압 상승이 나타난다. 드웰구간의 파형이 우상향으로 된다.

③ 이상파형 분석

ⓐ 스파크라인이 높고 간격이 짧다 : 스파크플러그의 간극이 크다.

ⓑ 스파크라인이 낮고 간격이 넓다. 스파크 라인 후반부에 전압이 발생한다 : 스파크 플러그 간극이 극히 적다. 압축압력이 낮다.

ⓒ 스파크라인의 기울기가 가파르다 : 스파크 플러그가 훼손되어 있다. 스파크플러그의 누전이 예상된다.

ⓓ 스파크라인이 높고 잡음이 생긴다 : 스파크라인 케이블이 불량이다.

ⓔ 감쇠진동부가 없다 : 이그니션코일의 불량이다.

(2) 점화 2차 파형

점화코일 2차 파형은 점화코일 2차 회로의 전압변화를 나타내는 파형으로 파형의 분석을 통하여 연소선 전압, 연소시간, 플러그 전압, 드웰각, 코일의 상태를 점검할 수 있다. 그림 **7・6**은 점화 2차 파형의 형태를 나타낸다.

① 파형 측정

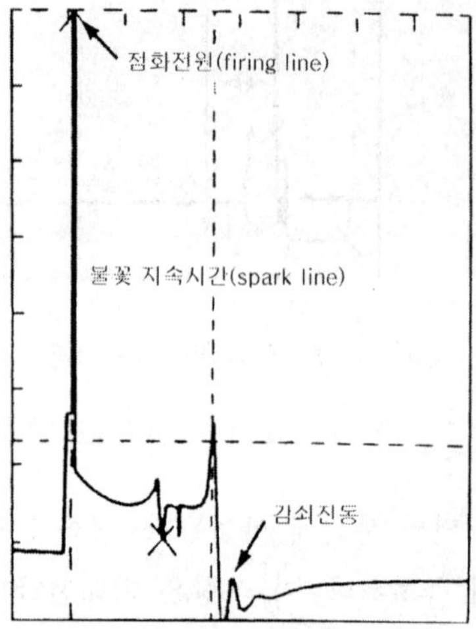

그림 7・6 점화코일 2차 파형

② 파형 분석

ⓐ 점화전압 : 최고점의 전압을 나타낸다. 기울기는 2 μs로 시간의 길고 짧음을 나타내고 전압의 크기는 8 kV 이상이면 양호하다. 이 순간 방전이 시작되고 2 μs 시간 동안 최고전압이 유지된다. 파형의 모양이 너무 날카로워 정밀 측정은 불가능하고 특별히 제작된 픽업이 필요하다.

ⓑ 스파크라인 : 일정한 불꽃지속시간을 나타낸다. 이를 해석하는 것이 엔진 튠업의 핵심이다. 스파크라인의 높이는 전압 높이로 방전되고 난 후의 일이므로 큰 의미가 없다(400~500 V). 전압의 높고 낮음보다 시간의 길고 짧음과 어떤 형태로 에너지가 방전되는지가 중요하고 실린더간 비교가 가장 중요하다. 스파크플러그 갭이 좁으면 최고전압이 높고 지속시간은 짧아지고, 갭이 넓어지면 최고전압은 낮아지고 지속시간은 길어진다. 불꽃지속시간 동안 파형의 모양은 같은 픽업을 사용하는 경우 같아야 하고 모양・시간・기울기 분석을 통하여 압축비・화염지속상태・혼합비 등에 대한 정보를 알 수 있다.

ⓒ 감쇠진동부 : 점화코일에 잔류하는 에너지가 점화 코일 1차 측으로 감쇠소멸하는 상태이다.

ⓓ 중간부분 : 감쇠 진동이 끝나고 파워 트랜지스터가 ON될 때까지의 구간이다.

ⓔ 드웰구간 : 파워트랜지스터가 ON하고부터 OFF되기까지의 구간에서 파워트랜지스터가 ON되는 것에 의해 점화코일에 자계가 형성되고 전압값은 0 V가 된다. 파워트랜지스터가 OFF되고 형성된 자계는 소멸하여 2차 측으로 상호유도 작용에 의해 고전압이 유발된다.

③ 이상파형 분석

ⓐ 스파크라인이 높고 간격이 좁다 : 스파크플러그의 간극이 크다. 혹은 스파크케이블이 불량이다.

ⓑ 스파크라인이 낮고 간격이 넓다 : 스파크플러그 간극이 극히 적다.

ⓒ 스파크라인이 낮고 간격이 넓다 그리고 스파크라인의 움직임이 거의 없다 : 스파크플러그가 훼손되어 있다.

ⓓ 감쇠진동부가 없다. : 점화코일이 불량이다.

7.2 센서 파형

오실로스코프나 엔진종합 테스터기를 이용해서 모든 센서의 파형을 측정할 수 있다. 예를 들면 공기유량 센서, MAP센서, 스텝모터, 스로틀 포지션 센서, 노크 센서, 1번 TDC 센서, CAS센서, 파워 트랜지스터, 산소센서의 파형을 측정하면서 불량여부를 판정할 수 있다.

〔1〕 공기유량 센서 파형

공기유량 센서는 디지털방식으로는 칼만와류식이 있고 아날로그 방식으로는 가동베인식, Hot Film식, Hot Wire식이 있다.

(1) 디지털방식의 공기유량 센서 (L-type)

이 방식은 잡음에는 강하지만 펄스 빠짐에는 불리하여 펄스 빠짐을 잘 포착할 수 있는 방법에 대한 연구가 필요하다. 공전시의 주파수는 33 Hz로 측정된다. 이때의 펄스 하나가 소용돌이 하나를 나타낸다. 이 파형의 로직은 2진법으로 오직 0과 1의 디지털 기호만 있다. 1이란 최소 2.5 V 이상이어야 하고 0이란 0.8 V 이하여야 하는 조건이다. 이 조건 내에서는 전압의 변동이 무시되어도 제 기능을 발휘하는 것이 디지털 신호의 가장 큰 장점이다. AFS에서 조금 낮은 신호전압은 논리신호에 큰 문제가 없다.

그림 **7·7**은 정상적인 공기유량 센서의 출력 파형을, 그림 **7·8**은 불량 파형을 나타낸다. 파형의 조밀도가 항상 일정해야 하고 간격이 불규칙하면 센서불량으로 엔진의 부조가 발생한다. 일정 범위 내에 산의 수가 많으면 많은 공기가 들어가고 있음을 나타낸다.

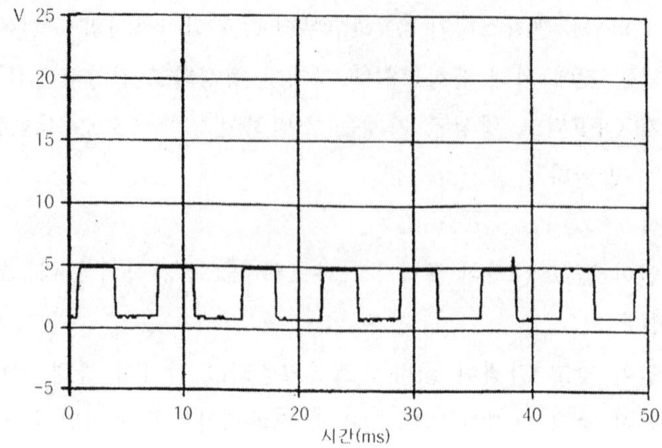

그림 7·7 공기유량 센서 정상 파형

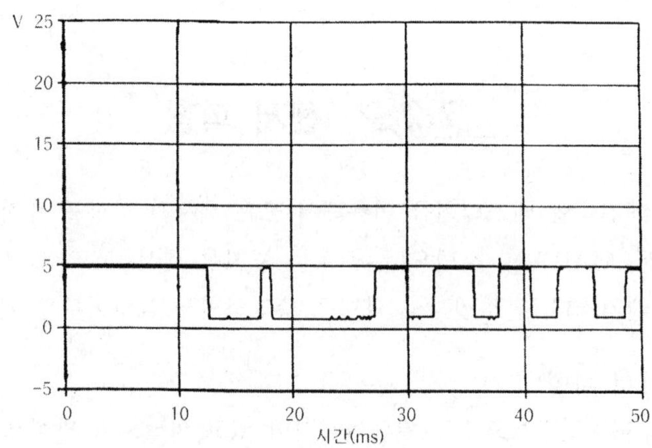

그림 7·8 공기유량 센서 불량 파형

(2) 아날로그 방식의 공기유량 센서

이 센서는 디지털 방식과는 반대로 잡음에 약하여 잡음의 크기와 시간 계산에 정밀도가 필요하다. 흡입되는 공기가 통로를 막고 있던 센서 플랩을 움직여 이에 따라 가변저항이 변화하여 출력전압이 발생하는 구조이다. 이 타입은 기계식으로 작동되므로 응답성이 문제가 된다. 응답성이 느리지만 구조가 간단한 장점이 있다. 문제점은 출력이 아날로그로 된다는 점이다. ECU 입장에서는 디지털을 좋아하고 아날로그는 처리하기 힘든 신호이다.

〔2〕 MAP 센서 파형

이 센서는 센서 안에 기준 진공실이 있고 이 실에 매니폴드의 진공이 가해진다. 흡기관의 진공도가 낮아지면 기준 진공압력과 차이가 생기므로 안에 있는 반도체가 찌그러진다. 이

찌그러짐에 의해 아주 작은 저항값이 변화한다. 이 작은 저항값은 증폭되어 아날로그 출력으로 ECU에 전달된다. 진공이 커지면 1 V가 되고 진공이 적으면 5 V까지 출력된다. MAP 점검시 저항과 출력전압 이외에 급가속시켜 응답성을 반드시 보아야 한다. 공전시 진공은 52.5 mV로 525 mmHg를 나타내고 맵센서는 1.32 V로 일정하게 유지되면 정상이다. 그림 **7 · 9**는 정상적인 가속시의 MAP센서의 출력 파형을, 그림 **7 · 10**은 불량 파형을, 그림 **7 · 11**은 급가속시 파형을 나타낸다. 이 센서가 불량이면 시동이 걸리지 않고 진공호스가 막히거나 서지탱크와 흡기다기관의 공기누설 등에 의해 센서가 작동되지 않을 수도 있다. 파형은 항상 (+)의 값이 출력되어야 하고 가속시에는 증가하고 감속시에는 감소하면서 5 V를 넘지 않으면 센서는 정상이다. 가속하지 않은 경우에도 파형의 값이 증가 혹은 감소하면 센서는 불량이다. 이 파형의 값이 급속히 증가하면 가속임을 나타낸다.

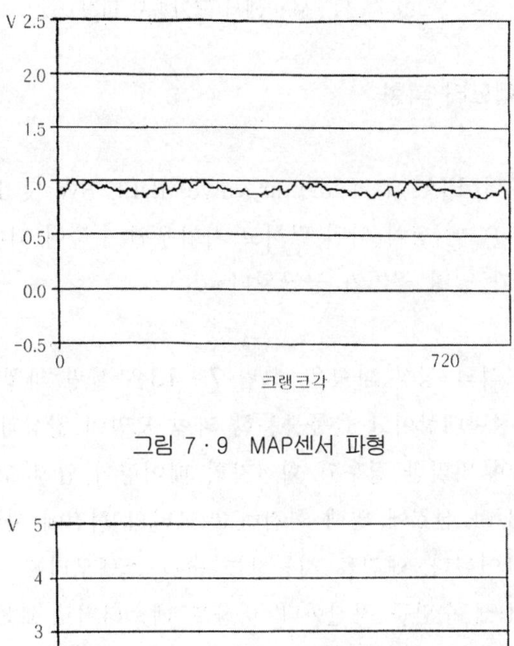

그림 7 · 9 MAP센서 파형

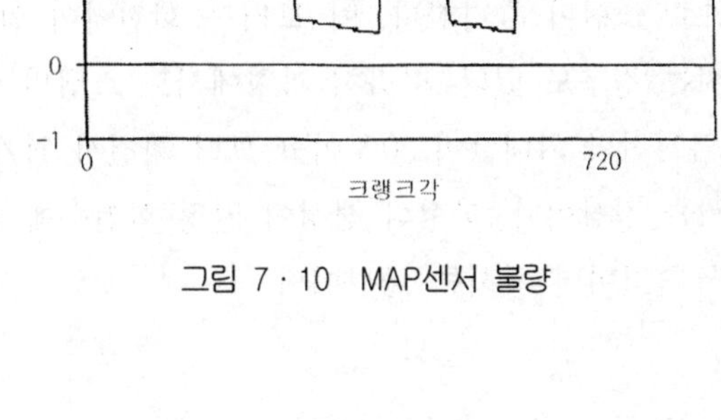

그림 7 · 10 MAP센서 불량

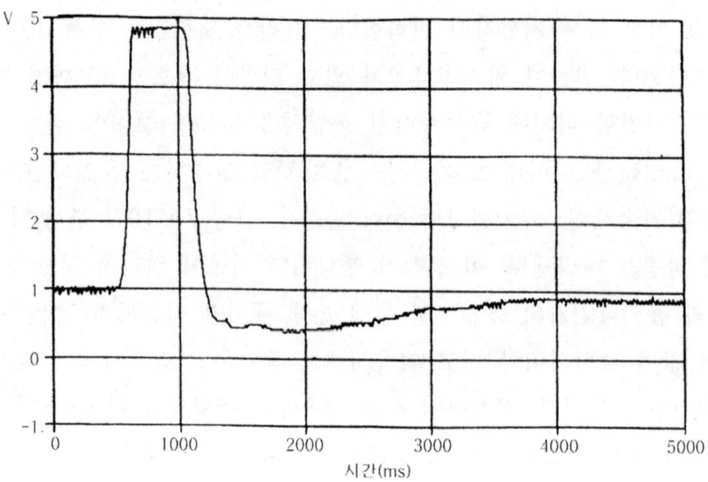

그림 7 · 11 MAP센서 급가속시 파형

(3) ISC-servo 스텝모터 파형

(1) 스텝모터방식

이것의 구조는 스텝모터, FIAV(fast idle air valve) IDLE SW 및 TPS로 구성된다. FIAV는 엔진냉각수 온도가 60℃ 이상이 되면 닫히고 차가우면 수축이 되어 밸브가 열린다. SAS를 꽉 조이면 스텝모터가 열려 공기가 공급된다.

(2) 스텝모터 파형

그림 **7 · 12**는 스텝모터의 정상 파형을, 그림 **7 · 13**은 불량 파형을 나타낸다. 최대전압 30 V가 나오지 않으면 정비대상이고 울퉁불퉁한 파형 모양이 정상파형이다. 비정상 파형은 녹이 슬어 파형의 모양이 밋밋한 경우와 회전자의 베어링이 완전 고착되면 파형의 모양이 변한다. 스텝모터는 ECU의 신호에 의해 회전하고 모터의 회전에 따라 밸브가 신축되어 바이패스하는 공기량이 제어된다. 엔진을 시동하는 순간 스텝모터는 완전히 열린 후에 엔진 온도에 맞추어 정해진 스텝 수만큼 전진한다. 다용도 테스터기로 보는 스텝 수는 ECU 명령 스텝 수이고 실제로 모터가 회전했는지의 여부는 파형을 측정해야 알 수 있다. 부하조건에 따라 스텝 수의 증가가 다르다. 엔진 공전상태(A/C OFF)에서는 9스텝이 규정값이고 에어컨만 가동해도 9~50 범위로 스텝이 증가한다. 이 모터는 회전력이 약하기 때문에 베어링이 녹이 슬면 회전이 느려지는 경우도 있다. 따라서 파형에서도 스텝의 증가에 따른 현상이 표시되어야 한다. 코일의 역기전력 최대값이 30 V이고 모터 회전시 역기전력에는 규칙적인 파형의 변화가 있으면 센서는 정상이다. 파형의 생성이 일정 회전수에서 불규칙하거나 유도기전력 파형의 모양이 불규칙적이면 센서는 불량이다.

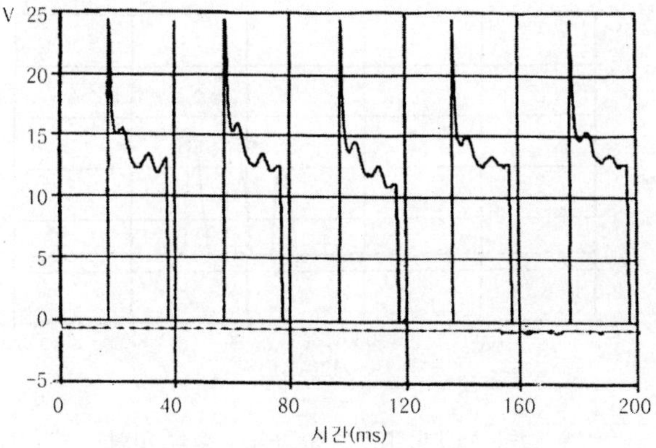

그림 7 · 12 스텝모터 파형

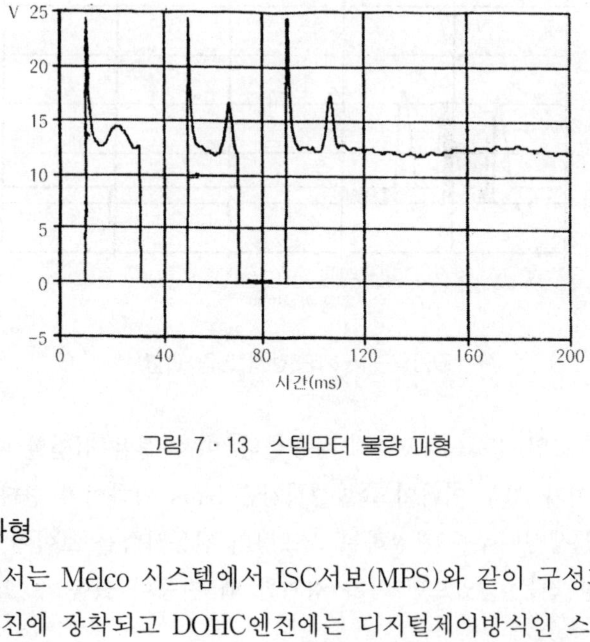

그림 7 · 13 스텝모터 불량 파형

(4) TPS센서 파형

스로틀 포지션 센서는 Melco 시스템에서 ISC서보(MPS)와 같이 구성되어 있다. 일반적으로 이것은 SOHC엔진에 장착되고 DOHC엔진에는 디지털제어방식인 스텝모터 방식이 사용된다. 그리고 보쉬엔진에는 ISA(idle speed actuator)가 장착되어 있다. TPS는 엑설레이터의 밟음 정도를 ECU로 전달하는 센서이다. 엑셀레이터의 밟음 정도에 따라 가변저항값은 변하고 ECU에 공급되는 전압은 이 저항값에 의하여 정해진다. 이러한 출력신호는 아날로그신호로 출력되고 이 파형은 잡음 발생여부를 주의 깊게 점검해야 한다.

그림 **7 · 14**는 TPS센서의 가속시 정상 파형을, 그림 **7 · 15**는 불량 파형을 나타낸다. 스로틀 포지션 센서는 공회전시 0.25~0.8 V, 전부하시 4.25~4.4 V, 가속시 일정하게 전압이 상승하고 감속시 일정하게 하강하면 정상이다. 공회전시에도 전압이 1 V 부근에 있거나 파형이 엑셀레이터의 작동에 민감하게 반응하지 않으면 센서는 불량이다. TPS 파형은 공전시

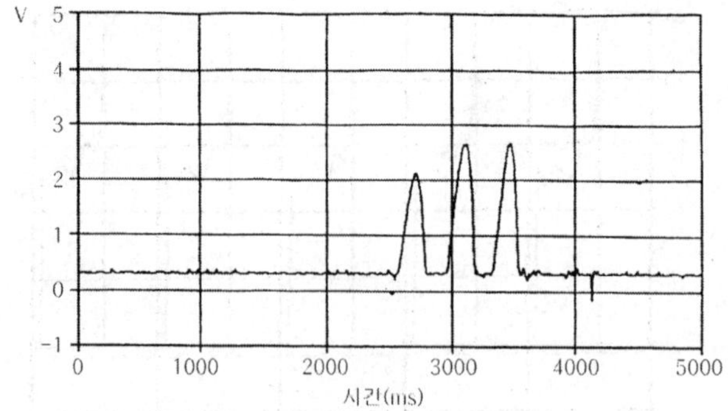

그림 7·14 TPS센서 가속시 정상 파형

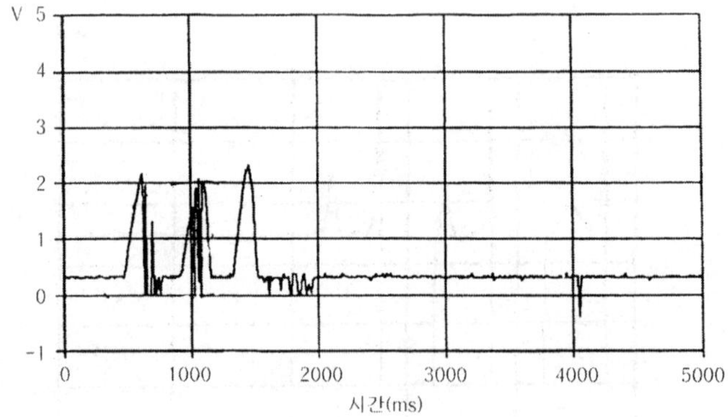

그림 7·15 TPS센서 불량 파형

일 때 0.5 V에서 급가속인 경우 4.4 V까지 상승한다. 이 파형을 점검할 때는 열릴 때와 닫힐 때의 잡음의 전압차이가 20 V 이하이고 발생시간은 5 ms 이하여야 한다. 이와 동시에 닫히는 순간의 진동 파형 생성여부를 관찰하여 스프링의 진동사항을 보아야 한다. 엑셀레이터를 급격히 놓을 때 파형 진동이 있으면 차가 정지할 때 진동이 있을 수 있다.

〔5〕 노크 센서 파형

그림 **7·16**은 노크 센서의 정상 파형을 나타낸다. 노크 검출부분에서 약 7 kHz의 주파수를 가진 노킹신호만을 검출한다. 따라서 공회전시에는 변화가 없는 일정 파형이 검출되면 정상이다.

〔6〕 1번 TDC센서 파형

그림 **7·17**은 1번 TDC센서의 정상 파형을, 그림 **7·18**은 불량 파형을 나타낸다. 1번 TDC센서는 캠축의 위치를 감지한다. 캠축 1회전(크랭크축 2회전 : 720°)에 대하여 1개의 돌기가 축과 같이 회전하면서 기전력을 발생한다. 돌기부를 1번 실린더 압축상사점 위치에 맞

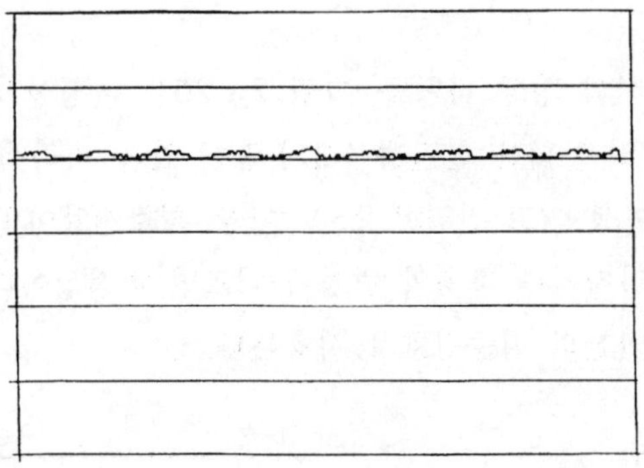

그림 7 · 16 노크 센서 파형

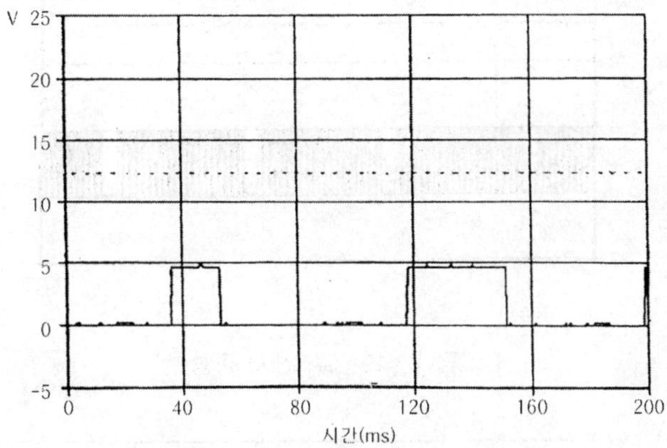

그림 7 · 17 1번 TDC센서 파형

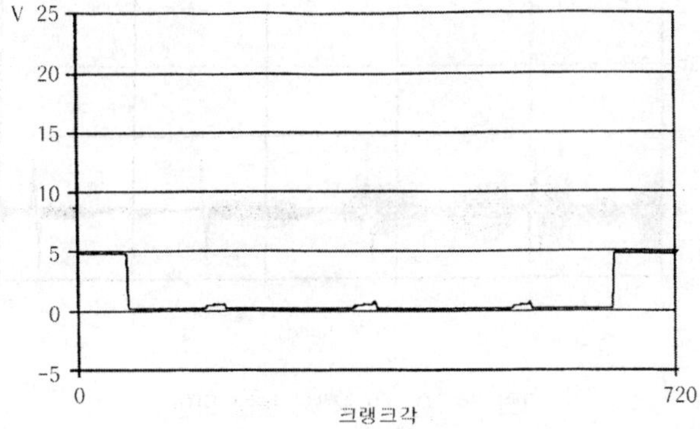

그림 7 · 18 1번 TDC센서 불량 파형

추어 놓아 그 위치를 파악한다. 따라서 크랭크축 2회전(720°)에 한 개의 파형이 검출되면 정상이다.

〔7〕 CAS센서 파형

그림 **7 · 19**는 CAS센서의 정상 파형을, 그림 **7 · 20**은 비정상 파형을 나타낸다. CAS센서는 배전기에 설치되어 있고 얇은 철판에 4개의 홈이 있다. 따라서 캠축 1회전(720°)에 4개의 파형이 나오고 파형 발생 최고 전압은 2.5 V 이상, 최소전압이 0.6 V 이하이면 정상이다. 급가감속시 파형이 찌그러지거나 파형의 변형이 다르면 비정상이다. 이때 얻어지는 신호는 점화시기와 엔진회전수 연산의 기준신호로 사용된다.

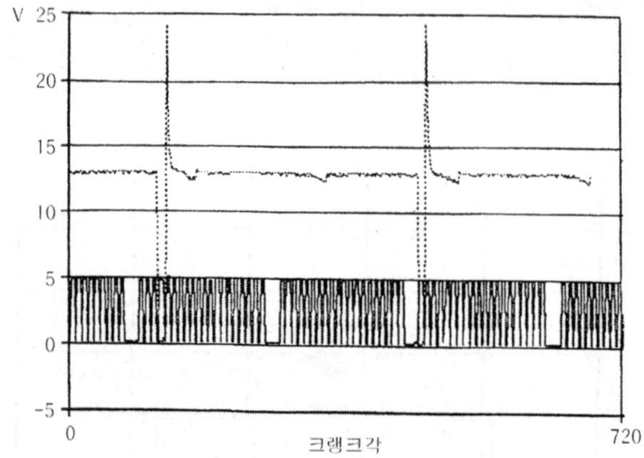

그림 7 · 19 CAS센서 파형

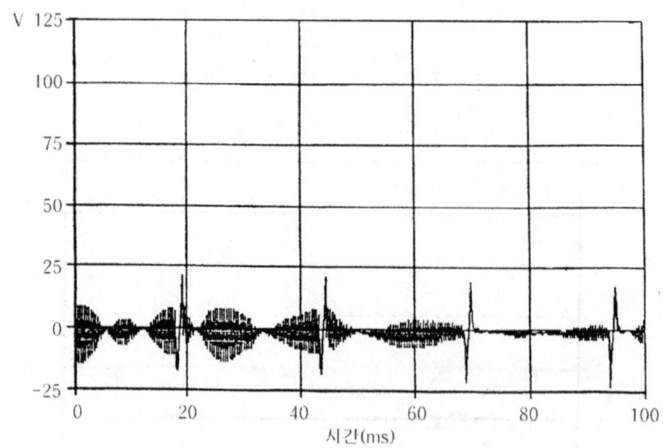

그림 7 · 20 CAS센서 불량 파형

〔8〕 P/TR 파형

그림 **7 · 21**은 파워 TR의 정상 파형을, 그림 **7 · 22**는 불량 파형을 나타낸다. 파워 TR는 ECU에서 신호를 받아 점화코일 1차 전류를 ON 및 OFF로 전환하여 점화시기를 제어한다. 이 부품은 ON 및 OFF의 제어 시간이 항상 일정해야 한다.

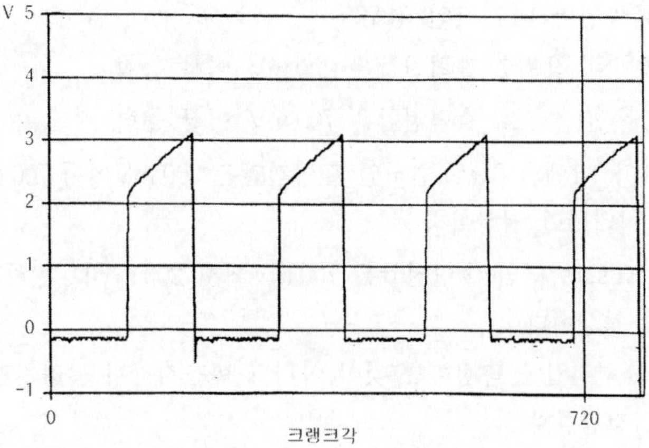

그림 7 · 21 파워 TR 파형

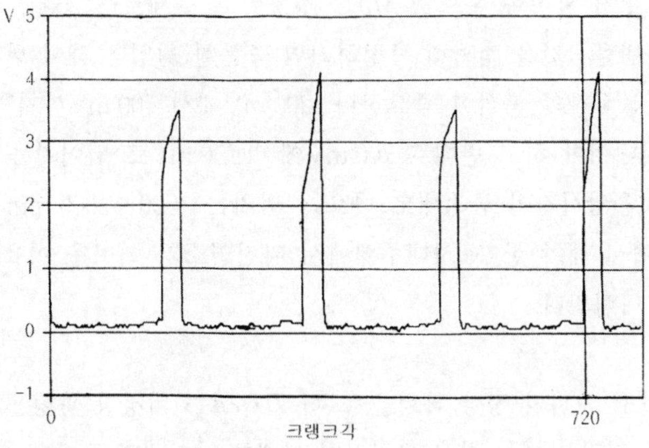

그림 7 · 22 파워 TR 불량 파형

〔9〕 산소 센서 파형

(1) 산소 센서

배기관에 부착된 산소 센서의 역할은 매우 중요하다. 머플러로 나오는 산소량이 적으면 연료가 많았다는 뜻이고 산소량이 많으면 공기가 많았다는 뜻이니 배기가스 중의 산소농도를 측정하면 연료의 과다유무를 파악할 수 있다. 산소 센서의 출력전압은 온도에 따라 아날로그적 반응을 보인다. 충분한 온도를 유지한 상태에서 이론공연비인 14.7 : 1의 범위에서 낮은 값 0 V, 높은 값 1 V로 급변한다. 따라서 이 센서는 얼마나 빠르게 산소의 농도에 따라 출력전압을 발생시키는가에 성능이 달려 있다.

(2) 반응시간

산소분압비를 람다(λ)비로 표시한다

λ = 1 : 이론공연비 14.7 : 1인 경우

λ = 1.1 : 희박한 경우로 출력전압은 200 mV 이하 출력

λ = 0.9 : 농후한 경우로 출력전압은 700 mV 이상 출력

① 기본적으로 λ가 1.1에서 0.9로 변하면 출력전압은 200 mV에서 700 mV로 변하고 반응시간은 0.1 s 이내이면 정상이다

② λ가 0.9에서 1.1로 변하면 출력전압은 700 mV에서 200 mV로 변하고 반응시간은 300 ms 이내이면 정상이다

③ 산소 센서는 출력전압을 측정하는 것이 아니고 반응시간이 느려지면 고장이기 때문에 반응시간으로 점검한다

④ 산소 센서의 저항은 측정하지 않는다. 이유는 테스터기에서 나오는 전류가 산소센서를 손상시키기 때문이다.

⑤ 산소 센서는 초기 활성화 온도는 370℃ 정도이고 실제로는 260℃ 정도에서 활성화되기 시작한다. 반응시간을 정확히 측정하려면 충분한 웜업을 해야 한다. 산소 센서의 파형 분석은 반응시간의 분석이 중요하다. 200 mV에서 700 mV까지 올라가는 상승시간은 100 mS 이내여야 하고 반대로 700 mV에서 150 mV로 떨어지는 시간은 300 mS 이내여야 한다. 응답시간이 규정대로 나오는 범위는 1500~2000 rpm 사이가 되고 측정도 2000 rpm에서 해야 한다. 시내주행에서 완전연소가 어려운 이유도 여기에 있고 따라서 연비도 나빠진다.

(3) 파 형

그림 **7 · 23**은 산소 센서의 정상 파형을, 그림 **7 · 24**는 비정상 파형을 나타낸다. 산소 센서는 공회전 속도가 일정할 때는 항상 규칙적인 형태를 나타내면 급가속 후의 산소 센서 파형

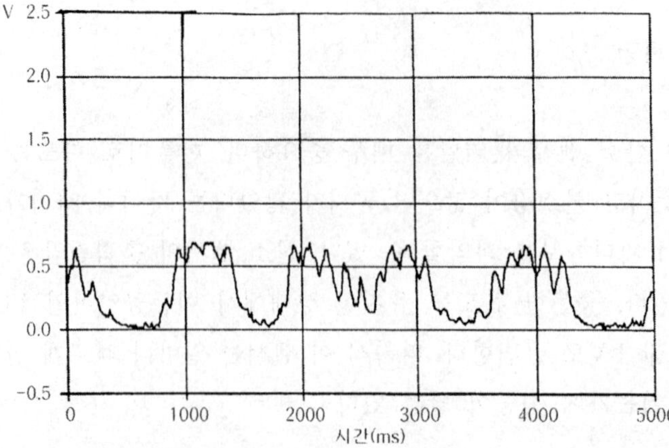

그림 7 · 23 산소 센서 파형

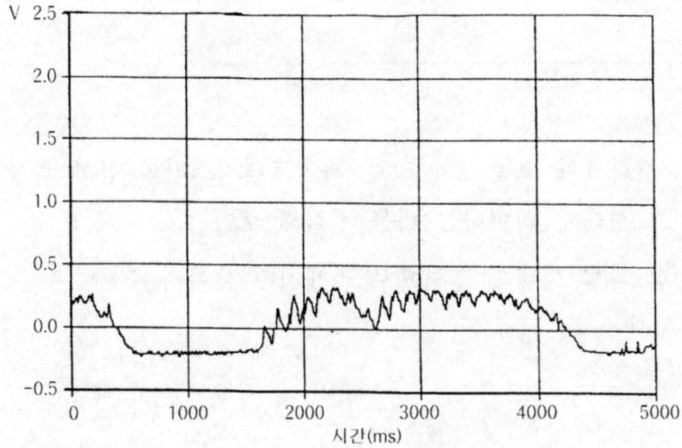

그림 7 · 24 산소 센서 불량 파형

은 임의의 형태를 보일 수도 있다. 배기상태가 농후해 지면 파의 응답성은 빨라진다. 농후할 때는 0.5 V 이상 지속되는 시간폭이 길어진다. 정상파형 모양은 파형 모양이 듀티 50%에 가깝고 노후할 때는 (+)듀티가 크고 (−)듀티는 작은 모양이 된다. 또한 반응시간이 빠르면 농후 느리면 희박상태로 해석할 수 있다.

연습문제

1. 발전기, 인젝터, 점화 1차 코일, 2차 코일, 파워트랜지스터의 점화 파형 형태를 그림으로 스케치해 보고 그 형태가 의미하는 바를 생각해 보아라.
2. 다음 센서의 정상 파형 형태를 그림으로 스케치해 보아라.
   1) 공기유량 센서
   2) MAP센서
   3) 스텝모터
   4) 스로틀 포지션 센서
   5) 노크센서
   6) 1번 TDC 센서
   7) CAS센서
   8) 산소 센서
3. 다음 센서의 불량 파형을 그려보고 불량 원인을 생각해 보아라.
   1) 공기유량 센서
   2) MAP센서
   3) 스텝모터
   4) 스로틀 포지션 센서
   5) 노크 센서
   6) 1번TDC 센서
   7) CAS센서
   8) 산소 센서
4. 엔진의 센서를 점검하는 방법은 자기진단시험법과 엔진 튠업기에 의한 파형 해석법이 있다. 2가지 방법의 장단점을 비교하여라.
5. 3번에서 나열한 센서 중 센서가 고장이 나면 시동이 걸리지 않는 센서를 적어라.
6. 점화 2차 파형에 대하여 설명하여라.
7. 산소분압비에 대하여 설명하여라.
8. +듀티와 −듀티에 대하여 설명하여라.
9. 싱크전류란 무엇인가?
10. 인젝터 파형에 대하여 설명하여라.

8 디젤기관

8.1 디젤기관의 개요

디젤기관은 흡입행정 동안 공기만을 흡입하고 이것을 압축하여 고온, 고압으로 만들고 여기에 연료를 분사시켜 자기 착화시키는 것을 특징으로 한다. 따라서 디젤기관은 압축비와 폭발압력이 가솔린에 비해 두 배 이상 높으며, 높은 폭발압력을 견디기 위해 운동계의 질량이 무겁고 소음과 진동이 심하다.

① 디젤사이클 : 저속 디젤기관으로 선박용에 많이 사용된다.

② 사바테사이클 : 고속 디젤기관으로 자동차용에 많이 사용된다.

8.2 연소실의 종류

디젤기관은 공기만 흡입한 상태에서 연료를 분사하여 연소시키므로 공기와 연료의 혼합이 잘 되어야 한다. 양호한 혼합 상태를 얻기 위하여 여러 가지 형상의 연소실이 사용된다. 연소실은 크게 분류하면 직접 분사식과 간접 분사식(부실식)이 있다.

〔1〕 직접 분사식 (Direct Injection, DI)

연소실을 피스톤헤드에 설치하고, 연소실 중앙에 다공 노즐을 배치한다. 이 방식에서는 연료의 분무와 공기의 혼합 여부가 연소의 좋고 나쁨을 좌우하므로 분사 밸브의 기능과 연소실 내의 유동이 가장 중요한 역할을 한다. 공기의 유동으로서는 흡기 포트에 의해 주어지는 적당한 와류(스웰)와 압축 상사점 부근에서 주어지는 압입와류가 이용된다. 이 방식에서의 연소실을 그림 8·1에 나타내며, 가장 일반적인 것은 리엔트런트형이다. 단실식은 직접분사실식에 속한다. 직접연소실은 효율이 높고 냉각손실이 가장 적어 NO_x의 배출이 많다, MAN-M 연소실은 직접연소실에 속한다.

장점

① 열효율이 높고 연료소비율이 적다.
② 열변형이 적다.
③ 연소실 구조가 간단하다.
④ 평균유효압력이 높고 냉간시 시동이 용이하다.
⑤ 냉각손실이 적다.

제원

① 압축비 : 13~16 : 1
② 연료소비율 : 170~200 g/pSh
③ 분사압력 : 200~400 ata
④ 노즐의 형식 : 구멍형 중 다공형 노즐 사용

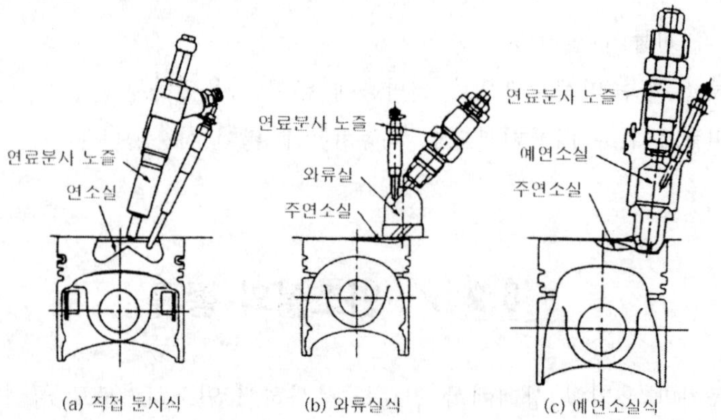

그림 8·1 디젤 엔진의 연소실

〔2〕 간접 분사식(Indirect Injection, IDI)

엔진을 소형·고속화하면 혼합기 형성, 연소에 허용되는 시간이 짧아지고, 강한 공기의 유동의 도움을 필요로 한다. 간접 분사방식은 공기 유동을 강하게 하기 위해서, 부실이라 불리는 연소실을 주실과는 별로도 실린더 헤드에 설치하는 방식이다. 부실식(복실식)은 예연소실, 와류실식 및 공기실식으로 분류된다.

(1) 예연소실

예연소실식은 연료는 우선 예연소실에 분사된 일부가 연소하고, 그것에 의해 생긴 압력차에 의해 미연소 부분을 주실에 분출시켜 연소 와류에 의해 공기와 혼합시키는 것이다. 예열 플러그를 사용하고 노킹이 일어나기 어렵다.

장점

① 노킹이 적다.

② 사용연료 변화에 둔감하여 연료의 선택범위가 넓다.

③ 회전속도의 변화에 대하여 분사시기를 조절할 필요가 없다.

④ 연료장치의 고장이 작고 수명이 길다.

제원

① 압축비 : 15～20 : 1

② 연료소비율 : 200～250 g/pSh

③ 분사압력 : 100～120 ata

④ 노즐의 형식 : 핀틀형과 스로틀형을 사용

(2) 와류실식

와류실식은 그림 **8・1**과 같이 연소실을 구형으로 하여, 압축과정에서 접선 방향으로 유입하는 공기에 의해 와류를 일으켜 연소 촉진을 도모한다.

장점

① 와류를 이용하여 디젤기관 중 평균유효압력이 가장 높다.

② 고성능으로 마력이 가장 크다.

③ 연료소비율이 예연소실보다 적다.

④ 공기이용률이 직접분사식보다 좋다.

제원

① 압축비 : 15～17 : 1

② 연료소비율 : 190～220 g/pSh

③ 분사압력 : 100～140 ata

④ 노즐의 형식 : 핀틀형과 스로틀형을 사용

(3) 공기실식

공기실을 실린더헤드와 피스톤헤드사이에 설치하고 연료는 주연소실에 분사한다.

장점

① 압력상승이 낮고 작동이 조용하다.
② 연료가 주연소실에 분사되므로 기동이 쉽다.
③ 연소의 폭발압력이 가장 낮다.

제원

① 압축비 : 13~17 : 1
② 연료소비율 : 210~230 g/pSh
③ 분사압력 : 100~140 ata
④ 노즐의 형식 : 핀틀형, 스로틀형, 구멍형 노즐 사용

〔3〕 각 연소실의 비교

① 고속 · 고출력 : IDI는 와류실에서 강한 와류가 얻어져 고속 연소가 가능하므로 공기 이용률과 회전 속도가 DI에 비해 유리하고, 고속 · 고출력을 얻기 쉽다. 최고 회전속도도 5000 rpm 이상이다.
② 소음 : 연소에 기인하는 소음은 주로 주연소실의 압력 상승에 의존한다. DI는 착화지연이 커서 노킹을 일으키기 쉬우므로 소음에서 열세이다.
③ 연비 : IDI는 주, 부연소실 사이의 연락 구멍에 의한 스로틀링 손실과 와류실벽면을 통한 열손실 때문에 DI에 비해 15% 정도 연비가 떨어진다.
④ 배출가스 특성 : 디젤 엔진은 희박연소이므로 CO는 그다지 문제가 되지 않으며, HC에 대해서는 DI쪽이 불리하며 DI는 분무의 관통력이 강하고 연료의 벽면 부착이 많으므로 HC가 늘어난다. NO_x에 대해서는 실린더 내 압력상승률이 큰 DI쪽이 더 많다. 스모그는 국부적인 과농 혼합기 중의 연료가 불완전 연소, 열분해에 의해 생긴 물질을 핵으로 이것이 응집, 표면 성장하여 합체된 것으로 전부하에서 증가하는 경향이 있고, DI쪽이 불리하다.
⑤ 시동성 : IDI는 와류실에서의 냉각 손실이 있기 때문에, 저온 시동성은 고압축비를 사용해도 DI에 비해 떨어지고, 글로 플러그 등의 예열장치가 필요하다.

8.3 예열장치

〔1〕 예열플러그식

(1) 코일형

① 히트코일이 노출되어 있어 적열시간이 짧다.
② 저항값이 작아 예열플러그에 저항기를 설치한다.

(2) 시일드형

① 히트코일이 보호금속의 튜브 안에 내장되어 있다.

② 병열결선되며 발열량과 열용량이 크다.

참고

1) 파일럿 : 예열플러그의 적열상태를 운전석에서 점검할 수 있다.
2) 저항기 : 코일형 예열플러그에 규정된 전압이 가해지도록 한다
3) 히트릴레이 : 기동전동기 스위치의 소손을 방지한다.
4) 감압장치 (decompression device) : 한냉시 기동할 때 밸브를 캠축의 작동과는 관계없이 강제로 열어 실린더내의 압력을 낮추어 기관의 시동을 도와주는 장치이다.

---

〔2〕 흡기가열식

흡기매니폴드에 설치되며 스위치를 닫으면 히트코일에 전류가 흘러 볼 밸브가 열리고 연료가 유입된다. 유입된 연료는 기화하여 이그나이터부로 유출되며 착화되어 흡입공기와 함께 실린더로 들어간다.

8.4 디젤기관의 연소

디젤기관의 경우 흡입공기량은 스로틀링 없이 실린더 내로 흡입하여 항상 일정하며 출력제어는 실린더 내에 분사하는 연료의 분사량에 의해 수행된다. 가솔린기관의 점화시기에 해당되는 것이 연료분사 개시시기이다. 압축비는 16~23 : 1로 가솔린기관보다 훨씬 높아 압축말기의 온도는 700℃ 정도로 높아진다. 경유의 자발화온도가 200~300℃ 정도이므로 여기에 안개 모양의 연료를 분무하면 자연발화가 일어난다.

〔1〕 정상연소

혼합가스의 부분적인 자기착화에 의해 연소가 시작되어 화염전파로 옮겨지고 연료입자 표면의 확산에 의해 연소가 완료된다.

① 연소 1단계 (착화지연기간) : 분사가 개시되고 자연발화가 일어나서 연소가 시작되어 실린더 내 압력이 높아지기 시작할 때까지의 1~6 ms의 시간 동안의 기간이다.

② 연소 2단계 (급격연소기간) : 온도의 상승에 의한 자연발화가 일어나는 화학적 지연을

거쳐 연료가 연쇄반응적으로 급격하게 연소하여 압력이 급상승하는 시기로 정적연소기간(화염전파기간)이다.

③ 연소 3단계 (제어연소기간) : 연료가 착화하여 화염이 실린더 내에 확산되면 고온이 되므로 그 뒤에 분사되는 연료는 분사와 동시에 기화하여 연소하는 기간으로 정압연소기간(직접연소기간)이다.

④ 연소 4단계 (후연) : 연료분사는 상사점 후 20~30°에서 완료되며 연료분사가 종료되어도 연소되지 못한 연료는 연소를 계속하는 기간이다.

〔2〕 디젤노킹

디젤기관은 착화지연(ignition delay)이 길수록 자연착화 이전에 분사되는 연료량이 증가되어 착화지연이 길어질수록 압력상승은 커지게 되고 기관은 그 충격력으로 진동이 심해지고 소음이 발생하는 노킹현상이 나타난다. 방지법으로는

① 발화성이 좋은 세탄가 높은 연료를 사용하여 착화지연을 짧게 한다.
② 연료분사시 입자를 무화시켜 분포를 좋게 하고 관통력이 커지도록 한다.
③ 와류를 형성시켜 연소반응을 빠르게 한다.
④ 압축비를 높인다.
⑤ 실린더온도, 흡기온도, 압축압력을 높인다.
⑥ 연료분사개시시기를 상사점 전후로 한다.
⑦ 회전속도 낮춘다.

〔3〕 노킹방지법의 비교

노킹을 경감시키는 조건은 표 **8·1**과 같이 가솔린기관과 디젤기관이 역의 관계에 있다.

표 8·1 노킹방지법

구 분	압축압력	흡기압력	흡기온도	실린더벽 온도	회전속도	착화온도	연료의 착화지연	실린더 체적
가솔린기관	저	저	저	저	고	고	장	소
디젤기관	고	고	고	고	저	저	단	대

참고

1) 런온 (run on) : 점화계통을 차단해도 점화가 계속되는 현상
2) 와일드핑 (wild ping) : 표면점화에 의해 발생한 노킹은 표면점화를 계속 조장하여 고주파음을 내는 현상

3) 럼블(rumble) : 압축비가 9.5 이상이면 노킹음과는 다른 저주파음을 내고 연소실이 깨끗하지 못하면 발생
4) 사드(thad) : 압축비가 12 이상이면 가속을 하여도 저주파음이 계속 발생하는 현상
5) 표면점화 : 표면점화는 점화시기로 제어할 수 없으므로 조지점화가 발생하면 연소가스가 압축되므로 실린더 압력이 높아지고 표면이 더욱 더 가열되어 점화가 빨리 일어나는 현상
6) 오버런(overrun) : 한계회전수를 초과하여 회전하는 현상

8.5 연료 분사 장치

〔1〕 연료 분사 조건

연료가 실린더 내에서 양호하게 연소되기 위해서는 연료입자가 미세하게 무화되어야 하고, 연료와 공기가 잘 혼합되어야 하며 연료가 연소실 구석구석까지 잘 관통되어야 한다. 이러한 조건을 연료 분사 조건이라 하고 3대 분사조건은 다음과 같다.

① 무화 : 연료입자가 안개입자처럼 미세하게 되는 것이며 연료가 미세화될수록 공기와 접촉면적이 커져서 연소시간이 짧아진다.

② 관통력 : 연료입자가 실린더 내의 구석구석까지 도달하는 것을 말하며 관통력은 연료입자의 지름이 커야 한다. 연료입자의 지름이 크면 관통력은 양호하나 연소시간이 길어진다. 이 관통력은 무화와 상반되는 조건이다.

③ 분포 : 연료가 실린더 내에서 공기와 균일하게 혼합되는 것을 말한다. 분포가 잘되게 하기 위해서는 실린더 내에 강한 와류를 형성시켜야 한다.

〔2〕 연료 분사계

디젤엔진은 연료와 공기를 혼합하여 양호한 연소를 얻기 위해 많은 연료 분사 장치가 개발되어 있고, 최근에는 전자 제어, 고압 분사 등의 신기술 개발이 진행되고 있다. 연료 분사 장치는 적정한 시기에 적정한 양의 연료를 고압으로 미립화하여 적당한 시기에 연소실 내로 연료를 분사한다. 그림 **8·2**와 같이 연료 분사 시스템은 차량의 연료 탱크에서 연료를 흡상하여 엔진에 필요한 양만 연소실 내로 분사하고, 나머지 연료를 연료 탱크로 되돌리는 구조로 되어 있는 것이 일반적이다.

〔3〕 연료 분사 펌프

연료 분사 펌프는 연료의 분배방식에 따라 열형 펌프, 분배형 펌프, 유닛 인젝터(unit injector)로 나누어진다. 분사펌프로서 플런저로 연료를 압송하는 저크식 분사장치가 많이 채용된다. 그림 **8·3**은 분사장치의 종류를 나타낸다.

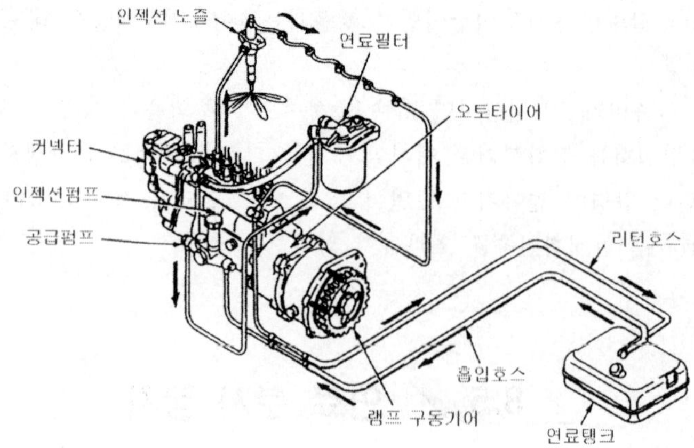

그림 8·2 연료 분사계의 구성

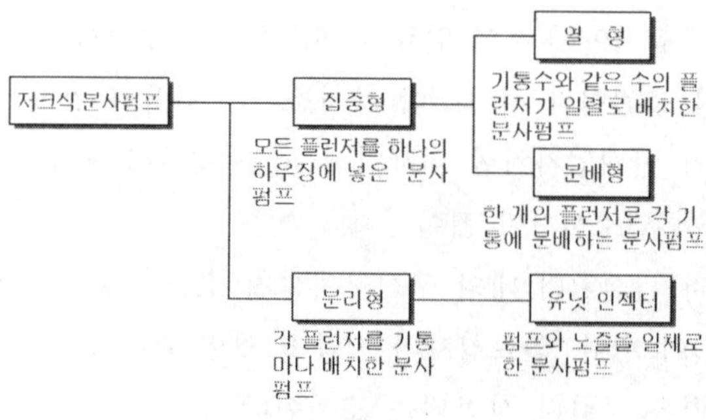

그림 8·3 분사장치의 분류

① 열형 펌프

엔진 기통수와 같은 수의 플런저를 가진 펌프 본체, 거버너, 타이머, 피드 펌프로 구성되어 있고, 중·대형 차량용 디젤 엔진에 널리 사용된다.

② 분배형 펌프

1개의 플런저로 연료를 각 기통에 분배하는 구조로서 부품수가 적고, 경량이기 때문에 소형 엔진에 널리 사용되고 있다.

③ 유닛 인젝터

분사 파이프가 없고 분사 펌프와 노즐의 기능을 일체화한 구조로서 엔진의 각 실린더마다 실린더헤드에 부착된다. 고압분사에 유리하며 분사지연이 없고 분사 파이프 내의 잔압 및 압력파의 거동에 의한 이상 분사가 없는 것이 특징이다. 구동방식에 따라 2가지로 나누어지는데 캠구동식과 공통레일(common rail)식이 있다.

〔4〕 열형 분사 펌프의 구성요소

열형 분사 펌프는 피드 펌프, 펌프 본체 및 거버너(조속기), 타이머 등으로 이루어져 있다.

① 피드 펌프 : 연료를 연료 탱크로부터 흡상하여 연료 필터를 경유하여 분사 펌프 본체의 연료 갤러리로 보낸다.

② 펌프 본체 : 연료를 고압으로 만들어 분사관으로 압송하는 플러저와 캠 샤프트로 이루어진 압송 기구와 압송하는 분사량의 조절 기구를 가진다.

③ 거버너(조속기) : 펌프 본체의 분사량 조절 기구와 연결되어 회전수와 부하에 따라 분사량을 제어한다.

④ 타이머 : 엔진 회전수에 따라 연료를 분사하는 시기를 제어한다. 보쉬형은 펌프와 타이밍기어 커플링으로 분사시기를 조정하며 분사시기가 너무 빠르면 배기가 흑색이다.

⑤ 스피드드롭(speed drop) : 엔진의 과부하에 따라 속도가 떨어지는 것을 방지하는 장치이다.

⑥ 앵글라이이히장치 : 공기와 연료의 비율을 조절한다

(1) 열형 펌프의 구조와 기능

압송기구는 그림 **8・4**와 같이 펌프 엘리먼트와 딜리버리 밸브로 구성되어 있고, 연료는 다음과 같은 행정을 통하여 분사관 내로 압송된다.

① 흡입 : 피드 홀을 통해 연료를 플런저실로 흡입한다.

② 압송 : 플런저가 상승하여 상단이 피드 홀을 닫는 위치부터 플런저실의 연료 압력이 상승하기 시작하여 압송 행정이 시작된다. 압력이 상승한 연료는 딜리버리 밸브를 밀어 올려 분사관 내로 송유한다.

③ 분사 : 분사관 내의 연료 압력이 상승하여 분사 노즐의 개변압보다 높으면 분사 노즐의 니들이 상승하여 연료를 분사한다

④ 분사 종료 : 플런저가 더욱 더 상승하면 플런저 리드가 피드 홀과 관통하여 고압 연료는 연료 갤러리로 유출되고, 압력 강하가 시작되어 압송 행정은 종료한다

(2) 분사량 조절

플런저에는 리드(lead)가 있기 때문에 플런저를 회전시키면 유효 압송 스트로크가 변한다. 유효 스트로크, 즉 플런저의 회전 위치를 컨트롤 래크로 제어하는 것이 거버너(조속기)이다. 플런저가 상승하더라도 압송 개시 전에 플런저 리드와 피드 홀이 관통하는 상태에서는 플런저실 내의 연료가 가압되지 않고, 연료 갤러리로 유출되어 버리기 때문에 무분사가 된다. 무분사 상태에서 컨트롤 슬리브가 회전하면 압송 스트로크가 되고, 더욱 더 회전하면 그림 **8・5**와 같이 압송 스트로크가 증가하여 분사량은 증가한다.

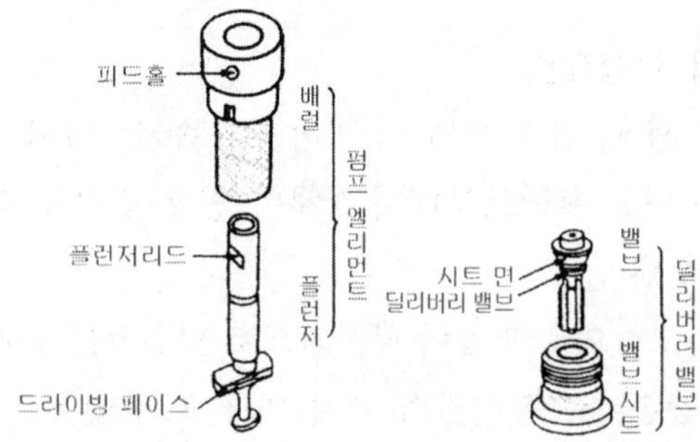

그림 8·4 펌프 엘리먼트 및 딜리버리 밸브

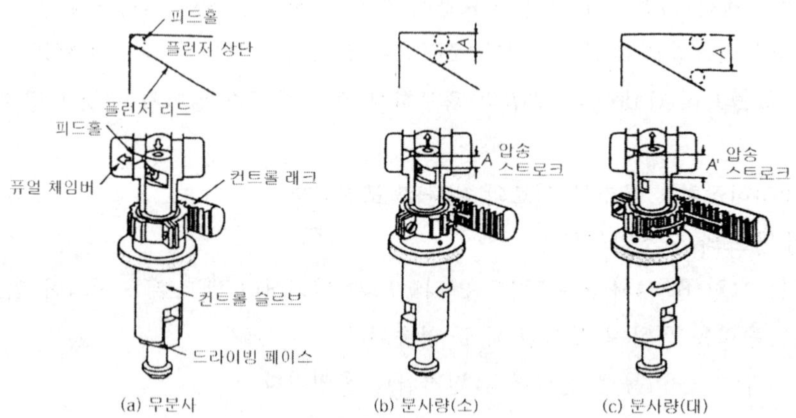

그림 8·5 분사량 조절 작용

참고

1) 프리 스트로크(pre-stroke) : 플런저가 피드 홀을 닫아 압송을 개시할 때까지의 플런저 리프트이다.
2) 압송 스트로크 : 플런저 리드가 피드 홀과 만나서 압송이 종료될 때까지의 압송 기간이다.

(3) 펌프엘리먼트

플런저와 플런저 배럴로 구성되며 그림 **8·6**과 같이 펌프하우징 내 고정되어 있는 배럴 내를 플런저가 상하운동을 하여 연료를 압축하여 분사노즐로 보내는 장치이다.

① 예행정 : 하사점으로부터 플런저 윗면이 연료의 공급 구멍을 막을 때까지 움직인 행정이다.

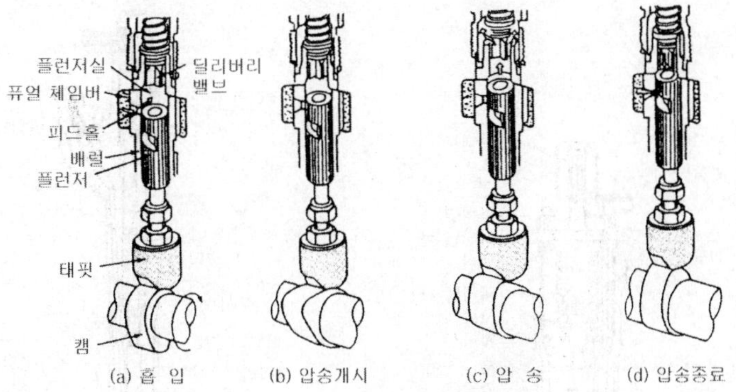

그림 8·6 펌프 엘리먼트의 작동

② 유효행정 : 플런저 윗면이 연료공급을 막은 후부터 제어홈이 플런저 배럴의 연료공급 구멍에 도달할 때까지 연료를 압송하는 기간이다.

③ 플런저 리드의 방향과 분사량과의 관계

유효행정을 크게 할수록 분사량이 증대되는데 플런저의 우측으로 회전시켰을 때 유효행정이 증대되는 우리드형, 좌측으로 회전시켰을 때 증대되는 좌리드형이 있다.

– 정리드 : 분사 초기의 분사시기 일정, 분사 말기에 변화
– 역리드 : 분사 초기의 분사시기 변화, 분사 말기에 일정
– 양리드 : 분사 초기의 분사시기 변화, 분사 말기에 변화

(4) 딜리버리 밸브(Delivery Valve)

연료 압송 종료 후 밸브가 하강할 때 밸브의 컬러(collar)부가 플런저실과 밸브실을 차단하고 더욱 더 하강하여 시트부에 밸브가 안착한다. 컬러부가 플런저실과 밸브실을 차단하고 나서 밸브가 시트부에 착좌할 때까지를 되돌림 스트로크라 하며, 분사 종료시에 이 용적분(되돌림 양)만큼 밸브실 용적이 증가하기 때문에 분사관내의 압력이 떨어져 분사 끊김이 좋아진다. 이 밸브의 3대 역할은 역류방지, 후적방지, 분사압력의 70~80% 이내의 잔압유지 등이다.

(5) 연료제어기구

제어 래크(control rack), 제어 슬리브(control sleeve), 제어 피니언(control pinion) 등으로 구성되고 각 플런저의 분사량을 균등하게 하는 척도로 불균율을 측정하여 불균율이 규정된 범위 안에 들도록 분사량을 조정한다. 이는 제어 피니언과 슬리브의 관계위치를 변화시켜 펌프 엘리먼트마다의 분사량을 조절한다.

(6) 연료 분사 노즐

연료 분사 노즐은 연료를 무화시키는 기능을 가지고 있고, 그림 **8·7**과 같이 노즐 보디 속에서 니들이 상하 왕복 운동하는 노즐 어셈블리와 노즐 개변압을 설정하는 스프링을 가지

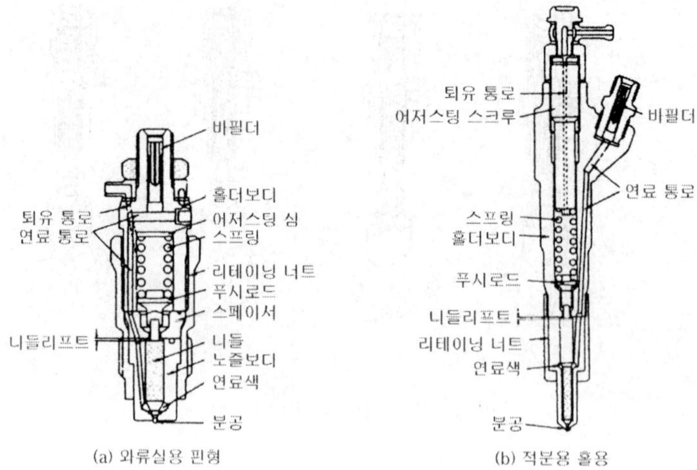

그림 8·7 노즐, 노즐 홀더의 구조

고 있는 노즐 홀더로 구성되어 있다. 분사노즐의 분무조건은 다음과 같다.

① 무화가 양호할 것.

② 관통력이 클 것.

③ 분포가 잘 이루어 질 것.

④ 분산도가 양호할 것.

⑤ 분사율이 양호할 것.

분사 노즐은 개방형과 밀폐형으로 나누어지고 밀폐형에는 구멍형, 핀틀형, 스로틀형이 있다.

① 개방형

분사펌프와 분사노즐 사이에 노즐스프링과 니들밸브 등이 없이 항상 열려져 있는 형식이다. 니들밸브가 없어 분사압력을 조절하지 못하고 무화가 좋지 않아 후적이 일어나기 쉽다.

② 밀폐형

분사펌프와 분사노즐 사이에 니들밸브를 두고 필요할 때만 열어 분사되게 하는 형식이다.

ⓐ 구멍형 : 단공형, 다공형 및 분공형이 있고 분사구멍의 지름은 0.2～0.4 mm이다. 직접분사실에 사용되고 연료소비량이 적다.

ⓑ 핀틀형 : 분사구멍의 지름은 1～3 mm이고 초기분사량이 많아 노킹이 일어나기 쉽다. 부식실에 사용된다.

ⓒ 스로틀형(교축형) : 핀틀형을 개량하여 니들밸브 2단으로 하여 분사초기에 연료분사량을 감소시켜 노킹을 방지한다. 부식실에 사용된다.

8.6 과급방식

과급이란 공기의 압력을 올려 엔진에 흡입시켜 기관의 충진효율을 높이는 방식이다. 과급기를 사용하면 다음과 같은 현상이 나타난다.

① 기관의 출력이 35~40% 증대한다.

② 체적효율이 증대되고 평균유효압력이 상승한다.

③ 연료소비율이 3~5% 줄어든다.

과급기는 배기에너지를 이용하여 배기터빈을 작동시켜 원심압축기를 구동하는 터보과급과 크랭크축의 동력을 이용하여 루트를 구동하는 수퍼차져(super charger)과급방식이 있다.

참고

• **인터쿨러**

터보과급에서는 급기압축기에 의해 급기를 압축하기 때문에 온도가 100℃ 이상 올라간다. 이 온도를 내리기 위해 자동차의 경우 주행풍으로 급기온도를 50℃ 정도까지 저감하는 것이 가능하다. 이 열교환기를 인터쿨러라 한다.

8.7 코먼레일 엔진 (Common Rail Direct Injection Engine)

8.7.1 개 요

CRDI엔진은 기존 디젤엔진(IDI, Indirect Injection)이 연료와 공기가 혼합되어 연소실에 공급되는 것과 달리 연료를 연소실에 직접 분사(DI, Direct Injection)하는 방식이다. 이 시스템은 엔진 효율이 높아지고, 공해물질(질소산화물, 입자상 물질)이 적게 배출되며, 제어가 쉬운 장점이 있다. 현재 개발된 코먼레일 엔진은 저공해규제와 연비를 함께 만족시킬 수 있는 유일한 대안이다.

기존 IDI엔진은 먼저 분사된 연료가 공기와 혼합 후 연소되면 나중에 분사된 연료는 공기부족으로 불완전 연소되어 분진이 발생한다. 이러한 분진 발생을 막으려면 연료를 고압으로 분사해야 한다. 연료 분사압력을 높게 하면 분무입자는 작아지고 연소도 잘 된다. IDI엔진은 연료입자의 평균지름이 10미크론 정도지만, DI엔진에서 1400기압의 고압이 되면 5미크론으로 작아진다. 디젤연료는 가솔린에 비하여 점도가 높아 입자를 작게 만들기 어렵다. 이런 것을 1400기압의 고압상태에서 연료를 분사하면 연료와 공기가 잘 혼합되어 완전연소가 가능해진다. 이러한 원리로 코먼레일 엔진이 개발되었다.

CRDI엔진이 개발되기 전의 디젤엔진(IDI, Indirect Injection)의 분사장치는 분사압력을 얻기 위하여 캠구동 장치를 이용하였고 이때는 분사압력은 크랭크축의 속도와 함께 증가하고 그에 따라 분사 연료량도 증가하였다. 이는 크랭크축의 속도에 따라 제한되므로 분사압력이 낮다. 이러한 캠구동 방식과는 다르게 커먼레일 분사(Common Rail Direct Injection) 장치는 분사압력의 생성과 분사과정이 독립적으로 작동된다. 따라서 연소과정과 분사과정의 설계를 나누어 할 수 있다. 고압력 발생과 연료분사를 독립적으로 하기 위해서는 고압을 발생 및 유지할 수 있는 고압 어큐뮬레이터(High-pressure accumulator)나 고압레일의 사용이 필수적이다.

CRDI에서는 기존의 노즐폴더 위치에 솔레노이드 노즐이 장착되고, 분사압력은 레이디얼 피스톤 펌프(Radial Piston Pump)에 의해서 생성된다, 엔진 맵을 이용하여 어느 정도까지는 엔진 회전수와는 독립적으로 연료압력과 분사시기를 조정할 수 있기 때문에 엔진의 회전속도가 낮을 때에도 고압분사가 가능해져서 원활한 시스템의 작동이 가능하다. 또한 분사시기 조절을 통하여 배기가스·소음·연비를 저감할 수 있으며, 연료분사압력은 유압제어로 노즐 니들에 의해 신속히 조절된다. 연료의 분사 시기와 양을 조정하는 솔레노이드 밸브의 끝에 인젝터가 연결되어 있으며, 솔레노이드 밸브가 닫히면 연료 분사는 중단되고 인젝터의 열림 시간은 ECU가 조절한다. 결국 코먼레일 시스템 개발로 인하여 획기적으로 배기가스를 저감하고, 연비를 향상시키는 것이 가능하다.

IDI 분사펌프은 1927년 보쉬(BOSCH)에서 처음으로 개발되어 DI고압분사펌프 개발로 발전되어 왔다. 실린더당 약 200 kW의 출력이 발생되고 약 1400 bar의 분사압력이 사용된다. 이러한 개발의 주안점은 특정한 출력의 증가뿐만 아니라 감소된 연료 소비율, 그리고 노이즈와 배출가스의 저감이다. 기존의 캠-구동시스템(IDI)과 비교하여, 보쉬의 직접분사(DI) 디젤엔진에 사용되는 코먼레일 연료분사 시스템은 다음과 같은 특징이 있다.

(1) 배출가스의 감소

코먼레일 시스템은 연료를 완전연소에 가깝게 하여 배기가스 저감을 할 수 있다. 같은 NO_x 레벨에서 CO_2 20%, CO 40%, HC 50%와 입자상 물질(PM)을 60%까지 줄일 수 있고, 메인 인젝터 전과 후에서 분사를 하여 NO_x를 줄일 수 있다. 연료의 압력을 제어하여 직접 분사하기 때문에 고압이 유지되고 연소 효율과 출력도 높일 수 있고 유해물질의 배출량도 저감된다.

(2) 연비향상

엔진 운전조건에 따라서 연료압력과 분사시기를 조정할 수 있기 때문에 저속일 때도 고압

분사가 가능하여 완전 연소가 가능하다. 따라서 기존의 디젤엔진(IDI)에 비하여 이론공연비를 최대화하여 20% 정도의 연비향상이 가능하다. 그리고 연료의 압력을 제어하여 직접 분사하기 때문에 연소 효율도 높다.

(3) 출력 향상

분사압력은 엔진속도 및 부하 조건과 무관하여 저속 과부하시에도 고압의 분사가 가능하므로 기존 디젤엔진보다 저속에서 토크 50%, 출력 25%의 증가를 얻을 수 있다. 연소효율이 높으면 출력이 올라가고, 유해물질 배출량은 적어진다. 따라서 초고압 분사와 전자제어에 따른 최적 연소제어로 성능이 향상된다.

(4) 운전성 향상

기존 디젤엔진의 진동과 소음을 파일럿(pilot) 분사의 적용으로 저감시켰다. 승차감은 기존의 디젤엔진에서 생기는 진동과 소음이 코먼레일 방식에서는 개선되고 운전성이 향상되었다.

(5) 다양한 설계와 경량화

인젝터를 모듈(module)화하여 4밸브 및 6밸브 적용이 가능하며 기존의 디젤엔진에 비하여 약 20kg의 경량화가 가능하다. 엔진의 회전수와는 관계없이 분사압, 분사량, 분사율, 분사시기를 독립적으로 제어할 수 있어 설계가 용이하고, 부품수가 줄어 경량화가 가능하다.

8.7.2 시스템의 구성

고압 공급펌프에서 연료를 압송하여 코먼레일에 연료를 공급하고, 코먼레일 내의 압력은 압력 센서로 감지되고, 엔진 회전수와 부하에 따라 3-웨이 밸브(three way valve)로 보내지는 펄스에 따라 분사량, 분사율, 분사시기가 설정된 값으로 ECU에 의해 제어된다.

코먼레일 내의 연료는 인젝터에 공급되고, 고압 공급 펌프(high pressure feed pump)는 연료를 고압으로 만들어 코먼레일에 공급하는 기능을 하며, 구동방식은 기존 디젤(IDI) 인젝션 펌프와 동일하고. 멀티 액션 캠(Multi-action cam)을 도입하여 펌프 기통수를 줄였다.

고압 공급펌프에서 연료를 송출하여 코먼레일에 연료를 공급하고, 엔진 회전수와 부하에 따라 설정된 값으로 제어된다. 그림 **8·8**은 코먼레일시스템 구성도를 나타낸다.

시스템의 구성요소는 다음과 같다.

① 센서 : 엔진 회전수, 엔진페이스, 가속페달, 부스트압력, 냉각수 온도, 압력 등 감지

- 크랭크각 센서
- 캠축속도 센서
- 액셀레이터 페달센서
- 공기유량 센서

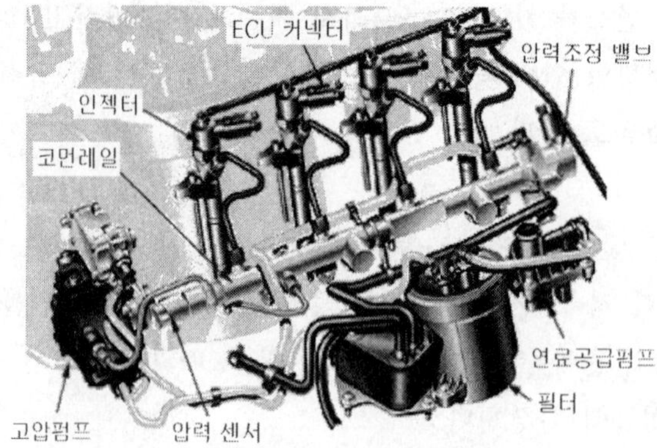

그림 8·8 코먼레일 시스템 구성도

- 부스트압력 센서
- 레일압력 센서
- 냉각수온 센서
- 공기유량 센서

② 압력센서 : 압력감지
③ ECU : 연료분사 제어
④ 액추에이터 : 작동제어
⑤ 고압펌프 : 고압력 발생
⑥ 코먼레일 : 고압 연료관
⑦ 압력조절밸브 : 압력조절
⑧ 인젝터 : 연료분사

〔1〕 저압연료펌프

저압연료펌프는 고압부분으로 연료를 공급하는 역할을 하며 구성 부품은 다음과 같다.

① 연료탱크
② 저압연료펌프
③ 연료필터
④ 공급(feeding)과 회수(return)용 저압연료라인

(1) 저압연료펌프

저압연료펌프는 연료를 연료필터를 거쳐 고압펌프에 공급하며 전기식 연료펌프가 많이 사용된다. 전기식 연료펌프는 가솔린기관에 주로 사용되었는데, 코먼레일 연료분사 시스템에도 적용되었다. 전기식 연료펌프는 고압펌프로 연료를 공급하고 사고시에 전원이 꺼져 연료의 공급을 막는 역할을 한다. 엔진의 크랭킹과 함께 작동하며 과잉 공급된 연료는 연료펌

프 내의 오버플로(overflow) 밸브를 통해 조절된다. 전기식 연료펌프는 연료공급라인에 설치되는 방식과 연료탱크 내에 설치되는 ITR(in-tank reserved)방식이 있다. ITR 방식은 연료탱크 자체에 설치되며, 연료모터, 스트레이너, 레벨 게이지, 연료필터 등이 일체로 되어 있다.

(2) 연료필터

경유 속의 오염물질은 펌프, 이송밸브, 인젝터를 손상시킨다. 연료필터는 코먼레일 시스템에서 중요한 역할을 한다. 또한 디젤연료는 온도 변화에 의한 수분의 응축으로 수분이 발생되며 수분이 시스템에 들어가면 여러 가지 손상이 발생한다. 이러한 수분을 제거하기 위해 수분을 제거할 수 있는 수분저장고가 연료필터에 장착되어 있다.

〔3〕 고압연료펌프

고압연료펌프는 연료를 고압을 만들며 중요한 구성성분은 다음과 같다.

① 셧오프(shutoff)밸브와 압력제어밸브가 장착된 고압연료펌프

② 고압 어큐뮬레이터(커먼레일)

③ 레일 압력센서

④ 유동 제한기

⑤ 인젝터

(1) 고압연료펌프

고압연료펌프는 연료필터(저압)와 코먼레일(고압)의 중간에 있으며 고압 연료를 코먼레일로 공급한다. 이 펌프는 압력의 급격한 변화에 대하여 추가적으로 연료를 공급한다.

고압연료펌프는 고압-어큐뮬레이터에서 고압의 연료를 연속적으로 만들어 낸다. 고압의 연료를 커먼레일에 공급하는 기능이며, 구동방식은 기존 디젤 인젝션 펌프와 동일하다.

고압연료펌프의 내측에는 서로 120°의 각도로 되어 있는 3개의 반경방향의 펌프피스톤이 있고 이 펌프피스톤에 의해 연료가 압축된다. 매 회전마다 3번의 이송행정이 발생하고 펌프 구동장치에 응력이 일정하게 유지되도록 낮은 피크의 구동토크가 발생되는데, 이 구동토크는 15 Nm 정도이다. 이것은 코먼레일에서는 기존의 디젤 분사시스템보다 펌프구동에 더 작은 부하가 걸린다.

수분분리기가 장착된 연료필터를 통해, 1차 공급펌프는 연료를 고압연료펌프로 공급하게 되며 연료는 이송압력 이상으로 압축되고 증가압력은 레일압력에 도달하면 출구밸브를 열고 저압회로에서 고압회로로 들어간다.

고압연료펌프는 많은 연료량을 공급할 수 있게 설계되어 있으므로, 공회전과 부분부하시 과잉의 고압연료가 공급된다. 이러한 과잉연료는 압력제어밸브를 통해 회수라인을 통하여 다시 탱크로 돌아간다.

펌프 효율 향상 및 고압 연료 폐기의 손실방지를 위하여 토출량 제어방식을 채택하였다. 구동토크는 기존 펌프의 절반 수준이다.

(2) 고압-어큐뮬레이터(코먼레일)

고압-어큐뮬레이터는 연료를 고압으로 저장하고 고압연료펌프와 연료의 분사 때문에 발생하는 압력변동을 코먼레일의 체적으로 댐핑시켜 변동이 발생하지 않도록 한다. 많은 연료량이 공급되더라도 코먼레일의 내부압력을 일정하게 유지된다. 또한 여러 가지 부하에 대처하기 위해 유동제한기와 레일압력 센서, 압력제어밸브 등이 설치된다. 그림 **8·9**는 코먼레일의 구성도를 나타낸다.

고압 공급 펌프로부터 공급되는 고압의 연료를 저장하고, 인젝터로 매회 분사되는 양만큼의 연료를 보내주는 기능을 하며. 역류 방지를 위한 체크밸브 및 고압 센서가 부착되어 있고, 레일 안의 연료압력은 압력조절밸브에 의해 조정되고, 연료 압력은 항상 압력 센서에 의해 체크되고 엔진에서 요구하는 조건에 따라 조절하게 된다.

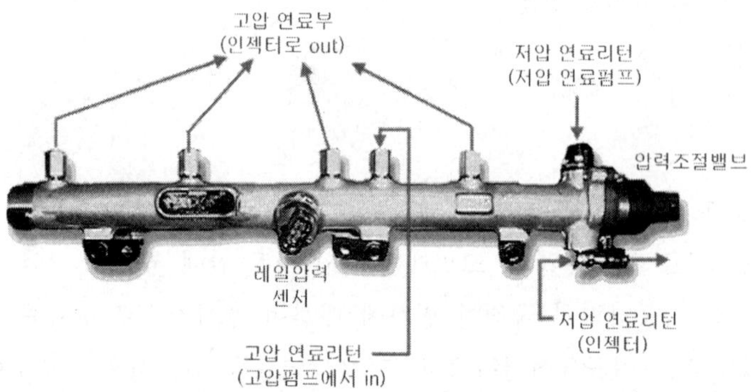

그림 8·9 코먼레일 구성도

(3) 레일압력 센서

변화하는 압력 신호를 ECU에 보내기 위해서는 레일에서 순간적인 압력을 측정해야 한다. 레일압력 센서는 이러한 역할을 하며 압력 피팅에 용접된 적분형 센서이다. 연료는 레일에서 입구를 통해 레일압력 센서를 지나간다. 센서의 끝부분은 센서 다이어프램으로 실링되어 있다. 가압된 연료는 블라인드 홀을 통하여 센서의 다이어프램에 도달하고 압력을 전기신호로 바꾸는 엘리먼트가 다이어프램에 연결되어 있다.

레일압력 센서의 원리는 다이어프램의 찌그러짐이 변하면 저항이 변한다. 이 저항으로 압력을 측정한다. 레일압력의 정밀한 측정은 시스템의 기능을 보정하는데 필수적이다. 주요 작동 범위에서 측정 정확도는 정밀하다. 만약 레일압력 센서가 고장나면, 압력제어밸브는 비상기능으로 고정된 값을 사용한다.

(4) 압력조절밸브

코먼레일에 과도한 압력의 연료가 공급되면 압력조절밸브는 통로를 열어서 레일의 압력을 일정하게 유지한다. 압력조절밸브는 단시간에 최대 1400 bar의 레일압력을 견딘다.

압력조절밸브는 이동 가능한 플런저와 스프링으로 구성되며 정상적인 작동압력(135 bar)에서 스프링은 플런저에 힘을 가하여 레일은 닫히게 되고 시스템 압력이 한계를 넘으면, 플런저는 스프링의 힘에 밀려 가압된다. 따라서 고압의 연료는 밸브를 통과하고 레일의 압력은 떨어진다.

(5) 인젝터

실린더로 분사되는 연료량은 ECU에 의해 인젝터로 조절되며, 이러한 인젝터는 기존의 디젤의 노즐폴더 어셈블리를 대신한다. 홀 타입 노즐, 유압 서브시스템, 솔레노이드 밸브 등으로 구성되고 연료는 코먼레일에서 인젝터로 공급되고, 공급 오리피스를 통해 컨트롤 체임버로 공급된다. 컨트롤 체임버는 솔레노이드 밸브에 의해 열리는 블리드 오리피스를 경유하여 연료 회수라인에 연결된다.

인젝터의 솔레노이드 밸브가 전원을 받으면 블리드 오리피스가 열리고, 컨트롤 체임버의 압력이 낮아지게 된다. 그 결과, 플런저에 작용하는 유압도 떨어진다. 유압 힘이 노즐 니들에 작동하는 힘보다 더 아래로 떨어지면 노즐 니들은 열리고 연료는 스프레이 홀을 통해 연소실에 분사된다. ECU의 신호는 니들의 리프트를 제어하여 펄스 시기에 의해 분사시기가 정해지고, 펄스 폭에 의해 분사량이 정해진다. 그리고 원-웨이 오리피스(one-way orifice)의 반지름에 따라 분사율 패턴이 정해진다. 3-웨이 밸브(3-way valve)는 연료압력에 따라 연료가 지나는 길을 정한다. 인젝터는 고압에서 빠른 응답성을 가지며 120 MPa의 압력하에서 0.4 ms 이하의 속도로 작동한다. 소비전력은 공회전시 20 W, 전부하시 50 W이다. 각 실린더에 단독으로 솔레노이드로 구동되는 인젝터가 노즐과 함께 장착되고, 분사개시는 ECU의 신호가 인젝터의 솔레노이드로 전달되면서 시작되고 분사압력은 1400 bar 정도이다. 연료의 역류 방지를 위해 체크밸브 및 고압 센서가 부착되어 있고, 레일 안의 연료압력은 압력 조절밸브에 의해 조절된다. 인젝터의 작동은 다음의 4단계로 나누어진다.

① 인젝터 닫힘(고압 적용)

② 인젝터 열림(분사 개시)

③ 인젝터 완전히 열림

④ 인젝터 닫힘(분사 종료)

이러한 단계는 인젝터에 작용하는 힘의 분배에 의해 결정되는데, 엔진정지 또는 레일 내에 압력이 없으면 노즐의 스프링이 인젝터를 닫아버린다. 그림 **8·10**은 인젝터 구성도를 나타낸다.

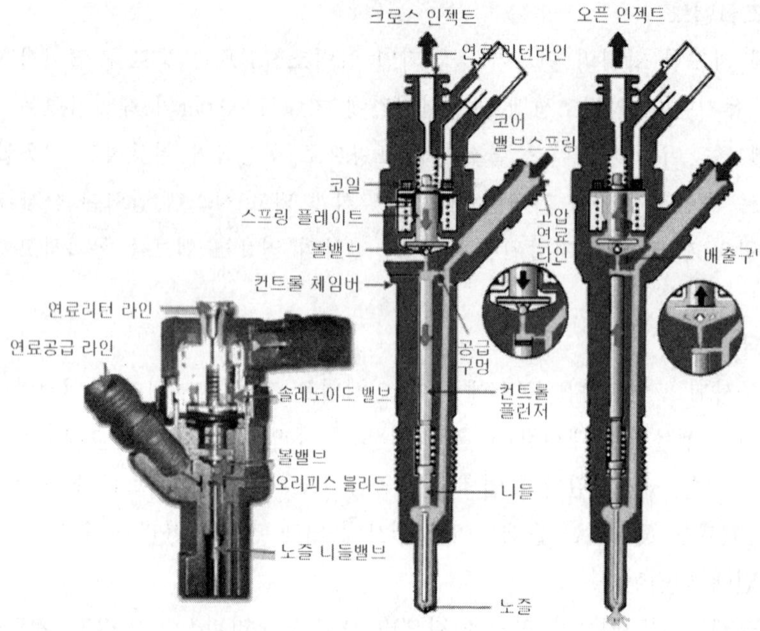

그림 8·10 인젝터

8.7.3 제어 시스템

고압 공급펌프에서 연료를 압송하여 코먼레일에 연료를 채우면 코먼레일 내의 압력은 압력 센서로 감지되고 엔진 회전수와 부하에 따라 분사량이 제어된다. 코먼레일 내의 압력은 파이프를 통해 인젝터에 공급되고, 3-웨이 밸브(3-way valve)에 보내지는 펄스에 따라 분사량, 분사율, 분사시기가 제어된다.

〔1〕 분사량 제어

분사량은 코먼레일 내 압력과 3-웨이 밸브에 보내지는 펄스 폭에 의해 제어된다. 분사량 계산은 엔진 조건에 따라 매회 목표 분사량의 결정되고, 분사시간은 결정된 분사량에 맞는 펄스 폭으로 결정된다.

〔2〕 분사시기 제어

분사시기는 인젝터(3-웨이 밸브)에 보내지는 펄스의 시간에 의해 제어된다. 분사각도 계산은 엔진 회전속도와 부하에 의해 결정되고 이를 기준으로 흡기온도, 냉각수온도를 고려한 후 최종 분사시기가 결정된다. 분사시간 계산은 결정된 펄스 값을 엔진 회전속도에 따라 시간값으로 환산한다. 연료의 분사 시기와 양을 조정하는 솔레노이드 밸브의 끝단에 인젝터가 연결되어 있으며, ECU는 인젝터의 밸브가 열리는 시간은 기관의 작동 조건에 따라 분사되는 연료량과 출력량이 필요한지 계산 후 결정된다. 솔레노이드 밸브가 닫히는 순간 연료 분사는 중단된다.

디젤 연료 분사 장치의 고압화는 직접분사 디젤기관(DI)에서 양질의 혼합기 형성에 중요한 요소로 매연 저감에 기여하며 ECU를 통해 연료 분사를 제어함으로서 운전부하에 따라 기존의 기계식연료 분사 장치보다 유연하게 분사를 제어한다. 이에 따라 최적의 분사시기와 분사량의 조절이 가능하면 동일한 출력상태에서 질소 산화물과 PM(입자상 물질, 흑연) 등은 저감된다.

〔3〕 분사압 제어

코먼레일의 고압 센서로부터 신호를 감지하여 고압 공급펌프의 토출량을 변화시키면 분사압은 제어된다. 분사압 계산은 각 센서 시그널을 바탕으로 최종 분사압이 결정되고 고압 공급펌프에 의한 연료 공급은 인젝터에서의 분사시기와 거의 일치하므로 연료소비와 공급이 균형을 이루고 고압 연료의 방출과 손실이 줄어든다.

〔4〕 분사율 제어

① 델타 방식(Gradual rise & Sharp cut) : 인젝터 내에 있는 원 웨이 오리피스의 단면경을 이용하여 분사량 증가를 제어하며, 엔진에 맞는 최적 분사율 패턴은 코먼레일 압력과 원 웨이 오리피스 단면경에 따라 정해진다.

② 파일럿 방식(Small quantity before Main injection) : 매회 분사시 인젝터를 2번 구동시키고 파일럿 인젝션 시간은 1 ms 이하로 한다.

③ 부트 형상 방식(Shape like the toe of a boot) : 인젝터 내의 원 웨이 오리피스 대신 부트 밸브가 장착되며, 특정 프리 리프트 포인트(Pre-lift point)에서 노즐 니들을 일시적으로 멈춘다.

8.7.4 코먼레일 연료분사 시스템

코먼레일 연료분사 시스템에서 사용되는 전자제어 구성부품들과 시스템 제어에 대해서 알아보자. 코먼레일에 대한 전기적 디젤제어(EDC)는 다음의 세 가지로 구성된다.

① 센서 : 작동조건에 따른 원하는 값을 출력

② ECU

③ 액추에이터 : ECU의 전기적 출력신호를 기계적 움직임으로 전환

〔1〕 센 서(sensor)

(1) 크랭크축 위치 센서(CPS, CKS)

연소실 내의 피스톤 위치는 분사시기를 정하는 데 결정적인 역할을 한다. 엔진의 피스톤

은 커넥팅 로드로 크랭크축에 연결되어 있으며, 크랭크축에 위치하는 센서는 피스톤의 위치를 알 수 있고 회전속도도 크랭크축의 분당 회전수로 정의된다. CPS는 피스톤의 위치를 ECU에 전달한다

(2) 캠축 위치 센서(CAS, CMS)

캠축은 흡기밸브와 배기밸브를 제어하며 크랭크축 1번 회전에 반회전을 한다. 피스톤이 상사점(TDC)으로 향하면, 캠축의 위치로 실린더가 압축행정인지 배기행정인지를 결정한다. 이 신호는 크랭크축 위치로부터는 알 수 없으며, 만약 캠축 위치센서가 고장이 나면, ECU는 크랭크축 센서로부터 신호를 받아 엔진을 구동시킨다. 캠축 위치센서는 캠축 위치를 알아낼 때 Hall효과를 이용한다.

(3) 온도 센서(TS)

온도 센서는 냉각수 온도를 측정하는 수온센서, 흡입공기의 온도를 측정하는 흡기 온도 센서, 엔진오일 온도를 측정하는 유온 센서, 연료의 온도를 측정하는 연료 온도 센서 등 4가지가 있다. 각 센서로 5 V의 전원이 공급되며 저항과 전압이 반비례하는 부특성의 온도계수(NTC)를 가진다. 이 센서의 신호들은 아날로그-디지털 컨버터(ADC)를 통해 ECU로 입력되고, 이 전압은 온도를 측정하는 데 이용된다. 그림 **8・11**은 크랭크축 위치 센서 구성도를 나타낸다.

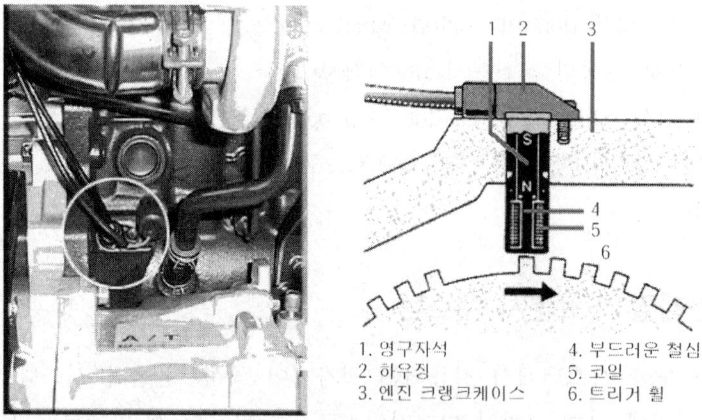

그림 8・11 크랭크축 위치 센서

(4) 공기유량 센서(AFS)

정확한 공연(A/F)비로 연소를 시키는 것은 법에 의해 규정된 배기가스 제한값을 만족시키기 위해서는 필수적이며, 실제로 유입되는 공기량을 정확하게 측정하는 센서를 사용해야 한다. 이 센서는 배기다기관의 맥동, 흡입공기온도 등에 영향을 받지 않아야 한다. 공기유량

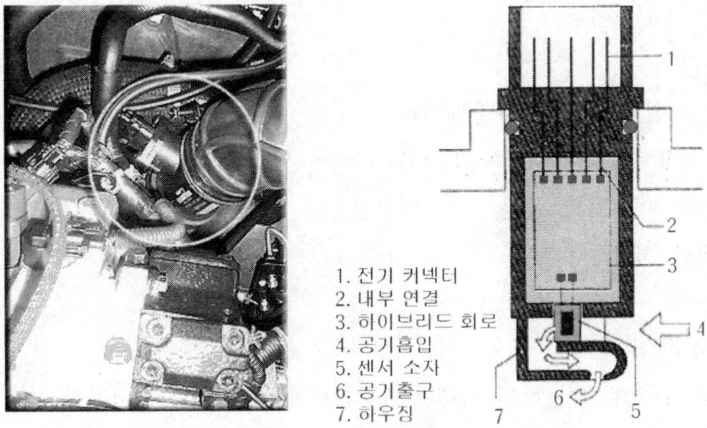

그림 8·12 공기유량 센서

센서는 Hot film 방식이 사용되며 공기 유량의 계측을 위해 사용된다. 그리고 역방향 흐름은 맥동유동으로 검출한다. 센서는 유동 통로에 위치하고 플러그-인 센서는 에어필터나 엔진의 공기흡입 덕트에 있는 측정튜브에 설치되어 있다.

(5) 엑셀레이터 포지션 센서

엑셀레이터 포지션 센서는 운전자의 가속페달의 위치를 측정하여 ECU에 전달하는 역할을 한다. 센서의 포텐셔미터에서 생성되는 전압은 프로그램된 특성곡선을 사용하여 계산되어 ECU에 전달된다.

(6) 부스터 압력센서(BPS)

부스터 압력센서(BPS)는 흡기 매니폴드의 절대압력을 측정한다. 피에조 저항방식은 기계적 응력이 가해지면 다이어프램의 표면 저항이 변하고 이러한 저항기는 다이어프램이 이동할 때 브릿지처럼 연결되고 브릿지 전압이 부스터 압력이 된다. 평가회로는 브릿지 전압을 증폭하고, 온도의 영향과 압력특성의 선형화를 보상하며, 평가회로의 출력신호는 ECU에 입력되고, 이를 이용하여 부스터 압력을 계산한다.

〔2〕 ECU

(1) 역할과 작동방법

ECU는 센서로부터 신호를 받아서 분석하고, 이 신호를 이용하여 저장된 값으로부터, ECU는 분사시간과 분사순간을 계산한다. ECU는 이러한 신호를 제어 특성에 필요한 신호로 변환한다. ECU 출력신호는 액추에이터의 레일 압력제어에 사용한다. 블로 릴레이, 예비-히터 릴레이, 글로-플러그 릴레이, 에어컨 릴레이 등과 같은 예비 기능뿐만 아니라, 엔진 조건에 따라 액추에이터를 제어한다. 통전시간(분사시간)은 픽-업(peak-up)전류위상과 보류위상으로 나누는데, 이것은 인젝터가 모든 작동 조건하에서 분사가 가능하도록 매우 정확하게 작동된다.

(2) 작동 조건

다음은 ECU가 필요로 하는 사항들이다.

① 주변온도(일반적으로 −40°에서 +85°)

② 연료와 윤활유에 대한 저항

③ 습도에 대한 저항

④ 기계적 부하

(3) 작동단계 제어

엔진이 최적의 연소로 작동하기 위해서는, 각 단계에서 ECU는 적절한 분사량을 계산해야 하는데 이 과정에서 모든 변수들이 고려된다.

(4) 시동 분사량

시동시, 분사된 연료량은 온도와 크랭킹 속도로 계산되고 시동 분사량은 시동 스위치가 시동위치로 전환되는 순간부터 엔진이 최소의 속도가 될 때까지 분사된다.

(5) 운전 모드

엔진이 정상상태로 회전될 때 분사된 연료량은 액셀레이터-페달 위치(액셀레이터 포지션 센서 감지)와 엔진회전수로부터 계산되며, 계산시에는 운전자 입력과 엔진의 출력이 최적으로 되도록 드라이브 맵을 이용한다.

(6) 공회전속도 제어

공회전에서 연료 소비율은 엔진 효율과 공회전속도에 의존한다. 시티모드에서 저연비는 공회전속도 제어에 기인하며 공회전 속도가 최소로 유지되어야 한다. 원하는 공회전속도로 규제하기 위해서, 공회전속도 제어는 실제 엔진이 원하는 공회전속도가 될 때까지 분사되는 연료량을 변화시키고, 여기서 원하는 공회전속도와 제어특성은 기어와 엔진의 온도(냉각수 온센서)에 의해 영향을 받는다.

(7) 차속 제어

차량 속도제어(정속)는 차량이 일정한 속도에서 구동될 때 작동되며, 분사된 연료량은 설정속도가 될 때까지 증가하거나 감소하는데, 정속제어가 작동하는 동안에 운전자가 클러치를 밟거나, 브레이크를 사용하면 제어과정은 중단된다. 만약 액셀레이터 페달을 밟으면, 차량은 정속제어에서 설정된 속도 이상으로 가속될 수 있으며, 액셀레이터 페달을 놓자마자 정속제어는 이전의 설정속도로 다시 속도를 감소시켜 제어한다.

(8) 분사된 연료 한계제어

운전자가 원하는 연료량(또는 물리적으로 가능한 최대량)이 분사되어서는 안 되는 이유로는

① 과도한 오염 배기가스 배출

② 과도한 그을음 배기가스 배출

③ 과도한 토크나 엔진 속도로 인한 기계적 과부하 발생

④ 과도한 냉각수, 윤활오일의 결과로 인한 열적인 과부하 발생

등이 있다. 분사된 연료량에 대한 제한은 입력변수(예로서, 흡기공기 질량, 엔진속도, 냉각수 온도)들에 의해 정해진다.

(9) 활성적인 서지-감쇠제어 (Active surge-damping control)

액셀레이터 페달이 갑자기 변화하면 엔진의 토크에 급격한 변화가 생겨서 분사되는 연료량도 갑작스런 변화가 생긴다. 이러한 뜻밖의 부하 변동은 엔진 마운팅과 구동트레인의 진동의 원인이 된다. 활성적인 서지-감쇠는 주기적인 속도변동과 같은 주파수에서 분사된 연료량을 변화시켜 이러한 주기적인 속도변동을 감소시킨다. 속도가 증가하면 더 적은 연료가 분사되고, 속도가 감소하면 더 많은 연료가 분사된다.

(10) 엔진 스위치-오프

디젤엔진은 자동-점화 원리에 따라서 작동하는데 단지 연료공급만 차단하면 시동이 꺼진다. 전기적 디젤제어(EDU)의 경우에는 ECU가 분사된 연료량을 0으로 규정함으로써 꺼질 수 있으며, 시스템은 다른 꺼짐 경로를 가지고 있다.

연습문제

1. 공기분사식과 무기분사식을 설명하여라.
2. 연료분사의 3대 조건은 무엇인가?
3. 디젤기관에서 각 실린더로 연료분배 방식에 대하여 설명하여라.
4. 직접분사식의 장단점을 나열하여라.
5. 연료분사 노즐의 종류를 열거하고 특징을 설명하여라.
6. IDI란 무엇인가?
7. 조속기의 역할을 설명하여라.
8. 과급기를 설치하는 목적은 무엇인가?
9. 예연소실식 디젤기관의 장단점을 설명하여라.
10. 단류형 소기법에 대하여 설명하여라.
11. 예열플러그에 대하여 설명하여라.
12. CRDI엔진의 특징과 장점을 설명하여라.
13. CRDI엔진에 부착된 센서류를 설명하여라.
14. 저압연료펌프와 저압연료펌프에 대하여 설명하여라.
15. CRDI엔진의 제어 시스템에 대하여 설명하여라.
16. DI엔진이 IDI보다 좋은 점을 설명하여라.
17. 커먼레일의 역할을 설명하여라.
18. 분사율제어에 대하여 설명하여라.
19. 전기적 디젤제어(EDU)란 무엇인가?
20. 셧오프밸브와 고압 어큐뮬레이터란 무엇인가?

9 가솔린기관의 평가법

9.1 엔진의 평가 항목

엔진은 연소열 등 열에너지를 기계적 에너지로 전환하는 기계이지만 사용목적에 따라 엔진평가도 다르게 할 필요가 있다. 엔진의 성능 평가로서는 종래는 출력이 높으면 되었지만 현재는 자원의 유효 이용과 공해문제 등이 포함되어 그림 9・1에 나타낸 모양으로 출력성능, 연비성능, 저공해성의 세 가지가 중요한 평가항목이다. 저공해성은 주로 배기가스에 관한 문제이고 소음도 포함되어 있다. 엔진의 배기가스 중에는 대기오염의 원인이 되는 일산화탄소, 질소산화물, 탄화수소 등이 포함되고 그 외 흑연도 공해의 원인이다. 지구의 온난화 방지를 위해 이산화탄소의 배출량을 국제적으로 규제하기 시작했고 열효율의 향상과 함께 이산화탄소의 발생이 적은 연료를 연구할 필요가 있다. 엔진의 성능은 차량의 동력성능, 연비 등으로 판정되고 정상상태 및 과도상태로 시험이 행해진다. 정상상태 시험법으로 엔진동력계(dynamometer)를 사용하고 가감속 운전이 필요한 특수환경에서는 새시 동력계를 사용한다. 엔진 동력계 시험은 그 목적에 맞는 부하를 전부하, 부분부하, 무부하, 음의 부하 상태로 설정하고 다음의 항목을 측정하는 시험이다.

① 엔진회전수, 토크, 흡기관 압력

② 연료소비량

③ 흡입공기량

④ 배기가스조성

⑤ 윤활유 및 냉각수 온도

⑥ 배기온도

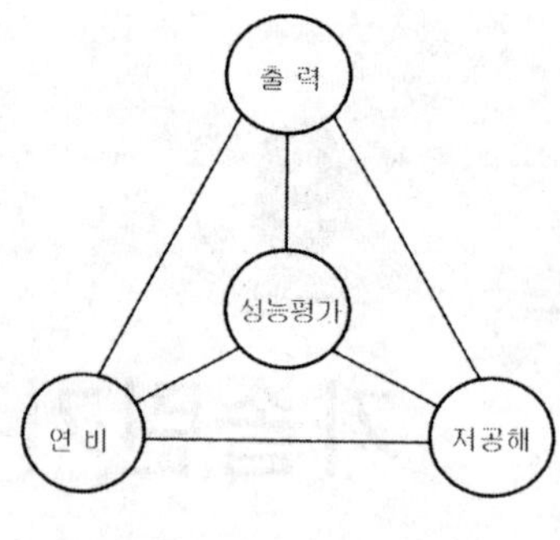

그림 9 · 1 엔진의 성능 평가

9.2 출력성능 시험

9.2.1 엔진 동력계

동력계의 주된 기능은 토크 측정, 회전속도 측정, 동력흡수와 구동, 동력제어 등 네 가지이다. 동력계는 주로 토크 측정방법과 동력흡수 원리에 의해 분류된다. 토크 측정방법에 의한 분류에는 흡수식 동력계와 전달식 동력계가 있고 흡수식 동력계를 동력흡수 원리에 의해 분류하면 수력동력계, 전기동력계, 마찰동력계, 공기동력계 등으로 분류된다. 그외 동력제어 방식에 의해 분류하면 속도제어와 토크제어가 있다. 이들 중 수력동력계, 전기동력계, 전달동력계가 가장 많이 쓰인다. 동력계는 엔진시험장치 중 가장 중요하고 엔진출력을 측정하는 데 쓰인다. 제동마력은 동력계 중 가장 간단한 마찰브레이크형 동력계로 측정할 수 있다. 전기동력계는 엔진출력을 흡수하여 발전기의 역할을 하고 엔진을 모터링(motoring)시켜 엔진의 기계적 손실을 측정한다. 이 동력계는 속도가 낮은 영역에서만 작동되는 단점이 있다. 동

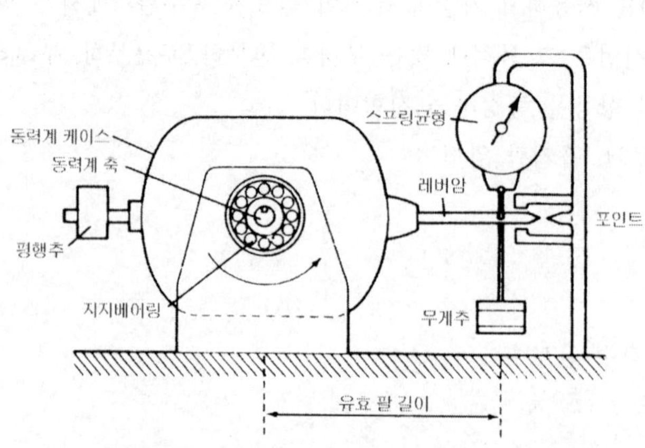

그림 9 · 2 흡수식 동력계의 구조

력계에 물을 이용한 브레이크를 단 수력동력계가 있다. 로터가 스테이터 옆을 돌고 이 사이에 수문이 있어 동력계로 흡수되는 부하를 조절한다. 엔진속도가 증가하면 동력계가 흡수하는 토크가 증가한다. 그림 **9 · 2**는 흡수식 동력계의 구조를 나타낸다.

9.2.2 성능시험

출력성능으로 출력과 토크 항목이 중요하고 용도에 따라 최대토크와 출력이 발생하는 회전수, 토크와 회전수의 변동률, 출력의 응답성이 평가 항목이다. 시험은 엔진 동력계를 이용하고 연소실 내 가스압력을 측정하여 연산하는 방법이 많이 사용된다. 시험은 표준대기온도로 조절된 시험실에서 하고 측정결과를 표준대기의 온도, 습도, 기압조건으로 환산하여 사용한다. 출력성능은 엔진의 장비조건에 따라 변화하고 시험규격은 SAE J 1349, 881/95/EEC, JIS D 1001 등으로 설정되어 있다. 출력성능은 토크를 측정하고 계산으로 마력을 구한다. 출력성능시험은 다음과 같이 한다.

(1) 전부하시험

가솔린엔진에서는 스로틀밸브를 전개, 디젤엔진에서는 연료분사펌프의 레버를 전부하 상태로 설정하고 회전속도를 안정된 운전이 유지되는 최저속도로부터 최고회전속도까지의 사이에 성능곡선이 명확히 정해지도록 충분한 측정점에 대하여 시험을 한다.

(2) 부분부하시험

가솔린엔진에서는 흡기관압력을 일정하게 하고 회전속도를 변화시켜 시험을 하고 디젤엔진에서는 엔진의 회전속도는 일정하게 하고 부하를 변화시켜 시험을 한다.

9.3 마찰손실 시험

마찰평균 유효압력은 도시평균유효압력과 정미평균유효압력의 차로 정의되고 마찰손실시험법은 구동력, 입출력차, 반력계측 등 3가지로 크게 나누어지고 다음의 9가지 방법이 있다.

① 연비선도법(William 선도법)

② Morse법

③ Runout법

④ Motoring법

⑤ 착탈법

⑥ 지압선도법

⑦ 압력 각가속법

⑧ 압력 하중법

⑨ 가동라이너법

이들 계측법 중 ①~⑤는 모터링(motoring)시의 구동력계측, ⑥~⑧은 점화시(firing)의 입력과 출력의 차, ⑨는 반력측정이다. 또한 ①~⑥은 평균마찰토크, ⑦~⑨는 마찰토크의 사이클 내 변화가 계측된다. 이들 중 연비선도법은 정속도운전시의 흡수토크와 연료소비량의 관계로부터 연료소비량 0의 교점을 외삽하여 마찰유효압력을 추정하는 방법이다.

9.4 흡입공기량 시험

흡입공기량은 발생토크의 크기를 결정한다. 엔진 스로틀 밸브의 전개 상태에서 측정된다.

9.4.1 오리피스 유량계

관로 내에 설치된 오리피스 전후의 압력차를 이용하여 유량을 구하는 방법으로 실제의 계측에 있어서는 흡기맥동을 줄이기 위해 흡기통로 전에 서지탱크를 설치한다. 체적유량 Q는 압축성유체에 대한 베르누이 정리에 따라 다음으로 구해진다.

$$Q = k\varepsilon A\sqrt{\left(\frac{2\Delta p}{\rho}\right)} \qquad (9 \cdot 1)$$

여기서 k는 유량계수, ε은 압축계수, A는 오리피스 면적이다. 그림 **9 · 3**에 서지탱크의 원형 오리피스를 공기흡입 입구로 하고 대기와 서지탱크 내 압력의 차이를 공기유량으로 하는 장치를 나타낸다. 측정정밀도를 높이기 위해 소형 오리피스를 사용하여 압력차를 크게 하는 것이 좋지만 과대한 압력차는 엔진의 흡기압 손실의 원인이 되므로 주의해야 한다.

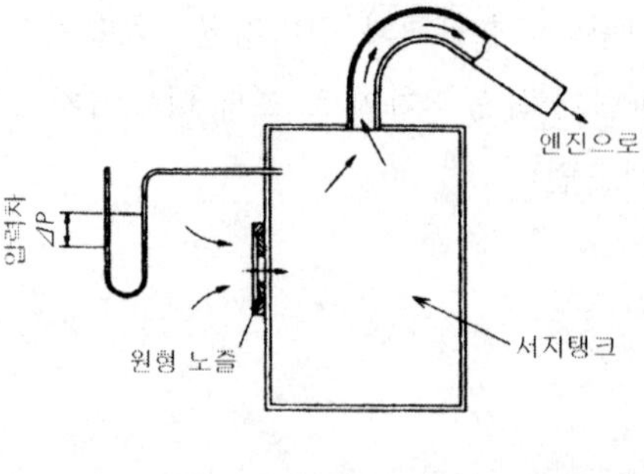

그림 9 · 3 원형 오리피스를 사용한 유량측정계

9.4.2 칼만와류식 유량계

유동 중에 원주의 각주를 설치하면 하류에 $f = S\dfrac{U}{w}$의 주파수로 와류를 방출한다. 여기서 U는 유속, w는 흐름과 직각방향의 각주폭, S는 Strouhal 수이다. S는 일정 레이놀즈수에서는 일정하므로 f를 검출하여 위 식에서 구한 U에 유로단면적을 곱하면 유량이 구해진다. f의 검출에는 가열된 서미스터가 이용된다. 그림 **9·4**는 칼만와류식 유량계를 나타낸다.

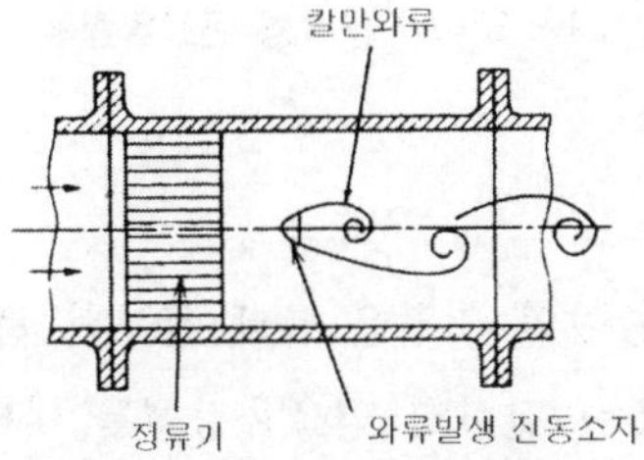

그림 9·4 칼만와류 유량측정계

9.5 연료유량 시험

가장 쉬운 연료소비율 측정방법은 정해진 체적의 연료가 소비되는 시간을 측정하는 것이다. 연료온도를 통해 밀도를 구하여 연료의 중량유량을 구할 수 있다. 연료유량계의 종류는 용적형과 중량형이 있다. 차량에 탑재하여 사용하는 이동식 유량계는 연료의 흐름에 의해 회전하는 치차의 회전수를 측정하는 용적형 방식이 많고 엔진동력계에서는 뷰렛이 사용된다.

9.5.1 용적형

그림 **9·5**에 용적형 연료유량계를 나타낸다. 뷰렛 내에 찬 연료가 액면은 하강이 소비를 나타내므로 일정 용량의 액면통과시간을 계측하여 연료유량의 용적값을 측정한다. 시간의 측정에는 스톱 워치를 이용하면 좋지만 액면통과시간을 광점식으로 검출하는 방법이 일반적이다. 연료밀도값을 체적에 곱하면 질량이 얻어지고 이 경우 연료온도를 측정할 필요가 있다.

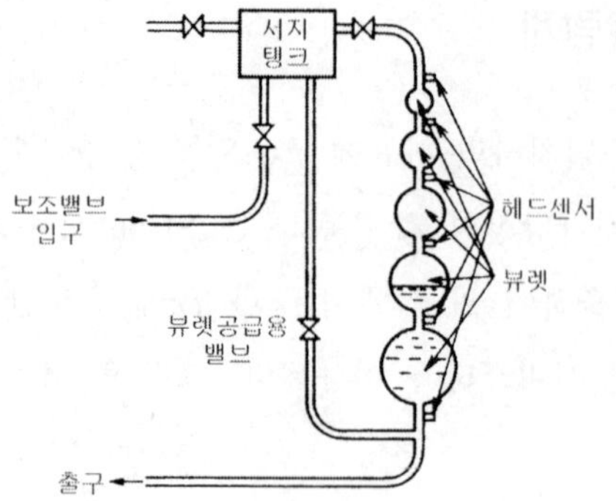

그림 9 · 5 용적형 연료유량계

9.5.2 질량형

뷰렛 내에 있는 연료의 소비중량의 측정은 뷰렛 상부와 하부의 압력차이로부터 연료유량의 중력값을 구한다. 그림 **9 · 6**은 질량형 연료유량계를 나타낸다.

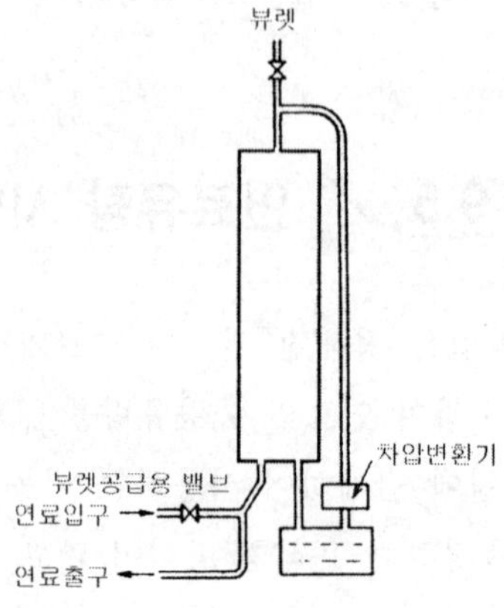

그림 9 · 6 질량형 연료유량계

9.6 실린더압력 시험

연소실 압력을 측정하는 압력계로는 압전식, 저항선 변형식, 압력평형식 등이 있다.

9.6.1 압전식

압전식은 수정 등의 압전소자에 특정의 결정방향에서 압력을 가하면 발생하는 피에조전기(전하)를 전하증폭기로 증폭하여 압력을 측정한다. 실린더 압력을 재는 압력변환기는 고온고압에 견디고 고주파 응답특성이 좋아야 한다. 변환기는 주로 압력에 의해 변위가 발생하는 금속막을 갖고 있다. 이 변위는 전기유도, 전기용량 스트레인 게이지 등으로 측정한다. 이때 압전식 변환기가 가장 많이 쓰이지만 압력변화율에만 응답하는 단점이 있어 전하증폭기를 사용하여 신호를 적분하여 측정한다.

압전식 변환기는 압력에 비례하는 전하를 낸다. 전하는 쉽게 누출되거나 축적될 수 있어서 이로 인해 전하증폭기의 전압출력이 표류(drift)하여 편차가 생길 수 있다. 이때는 시간상수를 사용하여 이를 제거해야 한다. 그러나 압력변환기가 정압에 대하여 보정될 때는 큰 시간상수를 사용해야 한다. 이를 위해 전하증폭기의 입력저항, 압력변환기의 내부저항, 연결선의 저항 등이 커야 한다. 그림 **9·7**에 Kistler사의 601A형 센서를 나타낸다. 압전식의 출력특성은 온도와 무관하며 설치할 때는 실린더에 최대한 가깝게 하여 실린더 내벽과 측정면이 같이 있도록 해야 한다. 그러면 입력신호에 생길 수 있는 지연을 최소화하고 연결관에 생길 수 있는 공진을 막을 수 있다. 압전식의 장점으로는

① 분해능력이 높고,

② 넓은 압력범위에서 직선성이 좋고,

③ 주파수 응답성이 좋고 노킹현상도 계측할 수 있고,

④ 소형으로 기계적 진동에 강하다.

한편 단점은 습도의 영향을 받기 쉬운 점이다. 그림 **9·8**은 압전식으로 측정한 실린더 압력을 나타낸다.

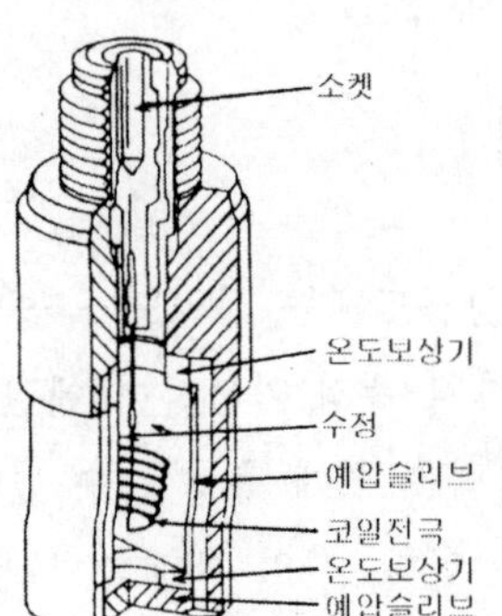

그림 9·7 Kistler사의 601A형 센서

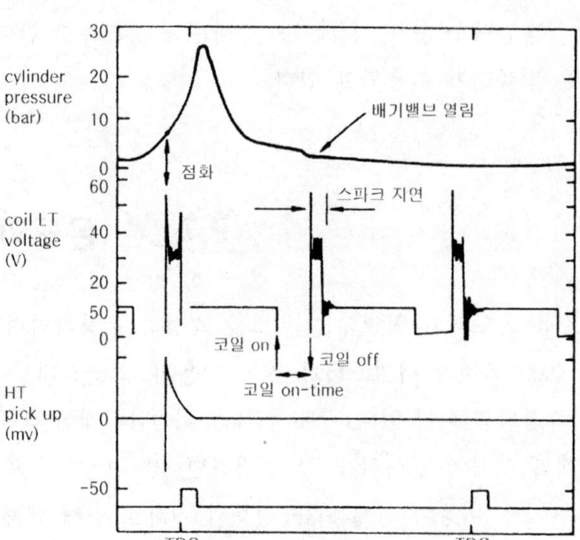

그림 9·8 가솔린기관의 실린더 압력

9.6.2 변형계식

변형계식은 압력에 의해 압력을 받는 막의 변위를 변형게이지의 전기저항변화에 의해 압력을 검출하며, 압력을 받는 막과 접합된 통의 변형량에 따라 압력을 검출한다. 이 방식의 장점은 정적검증이 용이하고 직선성이 좋고 히스테리시스가 적어 재현성이 양호한 것이다. 단점으로는 저항식의 경우 형상이 크면 압력감도가 낮고 주파수 특성이 비교적 나쁜 고유주파수 30 kHz이고 비교적 수명이 짧고 진동에 약하다. 그림 **9・9**는 구조를 나타낸다.

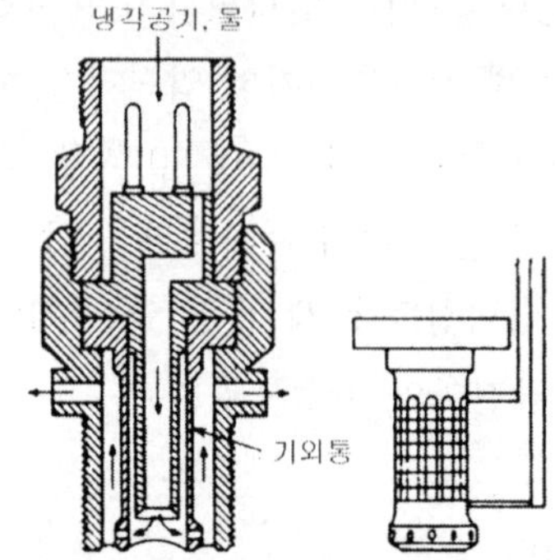

그림 9・9 변형계식 지압계

9.6.3 압력평형식

압력평형식은 압력을 받는 막의 상부에 걸린 표준압력과 하부의 측정압력이 일치되는 순간 측정압력을 순차 기록한다. 종래는 크랭크축과 같이 회전하는 드럼상에서 기록했지만 지금은 컴퓨터가 이용되고 있다.

9.7 온도와 압력

수은 온도계와 열전대는 온도를 측정하는 장치이며 백금저항온도계는 정밀도가 높다. 보통 400℃까지는 서미스터가 많이 사용되고, 열전대는 1000℃까지 측정 가능하며 엔진의 온도 측정에 제한이 없다. 부르동(Bourdon)압력계와 액주계로 압력을 쉽게 측정할 수 있다. 액주계의 액체와 경사각을 잘 선정하면 100 kPa까지 측정할 수 있다. 단일 액체를 사용하지 않을 경우 비등이 쉽게 되는 성분의 기화로 인해 액체의 밀도가 변할 수 있다. 대부분의 압력변환기는 피에조 저항 효과를 이용하여 실린더 압력을 측정하는 데 압전식이 주로 사용된다. 일반적인 사용방법은 스트레인 게이지를 휘트스톤 브리지 형식으로 분리막에 부착하는 방법으로 사용한다. 저압에는 실리콘 막이 사용되고 분사연료관 압력 등 높은 압력을 측정할 때는 스테인레스강 등이 막의 재료로 사용된다

9.8 배기가스 조성시험

배기가스의 측정은 공해에 대한 법적 규제에 대응하고 엔진성능면에서 이루어진다. 탄화수소를 연료로 하는 엔진의 배기가스 성분은 CO_2, H_2O, H_2, CO, N_2, O_2, NO_x, SO_x, HC 등이다. 이들 중 법적으로 규제되는 배출가스는 일산화탄소(적외선흡수법으로 측정), 질소산화물(화학발광으로 측정), 탄화수소(화염이온화 감지법으로 측정) 등이다. 일산화탄소와 산소를 함께 측정하면 공연비를 계산할 수 있다.

9.8.1 공연비에 대한 배기가스 성분

이론혼합비 부근에서 완전연소가 이루어지면 CO, HC의 배출량은 적어진다. CO와 HC는 산소부족이 주원인인 불완전연소시 발생하기 때문에 혼합비가 희박할 때는 거의 생성되지 않다가 과농할 때 발생량이 많아진다. HC는 미연연료와 연소의 중간 생성물로 연소실 벽면의 경계층 내에서 많이 발생한다. NO_x는 이론혼합비의 약 10% 희박측에서 최대로 발생되고 연소온도가 높고 여분의 산소가 있을 때 발생한다. 따라서 CO, HC와 NO_x의 생성 여건은 이율배반적이다. 그림 **9 · 10**에 공연비에 대한 배기가스 성분의 특성을 나타내었다.

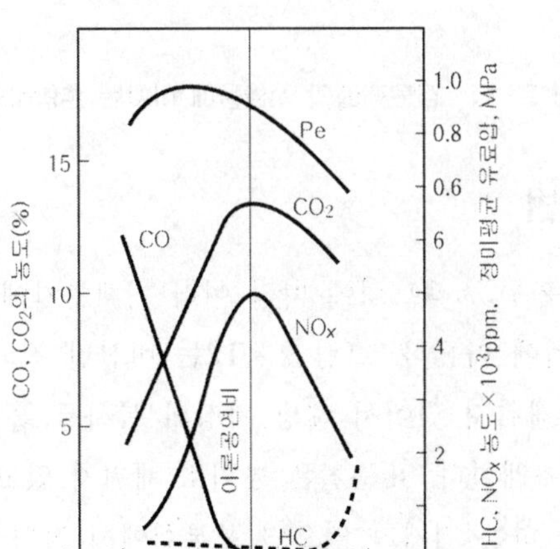

그림 9 · 10 공연비에 대한 배기가스 성분의 특성

9.8.2 배기유해 성분과 생성조건

CO의 생성은 과농 혼합비 상태에서의 운전이 원인이지만 부하, 회전수 등 전부하 범위에 걸쳐서 정밀한 공연비제어를 하는 것이 CO 감소의 유일한 방법이다. 기통간의 혼합비가 불균일하고 과농 혼합비에서의 운전은 CO발생의 근본 원인이 된다.

HC의 농도를 저하시키려면 벽면 경계층 내의 연료를 감소시키면 된다. 즉 연소실 표면적이 적게 되는 구형 연소실이 좋다. 연소실 벽면 온도를 높게 하고 감속시 연료를 차단하면 효과가 있다.

NO 발생의 주원인은 고온의 연소에 있기 때문에 NO 발생을 억제하기 위해서는 연소 최고온도를 낮추어 연소가스 중의 잔류산소를 감소시키면 좋다. 이를 위해 배기가스의 일부를 흡기로 공급하는 배기가스 재순환을 시키고 신기에 불활성 물질이 가득한 배기가스가 혼합되면 실린더 내 신기의 열용량이 증가되어 연소최고온도가 저하되기 때문에 NO 농도가 감소한다.

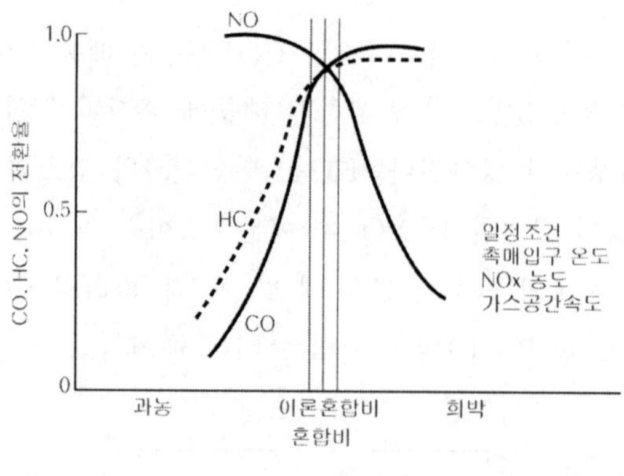

그림 9 · 11 삼원촉매의 전환율에 미치는 혼합비의 영향

9.8.3 적외선 흡수법

적외선 복사는 각각의 흡수 스펙트럼에 따라 여러 기체분자에 흡수된다. 특정파장에서 투과되는 복사량은 Beer법칙에 따른다. 그림 **9 · 12**는 비산란 적외선 가스분석기를 나타낸다. 감지실은 측정할 기체로 채워져 있어서 해당 파장의 복사를 흡수한다. 감지실에 의해 흡수된 에너지는 압력증가를 초래한다. 표준실은 공기로 채워져 있고 표본실에서 기체를 분석한다. 표본 중에 측정하고자 하는 기체가 있으면 표본실에서 적외선이 흡수되어 감지실에서는 더 적은 적외선이 감지된다. 이로 인해 감지실에 압력차가 생기고 이를 통해 측정하고자 하는 성분의 농도를 알 수 있다. 조성을 알고 있는 기체를 표본실로 통과시켜 기준값을 정하는 방법으로 보정을 수행한다. 최근에는 고체물리적 적외선 감지기의 새로운 비산란 분석기가

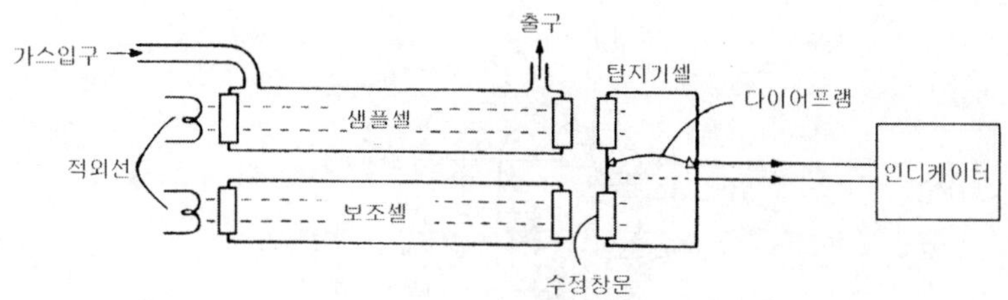

그림 9 · 12 비산란 적외선 가스분석기

개발되어 셀렌산납 등을 이용한다. 이것의 기본적인 구조는 비산란 적외선 가스분석기와 같으며 표본실과 감지기 사이에 단속원판이 있다는 차이가 있다. 단속원판은 슬롯을 갖고 있어서 적외선 감지기는 표본실 및 표준실로부터 적외선에만 노출되고 직접적인 적외선에는 노출되지 않도록 되어 있다. 한 개의 감지실이 배경신호 레벨을 설정하고 표준실과 표본실 사이의 상대적인 값을 측정한다. 필름 필터를 표준실 대신 사용할 수 있고 표본과 감지기 사이의 적당한 필터를 움직여서 한 개의 셀이 다른 화학종을 측정할 수 있다. 분석기의 창들은 적외선 투과성이 있어야 하므로 석영이나 운모 등으로 만든다. 표본실의 창에 더러운 것이 끼게 되면 측정값은 의미가 없어지므로 이러한 위험을 최소화하기 위해 표본내의 분진들을 필터를 이용하여 제거하여야 한다.

9.8.4 화염이온화 감지법(FID)

탄화수소가 연소될 때 전자와 양이온이 형성된다. 미연 탄화수소가 전기장에서 연소한다면 전류량은 탄소원자수와 매우 근사하게 된다. 분자 안에 원자가 존재할 때 탄소원자로부터 나오는 이온화 전류를 약화시킬 수 있다. 화염이온화 감지기의 예를 그림 **9 · 13**에 보인다. 표본은 연료와 혼합되어 공기 중에서 연소된다. 연료로 인한 추가 이온화가 일어나지 않아야 하므로 수소나 수소/헬륨 혼합기가 쓰인다. 공기는 탄화수소나 다른 화학종을 추가로 끌어들이지 않도록 청정하여야 한다. 이 측정장치의 응답특성은 표본의 유속에 따라 달라지므로 표본의 유동이 잘 조절되어야 한다. 유동은 유동 장애물 사이의 압력강하를 일정하게 유지함으로써 가능해진다. 그림에서 버너제트와 환상포집기가 전극을 형성하고 그 사이에 100 V 정도의 전압이 걸린다. 감지기 출력은 증폭처리되고 보정이 이루어진다. FID는 탄화수소의 종류를 구별하지 못한다. 그러나 배기가스에서 특정 탄화수소의 종류를 확인하기 위해서는 가스 크로마토그래피를 사용할 수 있다. 표본기체와 운반기체는 표본 중의 특정성분을 흡수하는 매질이 담겨져 있는 관로를 통과한다. 서로 다른 분자는 이 안을 통과하는 데 걸리는 시간이 각각 다르므로 운반기체를 시간대별로 포집하면 각각의 분자들이 밝혀진다. 관을 나가는 종류는 화염의 이온화를 측정하여 알 수 있다. 이 크로마토그래프는 조성을 아

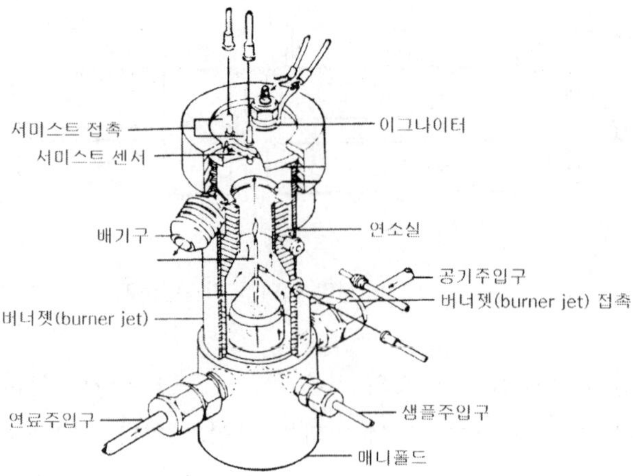

그림 9 · 13 화염이온화감지기의 연소기 및 전극

는 기체를 운반기체에 분사하여 그 기준을 보정할 수 있다.

9.8.5 화학발광법

화학발광법은 빛의 방출을 이용한다. 일산화질소(NO)가 오존과 반응하여 여기상태의 이산화질소를 생성하고 이것은 기저상태로 천이되며 빛을 방출한다. 이산화질소는 다른 분자와 충돌하여 기저상태로 된다. 일산화탄소와 이산화탄소 모두 배기가스에 존재할 수 있으며 NO_x는 질소산화물을 모두 나타낼 때 쓰인다. 이산화질소는 이것을 일산화질소로 치환하는 촉매를 통과시켜서 측정할 수 있다. 변환기를 표본채집관의 안팎에서 전환하여 배기 중의 NO와 ($NO+NO_2$)의 농도를 측정할 수 있다. 그림 **9 · 14**는 NO_x분석기의 구조를 나타낸다. 진공펌프는 반응기 내 압력을 조절하고 오존과 배기가스를 집어넣는 데 쓰인다. 오존은 저압의 산소에서 전기방전으로 만들 수 있고 그 양은 산소공급압력과 짧은 모세관인 한계 유동 오리피스를 이용하여 양을 조절한다. 표본기체는 그냥 흘러 보낼 수 있고 이산화질소변환기를 거칠 수도 있다. 표본기체의 유량은 두 개의 한계 유동 오리피스를 이용하여 조절한다. 바이패스 유동은 표본 채집펌프로 흡입한다. 이러한 구조로 표본기체의 유량을 크게 할 수 있어서 NO_x 농도의 변화에 대한 응답변화를 최소화할 수 있다. 표본기체의 반응기로의 유동은 NO_x변환기 상류의 오리피스 전후의 압력차를 변화시켜 조절한다. 이 압력차는 압력조절기로 조절한다. 반응기에서 방사되는 빛은 광전증배관으로 측정하여 증폭한다. 증폭시의 배율 등이 변화하거나 다른 요인으로 빛의 방출이 달라질 수 있으므로 NO_x분석기는 정기적으로 보정되어야 한다.

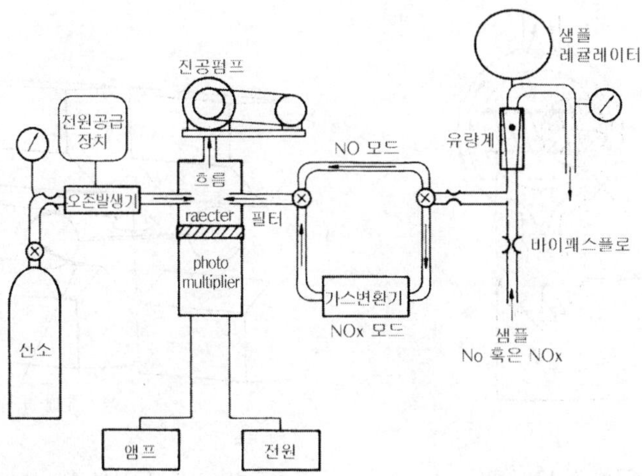

그림 9 · 14 화학발광법에 의한 NO_x 분석기의 주요 구성품

9.8.6 공연비 분석기

배기에 존재하는 산소는 유해물은 아니지만 이를 측정하여 공연비를 환산할 수 있다. 가장 저렴한 산소분석기는 전기식 장치이다. 전기식 산소분석장치는 음극으로 작용하는 금박 박막과 은이나 납으로 된 양극이 전해질에 잠겨 있는 형태로 되어 있다. 두 전극사이에는 전압이 걸린다. 산소가 막을 통과하면 전기 화학적으로 양이 줄어서 산소의 분압과 비례하는 전류가 흐른다. 상자성(paramagnetic) 산소분석기가 가장 정확하다. 산소분자의 외곽 전자가 짝을 이루지 못해서 산소가 자장에 의해 인력을 받게 되어 상자성이 생긴다. 다른 기체분자도 같은 방식으로 자장에 의해 끌어 당겨질 수 있으며 대표적인 것은 NO_x이다. 일산화질소는 산소의 43%, 이산화질소는 산소의 28%에 해당하는 자성 흡인력이 있다. 그러나 NO_x 농도는 보통 산소농도의 한자리 아래의 값을 가지므로 무시할 수 있다. 산소분석기는 크게 열자성 분석기와 동자성 분석기로 분류할 수 있다. 열자성 분석기의 원리를 그림 9 · 15에 나타내었다. 엇갈린 관의 가열 필라멘트가 휘트스톤 브리지의 한 부분을 형성한다. 산소는 자기장에 빨려 들어가고 필라멘트로 가열되면서 상자성이 감소되어 산소는 자기장에서 멀어지는 유동을 만든다. 이 유동은 필라멘트를 냉각시켜서 저항값을 변화시키고 휘트스톤 브리지의 평형을 깨고 이로 인해 산소량을 표시하는 역할을 한다. 동자성 분석기의 원리를 그림 9 · 16에 나타내었다. 불규일한 자기장에 놓인 아령처럼 생긴 반자성 물체를 이용한다. 아령 끝의 구형 물체는 자기장에 의해 밀리고 비틀림장치에 의해 생기는 토크와 평형을 이루면 정지한다. 산소의 양이 변하면 자기장이 바뀌고 아령이 자리 이동을 하게 된다. 아령에 코일을 붙여 이것이 여기되면 전자기력에 의해 아령이 본래 기준위치로 돌아간다. 아령이 기준위치로 돌아가서 정지상태를 유지하도록 하는 데 필요한 전류가 표본기체 중의

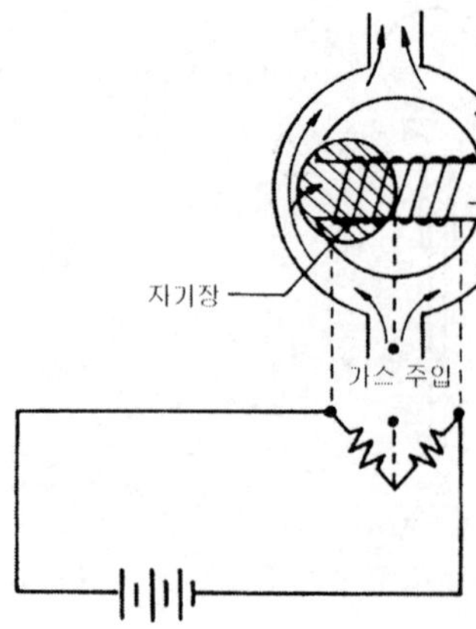

그림 9 · 15 열자성 산소분석기

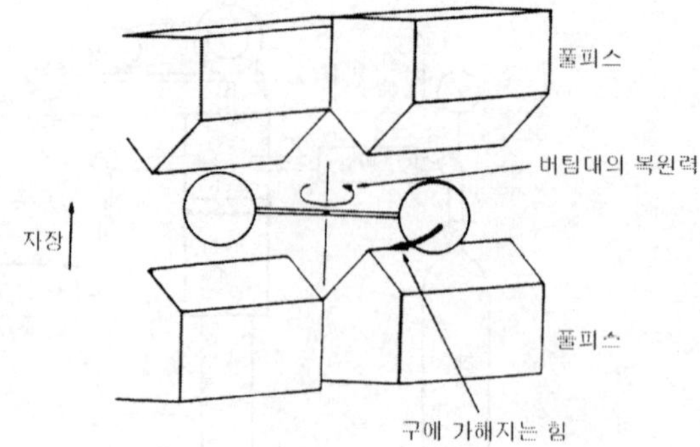

그림 9.16 동자성 산소분석기

산소분압과 직접 비례한다. 열자성 분석기와는 달리 동자성 분석기는 표본기체의 전달특성의 변화나 탄화수소의 영향에 무관하다. 산소측정을 위해서 배기가스 속에 감지기를 장착할 수도 있고 산소를 채집하여 분석기로 흡입할 수 있다. 배기가스 중 표본가스가 완전히 산화되면 공연비를 산출할 수 있다.

연습문제

1. 엔진출력성능 시험법에 대하여 설명하여라.
2. 실린더압력 시험법에 대하여 설명하여라.
3. 배기가스조성 시험법에 대하여 설명하여라.
4. 배기가스 유해성분과 생성조건에 대하여 설명하여라.
5. 배출가스는 일산화탄소, 질소산화물, 탄화수소 등이다. 이의 측정법을 설명하여라. 공연비를 계산하기 위해서는 어떤 인자를 측정해야 하나?

10 내연기관의 기계역학

10.1 왕복운동부

〔1〕 피스톤의 변위, 속도, 가속도

그림 10・1과 같은 피스톤-크랭크기구에서 피스톤의 변위 x는 다음 식으로 구한다.

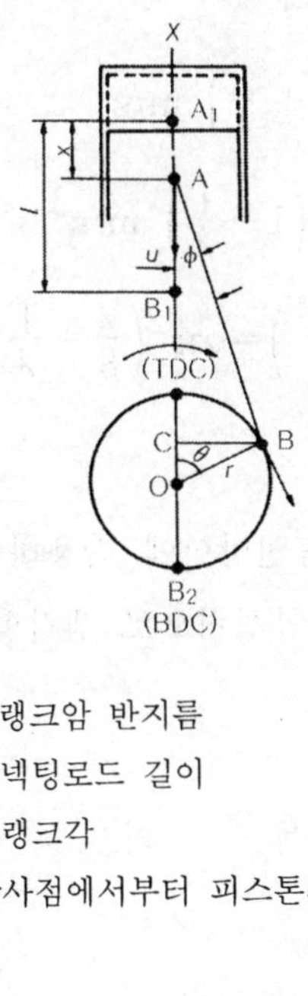

r : 크랭크암 반지름

l : 커넥팅로드 길이

θ : 크랭크각

x : 상사점에서부터 피스톤의 위치

$\lambda = \dfrac{l}{r}$

그림 10・1 피스톤의 왕복운동

① 피스톤의 운동 (x)

$$x = r\left[(1-\cos\theta) + \frac{1}{4\lambda}(1-\cos 2\theta)\right]$$

② 피스톤의 속도 (u)

$$V = rw\left(\sin\theta + \frac{1}{2\lambda}\sin 2\theta\right) \text{ m/sec}$$

③ 피스톤의 최대속도

$$V_{\max} = rw\sqrt{1+\frac{1}{\lambda^2}} \text{ m/sec}$$

크랭크의 원주속도(rw)는 평균피스톤 속도의 $\frac{\pi}{2}$배이다.

④ 평균피스톤 속도

$$V_p = \frac{2NS}{60} \text{ m/sec} \quad [S : \text{행정}, \; N : \text{회전수}]$$

⑤ 피스톤의 가속도

$$\alpha \fallingdotseq rw^2\left(\cos\theta + \frac{\cos 2\theta}{\lambda}\right) \text{m/s}^2$$

만약 $\lambda \leq 4$이면 다음이 성립한다.

$$\theta = 0 \text{ 이면 } \alpha_1 = rw^2\left(1+\frac{1}{\lambda}\right) \text{ m/s}^2$$

$$\theta = \pi \text{ 이면 } \alpha_2 = -rw^2\left(1-\frac{1}{\lambda}\right) \text{ m/s}^2$$

$$\alpha \fallingdotseq rw^2\left(\cos\theta + \frac{\cos 2\theta}{\lambda}\right) = rw^2\left(\frac{\lambda}{8}+\frac{1}{\lambda}\right) \text{ m/s}^2$$

〔2〕 피스톤에 작용하는 힘

피스톤에 작용하는 힘은 실린더 축선방향에 작용하는 가스 폭발력 F_g와 커넥팅로드의 소단부의 질량에 의한 관성력 F_r의 합성력으로 생각할 수 있다.

$$F = F_g + F_r$$

$$F_g = \frac{\pi D^2 P}{400}, \quad F_r = m_r \alpha$$

D : 실린더지름 [mm]

P : 실린더 내의 가스압력 [kg/cm^2]

α : 피스톤의 가속도 [mm/s^2]

m_r : 왕복부분의 질량 [kg s^2/mm]

〔3〕 피스톤 링의 장력

피스톤링의 장력은 자유상태에 있는 절단부간극이 실린더지름까지 닫히는 경우의 하중을 말하며 장력이 너무 강하면 실린더 및 링의 마멸이 심하고 너무 약하면 가스누설이 발생한다. 장력 T [kg]과 면압 P [kg/cm^2] 사이에는 다음의 관계가 있다.

$$P = \frac{200T}{bD} \ \ [\text{kg/cm}^2]$$

D : 실린더지름 [mm]

링 주철재의 종탄성계수 E [kg/mm^2]으로부터 T를 계산하면 다음과 같다.

$$T = \frac{EbL}{14.14\left(\frac{D}{t}-1\right)^3}$$

b : 링의 폭 [mm]

t : 링의 반지름방향의 두께 [mm]

L : 링의 자유간극 [mm]

〔4〕 피스톤 링의 강도

링의 면압은 링을 장착했을 경우 실린더벽으로부터 반력이 되어 링에 굽힘이 가해지게되고 굽힘응력은 다음과 같다

$$\sigma_b = \frac{ELt}{2.35(D-t)^2} \ \ [\text{kg/mm}^2]$$

굽힘응력은 8~10 kg/mm^{2}의 값을 갖는다.

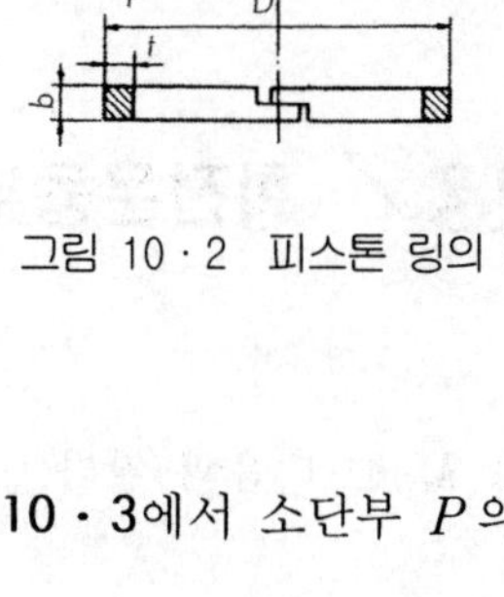

그림 10 · 2 피스톤 링의 강도

〔5〕 커넥팅 로드의 운동

커넥팅 로드의 운동은 그림 10 · 3에서 소단부 P의 OP상의 운동과 P점 주위의 회전

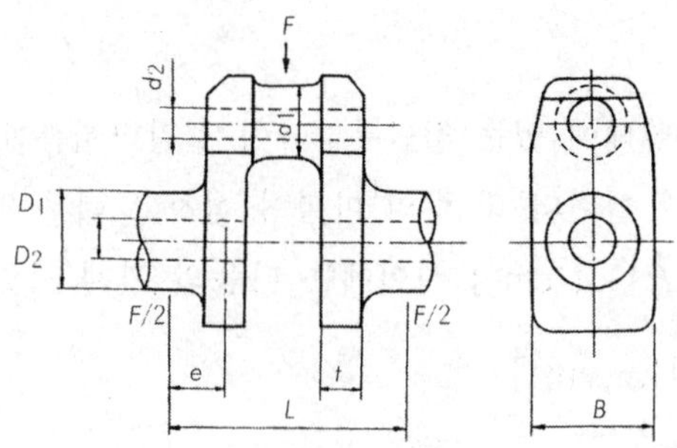

그림 10 · 3 크랭크축의 치수

운동으로 나누어 생각할 수 있다.

$$l \sin\varphi = r \sin\theta$$

$$\sin\varphi = \frac{r}{l}\sin\theta = \frac{1}{\lambda}\sin\theta$$

$$\theta = 0 \text{에서} \quad \varphi = 0, \quad \frac{d^2\varphi}{dt^2} = 0$$

$$\theta = \frac{\pi}{2} \text{에서} \quad \varphi_{\max} = \sin^{-1}\frac{1}{\lambda}, \quad \left(\frac{d^2\varphi}{dt^2}\right)_{\max} = -\frac{w^2}{\sqrt{(\lambda^2-1)}}$$

$$\theta = \pi \text{에서} \quad \varphi = 0, \quad \frac{d^2\varphi}{dt^2} = 0$$

이 성립되어 $\theta = \frac{\pi}{2}$에서 각가속도가 최대로 된다.

〔6〕 커넥팅 로드 본체의 압축력에 의한 강도

$$\sigma_c = \frac{\pi D^2 P_{\max}}{400a}$$

σ_c : 허용압축력 [kg/mm^2]

$P_{\max}$: 최고폭발압력 [kg/mm^2]

a : 최소단면적 [mm^2]

10.2 회전운동부

〔1〕 크랭크핀의 강도

크랭크핀의 중앙부에서 굽힘모멘트 M_b는 다음과 같다

$$M_b = \frac{F}{2} \times \frac{L}{2} = \frac{FL}{4} \text{ [kg mm]}$$

따라서 크랭크핀의 굽힘응력 σ_{bp}는

$$\sigma_{bp} = \frac{M_b}{z} = \frac{FL}{4z} = 2.5\frac{FL}{d^3} \text{ [kg/mm}^2\text{]}$$

크랭크핀에 가해지는 전단응력 τ_p는

$$\tau_p = \frac{F}{\frac{\pi}{4}d^2} \text{ [kg/mm}^2\text{]}$$

굽힘과 전단의 합성력 σ_p는 다음과 같다.

$$\sigma_p = \sqrt{\sigma_{bp}^2 + \tau_p^2}$$

〔2〕 크랭크암의 강도

크랭크암의 폭을 B[mm], 두께를 t[mm]라고 하면 최대굽힘모멘트 M_{ba}는 다음과 같다.

$$M_{ba} = \frac{F}{2}e \text{ [kg mm]}$$

따라서 크랭크핀의 굽힘응력 σ_{ba}는

$$\sigma_{bp} = \frac{M_{ba}}{z} = \frac{BFe}{Bt^2} \text{ [kg/mm}^2\text{]}$$

베어링반력 때문에 암에 가해지는 압축응력 σ_c는

$$\sigma_c = \frac{F}{2Bt} \text{ [kg/mm}^2\text{]}$$

굽힘과 압축응력의 합성력 σ_a는 다음과 같다.

$$\sigma_p = \sigma_{ba} + \sigma_c \text{ [kg/mm}^2\text{]}$$

〔3〕 크랭크 저널의 강도

저널부의 굽힘모멘트 M_{bj}는 중앙부가 최대가 되므로

$$M_{bj} = \frac{F}{2}e \text{ [kg mm]}$$

따라서 크랭크 저널의 굽힘응력 σ_{bj}는

$$\sigma_{bj} = \frac{M_{bj}}{z} = \frac{5Fe}{D_1^2} \text{ [kg/mm}^2\text{]}$$

반력에 의한 전단응력 τ_j는

$$\tau_j = \frac{\frac{F}{2}}{\frac{\pi}{4}D^2} \ [\text{kg/mm}^2]$$

굽힘과 전단응력의 합성력 σ_j는 다음과 같다.

$$\sigma_j = \sqrt{\sigma_{bj}^2 + \tau_j^2} \ [\text{kg/mm}^2]$$

〔4〕 플라이휠의 관성모멘트

$$I = \frac{2\varDelta W}{(w_{\max}^2 - w_{\min}^2)} \ [\text{kgm s}^2]$$

$\varDelta W$: 같은 사이클 내의 에너지 과부족의 최대량

$w_{\max}$: 한 사이클 중 최고 각속도

$w_{\min}$: 한 사이클 중 최저 각속도

〔5〕 림의 중량 (W)

$$W = \frac{Ig}{R_2^2}$$

I : 관성모멘트

g : 중력가속도

R_2 : 림의 평균반지름

$$W = \frac{CP}{n_m^3 \delta_c R^2}$$

P : 축출력 [PS]

n_m : 평균회전수 [rpm]

δ_c : 회전부정률

R : 림의 평균지름

C : 4사이클 2실린더 $[25 \sim 30 \times 10^6]$

4사이클 4실린더 $[3 \sim 4 \times 10^6]$

2사이클 $\left[\frac{1}{2}\right]$

예제 10 · 1

행정 30 cm인 기관이 매분 2600 rpm으로 움직이면 피스톤의 평균속도는 몇 m/sec인가?

가. 26　　나. 36　　다. 46　　라. 56

해답 가.

$$V_p = \frac{2 \times 0.3 \times 2600}{60} = 26 \text{ m/sec}$$

예제 10 · 2

행정 200 mm, 연접봉의 길이 400 mm의 석유기관에서 크랭크가 사점의 위치에서 60° 회전할 때 피스톤은 사점 위치에서 몇 mm되는 곳에 있는가?

가. 56.38　　나. 57.38　　다. 58.38　　라. 59.38

해답 라.

$$x = r\left[(1-\cos\theta) + \frac{1}{4\lambda}(1-\cos 2\theta)\right]$$

$$= 100\left[(1-\cos 60°) + \frac{1}{16}(1-\cos 120°)\right] = 59.38 \text{ mm}$$

예제 10 · 3

피스톤 평균속도는 피스톤 최대속도의 몇 배인가?

가. 2π　　나. $2/\pi$　　다. π　　라. $3/\pi$

해답 나.

피스톤 평균속도는 피스톤 최대속도의 $2/\pi$ 배이다.

예제 10 · 4

커넥팅 로드길이 28 cm, 크랭크반지름 8 cm, 회전수 1200 rpm, 크랭크각 100°일 때 피스톤 속도는 몇 m/sec인가?

가. 10.3　　나. 11.3　　다. 12.3　　라. 13.3

해답 나.

$$\lambda = \frac{8}{28} = 0.2857$$

$$V = 0.08 \times \frac{2 \times 3.14 \times 1200}{60}\left(\sin 100 + \frac{0.2857}{2} \times \sin 100\right) = 11.3 \text{ m/sec}$$

예제 10·5

커넥팅 로드길이 30 cm, 행정 20 cm, 회전수 1200 rpm, 크랭크각 40°일 때 피스톤의 변위는 몇 cm인가?

가. 3.8 나. 4.8 다. 5.8 라. 6.8

해답 가.

$$x = 0.1 \times [(1 - 0.707) + 0.083] = 0.0376\ \text{m} = 3.76\ \text{cm}$$

예제 10·6

커넥팅 로드 길이 8 cm, 크랭크반지름 8 cm, 회전수 2000 rpm일 때 피스톤 최대속도는 몇 m/sec인가?

가. 10.3 나. 13.3 다. 16.3 라. 18.3

해답 라.

$$w = \frac{2 \times 3.14159 \times 2000}{60} = 209\ \text{rad/sec}$$

$$\lambda = \frac{18}{8} = 2.25$$

$$V_{max} = 0.08 \times 209 \times \sqrt{1 + \frac{1}{2.25^2}} = 18.3\ \text{m/sec}$$

예제 10·7

행정 160 mm, 연접봉의 길이 320 mm, 크랭크의 회전속도가 2400 rpm이면 크랭크가 60° 회전할 때의 피스톤의 가속도는 얼마인가?

가. 1863 나. 1873 다. 1883 라. 1893

해답 라.

$$\lambda = \frac{l}{r} = \frac{320}{160/2} = 4$$

$$w = \frac{2\pi \times 2400}{60} = 251\ \text{rad/sec}$$

$$\alpha = \frac{80}{1000} \times 251^2 \left[\cos 60° + \frac{1}{4} \cos 120° \right] = 1893\ \text{m/s}^2$$

예제 10·8

평균출력 10 PS / 1800 rpm의 엔진이 있다. 크랭크의 평균토크를 구하여라. 크랭크반지름 100 mm, 연접봉의 길이는 200 mm이다.

가. 3 kg m　　나. 4 kg m　　다. 5 kg m　　라. 6 kg m

해답 나.

$$\text{크랭크 1회전력} = 10 \times 75 \times \frac{60}{1800} = 25 \text{ kgf m}$$

$$\text{평균회전력} = \frac{25}{2\pi} = 3.98 \text{ kgf m}$$

예제 10 · 9

관성모멘트 0.08 kgf m/s^2의 플라이 휠이 요하는 단실린더기관에서 림의 평균반지름을 0.2 m로 제한하면 림의 중량은 몇 kgf인가?

가. 10　　나. 15　　다. 20　　라. 25

해답 다.

$$I = \frac{W}{g} \times R^2 = 0.08 \times \frac{9.8}{0.2^2} = 19.6 \text{ kgf}$$

예제 10 · 10

실린더지름 90 mm, 피스톤의 평균속도 10 m/s, 밸브통과 가스의 속도 40 m/s인 기관의 흡기밸브 지름은 몇 mm인가?

가. 40　　나. 45　　다. 50　　라. 55

해답 나.

$$d = D\sqrt{\frac{S}{V}} = 0.09 \times \sqrt{\frac{10}{40}} = 0.045 \text{ m}$$

예제 10 · 11

밸브지름이 120 mm이면 밸브양정은 몇 mm인가?

가. 30　　나. 40　　다. 50　　라. 60

해답 가.

$$H = \frac{d}{4} = \frac{120}{4} = 30 \text{ mm}$$

예제 10 · 12

피스톤지름이 80 mm, 피스톤의 평균속도 13 m/s, 흡기밸브의 유로면적이 0.24 cm^2인 경우 가스의 평균유속은 몇 m/sec인가?

가. 27.22 나. 2722 다. 49.11 라. 4911

해답 나.

$$Q = A_g v_g = A_P v_p$$

$$A_p = \pi \times \frac{8^2}{4} = 50.265\ \text{cm}^2$$

$$v_g = 1300 \times \frac{50.265}{0.24} = 272,268.7\ \text{cm/sec} = 2722.6\ \text{m/sec}$$

예제 10 · 13

실린더 흡입구의 가스속도가 47 m/sec이고 실린더의 지름이 97 mm이며 피스톤의 평균속도가 5 m/sec일 때 흡입밸브의 지름은 얼마인가?

가. 30 mm 나. 32 mm 다. 34 mm 라. 36 mm

해답 나.

$$d = D\sqrt{\frac{V_P}{V}} = 97\sqrt{\frac{5}{47}} = 31.6\ \text{mm}$$

예제 10 · 14

300 rpm으로 전동축을 지지하고 있는 미끄럼 베어링에서 축지름 $d = 5$ cm, 베어링길이 $l = 10$ cm, $p = 400$ kgf의 레이디얼 하중이 작용할 때 베어링의 압력은 몇 kgf/mm^2인가?

가. 0.04 나. 0.08 다. 0.12 라. 0.16

해답 나.

$$p_a = \frac{p}{A} = \frac{p}{d \times l} = \frac{400}{50 \times 100} = 0.08\ \text{kgf/mm}^2$$

예제 10 · 15

피스톤에 작용하는 최대압력을 28 kgf/cm^2, 실린더의 안지름을 100 mm, 베어링의 허용압력을 70 kgf/cm^2이라 하면 저널의 지름은 몇 cm인가? 단 저널폭은 저널지름의 1.3배이다.

가. 3.9 나. 4.9 다. 5.9 라. 6.9

해답 나

$$l = 1.3D$$

$$D^2 = \frac{\pi d^2 P_p}{4 l P_j}, \quad D = \sqrt{\frac{\pi \times 100^2 \times 28}{4 \times 1.3 \times 70}} = 49.16\ \text{mm} = 4.9\ \text{cm}$$

11 LPG 기관

11.1 LPG 연료 일반

가스연료에는 액화천연가스와 액화석유가스의 두 종류가 있다. 액화천연가스(LNG)는 자연상태에서 지하암반층의 가스전으로부터 얻은 천연가스를 액화한 것이고, 액화석유가스(LPG)는 원유생산 때 유전에서 회수하거나 정유공장에서 원유정제의 부산물로 나오는 가스를 가압하여 액화한 것이다. LPG는 비교적 공해가 없는 에너지원으로서 연소제어가 용이하고 가격면에서도 저렴하기 때문에 가정용, 사업용, 발전용 연료로 널리 사용되면서 점차 에너지로서의 비중이 늘어나고 있다. LPG 연료는 원유생산시 유전에서 회수되거나 정유공장에서 석유원유 정제의 부산물이 나오는 가스를 가압하여 액화한 것으로 프로판, 부탄, 부틸렌 등의 가스체 탄화수소를 여러 비율로 혼합하여 액화한 것의 총칭이다. LPG는 상온에서 비교적 낮은 압력으로 액화되고 다른 가스에 비해 취급이 용이하고 열량이 높다.

(1) 비 중

LPG는 액체 상태에서는 물보다 가볍지만 기체가 되면 공기의 1.5~2배로 무겁다.

(2) 비 점

비점은 대기압의 압력에서 액체에서 기체로 변하는 온도를 말하며 프로판은 −42.1℃, 노르말부탄은 −0.5℃로 낮다.

(3) 융 점

융점은 대기압의 압력에서 고체에서 액체로 변하는 온도를 말하며 프로판은 −188.7℃, 노르말부탄은 −138.4℃이다.

(4) 증발잠열

액화프로판 1 kg이 증발하면 102 kcal/kg의 열을 빼앗아 간다.

(5) 팽 창

액화LPG의 온도를 상승시키면 부피가 늘어나고 부피팽창률은 물의 15~20배이다. 액체 LPG 1*l* 기화하면 250*l*로 팽창한다.

(6) 연소공기량

LPG가 연소반응하여 완전연소되는 데 공기 15.71 kg이 필요하고 가솔린의 14.7 kg에 비하면 많은 공기량이 필요하다. 만일 공기가 부족하면 유독가스가 발생한다

(7) 발열량

LPG는 11,700~12,000 kcal/kg으로 가솔린 11,200 kcal/kg보다 높다.

물질은 압력이 높으면 비점도 높게 되고, 낮으면 비점도 낮아진다. LPG는 압력을 높이거나 온도를 내려서 액체로 만들 수 있으며 가압하여 액체로 만든다. 온도 20℃의 경우 프로판은 80.3 kg/cm^{2}의 압력에서 액화된다. 프로판가스와 부탄가스는 액화되면 체적이 1/240~1/270배로 작게 되어 저장운반이 용이하다

11.2 LPG 연소와 연료공급방법

〔1〕 LPG 연소방정식

LPG는 프로판, 프로필렌, 부탄, 부틸렌 등의 가스체 탄화수소를 여러 비율로 혼합하여 압축액화하여 사용하는 것이다. LPG는 상온에서 비교적 낮은 압력에서 액화되고 다른 가스들에 비해 취급이 용이하며 열량이 높아 자동차용 연료로 사용되고 프로판 90%과 부탄 10%로 구성되어 있다. 프로판(C_3H_8)의 완전연소방정식은 다음과 같다.

$$C_3H_8 + 5O_2 \rightarrow 3CO_2 + 4H_2O$$

프로판 액체 1*l*는 15℃에서 250*l*로 팽창하고 프로판 액체 1*l*가 완전연소할 때 필요한 공기량은 25%의 과잉공기를 고려하면 31.25 L이고 프로판 액체 1*l*가 기화하면 250*l*의 기체가 되므로 액체 1*l* 가 완전연소할 때 필요한 공기량은 7812*l*이고 혼합공기량은 8062.5*l*이다. 즉 1500 cc 배기량의 경우 크랭크축 1회전에 750 cc의 혼합공기가 필요하고 750/8062.5 = 0.093*l*의 프로판 액체가 필요하다. 기관회전수가 800 rpm인 경우 800×0.093/60NM = 1.24*l*의 프로판 액체가 필요하게 된다.

〔2〕 LPG 기관의 연료공급 방법

LPG 기관에 공급되는 연료는 봄베, 액기상출구 밸브, 연료파이프, 긴급차단 밸브, 베이퍼

라이저, 믹서의 순서로 공기와 혼합기체를 형성하여 가스 상태로 실린더로 흡입된다. 긴급차단밸브는 기온이 14℃ 이하일 때 기체연료를 공급하여 냉간시 시동성을 향상시키고 베이퍼라이저는 감압 및 액체연료를 기화시켜 연료압력을 일정하게 유지시킨다. 믹서는 베이퍼라이저에서 기화된 LPG와 공기를 혼합하여 실린더에 공급하는 장치로 엔진부하에 따라 공급연료량이 조절된다. LPG 봄베는 LPG를 충전하기 위한 고압용기이며 기상출구밸브, 액상출구밸브, 충전밸브의 3가지 기본밸브와 용적표시계, 액면표시계 등의 지시장치가 부착되어 있다. 과충전방지 밸브와 긴급차단 밸브는 가스안전공사의 법규 개정으로 1994년부터 추가로 장착된 밸브이다.

11.3 LPG 기관 구성요소

LPG 봄베는 LPG를 충전하기 위한 고압용기로 구성은 송출밸브(기상밸브, 액상밸브, 과류방지밸브), 충전밸브(안전밸브 부착) 3가지 기본 밸브와 유량계 등의 지시장치로 구성되어 있다. 과류밸브(Excessive Flow Valve)는 플로트와 함께 충전밸브 연속선상에 조립되어 봄베 내에 내장되어 있고 LPG 주입시 이 밸브를 통하여 봄베 내로 LPG가 유입되도록 하여 과충전방지 장치의 플로트가 85%를 감지하면 연료 유입을 차단하는 장치이다. 또한 엔진에 LPG를 공급하기 위한 밸브로 기상출구밸브 및 액상출구밸브가 있다. 기상출구밸브는 시동을 좋게 하기 위한 밸브로 베이퍼라이저 냉각수 온도가 14℃ 이하에서만 송출기능을 하고 과류밸브는 액상출구밸브에만 설치되어 있다. 이 과류밸브의 설치목적은 사고에 의해 엔진으로 공급되는 배관이 파손되었을 때 용기 내의 LPG가 급격히 방출되어 발생할 수 있는 위험을 방지하는 장치이다. 그러나 이러한 원리가 평상시에도 발생하면 기관으로의 연료공급이 원활하지 않아 가속성능불량, 시동 꺼짐의 원인이 될 수 있다. 또한, LPG 기관으로 공급되는 연료는 최종압력이 0.3 kg/cm^2 정도로 저압이기 때문에 연료공급 상태가 주변의 조건에 따라 큰 영향을 받는다.

(1) LPG 봄베

LPG 봄베는 탄소강판 원통 3개를 용접 제작한 것으로 30 ata의 내압시험과 10kg/cm^{2}의 기밀시험을 만족하도록 설계된다. 용량은 75 l 이고 LPG 충전밸브(녹색), 기상밸브(황색), 액상밸브(적색) 등으로 구성된다

① 액면표시장치 : LPG의 과충전을 방지하기 위하여 봄베 내에 충전되는 LPG의 양을 확인한다. 플로트식, 투시창식, 튜브게이지식이 있다.

② LPG 충전밸브 : LPG를 충전할 때 사용하는 밸브이다. 충전밸브에 부착된 안전밸브는

봄베의 내압이 24 kg/cm^2 이상, 16 kg/cm^2 이하로 되면 작동하여 LPG 압력을 일정하게 한다.

③ 송출밸브 : LPG를 연소실로 공급하는 밸브로 아래쪽에는 과류방지밸브(EFV)가 설치되어 있다. 이는 LPG 유출로 인한 사고를 방지한다. 기상밸브(황색), 액상밸브(적색) 등이 있다.

〔2〕 긴급차단 솔레노이드 밸브

엔진룸의 LPG 솔레노이드 밸브는 액기상 연료출구가 하나이고 긴급차단 밸브는 각각의 출구가 있다. 주행 중 사고로 엔진이 정지하면 전원이 차단되어 연료 누출을 방지한다. 밸브가 OFF되면 연료가 차단되고 연료배관계통의 문제 발생시 연료누출방지를 연료탱크의 최단거리에서 차단하여 미연에 화재방지를 한다.

〔3〕 LPG 솔레노이드 밸브 (액상 솔레노이드 밸브) 및 필터

필터는 연료 중에 각종 불순물을 여과하는 기능을 하며 구조는 펠트(felt) 같은 재질의 여과지를 사용하여 LPG의 증기압에도 견딜 수 있는 구조로 되어 있고 필터엘리먼트는 탈부착이 가능하다. 냉각수온이 14℃ 이하이면 냉각수온센서의 입력을 ECU에서 받아 출력은 기상용 솔레노이드로 통하여 봄베로부터 기상회로를 거친 연료가 베이퍼라이저로 공급한다. 20℃ 이상이면 액상용 솔레노이드를 통하여 봄베로부터 액상연료를 거친 연료가 베이퍼라이저로 공급된다.

〔4〕 베이퍼라이저

가솔린엔진의 기화기와 같은 역할을 하며 감압 기화, 압력조절작용의 3가지 기능을 가지고 있다. 봄베로부터 압송된 고압의 액체 LPG를 베이퍼라이저에서 감압시킨 후 기체 LPG로 기화시켜 엔진 출력 및 연료 소비량에 만족할 수 있도록 압력을 조절한다. 베이퍼라이저 내의 LPG는 액체에서 기체로 될 때 주위의 증발잠열을 빼앗아 온도가 낮아지므로 베이퍼라이저의 밸브를 동결시켜 엔진에 적당한 양의 LPG를 공급할 수 없게 되는 빙결현상을 방지하기 위해 베이퍼라이저에 온수 통로를 설치하여 냉각수를 순환시켜 기화에 필요한 열을 공급한다. 봄베로부터 압송된 고압의 액체연료를 베이퍼라이저에서 감압시킨 후 기화시켜 엔진출력을 향상시키는 기능이 있다.

(1) 1차 감압실 (고압측)

봄베로부터 전달되는 액체 LPG의 압력은 7~10 kg/cm^{2}로 고압이기 때문에 연료량의 제어가 곤란하여 분출량이 크고 공연비가 너무 농후하여 사용이 곤란하다. 따라서 1차실에서 0.3 kg/cm^{2}으로 감압, 기화하여 2차 감압실로 보낸다. 1차 감압실은 항상 압력이 0.3 kg/cm^{2}으로 유지되며 연료의 압력을 연료소비량, 출력의 관점에서 소비되도록 조정한다. LPG 봄베

로부터 나온 연료는 솔레노이드와 필터를 통해 베이퍼라이저 입구까지 봄베압으로 유지되고 베이퍼라이저로 들어온 연료는 1차 밸브 시트(seat) 사이에서 1차실로 들어와 감압된다. 연료의 유입이 계속되고 1차실 압력이 0.3 kg/cm^{2}보다 높아지면 1차 다이어프램은 상부로 올라간다. 이때 다이어프램에 연결된 훅이 1차 밸브레버를 위로 끌어당겨 1차 밸브를 닫아 연료의 유입을 차단한다.

(2) 2차 감압실 (저압측)

연료가 믹서에 들어오는 공기량과는 관계없이 믹서로 유출되는 것을 방지하기 위해 2차실 압력을 거의 대기압으로 감압하는 작용을 한다. 1차실에서 0.3 kg/cm^{2}의 압력으로 조정된 연료는 2차 밸브와 밸브 시트 사이를 통해 2차실로 들어가서 대기압으로 감소한다. 엔진이 회전할 때 믹서의 벤투리부에서 발생한 부압에 의해 2차 밸브를 열고 연료를 유입한다. 엔진을 정지하게 되면 2차 록 솔레노이드가 2차 밸브를 닫으므로 연료유입을 차단한다.

(3) 공회전 조정 스크루 (Idle Adjust Acrew)

공회전 상태에서 스크루를 돌려 공회전 상태의 CO나 HC의 농도를 조절한다.

(4) 온수실

LPG가 액체 상태에서 기체로 될 때 주위로부터 기화열을 흡수하여 밸브를 동결시키는 현상을 방지하기 위하여 두고 있다.

(5) 드레인콕

LPG연료 조성에는 불 휘발성 물질(타르)이 혼합되어 있어 이것이 베이퍼라이저 내에 고이면 베이퍼라이저의 작동이 불량해진다. 이를 방지하기 위하여 드레인콕 레버를 월 1회 90° 열어 타르를 배출시킨다.

(6)1차 압력조정나사

1차 감압실의 LPG압력을 0.3 kg/cm^{2}으로 조정하기 위한 나사이다.

(7) 2차 로크 솔레노이드 밸브

2차 로크 솔레노이드 밸브(2nd Lock Solenoid)는 엔진 회전시에 2차 밸브를 열어 연료를 공급하고 엔진 정지시에는 2차 밸브를 닫아 연료를 차단시키는 역할을 한다 밸브가 OFF이면 2차 밸브는 닫히고 ON이면 2차 밸브는 열려 1차실에서 2차실로 연료가 유입된다.

(8) 슬로 컷 솔레노이드 밸브

베이퍼라이저 1차실에서 믹서로 통하는 바이패스 통로를 개방하여 필요한 연료를 추가 공급해 원활한 시동이 되도록 하고 시동을 끌 때 발생할 수 있는 디젤링현상을 방지한다. 엔진 시동시 공급부족 LPG를 추가 공급하여 시동성 향상 및 시동 꺼짐을 방지하는 역할을 한다. 슬로 컷 솔레노이드는 시동시 통전되어 연료라인을 열어주어 연료를 추가 공급한다. 시동이 걸린 후 크랭킹 신호가 OFF 되어도 솔레노이드도 계속 ON 되어 슬로 연료라인에 연료를 공급한다.

〔5〕 믹 서

(1) 믹서의 구성

믹서는 베이퍼라이저에서 기화된 연료를 공기와 혼합하여 연소에 가장 적합한 혼합기를 연소실에 공급하는 일을 한다. 연료제어는 메인조정 스크루(M.A.S)와 피드백 솔레노이드에 의해 결정되며 피드백 솔레노이드는 각 센서(sensor) 로터의 신호에 따라 컴퓨터(E.C.U)에 의해 제어된다. 믹서의 구성은 다음과 같다

① 시동 솔레노이드 밸브

엔진 시동시, 감속시 시동성을 향상시키고 주행 중 시동 꺼짐을 방지한다.

② 메인 듀티 솔레노이드 밸브

공연비 제어장치로 믹서의 메인 연료 라인에 설치된다. ECU의 제어에 의해 보조연료 통로를 개폐한다. 엔진 ECU는 산소 센서의 신호를 받아 공연비를 파악하고 농후하다고 판단되면 듀티값을 낮게 제어하고 희박이면 높게 제어한다.

- 솔레노이드 밸브 ON시 : 공연비 농후(rich)
- 솔레노이드 밸브 OFF시 : 공연비 희박(lean)
- 듀티값이 낮을 때 : 공연비 희박(lean)
- 듀티값이 높을 때 : 공연비 농후(rich)

③ 공회전 조절 밸브 (Idle Speed Control Actuator)

엔진의 공회전속도를 안정하게 유지하기 위하여 ISCA로 ECU에 의해 전진 또는 후진하여 연소실로 바이패스되는 혼합기의 양이 조절되어 공회전 상태가 제어된다. 냉간시동시, 전기부하시, 에어컨부하시, 엔진부하시 발생하는 공회전수 저하를 ECU에서 감지하여 ON/OFF제어를 통하여 회전수가 보상되도록 한다.

④ 메인조정 스크루 (Main Adjust Screw)

LPG는 일정한 혼합연료이지 못하고 계절과 지역에 따라 차이가 있다. 이는 공연비를 일정하게 유지하지 못하는 원인이 된다. 이런 현상을 최적의 공연비로 맞추기 위해서 MAS로 믹서에 유입되는 연료량을 조정한다. 조정스크루를 시계방향으로 돌리면 듀티가 올라가 혼합기가 희박해진다.

⑤ 에어조정 스크루 (Air Adjust Screw)

공회전 상태에서 엔진회전수가 규정값을 벗어난 경우 조정하는 스크루이다. 시계방향으로 돌리면 엔진회전수가 내려간다.

⑥ 슬로 듀티 솔레노이드 밸브

이 밸브는 베이퍼라이저의 1차실로부터 연료를 공급받아 시동시 부족한 연료를 믹서에 공급하여 최적의 공연비가 되도록 보조연료 통로를 개폐한다.

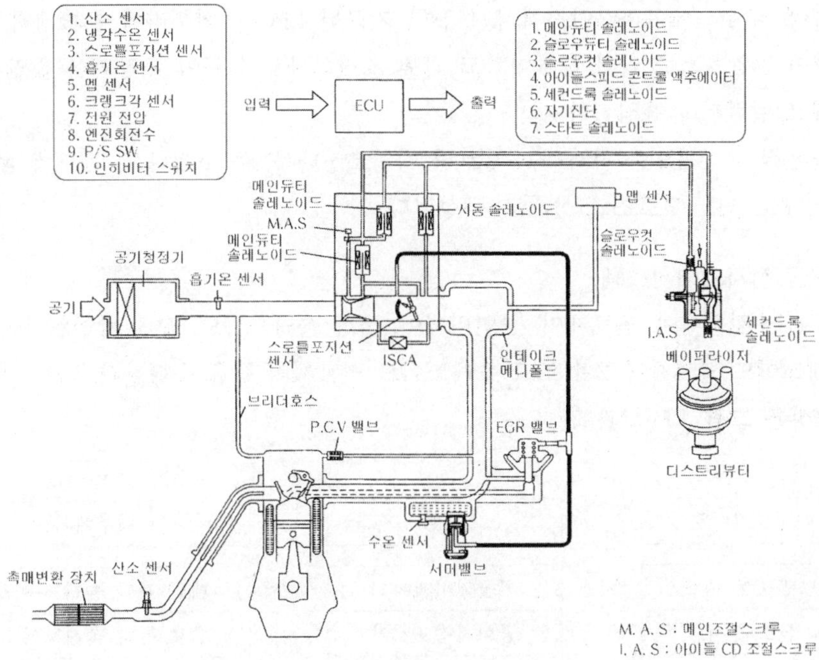

그림 11 · 1 LPG 시스템 구성도

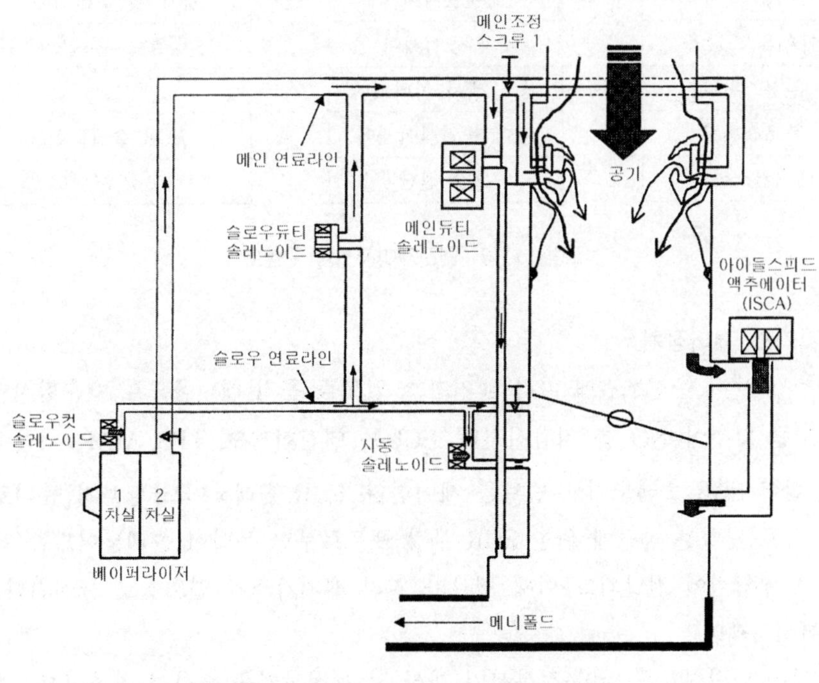

그림 11 · 2 LPG 시스템 연료흐름도

(2) 종 류

① 기계식 믹서 : 베이퍼라이저에서 완전히 기화된 LPG는 벤투리에서 발생하는 부압에 의하여 저압호스로 믹서에 들어가고 파워 조정나사로 유량이 조정되어 흡입공기와 혼합되고 실린더에 흡입된다.

② 전자식 믹서 : 피드백 믹서라고 부르며 에어조정나사, 주 조정나사, 피드백 솔레노이드 밸브, ISC밸브, 오토초크 등으로 구성된다

〔6〕 LPG 전자제어시스템

엔진 ECU는 점화제어, 연료제어, 공연비제어, 액상 솔레노이드 제어, 메인릴레이 제어, 슬로 컷 솔레노이드 밸브제어, 2차 로크 솔레노이드 밸브제어 등을 수행한다. LPG 전자제어시스템의 구성은 그림 **11・3**과 같다.

아날로그신호	ECU	출력엑추에이터
크랭크각 센서	공연비제어	메인 듀티 솔레노이드
산소 센서	공회전속도제어	슬로 듀티 솔레노이드
스로틀 포지션 센서	점화시기제어	ISCA
냉각수온 센서	연료제어	
MAP 센서 →	EGR제어 →	슬로 컷 솔레노이드
아이들 스위치	2차 공기제어	2차 로크 솔레노이드
열선스위치	산소 센서 히터제어	
블로스위치	에어컨 릴레이제어	EGR 솔레노이드
에어컨스위치	고장 진단	고장 모니터

그림 11・3 엔진제어시스템 구성도

(1) 배기가스 제어장치

EGR 시스템은 각 운전조건에 따라 배기가스 일부를 흡기 매니폴드로 재순환시켜 연소실의 연소온도를 낮추어 NO_x를 저감시킨다. ECU는 엔진회전수, TPS, MAP, 냉각수온 센서의 신호를 받아 EGR 솔레노이드 밸브를 제어한다. EGR 솔레노이드 밸브가 듀티로 작동되면 믹서의 스로틀 밸브 상단에 위한 EGR 부압 포트로부터 부압이 솔레노이드를 거쳐 EGR 컨트롤 밸브 부압실에 전달되고 이때 밸브가 열려 배기가스가 연소실로 들어간다.

(2) 점화시기제어

ECU는 각종 입력신호를 받아 점화시기 계산 및 보정작업을 통하여 최종점화시기를 제어

한다. 이때는 기본점화시기를 계산하고 공회전속도를 안정화시키는 점화시기 보정, rpm의 변화에 따른 점화시기 보정, 가속시 점화시기 보정, 각종 엔진부하시 점화시기 보정을 수행한다.

(3) 연료제어

연료차단제어는 감속시 스로틀 밸브가 닫히고 흡기 매니폴드의 부압이 상승하여 AAS부의 통로로 흡입되는 혼합기가 농후하게 되어 배기가스가 과다하게 배출되므로 연료차단 밸브 및 피드백 솔레노이드를 작동시켜 배기가스를 조절한다. 연료제어시스템은 센서류의 입력신호를 기준으로 연료량을 계산하고 연료량을 제어한다. 감속시 연료차단, 과회전수시 연료차단, 화재방지용 연료차단, 최적공연비 유지용 연료차단 등이 있다.

(4) 아이들 업 제어 (공회전속도제어)

ECU는 엔진회전수, 에어컨, 각종 전기부하 등의 정보를 입력받아 각 부하가 작동할 때 해당하는 아이들 업 솔레노이드를 제어한다. 이때 솔레노이드가 ON 되면 바이패스 통로가 열리게 되고 이 통로로 혼합기가 추가로 공급되어 아이들 회전수를 보정한다.

(5) 냉각팬 제어

엔진의 과열방지를 목적으로 냉각팬을 엔진 ECU에서 low, high릴레이를 제어하여 3단계로 팬제어를 한다. 냉각수팬은 냉각수온도, 차속모드, 에어컨 신호에 따라 OFF, 저속, 중속, 고속모드 등으로 제어된다.

연습문제

1. LPG 기관 구성요소에 대하여 설명하여라.
2. LPG 제어시스템의 구성에 대하여 설명하여라.
3. 점화시기제어에 대하여 설명하여라.
4. MAS, AAS에 대하여 설명하여라.
5. LPG 시스템 구성도를 그려라.

부 록

Ⅰ. 내연기관의 개요 문제

Ⅱ. 내연기관의 열역학 문제

Ⅲ. 내연기관의 출력과 효율 문제

Ⅳ. 연료와 연소장치 문제

Ⅴ. 윤활 및 윤활장치 문제

Ⅵ. 흡기 및 배기밸브장치 문제

Ⅶ. 냉각장치 문제

Ⅷ. 가솔린기관 문제

Ⅸ. 가솔린 전자제어 문제

Ⅹ. 디젤기관 문제

Ⅺ. 내연기관의 운동 문제

Ⅻ. 소구기관과 가스터빈기관 문제

Ⅰ. 내연기관의 개요 문제

문제 1 다음 기관 중 내연기관이 아닌 것은?

㉮ 가솔린기관 ㉯ 소구기관 ㉰ 증기터빈 ㉱ 로터리기관

풀이 정답 ㉰

내연기관 ① 왕복형 : 가솔린기관, 디젤기관, 복합사이클기관
② 회전형 : 로터리기관, 가스기관, 제트기관
외연기관 ① 왕복형 : 증기기관
② 회전형 : 증기터빈기관

문제 2 왕복동 내연기관이 증기터빈에 비하여 불리한 점은?

㉮ 열효율이 낮다. ㉯ 마력당 중량이 크다.
㉰ 자력기동을 할 수 없다. ㉱ 구조가 복잡하다.

풀이 정답 ㉰

왕복동 내연기관의 단점은
① 시동장치가 필요하다. ② 사용연료가 제한되어 있다. ③ 배출가스의 공해가 있다.

문제 3 다음 중 회전형 내연기관은?

㉮ 4사이클 가솔린기관 ㉯ 2사이클 소구기관
㉰ 디젤기관 ㉱ 로터형 반켈기관

풀이 정답 ㉱

로터형 반켈기관은 회전형 가솔린기관이고 나머지는 왕복형 내연기관이다.

문제 4 건설기계용 디젤기관과 자동차용 디젤기관의 가장 큰 차이점은 무엇인가?

㉮ 저속에서 토크가 클 것. ㉯ 고속에서 토크가 적을 것.
㉰ 저속에서 회전수가 적을 것. ㉱ 연료분사계통이 복잡할 것.

풀이 정답 ㉮

건설기계용은 기관에 걸리는 부하가 급격하여 저속시 토크가 커야 한다.

문제 5 다음 중 전기점화기관이 아닌 것은?

㉮ 가솔린기관 ㉯ 소구기관 ㉰ 가스기관 ㉱ 로터리기관

풀이 정답 ㉯

소구기관은 표면점화, 디젤기관은 압축착화방식이다.

문제 6 다음 중 불꽃점화기관이 아닌 것은?

㉮ 가스기관 ㉯ 가솔린기관 ㉰ 등유기관 ㉱ 중유기관

풀이 정답 ㉱

중유 · 경유기관은 압축착화기관이다.

문제 7 피스톤지름과 행정이 같은 기관을 무엇이라 하나?

㉮ 스퀘어기관 ㉯ 오버스퀘어기관

㉰ 롱스퀘어기관 ㉱ 장행정기관

풀이 정답 ㉮

행정 = 피스톤지름 : square기관(정방행정기관)

행정 > 피스톤지름 : under square기관(장행정기관)

행정 < 피스톤지름 : over square기관(단행정기관)

문제 8 엔진의 평균회전속도를 높이지 않고 실린더당 출력을 높일 수 있는 방법은?

㉮ 스퀘어기관 ㉯ 오버스퀘어기관

㉰ 단행정기관 ㉱ 장행정기관

풀이 정답 ㉱

장행정기관은 단행정기관과 비교하면 같은 회전수일 때 피스톤의 평균속도가 빨라 출력이 커진다($V_p = 2LN = 2 \times$ 행정 $\times$ 회전수).

문제 9 디젤기관과 소형가솔린기관에서 회전속도보다 토크를 중요시하는 기관은?

㉮ 스퀘어기관 ㉯ 오버스퀘어기관

㉰ 단행정기관 ㉱ 장행정기관

풀이 정답 ㉱

문제 10 회전수가 비교적 적고 큰 회전력과 측압을 작게 하려면 다음 중 어떤 기관이 적합한가?

㉮ 스퀘어기관 ㉯ 오버스퀘어기관

㉰ 단행정기관 ㉱ 장행정기관

풀이 정답 ㉱

장행정기관은 저속회전에서 큰 출력을 얻을 수 있지만 고속회전이 원활하지 못하다.

문제 11 고회전시 운전이 원활하고 저속에서 토크를 확보하기 어려운 기관은?

㉮ 스퀘어기관 ㉯ 롱스퀘어기관 ㉰ 단행정기관 ㉱ 장행정기관

풀이 정답 ㉰

문제 12 오버스퀘어 엔진의 장점이 아닌 것은?

㉮ 피스톤의 평균속도를 올리지 않고 회전속도를 높일 수 있다.
㉯ 흡배기밸브의 지름을 크게 할 수 있어 흡입효율을 높일 수 있다.
㉰ V형 엔진의 경우 전장이 작게 된다.
㉱ 직렬형 엔진의 경우 엔진의 전고를 낮게 할 수 있다.

풀이 정답 ㉰

단행정기관은 고속에서 원활한 운전이 이루어지고 전고는 낮아지나 전폭과 전장은 증대된다.

문제 13 석유기관이 가솔린기관보다 열효율이 낮은 이유가 아닌 것은?

㉮ 연료의 기화상태가 나쁘다.
㉯ 엔진의 체적효율이 나쁘다.
㉰ 석유연료의 발열량이 가솔린보다 낮다.
㉱ 석유기관의 압축비가 가솔린기관보다 낮다.

풀이 정답 ㉱

압축비는 가솔린기관 6~9, 석유기관 6~7, 디젤기관 12~25이다.

문제 14 L형 헤드 기관에 많이 사용하는 연소실은?

㉮ 리카르도형 ㉯ 반구형 ㉰ 쐐기형 ㉱ 펜트루프형

풀이 정답 ㉮

직렬형 사이드밸브엔진으로 실린더 한쪽에 흡배기밸브를 설치한 형식이다.

문제 15 I형 헤드에 균열이 생기는 주된 원인은 ?

㉮ 과도한 열부하 ㉯ 난폭운전
㉰ 피스톤의 마모 ㉱ 실린더의 마모

풀이 정답 ㉮

실린더헤드의 균열은 과도한 열부하가 원인이다.

문제 16 I형-헤드에 장착된 밸브의 장점이 아닌 것은?

㉮ 유동저항이 적다. ㉯ 흡배기 효율이 좋다.
㉰ 기구가 간단하여 소음이 적다. ㉱ 압축비를 높일 수 있다.

풀이 정답 ㉰

I-헤드 : ① 밸브기구가 복잡하다.
② 소음이 커서 고속회전에는 적합하지 않다.
③ 흐름 저항이 적다.
④ 흡배기 효율이 좋다.
⑤ 압축비를 높일 수 있다.

문제 17 OHC에 사용되는 밸브기구는?

㉮ I헤드형 ㉯ L헤드형 ㉰ T헤드형 ㉱ F헤드형

풀이 정답 ㉮

I헤드형은 흡배기 밸브가 모두 실린더헤드에 설치된다.

문제 18 연소실 모양에 따른 내연기관의 분류 중 흡배기밸브가 모두 실린더 헤드에 설치된 기관은?

㉮ L헤드형 ㉯ F헤드형 ㉰ T헤드형 ㉱ I헤드형

풀이 정답 ㉱

문제 19 I헤드에는 있고 L헤드형에는 없는 것은?

㉮ 푸시로드, 로커암 ㉯ 스프링, 태핏
㉰ 태핏, 밸브 ㉱ 캠축, 조절나사

풀이 정답 ㉮

문제 20 2사이클기관에서 소기작용을 위해 소기펌프와 송풍기를 사용하는 이유는 무엇인가?

㉮ 소기기간이 충분히 길어서
㉯ 소기기간이 짧아서
㉰ 배기압이 급기압보다 높아서
㉱ 흡기과정과 배기과정이 분리되어 있어서

풀이 정답 ㉯

2사이클의 성능은 소기작용에 의존하며 흡배기를 동시에 행하는 기간이 짧아 원활한 소기를 위해 소기펌프와 송풍기를 사용한다.

문제 21 한 방향으로 소기가 되고 효율이 높고 대형 저속기관에 적합한 소기형태는?

㉮ 단류형 소기법　　㉯ 횡단형 소기법
㉰ 루우프형 소기법　　㉱ M.A.N 소기법

풀이 정답 ㉮

횡단형 : 실린더를 횡단하여 소기, 간단하고 소기효율이 낮다.
루우프형(반전형) : 실린더 내로 한바퀴 도는 소기법(M.A.N 소기법, 슈닐네 소기법)으로 흡배기구멍이 같은 쪽에 설치되어 있다. 소기효율은 중간이다.
단류형 : 위 아래 혹은 아래 위 한 방향 소기(U형 소기, 융커스 소기), 소기효율이 가장 높다.

문제 22 가솔린기관의 압축비는?

㉮ 6∼7　　㉯ 7∼10　　㉰ 9∼13　　㉱ 12∼25

풀이 정답 ㉯

문제 23 다음 기관 중 압축비가 가장 높은 것은?

㉮ 가솔린기관　　㉯ 석유기관　　㉰ 소구기관　　㉱ 디젤기관

풀이 정답 ㉱

디젤기관은 압축착화기관이어서 압축비가 높다.

문제 24 4사이클기관에서 크랭크축이 20회전하면 캠축은 몇 회전을 하는가?

㉮ 5　　㉯ 10　　㉰ 15　　㉱ 20

풀이 정답 ㉯

4사이클기관에서는 크랭크축 2회전에 캠축이 1회전한다.

문제 25 혼합기가 점화된 후 최대압력에 이를 때까지 $\frac{1}{500}$ 초가 소요된다. 엔진이 3000 rpm으로 회전하면 최대압력에 도달할 때까지의 크랭크축의 회전각은 몇 도인가?

㉮ 12°　　㉯ 24°　　㉰ 36°　　㉱ 48°

풀이 정답 ㉰

$$CA = 360 \times \frac{3000}{60} = 18,000°/\sec = 18,000° \times \frac{1}{500} = 36°$$

문제 26 4사이클 4행정기관에서 엔진이 3000 rpm으로 회전하면 캠축은 1초당 몇 회전을 하는가?

㉮ 15 ㉯ 20 ㉰ 25 ㉱ 30

풀이 정답 ㉰

$$크랭크축 = \frac{3000}{60} = 회전/sec,\ 캠축 = \frac{50}{2}\ 회전/sec = 25\ 회전/sec$$

문제 27 4사이클기관에서 실린더수가 6일 때 폭발행정은 크랭크 축 각도로 몇 도마다 일어나는가?

㉮ 60° ㉯ 90° ㉰ 120° ㉱ 240°

풀이 정답 ㉰

$$\frac{720}{실린더수} = \frac{720}{6} = 120°$$

문제 28 왕복운동기관에서 피스톤의 평균속도가 15 m/sec이고 기관의 회전수가 4000 rpm이면 피스톤의 행정은 얼마인가?

㉮ 0.1125 m ㉯ 0.1225 m ㉰ 0.1325 m ㉱ 0.1425 m

풀이 정답 ㉮

$$피스톤평균속도,\ V_p = \frac{2NS}{60}$$

$$S = \frac{60V_p}{2N} = \frac{60 \times 15}{2 \times 4000} = 0.1125\ \text{m}$$

문제 29 어떤 기관에서 행정이 50 cm, 회전속도가 3000 rpm일 때 피스톤의 평균속도는 몇 m/sec인가?

㉮ 20 ㉯ 30 ㉰ 40 ㉱ 50

풀이 정답 ㉱

$$V_p = \frac{2NS}{60} = \frac{2 \times 3000 \times 0.5}{60} = 50\ \text{m/sec}$$

문제 30 4사이클기관은 크랭크축 몇 회전에 1사이클을 완료하는가?

㉮ 1 ㉯ 2 ㉰ 3 ㉱ 4

풀이 정답 ㉯

4사이클기관-2회전, 2사이클기관-1회전

문제 31 2사이클기관의 장점으로 맞는 것은?

㉮ 냉각효과가 좋아 열부하가 적다.
㉯ 밸브기구가 필요 없어 구조가 간단하다.
㉰ 각 행정이 구분되어 있어 행정이 정확하다.
㉱ 고속으로 운전이 가능하고 연료소비율이 적다.

풀이 정답 ㉯

<장점>

- 동일체적이면 이론적으로 출력이 4사이클의 2배이다.
- 매 회전마다 폭발하므로 토크의 변동이 적고 마찰손실이 적다.
- 마력당 기관 중량이 가볍다.
- 밸브기구가 필요 없어 구조가 간단하다.
- 회전력이 균일하다.

문제 32 2사이클기관이 4사이클기관보다 우수한 점은?

㉮ 매 회전마다 폭발하므로 동일체적으로 출력이 4사이클보다 크다.
㉯ 연료소비율이 적다.
㉰ 냉각이 용이하다.
㉱ 각 행정이 구분되어 있어 행정이 정확하다.

풀이 정답 ㉮

문제 33 2사이클기관의 특징이 아닌 것은?

㉮ 중량이 가볍고 구조가 간단하다. ㉯ 연료소비가 많다.
㉰ 실린더가 과열되기 쉽다. ㉱ 폭발횟수가 적다.

풀이 정답 ㉱

한 사이클에 한 번 폭발한다.

문제 34 2사이클기관의 소기에서 4사이클기관의 블로바이와 같은 뜻을 가지는 것은?

㉮ 쇼트 ㉯ 블로다운 ㉰ 포팅 ㉱ 와일드핑

풀이 정답 ㉮

쇼트는 소기기간 중 실린더에 머물지 않고 배기로 빠져나가는 현상이다.

문제 35 2행정기관에서 연료손실을 방지하기 위해 설치된 것은?

㉮ 디토네이션 ㉯ 디플렉타 ㉰ 소기펌프 ㉱ 연료펌프

풀이 정답 ㉯

디플렉타는 2사이클기관의 피스톤의 돌출부로 와류형성, 압축비상승 작용을 한다.

문제 36 2사이클기관의 배기 중 HC 배출량은 4사이클과 비교하여 어떠한가?

㉮ 많다. ㉯ 적다. ㉰ 동일하다. ㉱ 2배이다.

풀이 정답 ㉮

NO_x 배출은 적으나 HC 배출은 많다.

문제 37 4실린더 4사이클기관, 2사이클기관의 사이클 위상차는 각각 몇 도인가?

㉮ 180° 90° ㉯ 360° 180° ㉰ 720° 360° ㉱ 90° 45°

풀이 정답 ㉮

4사이클 주기 720°, 2사이클 주기 360°를 실린더수(4)로 나눈다.

문제 38 점화순서가 1－3－4－2인 4기통 4행정 가솔린 기관에서 4번 실린더가 폭발행정일 때 2번 실린더의 행정은?

㉮ 흡입행정 ㉯ 압축행정 ㉰ 폭발행정 ㉱ 배기행정

풀이 정답 ㉯

1－2－4－3, 2－4－3－1, 4－3－1－2, 3－1－2－4 (흡－압－폭－배)

문제 39 어느 가솔린기관의 점화순서가 1－5－3－6－2－4이면 3번 실린더가 폭발행정 초에 있을 때 4번은 어떤 행정을 하는가?

㉮ 흡입행정 ㉯ 압축행정 ㉰ 폭발행정 ㉱ 배기행정

풀이 정답 ㉮

우수식 : 1－5－3－6－2－4

문제 40 어느 가솔린기관의 점화순서가 1－5－3－6－2－4이면 4번 실린더가 흡입 초에 있을 때 3번은 어떤 행정을 하는가?

㉮ 흡입행정 ㉯ 압축행정 ㉰ 폭발행정 ㉱ 배기행정

풀이 정답 ㉰

문제 41 다음 중 증발시의 잠열을 이용해서 냉각하는 기관은?

㉮ 석유기관 ㉯ 디젤기관 ㉰ 가솔린기관 ㉱ 공기냉각기관

풀이 정답 ㉮

증발냉각기관 : 증발시의 잠열을 이용해서 냉각한다. (예 : 석유기관)

문제 42 다음 중 에틸렌글리콜, 글리세린 등의 특수액체를 사용하여 냉각하는 기관은?

㉮ 석유기관 ㉯ 디젤기관 ㉰ 가솔린기관 ㉱ 항공기

풀이 정답 ㉱

항공기 : 에틸렌글리콜, 글리세린 등의 액체를 사용하여 냉각한다.

문제 43 고속디젤기관의 기본사이클은?

㉮ 정적사이클 ㉯ 정압사이클 ㉰ 사바테사이클 ㉱ 카르노사이클

풀이 정답 ㉰

가솔린기관－오토사이클－정적사이클

디젤(저속)기관－디젤사이클－정압사이클

디젤(고속)기관－사바테사이클－정적, 정압사이클－복합사이클

문제 44 다음 중 디젤기관의 장점이 아닌 것은?

㉮ 열효율이 높다. ㉯ 연료소비량이 적다.

㉰ 대형기관의 제작이 가능하다. ㉱ 기관의 출력당 중량이 적다.

풀이 정답 ㉱

디젤기관은 출력당 중량이 크다.

문제 45 가솔린기관의 기본사이클은?

㉮ 정적사이클 ㉯ 정압사이클 ㉰ 사바테사이클 ㉱ 카르노사이클

풀이 정답 ㉮

문제 46 실린더 안지름이 50 mm이고 크랭크축의 지름이 30 mm일 때 배기량은 얼마인가?

㉮ $47.2\ cm^3$ ㉯ $58.9\ cm^3$ ㉰ $68.9\ cm^3$ ㉱ $78.9\ cm^3$

풀이 정답 ㉯

행정 = 크랭크축 지름

$$V_s = \frac{\pi}{40} D^2 S = \frac{\pi}{40} \times 5^2 \times 0.03 = 0.0589\ \text{L}\ \ [D : \text{cm},\ S : \text{m},\ V_s : \text{L}]$$

문제 47 연소실체적 V_c, 행정체적 V_s일 때 압축비를 구하는 식은?

㉮ $\dfrac{V_c + V_s}{V_c}$ ㉯ $\dfrac{V_s}{V_c}$ ㉰ $\dfrac{V_c}{V_c + V_s}$ ㉱ $\dfrac{V_c}{V_s}$

풀이 정답 ㉮

$$\varepsilon = \frac{V_c + V_s}{V_c}$$

문제 48 가솔린기관의 총배기량이 2000 cc이고 전체 연소실체적이 200 cc이면 기관의 압축비는?

㉮ 10 ㉯ 11 ㉰ 12 ㉱ 13

풀이 정답 ㉯

$$\varepsilon = \frac{V_c + V_s}{V_c} = \frac{200 + 2000}{200} = 11$$

문제 49 가솔린기관의 실린더 체적이 650 cc, 압축비가 9인 기관의 행정체적은 얼마인가?

㉮ 567.8 ㉯ 577.8 ㉰ 587.8 ㉱ 597.8

풀이 정답 ㉯

$$V_c = \frac{\text{실린더체적}}{\varepsilon} = \frac{650}{9} = 72.22 \text{ cc}$$

$$V_s = (\varepsilon - 1) \times V_c = (9 - 1) \times 72.22 = 577.8 \text{ cc}$$

문제 50 실린더 안지름이 80 mm이고 행정이 70 mm인 4기통 4행정 기관의 총배기량은 몇 cc인가?

㉮ 1407 cc ㉯ 3519 cc ㉰ 4519 cc ㉱ 5519 cc

풀이 정답 ㉮

$$V_s = \frac{\pi}{40} D^2 Sz = \frac{\pi}{40} \times 8^2 \times 0.07 \times 4 = 1.4076 \ [D : \text{cm},\ S : \text{m},\ V_s : \text{L}]$$

II. 내연기관의 열역학 문제

◈ 오토사이클 ◈

문제 1 오토사이클에 관한 다음 사항 중 틀린 것은?

㉮ 정적사이클이라고도 한다.

㉯ 열효율은 압축비의 함수이다.
㉰ 2개의 단열변화와 2개의 정적변화로 구성된다.
㉱ 열량공급은 단열과정에서 이루어진다.

풀이 정답㉱
오토사이클에서 열의 공급과 방출은 정적과정에서 이루어진다.

문제 2 2개의 정적과정과 2개의 단열과정으로 구성된 사이클은?

㉮ 카르노사이클 ㉯ 디젤사이클 ㉰ 오토사이클 ㉱ 브레이턴사이클

풀이 정답 ㉰
오토사이클 : 2개의 정적, 2개의 단열
디젤사이클 : 1개의 정적, 1개의 정압, 2개의 단열
카르노사이클 : 2개의 정온, 2개의 단열

문제 3 다음 중 가솔린기관의 기본 사이클은?

㉮ 카르노사이클 ㉯ 디젤사이클 ㉰ 오토사이클 ㉱ 브레이턴사이클

풀이 정답 ㉰
가솔린기관－오토사이클, 디젤기관－디젤사이클

문제 4 왕복동 내연기관의 공기표준 사이클에서 가열량, 시발점에서의 온도, 압력 및 압축비가 같은 경우 다음 중 옳은 것은?

㉮ 복합사이클의 열효율이 가장 높다. ㉯ 디젤사이클의 열효율이 가장 높다.
㉰ 오토사이클의 열효율이 가장 높다. ㉱ 비교할 수 없다.

풀이 정답 ㉰
초온, 압축비, 수열량 일정 : 오토사이클 > 사바테사이클 > 디젤사이클
초온, 최고압력, 수열량 일정 : 디젤사이클 > 사바테사이클 > 오토사이클

문제 5 내연기관 사이클에서 압축비와 가열량이 일정할 때 다음 중 옳은 것은?

㉮ 복합사이클의 열효율이 가장 높다. ㉯ 디젤사이클의 열효율이 가장 높다.
㉰ 오토사이클의 열효율이 가장 높다. ㉱ 비교할 수 없다

풀이 정답 ㉮

문제 6 다음 중 오토사이클의 효율식을 바르게 표시한 것은?

㉮ $\eta_{th}=1-\left(\frac{1}{\varepsilon}\right)^{\frac{k-1}{k}}$ ㉯ $\eta_{th}=1-\left(\frac{1}{\varepsilon}\right)^{\frac{k}{1-k}}$

㉰ $\eta_{th}=1-\left(\frac{1}{\varepsilon}\right)^{\frac{1}{k-1}}$ ㉱ $\eta_{th}=1-\left(\frac{1}{\varepsilon}\right)^{k-1}$

풀이 정답 ㉱

오토사이클의 이론 열효율은 $\eta_{th}=1-\left(\frac{1}{\varepsilon}\right)^{k-1}=1-\frac{1}{\varepsilon^{k-1}}$ 이다.

문제 7 압축비가 9.0인 오토사이클의 이론열효율을 구하라. 단 비열비는 1.3이다.

㉮ 47.3% ㉯ 48.3% ㉰ 49.3% ㉱ 50.3%

풀이 정답 ㉯

$$\eta_{th}=1-\left(\frac{1}{\varepsilon}\right)^{k-1}=1-\left(\frac{1}{9}\right)^{1.3-1}=0.483 \rightarrow 48.3\%$$

문제 8 압축비가 8.5인 오토사이클의 이론열효율을 구하라. 단 비열비는 1.4이다.

㉮ 50.5% ㉯ 53.5% ㉰ 57.5% ㉱ 62.5%

풀이 정답 ㉰

$$\eta_{th}=1-\left(\frac{1}{\varepsilon}\right)^{k-1}=1-\left(\frac{1}{8.5}\right)^{1.4-1}=0.575 \rightarrow 57.5\%$$

문제 9 오토사이클에서 열효율이 50%일 때 압축비는 얼마인가? 단 비열비는 1.4이다.

㉮ 2.66 ㉯ 3.66 ㉰ 4.66 ㉱ 5.66

풀이 정답 ㉱

$$\varepsilon(\text{압축비})=\left(\frac{1}{1-\eta_{th}}\right)^{k-1},\quad \varepsilon=\left(\frac{1}{1-0.5}\right)^{1.4-1}=5.66$$

문제 10 실린더의 통극체적(간극체적)이 행정체적의 20%일 때 오토사이클의 열효율은 얼마인가? 단 비열비는 1.4이다.

㉮ 41.2% ㉯ 46.2% ㉰ 51.2% ㉱ 56.2%

풀이 정답 ㉰

$$\varepsilon=\frac{v_1}{v_2}=\frac{\text{통극체적}+\text{행정체적}}{\text{통극체적}}=\frac{0.2+1}{0.2}=6$$

$$\eta_{th}=1-\left(\frac{1}{\varepsilon}\right)^{k-1}=1-\left(\frac{1}{6}\right)^{1.4-1}=0.512 \rightarrow 51.2\%$$

문제 11 행정체적이 4.5 m^3/min인 어떤 기관의 출력이 50 PS이다. 이 기관의 평균유효압력은 몇 kgf/cm^2인가?

㉮ 5 ㉯ 6 ㉰ 7 ㉱ 8

풀이 정답 ㉮

$$P_m = \frac{W}{V_1 - V_2} = \frac{\text{기관이 한 일}}{\text{행정체적}},\ 1\,\text{PS} = 75\,\text{kgf m/sec}$$

$$P_m = \frac{50 \times 75}{\frac{4.5}{60}} = 50,000\,\text{kgf/cm}^2$$

문제 12 가솔린기관에서 1 pSh당 연료소비율이 300 gf이면 가솔린의 저위발열량이 10,500 kcal/kgf일 때 이 기관의 열효율은 몇 %인가?

㉮ 20.1% ㉯ 30.1% ㉰ 40.1% ㉱ 50.1%

풀이 정답 ㉮

$$\eta = \frac{632.3}{0.3 \times 10500} = 0.201 \rightarrow 20.1\%$$

◈ 디젤사이클 ◈

문제 13 디젤사이클의 효율에 관한 사항으로 맞는 것은? 단 압축비를 ε, 단절비를 σ라 한다.

㉮ ε와 σ이 작을수록 효율이 좋아진다.

㉯ ε와 σ이 작을수록 효율이 떨어진다.

㉰ ε이 작아지고 σ가 증가하면 효율이 좋아진다.

㉱ ε이 클수록 σ는 작아지면 효율이 좋아진다.

풀이 정답 ㉱

압축비 ε은 클수록, 단절비 σ는 작을수록 효율이 좋다.

문제 14 디젤사이클의 구성요소로 맞는 것은?

㉮ 단열압축 → 정압가열 → 단열팽창 → 정압방열

㉯ 단열압축 → 정적가열 → 단열팽창 → 정압방열

㉰ 단열압축 → 정적가열 → 단열팽창 → 정적방열

㉱ 단열압축 → 정압가열 → 단열팽창 → 정적방열

풀이 정답 ㉱

디젤사이클 : 1개의 정적, 1개의 정압, 2개의 단열

문제 15 디젤사이클에서 급열과정은?

㉮ 정적과정 ㉯ 정압과정 ㉰ 단열과정 ㉱ 등온과정

풀이 정답 ㉯

디젤사이클은 정압사이클이다.

문제 16 압축비 17, 체절비 1.5인 디젤사이클의 열효율은 얼마인가? 비열비는 1.3이다.

㉮ 40.1% ㉯ 41.9% ㉰ 45.2% ㉱ 54.3%

풀이 정답 ㉱

$$\eta_{th} = 1 - \left(\frac{1}{\varepsilon}\right)^{k-1}\left[\frac{\sigma^k - 1}{k(\sigma - 1)}\right]$$

$$\eta_{th} = 1 - \left(\frac{1}{17}\right)^{1.3-1}\left[\frac{1.5^{1.3} - 1}{1.3(1.5 - 1)}\right] = 0.543 \rightarrow 54.3\%$$

문제 17 디젤사이클에서 열효율이 60%이고 체절비 1.5, 단열지수 1.4일 때 압축비는?

㉮ 10.3 ㉯ 11.3 ㉰ 12.3 ㉱ 13.3

풀이 정답 ㉰

$$\varepsilon = \left[\frac{\sigma^k - 1}{(1 - \eta_{th})k(\sigma - 1)}\right]^{\frac{1}{k-1}} = \left[\frac{1.5^{1.4} - 1}{(1 - 0.6)1.4(1.5 - 1)}\right]^{\frac{1}{1.4-1}} = 12.3$$

문제 18 다음 중 디젤사이클의 이론 열효율을 구하는 식은? 단 T는 온도, k는 비열비이다.

㉮ $\eta = 1 - \frac{1}{k}\frac{(T_4 - T_1)}{(T_3 - T_2)}$ ㉯ $\eta = 1 - \frac{1}{k}\frac{(T_4 - T_3)}{(T_3 - T_1)}$

㉰ $\eta = 1 - \frac{1}{k}\frac{(T_3 - T_2)}{(T_4 - T_1)}$ ㉱ $\eta = 1 - k\frac{(T_4 - T_1)}{(T_3 - T_2)}$

풀이 정답 ㉮

문제 19 정압연소 사이클에서 최고압력 $P_2 = 25\ \text{kgf/cm}^2$, 최고온도 3000 K, 최저압력 $P_1 = 1.0\ \text{kgf/cm}^2$, 최저온도 300 K일 경우 이론열효율은 얼마인가? 단 k는 1.4이다.

㉮ 24.5% ㉯ 32.7% ㉰ 37.1% ㉱ 45.4%

풀이 정답 ㉯

$$\varepsilon = \frac{v_1}{v_2} = \left(\frac{P_2}{P_1}\right)^{\frac{1}{k}} = 25^{\frac{1}{1.4}} = 10$$

$$T_2 = T_1 \varepsilon^{k-1} = 300 \times 10^{0.4} = 753.6\text{ K}$$

$$\sigma = \frac{T_3}{T_2} = \frac{3000}{753.6} = 3.98$$

$$\eta_{th} = 1 - \left(\frac{1}{10}\right)^{1.4-1} \left[\frac{3.98^{1.4} - 1}{1.4(3.98-1)}\right] = 0.436 \rightarrow 43.6\%$$

문제 20 정압연소 사이클에서 실린더 내부의 통극체적이 행정체적의 30%일 때 이 기관의 압축비는 얼마인가?

㉮ 7.0　　㉯ 3.33　　㉰ 2.0　　㉱ 4.33

풀이 정답 ㉱

$$\text{압축비} = \frac{\text{통극체적} + \text{행정체적}}{\text{통극체적}} = \frac{0.3+1}{0.3} = 4.33$$

문제 21 정압연소 사이클에서 압축 후의 온도가 600℃, 연소 후의 최고온도가 1400℃일 때 이 사이클의 연료단절비는 얼마인가?

㉮ 0.33　　㉯ 1.33　　㉰ 1.92　　㉱ 2.33

풀이 정답 ㉰

$$\sigma = \frac{T_3}{T_2} = \frac{273+1400}{273+600} = 1.92$$

문제 22 디젤사이클에서 $T_1 = 350\text{ K}$체절비 3, 압축비 13인 경우 최고온도 T_3를 구하라. 단 $k = 1.4$이다.

㉮ 1919 K　　㉯ 2929 K　　㉰ 3939 K　　㉱ 4949 K

풀이 정답 ㉯

$$T_3 = T_2 \sigma = T_1 \sigma \varepsilon^{k-1}$$

$$T_3 = 350 \times 3 \times 13^{0.4} = 2929\text{ K}$$

◈ 사바테사이클 ◈

문제 23 사바테사이클의 열효율식에서 압력비가 1이면 어느 사이클과 열효율이 같아지는가?

㉮ 오토사이클　　㉯ 디젤사이클　　㉰ 정적사이클　　㉱ 카르노사이클

풀이 정답 ㉯

압력비가 1이면 디젤사이클의 열효율과 같다.

문제 24 사바테사이클의 열효율식에서 단절비가 1이면 어느 사이클과 열효율이 같아지는가?

㉮ 오토사이클 ㉯ 디젤사이클 ㉰ 정적사이클 ㉱ 카르노사이클

풀이 정답 ㉮

단절비가 1이면 오토사이클의 열효율과 같다.

문제 25 복합사이클에서 압축비 ε 17, 체절비 σ 1.9, 압력비 α 1.5일 때 이론열효율은 얼마인가? 단 비열비는 1.4이다.

㉮ 43.8% ㉯ 53.8% ㉰ 63.8% ㉱ 73.8%

풀이 정답 ㉰

$$\eta_{th}=1-\left(\frac{1}{\varepsilon}\right)^{k-1}\frac{\alpha\sigma^k-1}{\alpha-1+k\alpha(\sigma-1)}$$

$$\eta_{th}=1-\left(\frac{1}{17}\right)^{1.4-1}\frac{1.5\times1.9^{1.4}-1}{1.5-1+1.4\times1.5(1.9-1)}=0.638\rightarrow63.8\%$$

문제 26 왕복식 내연기관의 공기표준 사이클에서 가열량, 시발점의 온도, 압력 및 압축비가 같은 경우 다음 중 옳은 것은?

㉮ 오토사이클의 열효율이 가장 높다. ㉯ 디젤사이클의 열효율이 가장 높다.
㉰ 복합사이클의 열효율이 가장 높다. ㉱ 비교할 수 없다.

풀이 정답 ㉮

1) 압축비가 같은 경우
오토이론열효율 > 사바테이론열효율 > 디젤이론열효율
2) 최고압력과 출력이 같은 경우
디젤이론열효율 > 사바테이론열효율 > 오토이론열효율

문제 27 왕복식 내연기관의 공기표준 사이클에서 최고압력과 출력이 같은 경우 다음 중 옳은 것은?

㉮ 오토사이클의 열효율이 가장 높다. ㉯ 디젤사이클의 열효율이 가장 높다.
㉰ 복합사이클의 열효율이 가장 높다. ㉱ 비교할 수 없다.

풀이 정답 ㉯

III. 내연기관의 출력과 효율 문제

◈ 출력 · 마력 문제 ◈

문제 1 5000 rpm의 회전수에서 토크가 40 kgf m인 경우 출력은 얼마인가?

㉮ 179.3 PS ㉯ 279.3 PS ㉰ 379.3 PS ㉱ 479.3 PS

풀이 정답 ㉯

$$L(\text{출력}) = \frac{2\pi TN}{60} \ [T : \text{kgf m},\ N : \text{rpm},\ L : \text{kgf m/sec}]$$

$$L = \frac{2\pi \times 40 \times 5000}{60} = 20944 \text{ kgf m/sec} = 279.3 \text{ PS}$$

문제 2 3000 rpm의 회전수에서 3000 kw를 전달하는 축의 토크는 얼마인가?

㉮ 616.2 kgf m ㉯ 716.2 kgf m ㉰ 794 kgf m ㉱ 974 kgf m

풀이 정답 ㉱

$$T(\text{토크}) = 716.2 \times \frac{L}{N} \ [T : \text{kgf m},\ N : \text{rpm},\ L : \text{PS}]$$

$$T(\text{토크}) = 974 \times \frac{L}{N} \ [T : \text{kgf m},\ N : \text{rpm},\ L : \text{kW}]$$

$$T = 974 \times \frac{3000}{3000} = 974 \text{ kgf m}$$

문제 3 1500 rpm의 회전수에서 1000 PS를 전달하는 축의 토크는 얼마인가?

㉮ 477.5 kgf m ㉯ 716.2 kgf m ㉰ 794 kgf m ㉱ 974 kgf m

풀이 정답 ㉮

$$T = 716.2 \times \frac{1000}{1500} = 477.5 \text{ kgf m}$$

문제 4 엔진의 최대 회전력이 3000 rpm일 때 10 kgf m이다. 이때의 마력은 얼마인가?

㉮ 20.8 PS ㉯ 30.8 PS ㉰ 41.9 PS ㉱ 51.9 PS

풀이 정답 ㉰

$$L = \frac{T \times N}{716.2} = \frac{10 \times 3000}{716.2} = 41.89 \text{ PS} \ [T : \text{kgf m},\ N : \text{rpm},\ L : \text{PS}]$$

문제 5 회전력이 5000 kgf cm인 기관의 회전수가 1500 rpm일 때의 기관의 출력은 몇 kW인가?

㉮ 54 kW ㉯ 67 kW ㉰ 77 kW ㉱ 104 kW

풀이 정답 ㉰

$$L = \frac{50 \times 1500}{974} = 77 \text{ kW}$$

문제 6 엔진이 1500 rpm에서 20 m kgf의 회전력을 내고 있을 때 출력은 2500 rpm에서 몇 kgf m의 회전력을 내고 있는 것과 같은가?

㉮ 12 ㉯ 24 ㉰ 36 ㉱ 48

풀이 정답 ㉮

$$\frac{T_1 \times N_1}{716.2} = \frac{T_2 \times N_2}{716.2}$$

$$\frac{1500 \times 20}{716.2} = \frac{2500 \times N_2}{716.2}, \quad N_2 = 12 \text{ kgf m}$$

문제 7 엔진의 회전수가 400 rpm, 바퀴의 반경이 0.5 m일 때 70 kgf의 견인력으로 구동한다면 이때 마력은 몇 HP인가?

㉮ 17.55 ㉯ 18.29 ㉰ 19.29 ㉱ 19.55

풀이 정답 ㉰

$$1 \text{ PS} = \frac{75}{76} \text{ HP}$$

$$L = \frac{T \times N}{716.2} = \frac{70 \times 0.5 \times 400}{716.2} = 19.55 \text{ PS} = 19.55 \times \frac{75}{76} \text{ HP} = 19.29 \text{ HP}$$

문제 8 엔진의 출력시험에서 크랭크축에 밴드브레이크를 감은 다음 1 m의 팔을 두고 그 끝의 힘을 측정하였더니 6 kgf이었다. 이때 회전계의 지시가 1500 rpm이면 엔진의 제동마력은 얼마인가?

㉮ 7.24 ㉯ 8.6 ㉰ 9.24 ㉱ 12.6

풀이 정답 ㉱

$$L = \frac{T \times N}{716.2} = \frac{6 \times 1500}{716.2} = 12.6 \text{ PS}$$

문제 9 4사이클 4기통 가솔린엔진의 실린더 안지름 85 mm, 피스톤행정 80 mm, 엔진회전속도 4000 rpm, 기관 회전력 12 kgf m일 때 엔진의 제동마력은 얼마인가?

㉮ 39.28 PS ㉯ 49.28 PS ㉰ 57.02 PS ㉱ 67.02 PS

풀이 정답 ㉱

$$L = \frac{T \times N}{716.2} = \frac{12 \times 4000}{716.2} = 67.02 \text{ PS}$$

문제 10 엔진의 회전속도가 2000 rpm이고 토크가 20 kgf m일 때 엔진의 제동마력은 얼마인가?

㉮ 39.85 PS ㉯ 49.85 PS ㉰ 55.85 PS ㉱ 67.85 PS

풀이 정답 ㉰

$$L = \frac{T \times N}{716.2} = \frac{20 \times 2000}{716.2} = 55.85 \text{ PS}$$

문제 11 1300 rpm으로 회전하는 디젤기관의 크랭크축에서 측정된 평균출력이 30 PS일 때의 발생 토크는 몇 kgf m인가?

㉮ 16.52 ㉯ 22.47 ㉰ 24.52 ㉱ 26.47

풀이 정답 ㉮

$$T = 716.2 \times \frac{L}{N} = 716.2 \times \frac{30}{1300} = 16.52 \text{ kgf m}$$

◈ 평균유효압력 · 도시마력 · 지시마력 문제 ◈

문제 12 4기통 4행정 가솔린기관의 안지름이 70 mm, 행정이 70 mm인 기관의 총배기량은 몇 cc인가?

㉮ 978 ㉯ 1078 ㉰ 1178 ㉱ 1278

풀이 정답 ㉯

$$V_s = \frac{\pi}{40} D^2 Sz = \frac{\pi}{40} \times 7^2 \times 0.07 \times 4 = 1.078\, l = 1078 \text{ cc}$$ (배기량)

문제 13 출력 54 kW, 배기량 2000 cc, 회전수 5000 rpm인 4사이클 가솔린 기관의 정미 및 도시 평균유효압력은 몇 ata인가? 단 기계효율은 87%이다.

㉮ 4.61, 5.59 ㉯ 5.61, 6.59 ㉰ 6.61, 7.59 ㉱ 7.61, 8.59

풀이 정답 ㉰

$1 \text{ PS} = 0.7355 \text{ kw}, \quad V_s = 2 \text{ L}$

$$L_e = 54 \text{ kw} = \frac{54}{0.7355} = 73.42 \text{ PS}$$

$$P_{me} = \frac{CL_e}{V_s N k} = \frac{450 \times 73.42}{2 \times 5000 \times 0.5} = 6.61 \text{ ata}$$

$$P_{mi} = \frac{P_{me}}{\eta_m} = \frac{6.607}{0.87} = 7.59 \text{ ata}$$

문제 14 총행정체적 490 cm^3의 4행정기관이 1800 rpm으로 운전될 때 6 PS를 발생한다. 제동평균유효압력은?

㉮ 4.61 ㉯ 5.61 ㉰ 6.12 ㉱ 7.12

풀이 정답 ㉰

$$P_{me}=\frac{CL_e}{V_sNk}=\frac{450\times6}{0.49\times1800\times0.5}=6.12\text{ ata}$$

문제 15 총배기량 5000 cc, 4000 rpm의 4사이클 가솔린기관의 도시평균유효압력이 9 ata이다. 기계효율이 90%일 때 축출력을 구하여라.

㉮ 160 PS ㉯ 180 PS ㉰ 200 PS ㉱ 210 PS

풀이 정답 ㉯

$$L_i=\frac{P_{mi}V_sNk}{C}=\frac{9\times5\times4000\times\frac{1}{2}}{450}=200\text{ PS}$$

$$L_e=\eta\times L_i=0.9\times200=180\text{ PS}$$

문제 16 도시평균유효압력 5 kgf/cm^2, 행정 80 mm, 안지름 80 mm인 4사이클, 4기통기관의 회전수가 2800 rpm일 때 지시마력은 몇 kW인가?

㉮ 18.39 ㉯ 25.01 ㉰ 27.39 ㉱ 29.01

풀이 정답 ㉮

도시마력 = 지시마력

$$V_s=\frac{\pi}{40}D^2Sz=\frac{\pi}{40}\times8^2\times0.08\times4=1.608\,l\text{ (배기량)}$$

$$L_i=\frac{5\times1.608\times2800\times\frac{1}{2}}{450}=25.01\text{ PS}=25.01\times0.7355=18.39\text{ kW}$$

문제 17 지시평균유효압력 6 kgf/cm^2, 행정 60 mm, 안지름 50 mm인 2사이클, 2기통기관이 3000 rpm으로 회전할 때 엔진의 토크는 얼마인가?

㉮ 0.24 kgf m ㉯ 2.25 kgf m ㉰ 5.44 kgf m ㉱ 9.44 kgf m

풀이 정답 ㉯

$$V_s=\frac{\pi}{40}\times5^2\times0.06\times2=0.236\,l$$

$$L_i=\frac{6\times0.236\times3000\times1}{450}=9.44\text{ PS}$$

$$T=716.2\times\frac{9.44}{3000}=2.25\text{ kgf m}$$

문제 18 실린더 내경 80 mm, 행정이 80 mm인 4사이클, 4실린더 기관이 6000 rpm으로 회전할 때 축마력이 70 PS이다. 이때 제동평균 유효압력은 얼마인가?

㉮ 1.61 kgf/cm² ㉯ 4.53 kgf/cm² ㉰ 5.53 kgf/cm² ㉱ 6.53 kgf/cm²

풀이 정답 ㉱

L_e(제동, 축마력) $= \dfrac{P_{me} V_s N k}{C}$

$V_s = \dfrac{\pi}{40} D^2 S z$ (배기량)

$V_s = \dfrac{\pi}{40} \times 8^2 \times 0.08 \times 4 = 1.608\, l$ (배기량)

$$P_{me} = \frac{L_e C}{V_s N k} = \frac{70 \times 450}{1.608 \times 6000 \times \frac{1}{2}} = 6.53\ \text{kgf/cm}^2$$

문제 19 4행정, 4사이클 6기통기관의 실린더 안지름이 300 mm, 행정이 420 mm이고 지시평균 유효압력 10 kgf/cm², 회전수가 3500 rpm이라면 이 기관의 제동마력은 얼마인가? 단 기계효율은 80%이다.

㉮ 3924 PS ㉯ 4542 PS ㉰ 5542 PS ㉱ 6924 PS

풀이 정답 ㉰

L_i(도시마력) $= \dfrac{P_{mi} V_s N k}{C}$, L_e(제동마력) $= L_i \eta_m$

$V_s = \dfrac{\pi}{40} \times 30^2 \times 0.42 \times 7 = 178.13$ L (배기량)

$$L_i = \frac{10 \times 178.13 \times 3500 \times \frac{1}{2}}{450} = 6927\ \text{PS}$$

$$L_e = L_i \eta_m = 6927 \times 0.8 = 5542\ \text{PS}$$

◈ 열효율문제 ◈

문제 20 도시평균 유효압력이 10 kgf/cm², 총배기량이 2000 cc일 때 제동마력이 50 PS이다. 엔진 회전수가 3800 rpm이면 이 4사이클 기관의 기계효율은 얼마인가?

㉮ 39.2% ㉯ 50% ㉰ 59.2% ㉱ 84.4%

풀이 정답 ㉰

기계효율은 제동마력과 도시마력의 비이다.

$$L_i = \frac{P_{mi} V_s N k}{C} = \frac{10 \times 2 \times 3800 \times \frac{1}{2}}{450} = 84.4\ \text{PS}$$

$$\eta_m = \frac{L_e}{L_i} = \frac{50}{84.4} = 0.592 \rightarrow 59.2\%$$

문제 21 기관의 총배기량이 2000 cc이고 제동마력이 70 PS, 회전수가 4900 rpm, 기계효율이 80%인 4사이클 4기통기관의 지시평균 유효압력은 얼마인가?

㉮ 8.04 kgf/cm² ㉯ 9.04 kgf/cm² ㉰ 10.04 kgf/cm² ㉱ 11.04 kgf/cm²

풀이 정답 ㉮

지시마력은 제동마력을 기계효율로 나눈 값이다.

$$L_i = \frac{70}{0.8} = 87.5\ \text{PS}$$

$$P_{mi} = \frac{L_i C}{V_s N k} = \frac{87.5\times 450}{2\times 4900\times \frac{1}{2}} = 8.04\ \text{kgf/cm}^2$$

◈ 연료소비율 문제 ◈

문제 22 기관효율 50%, 기계효율 85%, 압축비가 7인 가솔린기관의 연료소비율은 얼마인가? 단 연료의 저위발열량은 10,500 kcal/kgf, $k=1.4$이다.

㉮ 251.9 gf/pSh ㉯ 261.9 gf/pSh ㉰ 271.9 gf/pSh ㉱ 281.9 gf/pSh

풀이 정답 ㉯

$$\text{정미열효율}\ (\eta_e) = \eta_i \eta_m = \eta_{th}\eta_d\eta_m,\ \eta_e = \frac{632.5\times L_e}{B\times H_l} = \frac{632.5\times 10^3}{b_e\times H_l}$$

$$\eta_{th} = 1-\left(\frac{1}{\varepsilon}\right)^{k-1} = 1-\left(\frac{1}{7}\right)^{0.4} = 0.541$$

$$\eta_e = \eta_{th}\eta_d\eta_m = 0.541\times 0.5\times 0.85 = 0.23$$

$$b_e = \frac{632.5\times 10^3}{\eta_e\times H_l} = \frac{632.5\times 10^3}{0.23\times 10{,}500} = 261.9\ \text{gf/pSh}$$

문제 23 정미열효율이 40%인 디젤기관이 있다. 연료의 저위발열량은 10,500 kcal/kgf의 경유를 공급하면 연료소비율은 얼마인가?

㉮ 151 gf/pSh ㉯ 161 gf/pSh ㉰ 171 gf/pSh ㉱ 181 gf/pSh

풀이 정답 ㉮

$$\eta_e = \frac{632.5\times L_e}{B\times H_l} = \frac{632.5\times 10^3}{b_e\times H_l}$$

$$b_e = \frac{632.5\times 10^3}{\eta_e\times H_l} = \frac{632.5\times 10^3}{0.4\times 10{,}500} = 150.6\ \text{gf/pSh}$$

문제 24 자동차용 가솔린 기관의 성능시험에서 출력이 21.2 PS일 때 5 kgf/h의 연료소비량이 나왔다. 이때 제동열효율은? 연료의 저위발열량은 10,500 kcal/kgf이다.

㉮ 25.5% ㉯ 26.5% ㉰ 27.5% ㉱ 28.5%

풀이 정답 ㉮

$$\eta_e = \frac{632.5 \times L_e}{B \times H_l} = \frac{632.5 \times 21.2}{5 \times 10500} = 0.255 \rightarrow 25.5\%$$

문제 25 연료의 발생량이 3800 kcal/kgf이고 연소열의 전부가 일로 변할 때 연료소비율이 35 kgf이면 발생하는 동력은 얼마인가? 단 효율은 81%이다.

㉮ 140 PS ㉯ 150 PS ㉰ 160 PS ㉱ 170 PS

풀이 정답 ㉱

$$L_e = \frac{\eta_e \times B \times L_e}{632.5} = \frac{0.81 \times 35 \times 3800}{632.5} = 170 \text{ PS}$$

문제 26 제동열효율이 31%, 제동마력이 92.6 PS인 디젤기관이 있다. 연료의 저위발열량은 10,500 kcal/kgf의 경유를 공급하면 연료소비량은 얼마인가?

㉮ 14.99 kgf/h ㉯ 15.99 kgf/h ㉰ 16.99 kgf/h ㉱ 17.99 kgf/h

풀이 정답 ㉱

$$B = \frac{632.5 \times L_e}{\eta_e \times H_l} = \frac{632.5 \times 92.6}{0.31 \times 10500} = 17.99 \text{ kgf/h}$$

문제 27 출력 135 PS인 기관을 8시간 운전하여 연료의 소비량이 245 l 였다. 연료의 비중량이 0.85이면 연료소비율은 얼마인가?

㉮ 162.8 gf/pSh ㉯ 172.8 gf/pSh ㉰ 182.8 gf/pSh ㉱ 192.8 gf/pSh

풀이 정답 ㉱

$$\text{연료소비율} = \frac{\text{총연료소비량}}{\text{출력} \times \text{운전시간}} = \frac{245000 \times 0.85}{135 \times 8} = 192.8 \text{ gf/pSh}$$

◈ 연료마력 문제 ◈

문제 28 연료 1 kgf의 발열량이 10,500 kcal이다. 이 열이 전부 일로 변한다고 하면 연료소비량이 20 kgf/h일 때 발생하는 마력은?

㉮ 333.3 PS ㉯ 343.3 PS ㉰ 10,000 PS ㉱ 20,000 PS

풀이 정답 ㉮

$$L_f = \frac{H_l \times W}{10.5 \times t} = \frac{10,500 \times 20}{10.5 \times 60} = 333 \text{ PS}$$

문제 29 엔진의 연료마력이 173 PS이고 비중이 0.8인 연료를 6.5 l 소비하였다면 시험운행시간은 얼마인가? 단 연료의 저위발열량은 10,500 kcal/kgf이다.

㉮ 10.06 min ㉯ 20.06 min ㉰ 30.06 min ㉱ 40.06 min

풀이 정답 ㉰

$$t = \frac{H_l \times W}{10.5 \times L_f} = \frac{10,500 \times 0.8 \times 6.5}{10.5 \times 173} = 30.06 \text{ min}$$

문제 30 비중이 0.72, 발열량이 10,500 kcal/kgf인 연료를 사용하여 20분간 시험하는 사이에 5 l 를 소비하였다면 기관의 연료마력은 얼마인가?

㉮ 150 PS ㉯ 160 PS ㉰ 170 PS ㉱ 180 PS

풀이 정답 ㉱

$$L_f = \frac{H_l \times W}{10.5 \times t} = \frac{10,500 \times 0.72 \times 5}{10.5 \times 20} = 180 \text{ PS}$$

문제 31 연료의 저위발열량이 10,500 kcal/kgf이고 비중이 0.8이다. 이 연료를 25분간 8 l 를 소비하였을 때 기관의 연료마력은 얼마인가?

㉮ 256 PS ㉯ 356 PS ㉰ 456 PS ㉱ 556 PS

풀이 정답 ㉮

$$L_f = \frac{H_l \times W}{10.5 \times t} = \frac{10,500 \times 0.8 \times 8}{10.5 \times 25} = 256 \text{ PS}$$

◈ 열효율 문제 ◈

문제 32 어떤 자동차의 연료발열량이 10,500 kcal/kgf이고 제동연료소비율이 200 gf/pSh일 때 이 기관의 정미열효율은?

㉮ 30.1% ㉯ 40.1% ㉰ 50.1% ㉱ 60.1%

풀이 정답 ㉮

$$\eta_e(\text{정미열효율}) = \frac{632.5 \times 10^3}{b_e \times H_l}$$

$$\eta_e = \frac{632.5 \times 10^3}{200 \times 10,500} = 0.301 \rightarrow 30.1\%$$

문제 33 저위발열량이 10,800 kcal/kgf의 가솔린을 공급하여 기관을 운전한 후 연료소비율이 300 gf/pSh일 때 이 기관의 정미열효율은?

㉮ 18.5%　㉯ 19.5%　㉰ 20.5%　㉱ 21.5%

풀이 정답 ㉯

$$\eta_e = \frac{632.5 \times L_e}{B \times H_l} = \frac{632.5 \times 10^3}{b_e \times H_l}$$

$$\eta_e = \frac{632.5 \times 10^3}{300 \times 10,800} = 0.195 \rightarrow 19.5\%$$

문제 34 4사이클 디젤엔진의 제동마력을 측정하였을 때 1 pSh의 연료소비량이 180 gf이었다. 이 엔진의 실제 열효율은 얼마인가? 연료의 저위발열량은 10,000 kcal/kgf, 1 pSh=632.5 kcal이다.

㉮ 15.1%　㉯ 25.1%　㉰ 35.1%　㉱ 45.1%

풀이 정답 ㉰

$$\eta_e = \frac{632.5 \times L_e}{B \times H_l} = \frac{632.5 \times 1}{0.18 \times 10,000} = 0.351 \rightarrow 35.1\%$$

문제 35 제동열효율이 30%인 디젤기관을 운전하였을 때 연료소비율이 195 gf/pSh이었다. 이 기관이 사용한 연료의 저위발열량은 얼마인가?

㉮ 10,000 kcal/kgf　㉯ 10,500 kcal/kgf
㉰ 10,812 kcal/kgf　㉱ 10,900 kcal/kgf

풀이 정답 ㉰

$$H_l = \frac{632.5}{\frac{B}{L_e} \times \eta_e} = \frac{632.5}{0.195 \times 0.3} = 10812 \text{ kcal/kgf}$$

문제 36 4사이클, 6기통기관의 디젤기관을 운전하여 축 출력 70 PS, 연료소비율 25.3 kgf/h를 얻었다. 이 기관의 연료소비율, 정미열효율, 정미평균유효압력을 구하라. 단 실린더 안지름 120 mm, 행정 128 mm, 회전수 1700 rpm, 저위발열량 10,000 Kcal/kg이다.

㉮ 361.43 gf/pSh, 17.5%, 4.264 ata　㉯ 361.43 gf/pSh, 17.5%, 3.264 ata
㉰ 461.43 gf/pSh, 19.5%, 5.264 ata　㉱ 461.43 gf/pSh, 19.5%, 6.264 ata

풀이 정답 ㉮

$$b_e(\text{연료소비율}) = \frac{1000B}{L_e} \quad [b_e : \text{gf/pSh},\ L_e : \text{PS},\ B : \text{kgf/h}]$$

$$\eta_e(\text{정미열효율}) = \frac{632.5 \times 10^3}{b_e \times H_l} \quad [H_l : \text{kcal/kgf},\ b_e : \text{gf/pSh}]$$

$$L_e(\text{정미마력}) = \frac{P_{me} V_s N k}{C}$$

$$b_e = \frac{1000 \times 25.3}{70} = 361.43 \text{ gf/pSh}$$

$$\eta_e = \frac{632.5 \times 10^3}{361.43 \times 10,000} = 0.175 \rightarrow 17.5\%$$

$$P_{me} = \frac{450 \times 70}{8.69 \times 1700 \times \frac{1}{2}} = 4.264 \text{ kgf/cm}^2$$

문제 37 4사이클 4실린더 가솔린기관의 실린더 지름이 6.5 cm, 행정이 8.2 cm이다. 이 기관을 운전하여 회전수가 2000 rpm일 때 도시평균유효압력이 4 MPa이었다. 이 기관의 도시 마력은 얼마인가?

㉮ 95.65 PS ㉯ 96.65 PS ㉰ 97.65 PS ㉱ 98.65 PS

풀이 정답 ㉱

$$V_s = \frac{\pi}{40} \times 6.5^2 \times 0.082 \,(\text{cm} \rightarrow \text{m}) \times 4 = 1.0884\, l \text{ (배기량)}$$

$$L_i = \frac{4 \times 1.0884 \times 2000 \times \frac{1}{2}}{60} = 72.56 \text{ kW} = \frac{72.56}{0.7355} = 98.65 \text{ PS}$$

IV. 연료와 연소장치 문제

◈ 연료 ◈

문제 1 가솔린연료의 구비조건을 나열한 것이다. 적합하지 않은 것은?

㉮ 기화가 잘될 것 ㉯ 발열량이 클 것

㉰ 옥탄가가 클 것 ㉱ 유동점이 낮을 것

풀이 정답 ㉱

<구비조건>

① 기화성이 좋을 것

② 발열량(10,500 kcal/kgf)과 내노크성이 클 것

③ 옥탄가(85~95)가 클 것

문제 2 가솔린연료의 비중은 얼마인가?

㉮ 0.70~0.75 ㉯ 0.74~0.82 ㉰ 0.82~0.88 ㉱ 0.89

풀이 정답 ㉮

가솔린 : 0.70~0.75

등유 : 0.80~0.84

경유 : 0.82~0.88
중유 : 0.89~1.05

문제 3 가솔린의 성질 중 기관성능에 가장 큰 영향을 미치는 성질은?

㉮ 증기압 ㉯ 휘발성 ㉰ 기화성 ㉱ 비중

풀이 정답 ㉱

비중이 적으면 연비의 증가, 시동성이 좋다.

문제 4 가솔린의 주성분은 다음 중 어느 것인가?

㉮ 탄소와 수소 ㉯ 탄소와 황산 ㉰ 탄소와 질소 ㉱ 아황산가스

풀이 정답 ㉮

가솔린은 탄화수소 혼합물이다.

문제 5 가솔린연료의 증류성상의 유출비율과 증기압의 상관관계를 나타내는 것은?

㉮ 디젤지수 ㉯ 베이퍼로크 지수 ㉰ 퍼포먼스수 ㉱ 옥탄가

풀이 정답 ㉯

VL index = RVP + 70℃에서의 유출비율

베이퍼로크 지수는 외기온도와 반비례하여 외기온이 높아지면 증기압이 낮고 유출온도가 높은 가솔린을 사용해야 한다.

문제 6 LPG의 특징이 아닌 것은?

㉮ 옥탄가가 대단히 높다. ㉯ 윤활유의 희석이나 오염이 없다.
㉰ 기관의 부식이 없다. ㉱ 점화플러그 수명을 단축시킨다.

풀이 정답 ㉱

연료에 4에틸렌과 황화합물이 없어 기관의 부식이 없고 특히 점화플러그의 수명이 길어진다.

문제 7 LPG를 가솔린과 비교한 것이다. 다음 중 맞는 것은?

㉮ 가솔린에 비해 옥탄가가 낮다.
㉯ 완전연소가 가솔린보다 힘들다.
㉰ 각부의 마멸이 커서 엔진정비 횟수가 많다.
㉱ 가솔린보다 연비가 높다.

풀이 정답 ㉱

문제 8 LPG 연료에 관한 설명 중 맞지 않는 것은?

㉮ 액상의 LPG는 물보다 가볍다.
㉯ LPG의 옥탄가는 가솔린의 옥탄가보다 높다.
㉰ LPG발열량은 12,000 kcal/kgf 정도이다.
㉱ LPG는 저장탱크에서 기체 상태로 나와 베이퍼라이저로 보내진다.

풀이 정답 ㉱

LPG는 탱크에 응축하여 액체로 저장한다. 즉 탱크에 액체 상태로 존재한다.

문제 9 발열량이 높은 것에서 낮은 순서로 맞는 것은?

㉮ 등유－LPG－천연가스－경유　　㉯ LPG－천연가스－등유－경유
㉰ 천연가스－LPG－등유－경유　　㉱ 천연가스－LPG－경유－등유

풀이 정답 ㉰

기체연료의 발열량이 액체연료보다 높다.
메탄(12,500 kcal/kgf)－LPG(11,500 kcal/kgf)－가솔린(10,800 kcal/kgf)－등유(10,500 kcal/kgf)－경유(10,400 kcal/kgf)－중유(10,100 kcal/kgf)

문제 10 연료의 발열량을 측정하는 장치는?

㉮ 베크먼열량계　㉯ 봄베열량계　㉰ 루트열량계　㉱ 로터리열량계

풀이 정답 ㉯

문제 11 연료의 발열량에는 고위발열량과 저위발열량이 있다. 실제 가솔린기관에서 저위발열량만 이용되는 이유는 무엇인가?

㉮ 연료 내 수분은 증기상태로 연료탱크에서 없어진다.
㉯ 연료 내 수분은 증기상태로 공기필터에서 없어진다.
㉰ 연료 내 수분은 증기상태로 배기밸브로 방출된다.
㉱ 연료 내 수분은 증기상태로 실린더 내에서 연소한다.

풀이 정답 ㉰

연료 내 수분은 증기 상태로 배기밸브를 통하여 배출되어 저위발열량만 이용된다.

문제 12 연소시 발생열량 중 수분의 증발열을 뺀 발열량은?

㉮ 이론발열량　㉯ 규정발열량　㉰ 저위발열량　㉱ 고위발열량

풀이 정답 ㉰

문제 13 가솔린의 자발화온도는 몇 도인가?

㉮ 230℃ ㉯ 330℃ ㉰ 430℃ ㉱ 530℃

풀이 정답 ㉰

가솔린의 자발화온도는 430℃, 경유의 자발화온도는 200~300℃이다.

문제 14 경유의 자발화온도는 몇 도인가?

㉮ 100~200℃ ㉯ 200~300℃ ㉰ 300~400℃ ㉱ 400~500℃

풀이 정답 ㉯

문제 15 다음 중 나프탄계의 일반식은?

㉮ C_nH_{2n+2} ㉯ C_nH_{2n} ㉰ C_nH_{2n-6} ㉱ C_nH_{2n-12}

풀이 정답 ㉯

나프탄, 올레핀계 : C_nH_{2n}, 파라핀계 : C_nH_{2n+2}

문제 16 다음 연료 중 옥탄가가 가장 높은 것은?

㉮ 가솔린 ㉯ 수소 ㉰ 등유 ㉱ 부탄

풀이 정답 ㉯

수소(130 MON 이상) – 메탄(130 MON) – 부탄(90 MON) – 가솔린(90 RON)
[MON : 주행옥탄가, RON : 실험실 옥탄가]

문제 17 가솔린 연료의 RON과 MON의 차이를 무엇이라 하나?

㉮ 센서티비티 ㉯ 보디라인 ㉰ 디토네이션 ㉱ 유니언타운

풀이 정답 ㉮

sensitivity : 저속에서 고속까지 충분한 내노크성을 위해서는 작은 센서티비티를 갖는 가솔린이 좋다.

문제 18 기관이 노킹을 일으키는 연료의 최고 옥탄가를 무엇이라 하나?

㉮ ORI ㉯ RON ㉰ MON ㉱ ONR

풀이 정답 ㉱

ORI : octane requirement increase
RON : research octane number
MON : motor octane number

ONR : octane number requirement

문제 19 자동차의 주행거리의 증가와 함께 옥탄가 요구치는 증가한다. 이를 요구옥탄가증가(ORI)라 한다. 이의 가장 큰 원인은?

㉮ 냉각수온도 상승 ㉯ 점화시기
㉰ 카본의 퇴적 ㉱ 부품의 노후화

풀이 정답㉰
연소실의 카본 퇴적으로 압축비가 높아져 옥탄가의 요구값은 증가한다.

문제 20 가솔린 연료의 옥탄가는 얼마인가?

㉮ 40 ㉯ 50 ㉰ 55 ㉱ 70

풀이 정답 ㉱
가솔린의 옥탄가, 보통 제품 : 70, 고급제품 : 90

문제 21 가솔린 연료의 옥탄가를 향상시키기 위한 노크제로 부적당한 것은?

㉮ 벤조올 ㉯ 에틸알코올 ㉰ 4연화에틸렌 ㉱ 질산에틸

풀이 정답 ㉱
4연화에틸($Pb(C_2H_5)_4$), 4메틸납, 벤졸, 에틸알코올, 아닐린, 질산에틸 등

문제 22 다음 중 가솔린 연료의 내폭성을 높이는 재료가 아닌 것은?

㉮ 4에틸납 ㉯ 벤젠 ㉰ 에틸알코올 ㉱ 초산아밀

풀이 정답 ㉱
내노크향상제 : 4연화에틸, 4메틸납, 벤젠(벤졸), 에틸알콜, 아닐린

문제 23 안티노크제로 부적당한 것은?

㉮ $(C_2H_5)_4Pb$ ㉯ $C_6H_5CH_3$ ㉰ $C_6H_5NH_2$ ㉱ $PbSO_4$

풀이 정답 ㉱

문제 24 가솔린기관의 이론혼합비는 얼마인가?

㉮ 12.7 : 1 ㉯ 13.7 : 1 ㉰ 14.7 : 1 ㉱ 15.7 : 1

풀이 정답 ㉰

가솔린기관의 이론혼합비는 14.7 : 1이다.
[등유 14.6 : 1, 경유 14.5 : 1, 중유 14.2 : 1]

문제 25 다음 중 증류온도가 가장 낮은 것은?

㉮ 가솔린 ㉯ 등유 ㉰ 경유 ㉱ 중유

풀이 정답 ㉮

증류온도는 가솔린－등유－경유－중유순으로 낮다.
발열량은 가솔린－등유－경유－중유순으로 높다.

문제 26 다음은 옥탄가를 나타낸 식으로 옳은 것은?

㉮ $\dfrac{\text{이소옥탄}(C_8H_{18})}{\text{이소옥탄}+\text{정헵탄}(C_7H_{16})}\times 100$

㉯ $\dfrac{\text{정헵탄}(C_7H_{16})}{\text{이소옥탄}+\text{정헵탄}(C_7H_{16})}\times 100$

㉰ $\dfrac{\text{세탄}(C_{16}H_{34})}{\text{세탄}+\alpha\text{메틸나프탈렌}(C_{11}H_{10})}\times 100$

㉱ $\dfrac{\alpha\text{메틸나프탈렌}(C_{11}H_{10})}{\text{세탄}+\alpha\text{메틸나프탈렌}(C_{11}H_{10})}\times 100$

풀이 정답 ㉮

$$\text{옥탄가}(ON)=\frac{\text{이소옥탄}(C_8H_{18})}{\text{이소옥탄}+\text{정헵탄}(C_7H_{16})}\times 100$$

문제 27 퍼포먼스수와 옥탄가의 관계로 맞는 것은?

㉮ $PN=\dfrac{280}{1280-ON}$ ㉯ $PN=\dfrac{280}{128-ON}$

㉰ $PN=\dfrac{2800}{1280-ON}$ ㉱ $PN=\dfrac{2800}{128-ON}$

풀이 정답 ㉱

$$PN=\frac{2800}{128-ON}$$

문제 28 가솔린 연료의 옥탄가가 90이다. 설명으로 맞는 것은?

㉮ 이소옥탄의 체적비율이 90%이다. ㉯ 이소옥탄의 중량비율이 90%이다.
㉰ 정헵탄의 체적비율이 90%이다. ㉱ 정헵탄의 중량비율이 90%이다.

풀이 정답 ㉮

옥탄가 90은 이소옥탄의 체적비율이 90%, 정헵탄의 체적비율이 10%이다.

문제 29 리드(Reid)증기압이란 무엇인가?

㉮ 가솔린의 포화증기압으로 37.8℃때의 값이다.
㉯ 가솔린의 포화증기압으로 47.8℃때의 값이다.
㉰ 경유의 포화증기압으로 37.8℃때의 값이다.
㉱ 경유의 포화증기압으로 47.8℃때의 값이다.

풀이 정답 ㉮

RVP는 항온수조의 온도가 37.8℃일 때 공기실에 있는 가솔린의 압력이다.

문제 30 가솔린의 리드(Reid)증기압이 높으면 어떤 현상이 발생하는가?

㉮ 저온시동성이 나빠진다. ㉯ 증발가스의 방출이 적어진다.
㉰ 베이퍼로크 현상이 일어나기 쉽다. ㉱ 퍼콜레이션 현상이 일어나지 않는다.

풀이 정답 ㉰

RVP가 낮으면 저온시동성이 나빠지고, 높으면 베이퍼로크 현상과 퍼콜레이션 현상이 일어난다.

문제 31 ASTM증류법은 다음 중 무엇을 측정할 때 사용하는가?

㉮ 기화성 ㉯ 내노크성 ㉰ 착화성 ㉱ 옥탄가

풀이 정답 ㉮

기화성을 측정하는 방법으로는 ASTM증류법, 평형공기증류법(EAD), 리드증기압력법, 기체와 액체의 비율측정법 등이 있다.

문제 32 가솔린의 ASTM증류곡선에 있어서 냉간시의 기관의 시동 난이와 가장 관계가 깊은 것은?

㉮ 10% 유출온도 ㉯ 50% 유출온도
㉰ 90% 유출온도 ㉱ 100% 유출온도

풀이 정답 ㉮

10% : 저온시동성이 좋고 고온시 베이퍼로크와 퍼콜레이션 발생이 쉽다.
50% : 난기시간이 길어지고 서징현상이 일어나기 쉽다.
90% : 전개운전시 출력이 증가한다.

문제 33 가솔린의 ASTM증류곡선에 있어서 난기시간이 길어지고 기관의 회전 상태가 거친 서지 현상이 일어나는 유출온도는?

㉮ 10% 유출온도 ㉯ 50% 유출온도
㉰ 90% 유출온도 ㉱ 100% 유출온도

풀이 정답 ㉯

문제 34 옥탄가를 측정하기 위해서는 기관의 압축비를 변경할 수 있어야 한다. 이러한 기관을 무엇이라 하나?

㉮ 디젤엔진 ㉯ CFR엔진 ㉰ DOHC엔진 ㉱ VGIS엔진

풀이 정답㉯
CFR엔진(Cooperative Fuel Research) : 옥탄가를 측정하는 기관으로 압축비를 조절할 수 있다.

문제 35 옥탄가를 측정하기 위한 특별한 장치를 한 기관으로 압축비를 임의로 변경할 수 있는 것은?

㉮ CFR엔진 ㉯ 디젤엔진 ㉰ 옥탄엔진 ㉱ LPG엔진

풀이 정답 ㉮

문제 36 표준 CFR엔진의 배기량은 얼마인가?

㉮ 512 cc ㉯ 612 cc ㉰ 712 cc ㉱ 812 cc

풀이 정답 ㉯
CFR 엔진의 표준실린더 안지름은 83 mm, 행정 114 mm, 배기량 612 cc이다.

문제 37 표준 CFR엔진의 압축비의 변화의 범위는?

㉮ 2～10 ㉯ 4～10 ㉰ 4～18 ㉱ 8～20

풀이 정답 ㉰
CFR엔진의 압축비는 4～18이다.

문제 38 가솔린기관의 노킹현상을 바르게 설명한 것은?

㉮ 연소 말기에 미연가스가 순간적으로 연소한다.
㉯ 옥탄가가 높으면 생긴다.
㉰ 세탄가가 높으면 생긴다.
㉱ 연소실 압력이 순간적으로 하강한다.

풀이 정답 ㉮

노킹은 연소 도중 화염면에서 떨어진 미연가스가 자발화를 하여 고주파의 압력진동과 소음을 발생하는 현상이다.

문제 39 가솔린기관에서 노킹의 발생원인 중 가장 관계가 깊은 것은?

㉮ 제동평균 유효압력이 높다. ㉯ 실린더온도가 낮다.
㉰ 흡기온도가 낮다. ㉱ 크랭크축 회전속도가 높다.

풀이 정답 ㉮
압력이 높으면 온도가 높아져 노킹이 일어나기 쉽다.

문제 40 가솔린기관에서 강한 노킹이 발생할 때의 현상이 아닌 것은?

㉮ 실린더가 과열한다. ㉯ 출력이 저하한다.
㉰ 금속성음이 발생한다. ㉱ 배기가스의 온도가 상승한다.

풀이 정답 ㉱
노킹이 발생하면 진동으로 피스톤으로 열전달이 좋아져 배기가스 온도는 상승하지 않는다. 그러나 피스톤의 소손, 융착, 베어링 파손 등이 발생할 수 있다.

문제 41 가솔린기관에서 노킹과 가장 관련이 깊은 인자는?

㉮ 압축비 ㉯ 출력 ㉰ 배기량 ㉱ 회전수

풀이 정답 ㉮
기관의 압축비를 높이면 열효율, 출력, 성능이 좋아지지만 노킹이 발생한다.

문제 42 다음은 가솔린기관의 노킹방지법을 나열한 것이다. 틀린 것은?

㉮ 자발화가 어려운 연료를 사용한다 ㉯ 냉각수온도를 높인다
㉰ 화염속도를 늦춘다 ㉱ 혼합기의 난류를 증대시킨다

풀이 정답 ㉯
<노킹방지법>
① 고옥탄가의 연료를 사용한다.
② 미연가스의 온도와 압력을 낮추고 연소기간을 단축한다.
③ 점화시기를 늦춘다.
④ 회전속도를 높인다.
⑤ 냉각수 온도를 저하시킨다.
⑥ 흡기온도를 저하시킨다.
⑦ 압축비를 낮춘다.

문제 43 자동차 운행 중 노킹이 일어났을 때 해야 되는 일이 아닌 것은?

㉮ 점화시기를 늦춘다. ㉯ 흡기압력을 낮춘다.
㉰ 옥탄가가 높은 연료를 사용한다. ㉱ 기관속도를 감소시킨다.

풀이 정답 ㉱

문제 44 가솔린 기관의 노킹을 방지하는 대책으로 틀린 것은?

㉮ 정상연소속도를 느리게 한다.
㉯ 화염전파거리를 짧게 한다.
㉰ 혼합가스의 온도를 저하시켜 자발화를 막는다.
㉱ 연료의 발화지연을 길게 한다.

풀이 정답 ㉮

문제 45 가솔린기관 운전 중 노킹이 일어났다. 방지책과 거리가 먼 것은?

㉮ 기관속도를 감소시킨다. ㉯ 옥탄가가 높은 연료를 사용한다.
㉰ 흡입압력을 낮춘다. ㉱ 점화시기를 늦춘다.

풀이 정답 ㉮

문제 46 가솔린기관의 노킹방지와 관계가 없는 것은?

㉮ 화염전파거리를 짧게 한다 ㉯ 흡입공기의 습도를 높인다
㉰ 냉각수 온도를 낮춘다 ㉱ 점화기를 진각시킨다

풀이 정답㉯

문제 47 디젤연료에서 연소 전 반응을 빠르게 하여 착화지연을 짧게 하는 물질은?

㉮ 4에틸납 ㉯ 아닐린 ㉰ 크실론 ㉱ 초산아밀

풀이 정답 ㉱
착화성향상제 : 초산아밀($C_5H_{11}NO_3$), 아초산아밀($C_5H_{11}NO_2$),
초산에틸($C_2H_5NO_3$), 아초산에틸($C_2H_5NO_2$)

문제 48 디젤기관의 연료분사에 있어서 분무형성에 필요한 주요 3대 요건 적당한 것은?

㉮ 무화, 분포, 관통력 ㉯ 무화, 분포, 분사율
㉰ 무화, 분포, 분사량 ㉱ 분사율, 분포, 관통력

풀이 정답 ㉮

연료분사시 입자를 무화시키고 분포를 좋게 하고 관통력이 커지도록 한다.

문제 49 경유가 갖추어야 할 조건이 아닌 것은?

㉮ 세탄가가 높을 것. ㉯ 자연발화점이 높을 것.
㉰ 불순물이 적을 것. ㉱ 노킹이 발생하지 않을 것.

풀이 정답 ㉯
자연발화점이 높으면 노킹이 발생한다.

문제 50 디젤기관의 연소과정 중 시간이 가장 긴 기간은?

㉮ 착화지연기간 ㉯ 급격연소기간 ㉰ 제어연소기간 ㉱ 후연소기간

풀이 정답 ㉱
연소과정 중 후연기간이 가장 길다.

문제 51 디젤기관의 연소과정 중 연료의 분사율이 연료소비율로 되는 기간은?

㉮ 착화지연기간 ㉯ 급격연소기간 ㉰ 제어연소기간 ㉱ 후연소기간

풀이 정답 ㉰
제어연소기간은 연료분사와 동시에 연소한다.

문제 52 세탄가를 바르게 나타낸 것은?

㉮ $\dfrac{\text{세탄}}{\text{세탄}+\alpha\,\text{세탄}}\times 100$ ㉯ $\dfrac{\text{정헵탄}}{\text{정헵탄}+\alpha\,\text{메틸나프탈렌}}\times 100$

㉰ $\dfrac{\text{세탄}}{\text{세탄}+\text{정헵탄}}\times 100$ ㉱ $\dfrac{\text{세탄}}{\text{세탄}+\alpha\,\text{메틸나프탈렌}}\times 100$

풀이 정답 ㉱

$$CN=\frac{\text{세탄}}{\text{세탄}+\alpha\,\text{메틸나프탈렌}}\times 100$$

문제 53 다음 중 세탄의 분자식을 바르게 표시한 것은?

㉮ $C_{16}H_{34}$ ㉯ $C_{16}H_{32}$ ㉰ $C_6H_5NH_2$ ㉱ C_8H_{18}

풀이 정답 ㉮
세탄 : $C_{16}H_{34}$
세텐 : $C_{16}H_{32}$ → 세텐가
아닐린 : $C_6H_5NH_2$

문제 54 다음중 세탄가가 가장 높은 것은?

㉮ 정헵탄 ㉯ 나프텐 ㉰ 올레핀 ㉱ 이소파라핀

풀이 정답 ㉮

탄화수소와 세탄가의 관계 : 옥탄가와 반대의 관계이고 세탄가는 정헵탄이 가장 높고 나프텐, 올레핀, 이소파라핀, 방향족순으로 낮다.

문제 55 경유의 세탄가로 맞는 것은?

㉮ 25~40 ㉯ 45~55 ㉰ 55~60 ㉱ 80~90

풀이 정답 ㉯

경유의 세탄가는 45~55, 중유의 세탄가는 25~40 정도이다.

문제 56 경유의 점도는 얼마가 적당한가?

㉮ 1~3 cSt ㉯ 3~6 cSt ㉰ 5~8 cSt ㉱ 7~9 cSt

풀이 정답 ㉯

경유의 점도는 3~6 cSt가 가장 좋다.

문제 57 경유의 점도가 정상보다 낮으면 어떤 현상이 발생하는가?

㉮ 기관출력의 증대 ㉯ 연소불량

㉰ 플런저의 마멸 ㉱ 분무입경의 증대

풀이 정답 ㉰

점도가 높으면 연료분무의 입경이 커져 연소가 불량해지고 낮으면 윤활성 부족으로 플런저의 이상 마멸과 니들밸브의 고착 등으로 기관출력이 저하한다.

문제 58 경유의 성질 중 착화지연을 지배하는 성질은?

㉮ 착화성 ㉯ 휘발성 ㉰ 점도 ㉱ 비중

풀이 정답 ㉮

착화성 : 착화지연을 지배

휘발성 : 노즐카본 부착, 흑연의 발생

점도 : 플런저 마멸, 니들밸브 고착, 출력 저하

비중 : 적으면 연비의 증가, 시동성 향상

문제 59 경유의 성질 중 노즐의 카본부착과 흑연발생의 원인이 되는 성질은?

㉮ 착화성 ㉯ 휘발성 ㉰ 점도 ㉱ 비중

풀이 정답 ㉯

문제 60 디젤지수를 바르게 표시한 것은?

㉮ $\frac{\text{아닐린점 (°F)} \times \text{연료비중}}{100}$　　㉯ $\frac{\text{아닐린점 (°F)} \times \text{연료체적}}{100}$

㉰ $\frac{\text{아닐린점 (℃)} \times \text{연료비중}}{100}$　　㉱ $\frac{\text{아닐린점 (℃)} \times \text{연료체적}}{100}$

풀이 정답 ㉮

$$\text{디젤지수}(DI) = \frac{\text{아닐린점 (°F)} \times \text{연료비중}}{100}$$

문제 61 중유는 경유에 비해 인화점과 동점도가 높다. 대형 디젤기관에 쓰이는 중유는?

㉮ A중유　㉯ B중유　㉰ C중유　㉱ 일반중유

풀이 정답 ㉰

A중유 : 소형 디젤기관, B중유 : 중형 디젤기관, C중유 : 대형 디젤기관

문제 62 연료가 자기착화하는 최저온도를 무엇이라 하나?

㉮ 연소온도　㉯ 가연한계　㉰ 인화점　㉱ 발화점

풀이 정답 ㉱

인화점 : 가연성기체가 증발하기 시작하는 온도

① 가솔린 : −42.8℃ ②경유 : 69~88℃

발화점 : 연료가 저절로 연소하기 시작하는 온도

① 가솔린 : 430℃ ②경유 : 200~300℃

문제 63 디젤 노킹을 일으키는 원인과 관계가 없는 것은?

㉮ 압축비　㉯ 회전속도

㉰ 연료의 발열량　㉱ 엔진의 부하

풀이 정답 ㉰

연료의 발열량은 제조과정에서 정해진다.

문제 64 디젤엔진의 노킹 방지책으로 맞는 것은?

㉮ 급기온도의 저하　㉯ 압축비의 감소

㉰ 회전속도의 감소　㉱ 실린더벽의 온도감소

풀이 정답 ㉰

<노킹 방지법>

① 세탄가 높은 연료를 사용한다.
② 실린더온도, 흡기온도, 압축압력을 높인다.
③ 연료분사 개시시기를 상사점 전후로 한다.
④ 회전속도 낮춘다.
⑤ 와류를 형성시켜 연소반응을 빠르게 한다.
⑥ 압축비를 높인다.

문제 65 디젤기관은 착화지연을 짧게 하면 노킹이 방지된다. 그 방법으로 틀린 것은?

㉮ 난류유동증대　　㉯ 압축비의 증가
㉰ 회전속도감소　　㉱ 세탄가 낮은 연료사용

풀이 정답 ㉱

문제 66 디젤엔진의 노킹을 방지하기 위해 잘못 설명된 것은?

㉮ 연소실 내 공기와류를 일으키게 한다.
㉯ 연료분사 초기에 분사량을 적게 한다.
㉰ 냉각수온도를 낮춰 연소실 벽의 온도를 저하시킨다.
㉱ 흡기 온도를 높인다.

풀이 정답 ㉰

문제 67 디젤엔진의 노킹 방지책으로 틀린 것은?

㉮ 연료의 착화온도를 높인다.
㉯ 착화지연을 짧게 한다.
㉰ 압축비, 흡기압력을 높인다.
㉱ 흡기온도, 연소실 벽면온도를 높인다.

풀이 정답 ㉮

순간적으로 연료의 온도를 높일 수 없다.

V. 윤활 및 윤활장치 문제

◈ 윤활유 ◈

문제 1 윤활유의 요구조건이 아닌 것은?

㉮ 점도가 적절할 것. ㉯ 화학적으로 안전할 것.
㉰ 고온고압에 견딜 것. ㉱ 점도지수가 낮을 것.

풀이 정답 ㉱
점도지수가 낮으면 온도에 따른 점도의 변화가 많아 유막 형성이 어렵고 경계마찰의 발생, 융착의 원인이 된다.

문제 2 윤활유의 성질 중 가장 중요한 성질은?

㉮ 관성 ㉯ 점성 ㉰ 밀도 ㉱ 유성

풀이 정답 ㉯

문제 3 윤활유의 성질에서 요구되는 사항이 아닌 것은?

㉮ 적당한 비중을 가질 것.
㉯ 인화, 발화점이 낮을 것.
㉰ 점성과 온도의 관계가 양호할 것.
㉱ 카본의 생성이 적으며 강한 유막을 형성하여 쉽게 산화하지 않을 것.

풀이 정답 ㉯
인화발화점이 낮으면 연소한다.

문제 4 온도변화에 따라 점도변화가 작으면 오일의 점도지수는?

㉮ 크다 ㉯ 작다 ㉰ 불변이다 ㉱ 관계없다

풀이 정답 ㉮
점도지수가 크면 온도에 따라 점도변화가 작다

문제 5 기관에서 사용되는 윤활유의 구비조건이 아닌 것은?

㉮ 유성이 커야 한다. ㉯ 유동점이 낮아야 한다.
㉰ 점성이 작아야 한다. ㉱ 고온에서 안정성이 있어야 한다.

풀이 정답 ㉰

윤활유는 유성, 점성은 크고 유동점은 낮아야 한다. 점성이 커야 유막의 형성이 쉽다.

문제 6 윤활유의 유성을 설명한 것 중 틀린 것은?

㉮ 오일의 흡착성
㉯ 금속면과 오일의 친화력
㉰ 유성향상제는 OH, COOH, CI, S 등이 있다.
㉱ 동식물유의 유성은 광물유보다 적다.

풀이 정답 ㉱
동식물유 유성은 광물유보다 크고 유성이 크면 유막 형성이 쉽다.

문제 7 윤활유의 점도를 설명한 것 중 틀린 것은?

㉮ 점도가 높으면 큰 부하를 견딜 수 있다.
㉯ 점도가 높으면 마찰저항이 커진다.
㉰ 점도가 낮으면 저온시동성과 마찰손실이 적어진다.
㉱ 온도변화에 따라 점도의 변화가 많은 것이 좋다.

풀이 정답 ㉱
점도에 따라 부하대응능력과 저온시동성이 반비례하고 온도변화에 따라 점도의 변화가 적은 것이 좋다.

문제 8 윤활유의 점도지수는 무엇인가?

㉮ 온도에 따른 점도의 변화 ㉯ 압력에 따른 점도의 변화
㉰ 체적에 따른 점도의 변화 ㉱ 밀도에 따른 점도의 변화

풀이 정답 ㉮

문제 9 윤활유의 점도지수에 관한 설명 중 틀린 것은?

㉮ 온도에 따라 점도가 변하는 정도를 나타낸다.
㉯ 점도지수가 크면 점도가 변하는 정도가 적다.
㉰ 보통 120~140이다.
㉱ 온도에 의해 동점성계수의 변화가 크면 좋다.

풀이 정답 ㉱
점도지수가 크고 동점성계수의 변화가 적으면 좋은 윤활유이다.

문제 10 윤활유의 내한성을 지배하는 성질은?

㉮ 점도 ㉯ 유성 ㉰ 유동성 ㉱ 인화점

풀이 정답 ㉰

유동점은 응고점의 2.5℃ 전의 측정점의 온도로 크면 윤활유 공급이 어려워 유동점은 낮은 것이 바람직하다.

문제 11 다음 중 윤활유의 열화원인이 아닌 것은?

㉮ 윤활유 자체 산화에 의한 열화 ㉯ 이물질의 혼입에 의한 열화
㉰ 첨가제의 소모에 의한 열화 ㉱ 엔진가속에 의한 열화

풀이 정답 ㉱

오일의 열화원인은 오일의 산화, 불순물 혼입에 의한 슬러지 생성 등이다.

문제 12 다음 중 윤활유의 작용에 속하지 않은 것은?

㉮ 냉각작용 ㉯ 방청작용 ㉰ 발열작용 ㉱ 기밀작용

풀이 정답 ㉰

윤활유의 작용은 냉각, 방청, 기밀, 청정, 소음방지 등이 있다.

문제 13 다음 중 윤활유의 작용에 속하지 않은 것은?

㉮ 마찰손실과 마모의 저감 ㉯ 냉각작용
㉰ 충격압력의 분산과 흡수 ㉱ 마모와 융착작용

풀이 정답 ㉱

윤활의 목적은 마모와 유착방지작용이다.

문제 14 내연기관의 윤활유 급유법이 아닌 것은?

㉮ 비산 및 압송식 ㉯ 혼기식
㉰ 비산식 ㉱ 자연순환식

풀이 정답 ㉱

<윤활방식>

비산식 : 오일디퍼로 공급, 2사이클 엔진에 사용

압송식 : 오일펌프로 강제순환

혼기식 : 베어링과 캠축 윤활은 압송식, 실린더 벽과 피스톤 핀은 비산식

문제 15 베어링, 캠축 윤활은 압송식으로 실린더 벽, 피스톤 핀은 비산식으로 윤활하는 방법은?

㉮ 비산 및 압송식 ㉯ 혼기식

㉰ 비산식 ㉱ 전압송식

풀이 정답 ㉯

문제 16 혼기식에서 비산식으로 급유되는 부품은?

㉮ 캠축 및 기어 ㉯ 밸브 및 기어
㉰ 실린더 및 피스톤핀 ㉱ 크랭크축과 베어링

풀이 정답 ㉰
크랭크축 베어링, 캠축, 기어 등은 압송식으로 급유된다.

문제 17 항공기기관에 사용되는 윤활방식은?

㉮ 압송식 ㉯ 혼기식 ㉰ 비산식 ㉱ 전압송식

풀이 정답 ㉮

문제 18 자동차기관에 사용되는 윤활방식은?

㉮ 압송식 ㉯ 혼기식 ㉰ 비산식 ㉱ 전압송식

풀이 정답 ㉯

문제 19 2사이클기관에서 많이 사용하는 윤활방식은?

㉮ 비산식 ㉯ 혼기식 ㉰ 압송식 ㉱ 샤트식

풀이 정답 ㉯

문제 20 압송식 급유법의 장점을 설명한 것이다. 장점이 아닌 것은?

㉮ 주유장치의 급유효율이 좋다
㉯ 윤활계통의 통로가 막혀도 펌프의 작용에 의해 윤활이 가능하다
㉰ 베어링면의 유압이 높으므로 정밀부에 윤활이 가능하다
㉱ 크랭크 케이스 내에 윤활유의 양이 적어도 윤활기능이 양호하다

풀이 정답 ㉯
압송식에서 통로가 막히면 바이패스 등의 시스템이 필요하다.

문제 20 펌프로 보내지는 오일의 일부만 윤활부로 보내는 방식은?

㉮ 분류식 ㉯ 혼기식 ㉰ 전류식 ㉱ 샤트식

풀이 정답 ㉮
<여과방식>
전류식 : 여과된 오일을 모두 윤활부에서 윤활한후 오일팬으로 모임
분류식 : 여과되지 않은 오일은 윤활부로, 나머지는 여과된 후 오일팬으로 모임
샨트식 : 전류식과 분류식의 혼합방식(압송식)

문제 21 여과방식에서 공급된 윤활유 전부를 여과기를 거쳐 윤활시키는 여과방식은?

㉮ 분류식 ㉯ 혼기식 ㉰ 전류식 ㉱ 샨트식

풀이 정답 ㉰

문제 22 금속의 고체마찰이나 눌어붙음을 방지하는 첨가제는?

㉮ 점도지수 향상제 ㉯ 극압제
㉰ 유성 향상제 ㉱ 유동점 강하제

풀이 정답 ㉰
점도지수 향상제 : 온도의 상승에 점도저하방지
유동점 강하제 : 유막의 표면에 보호막을 만들어 결정의 성장을 방해
유성 향상제 : 금속표면에 흡착막(윤활피막)을 만들어 마찰과 마모를 감소
소포제 : 거품생성방지

문제 23 오일이 금속마찰면에 윤활피막을 이루는 성질은?

㉮ 유막식 ㉯ 윤활성 ㉰ 유성 ㉱ 점성

풀이 정답 ㉰

문제 24 윤활유의 유성이 클수록 유막은 어떻게 되는가?

㉮ 잘 파괴된다. ㉯ 유막의 형성이 잘된다.
㉰ 변화 없다. ㉱ 엷어진다.

풀이 정답 ㉯

문제 25 윤활유의 분류법이 아닌 것은?

㉮ SAE 분류법 ㉯ SAE 신분류법 ㉰ API 분류법 ㉱ NATM 분류법

풀이 정답 ㉱

문제 26 SAE번호가 클수록 점도의 성질은?

㉮ 커진다. ㉯ 작아진다. ㉰ 관계없다. ㉱ 일정하다.

풀이 정답 ㉮
번호와 점도는 비례한다

문제 27 시동, 정지가 빈번하고 하중이 큰 가솔린기관에 사용하는 윤활유는?

㉮ DG ㉯ DM ㉰ ML ㉱ MS

풀이 정답 ㉱
가벼운 조건에서 가혹한 조건으로
가솔린 : ML → MM → MS
디젤 : DG → DM → DS

문제 28 기관의 엔진오일을 규정값보다 많이 보충했다. 나쁜 점이 아닌 것은?

㉮ 오일의 제어능력 이상의 오일이 실린더 벽에 비산되어 연소실에 침입한다.
㉯ 연소생성물이 실린더 벽 등과 마멸을 촉진한다.
㉰ 오일을 열화시킨다.
㉱ 마찰에 잘 견딘다.

풀이 정답 ㉱

문제 29 엔진오일은 가솔린기관보다 디젤기관이 문제가 많다. 그 이유는 무엇인가?

㉮ 가솔린기관보다 베어링 압력이 낮아서
㉯ 가솔린기관보다 베어링 압력이 높아서
㉰ 가솔린기관보다 저질연료를 사용하여
㉱ 가솔린기관보다 슬러지의 생성이 많아서

풀이 정답 ㉯
베어링에 걸리는 압력이 디젤기관이 가솔린기관보다 높다.

문제 30 오일레벨 게이지는 무엇을 하는 것인가?

㉮ 오일의 질 점검 ㉯ 오일의 양 점검
㉰ 오일의 압력점검 ㉱ 오일의 점도 점검

풀이 정답 ㉯

문제 31 윤활유의 유압계통에서 유압이 저하되는 원인을 열거한 것이다. 아닌 것은?

㉮ 윤활유의 송출량 과대 ㉯ 윤활유의 마멸량 과대
㉰ 윤활유 양의 부족 ㉱ 윤활유의 통로파손

풀이 정답 ㉮

문제 32 오일여과기가 하는 역할은?

㉮ 이물질 제거 ㉯ 윤활증진
㉰ 배력의 역할 ㉱ 윤활유 정도 유지

풀이 정답 ㉮

문제 33 다음에서 윤활장치에 사용하는 오일펌프가 아닌 것은?

㉮ 기어펌프 ㉯ 로터리펌프 ㉰ 진공펌프 ㉱ 플런저펌프

풀이 정답 ㉰

문제 34 가솔린기관의 정상적인 윤활시의 유압은?

㉮ 0.7~1.0 kgf/cm^2 ㉯ 1.0~2.0 kgf/cm^2
㉰ 2.0~3.0 kgf/cm^2 ㉱ 3.0~4.0 kgf/cm^2

풀이 정답 ㉰

문제 35 다음 중 윤활유 소비증대의 가장 큰 원인은?

㉮ 비산과 누설 ㉯ 압력과 비산 ㉰ 연소와 누설 ㉱ 압력과 희석

풀이 정답 ㉰
개스킷으로의 누설과 연소실에서의 연소이다.

문제 36 오일펌프의 릴리프 밸브는 어떤 일을 하는가?

㉮ 윤활회로 내의 막힘을 방지한다.
㉯ 윤활회로 내의 유압을 일정값 이상으로 올라가지 못하게 한다.
㉰ 윤활회로 내의 오일온도를 일정하게 유지한다.
㉱ 윤활회로 내의 오일을 깨끗이 한다.

풀이 정답 ㉯
릴리프 밸브는 연료펌프와 오일펌프에 있으며 유체의 압력을 규정으로 유지하는 역할을

한다.

문제 37 엔진오일의 색이 우유색이다. 원인은 무엇인가?

㉮ 노킹이 발생 ㉯ 가솔린의 유입 ㉰ 냉각수 혼입 ㉱ 연소생성물 혼입

풀이 정답 ㉰

문제 38 기관 오일의 색깔이 붉은 색을 띠고 있는 원인은?

㉮ 가솔린의 혼입 ㉯ 장기간 사용으로 변질
㉰ 4에틸납의 혼입 ㉱ 원래의 색이 붉은 색이다

풀이 정답 ㉮

문제 39 연소실내에서 윤활유가 연료와 함께 연소할 경우 배기가스 색깔은?

㉮ 적색 ㉯ 흑색 ㉰ 무색 ㉱ 백색

풀이 정답 ㉱
무색 - 정상연소
흑색 - 혼합비 농후
백색 - 윤활유 연소

문제 40 다음은 점도계의 종류이다 관계없는 것은?

㉮ 앵글러 점도계 ㉯ 아이볼트 점도계
㉰ 레드우드 점도계 ㉱ 세이볼트 점도계

풀이 정답 ㉯
점도단위 : Engler degree, Redwood sec, Saybolt sec

문제 41 기관의 유압이 낮아지는 원인이 아닌 것은?

㉮ 기관이 가열될 때
㉯ 유압조정 밸브스프링의 소손
㉰ 가솔린이 희석되어 오일량이 많아 졌을 때
㉱ 오일여과기 필터가 막혔을 때

풀이 정답 ㉱
필터가 막히면 유압이 증가한다.

문제 42 유압이 높아지는 원인이 아닌 것은?

㉮ 윤활유의 점도가 나쁘다.
㉯ 유압조정 밸브 스프링의 장력이 너무 크다.
㉰ 오일파이프의 일부가 막혀 있다.
㉱ 베어링의 틈새가 크다.

풀이 정답 ㉱
베어링 틈새가 커지면 유압이 적어진다.

문제 43 기관의 유압이 저하하는 원인이 아닌 것은?

㉮ 오일펌프 불량
㉯ 윤활부의 마멸량 과대
㉰ 실린더 내의 연소 불량
㉱ 윤활유 통로의 파손

풀이 정답 ㉰

문제 44 다음은 윤활유에 대한 설명이다. 옳은 것은?

㉮ 윤활유의 점도는 온도가 높아지면 커진다.
㉯ 그리스윤활은 오일윤활에 비교하여 마찰저항이 적다.
㉰ 윤활유가 열화하면 비중이 작아진다.
㉱ 스핀들유는 점도가 가장 낮다.

풀이 정답 ㉱
온도와 점도는 반비례한다.
그리스는 반고체 윤활제이다.
스핀들유는 점도가 가장 낮아 고속도용으로 쓰인다.

문제 45 윤활부의 마멸이 커지면 유압은 어떻게 되는가?

㉮ 낮아진다.
㉯ 높아진다.
㉰ 관계가 없다.
㉱ 높았다가 낮아진다.

풀이 정답 ㉮
마모가 커지면 윤활유의 점성이 낮아져 유압은 낮아진다.

문제 46 마찰계수 f는 무엇에 비례하는가? 단 μ는 점성계수, p는 베어링하중, n은 회전수이다.

㉮ $f \propto \frac{\mu n}{p}$
㉯ $f \propto \frac{p}{\mu n}$
㉰ $f \propto \frac{pn}{\mu}$
㉱ $f \propto \frac{\mu p}{n}$

풀이 정답 ㉮

마찰계수는 미끄럼속도와 면적에 비례하고 점성계수에 반비례한다.

문제 47 유체마찰이란 무엇인가?

㉮ 완전 윤활마찰 ㉯ 혼성마찰 ㉰ 고체마찰 ㉱ 경계마찰

풀이 정답 ㉮

유체마찰은 완전 윤활마찰로 마찰계수와 $\frac{\mu n}{p}$이 비례하는 영역이다. 이 영역은 마찰저항이 적고 마멸이나 융착의 위험이 없는 완전마찰이다.

문제 48 뉴턴의 유체마찰법칙이 성립하는 영역은?

㉮ 유체마찰 ㉯ 혼성마찰 ㉰ 고체마찰 ㉱ 경계마찰

풀이 정답 ㉮

유체마찰 : 뉴턴의 유체마찰법칙

경계마찰, 고체마찰 : 쿨롱의 마찰법칙

문제 49 경계마찰이란 무엇인가?

㉮ 유체마찰 ㉯ 완전마찰 ㉰ 고체마찰 ㉱ 불완전마찰

풀이 정답 ㉱

유체마찰 : 완전마찰

경계마찰 : 불완전마찰

고체마찰 : 건조마찰

문제 50 실린더라이너와 피스톤 링 사이에 생기는 마찰은?

㉮ 건식마찰 ㉯ 유체마찰 ㉰ 고체마찰 ㉱ 경계마찰

풀이 정답 ㉱

대부분 유체마찰이고 실린더라이너와 피스톤 링 사이는 경계마찰이다.

문제 51 다음 중 윤활유의 첨가제로 부적당한 것은?

㉮ 유동점 강하제 ㉯ 유성 향상제 ㉰ 산화 촉진제 ㉱ 부식 방지제

풀이 정답 ㉰

유동점 강하제 : 고분자화합물

유성 향상제 : 파라핀화합물

소포제 : 규소유

문제 52 윤활유에 첨가하는 산화방지제는?

㉮ 유기산에스테르 ㉯ 설포네이트
㉰ 페놀화합물 ㉱ 알코올

풀이 정답 ㉰
산화방지제에는 아민 및 페놀화합물, 유황화합물, 수산화유화물, 유기질소화합물 등이 있다.

문제 53 윤활유첨가제 중 산화방지제는?

㉮ 유황화합물 ㉯ 파라핀화합물 ㉰ 고분자화합물 ㉱ 규소유

풀이 정답 ㉮
고분자화합물 : 유동점 강하제
파라핀화합물 : 유성 향상제
규소유 : 소포제

문제 54 다음 중 작동유의 산화방지제로 적당한 것은?

㉮ 아민 및 페놀 화합물 ㉯ 탄화수소 화합물
㉰ 실리콘 유기화합물 ㉱ 유기연화합물

풀이 정답 ㉮

문제 55 오일 중의 기포 방지를 위해 첨가하는 것은?

㉮ 유성 향상제 ㉯ 소포제 ㉰ 청정제 ㉱ 유동점 강하제

풀이 정답 ㉯

문제 56 윤활유에 첨가되는 청정제가 아닌 것은?

㉮ 칼슘 ㉯ 바륨 ㉰ 아연 ㉱ 규소유

풀이 정답 ㉱
청정제는 칼슘, 바륨, 아연, 알루미늄 등이고 규소유는 소포제이다.

문제 57 윤활유첨가제 중 점도지수 향상제가 아닌 것은?

㉮ 이올레핀 ㉯ 부틸중합물 ㉰ 수산화고무 ㉱ 파라핀화합물

풀이 정답 ㉱
점도지수 향상제로는 이올레핀, 부틸중합물, 수산화고무, 섬유에스테르 등이 있다

문제 58 다음에서 맞지 않는 것은?

㉮ 유면표시기는 오일팬 내의 유면의 높이를 표시한다.
㉯ 유압계는 주로 전기식의 것이 사용된다.
㉰ 윤활장치 내의 유압은 2~3 kgf/cm^2 정도이다.
㉱ 오일의 냉각장치는 엔진 냉각수의 순환을 이용한다.

풀이 정답 ㉰
가솔린기관의 유압은 2~3 kgf/cm^2이다.

문제 59 −30℃에서 −10℃에서 적합한 오일은?

㉮ 5W-30 ㉯ 10W-30 ㉰ 15W-40 ㉱ 20W-40

풀이 정답 ㉮
5W-30 : −30℃ ~ −10℃
10W-30 : −20℃ ~ 10℃
15W-40 : −15℃ ~ 40℃
20W-40 : 0℃ ~ 30℃

문제 60 윤활유의 일반적인 사항을 설명한 것 중 틀린 것은?

㉮ 냉간시동에서 마찰저항이 적어야 한다.
㉯ 온도의 변화에 따라 점도의 변화가 적어야 한다.
㉰ 고부하 운전시 유막의 확보가 필수적이다.
㉱ 점도가 저하되면 유막의 두께가 두꺼워 진다.

풀이 정답 ㉱
점도가 저하되면 유막이 없어진다.

문제 61 윤활유의 점도지수와 연료소비율의 관계를 바르게 설명한 것은?

㉮ 점도지수가 클수록 소비율은 감소한다.
㉯ 점도지수가 작을수록 소비율은 감소한다.
㉰ 점도가 높을수록 소비율은 감소한다.
㉱ 관계없다.

풀이 정답 ㉯
윤활유의 점도와 점도지수가 작을수록 연료소비율은 감소한다.

문제 62 액체에서 흐름에 저항하려는 성질은?

㉮ 점성 ㉯ 유동성 ㉰ 유성 ㉱ 분포성

풀이 정답 ㉮

문제 63 내연기관의 오일펌프로 많이 사용되는 것은?

㉮ 기어펌프 ㉯ 플랜저펌프 ㉰ 트로코이드펌프 ㉱ 베인펌프

풀이 정답 ㉰

트로코이드 펌프는 토출량이 많고 기포발생이 적어 자동차에 많이 사용된다.

문제 64 윤활유가 점성유체로써의 성질을 잃고 면의 직접접촉이 발생하여 마찰계수가 증가하는 현상은?

㉮ 소착 ㉯ 소결 ㉰ 응착 ㉱ 응결

풀이 정답 ㉰

문제 65 엔진오일에 물이 혼합되면 어떤 현상이 생기는가?

㉮ 고속공전시 엔진브리더에서 하얀 연기가 난다.
㉯ 배기파이프에 검은 연기가 난다.
㉰ 배기가스의 색깔이 담황색이다.
㉱ 변속기기어에서 심한 소음이 난다.

풀이 정답 ㉮

문제 66 엔진오일의 주유 과다시 생기는 현상은?

㉮ 검은 연기가 배출된다 ㉯ 기관의 회전속도 증가
㉰ 기관의 출력 증가 ㉱ 백색연기 배출

풀이 정답 ㉱

브리더호스로 오일이 실린더로 유입하여 백색연기가 배출된다.

문제 67 오일펌프 내의 바이패스 밸브는 언제 작동하는가?

㉮ 오일이 과열될 때 ㉯ 휠터가 막혔을 때
㉰ 오일이 과냉될 때 ㉱ 오일이 적정량보다 많을 때

풀이 정답 ㉯

바이패스 밸브는 필터가 막히면 열어 오일의 통로가 된다.

문제 68 유압계지침이 규정보다 높은 원인이 아닌 것은?

㉮ 엔진오일의 점도가 높을 때　　㉯ 오일파이프가 막혔을 때
㉰ 유압조정 스프링이 강할 때　　㉱ 오일이 열화될 때

풀이 정답 ㉱
오일이 열화되면 점도가 떨어져 유압이 낮아진다.

문제 69 다음은 디젤엔진에 사용되는 윤활유의 등급을 표시한 것이다. 과급기가 부착된 엔진에 사용되는 것은?

㉮ CA　　㉯ CB　　㉰ CC　　㉱ CD

풀이 정답 ㉱

SAE신분류	API분류	내 용
CA	DG	정부하운전, 연속운전의 버스
CB, CC	DM	시동정지가 많은 버스
CD	DS	고부하운전, 과급기부착기관

문제 70 다음 중 틀린 것은?

㉮ 오일팬은 가느다란 철망으로 되어 있어 비교적 큰 오물을 제거한다.
㉯ 윤활방식에는 비산식, 혼기식, 압송식이 있다.
㉰ 점도가 다른 엔진오일은 혼합하여 점도를 맞추어 보충한다.
㉱ 엔진오일의 SAE번호는 숫자가 클수록 점도가 높다.

풀이 정답 ㉰

문제 71 기관 오일에 연료가 혼입되어 있으면 어떻게 되는가?

㉮ 기관회전이 원활하다.　　㉯ 발화점이 높아진다.
㉰ 마모현상이 촉진된다.　　㉱ 점도가 높아진다.

풀이 정답 ㉰
점도가 낮아져 마모현상이 촉진된다.

문제 72 기어식 윤활펌프에서 기어치차 사이의 틈새체적 V, 체적효율 η_v, 회전수 n rpm이면 기어의 송유량은?

㉮ $\frac{\eta_v V n}{1000}\ l/\text{sec}$　　㉯ $\eta_v V n\ l/\text{sec}$

㉰ $\frac{\eta_v Vn}{1000\times 60}\ l/\text{sec}$ ㉱ $\frac{\eta_v Vn}{60}\ l/\text{sec}$

풀이 정답 ㉮

VI. 흡기 및 배기밸브 장치 문제

문제 1 밸브의 구비조건으로 적당치 않는 것은?

㉮ 높은 내열, 내식, 강도가 필요하다. ㉯ 기계적 충격에 강해야 한다.
㉰ 고온, 고압에 잘 견뎌야 한다. ㉱ 높은 압축비에 잘 견뎌야 한다.

풀이 정답 ㉱
압축비는 실린더 체적으로 정의되어 밸브와는 관련 없다.

문제 2 고속회전을 목적으로 하는 가솔린기관에서 흡기밸브와 배기밸브 중 어느 것이 크게 만들어졌나?

㉮ 동일하다 ㉯ 흡기밸브 ㉰ 배기밸브 ㉱ 4번 배기밸브

풀이 정답 ㉯
흡기밸브를 크게 하여 공기를 많이 넣는다.

문제 3 밸브의 재료로 사용되지 않는 것은?

㉮ 텅스텐강 ㉯ 니켈크롬강 ㉰ 내열강 ㉱ 망간강

풀이 정답 ㉱
밸브재료로는 규소크롬강과 오스테나이트가 많이 쓰이고 망간강은 경도가 그다지 높지 않다.

문제 4 밸브간극에 관한 설명 중 틀린 것은?

㉮ 기계식 태핏에만 있다.
㉯ 유압식 태핏에만 있다.
㉰ 밸브스템과 로커암 사이의 간극이다.
㉱ 밸브간극의 규정값은 냉간시와 온간시에 따라 다르다

풀이 정답 ㉯
유압식태핏에는 밸브간극이 없다.

문제 5 다음 중 유압태핏의 장점에 해당하는 것은?

㉮ 냉각시에만 밸브간극을 조정한다. ㉯ 오일펌프와 관계가 없다.
㉰ 밸브간극 조정이 필요 없다. ㉱ 구조가 간단하다.

풀이 정답 ㉰

문제 6 캠축의 구동방식의 종류가 아닌 것은?

㉮ 기어구동 ㉯ 캠구동 ㉰ 체인구동 ㉱ 벨트구동

풀이 정답 ㉯
캠구동은 밸브구동이 목적이다.

문제 7 기관에서 캠축의 캠수는 무엇과 관계가 있는가?

㉮ 흡배기 밸브수 ㉯ 흡기 밸브수 ㉰ 배기밸브수 ㉱ 밸브간극

풀이 정답 ㉮
캠의 수는 흡배기 밸브의 수를 합한 것과 같다.

문제 8 접선캠의 특징이 아닌 것은?

㉮ 모양이 간단하고 제작이 쉽다. ㉯ 흡배기 효율이 좋다.
㉰ 가속도의 변화가 크다. ㉱ 등가속도의 밸브 운동이 이루어진다.

풀이 정답 ㉱
등가속도캠(오목캠, concave) : 등가속도의 밸브운동이 이루어지고 구조가 복잡하고 제작이 어렵다.
원호캠(볼록캠, convex) : 캠의 작용면과 태핏면에 충격이 있다.

문제 9 다음 중 캠축의 캠으로 사용되지 않는 것은?

㉮ 접선캠 ㉯ 볼록캠 ㉰ 오목캠 ㉱ 직선캠

풀이 정답 ㉱

문제 10 밸브와 밸브시트 사이에서 가스가 새는 현상은?

㉮ 블로바이 ㉯ 블로백 ㉰ 블로다운 ㉱ 베이퍼로크

풀이 정답 ㉯

문제 11 다음 중 밸브 페이스의 각도로 적당한 것은?

㉮ 흡기 15°, 배기 30°　　㉯ 흡기 30°, 배기 45°
㉰ 흡기 45°, 배기 45°　　㉱ 흡기 60°, 배기 60°

풀이 정답 ㉯

문제 12 밸브의 서징현상의 설명 중 맞는 것은?

㉮ 밸브가 천천히 열리는 현상
㉯ 밸브가 고속회전에서 저속회전으로 변할 때
㉰ 스프링 장력의 차이에서 발생
㉱ 밸브의 고유진동수와 캠 회전수의 공명에 의해 발생

풀이 정답 ㉱

문제 13 밸브의 개폐가 스프링의 고유진동수와 같을 때 밸브스프링이 고유진동과 공진하여 캠의 작동과는 상관없이 진동이 발생하는 현상은?

㉮ 차징　　㉯ 서징　　㉰ 채터링　　㉱ 공진

풀이 정답 ㉯

문제 14 밸브 스프링의 서징 현상 방지책은?

㉮ 스프링 상수를 작게 한다.　　㉯ 2중 스프링을 사용한다.
㉰ 기관의 회전수를 높인다.　　㉱ 코일의 피치를 균일하게 한다.

풀이 정답 ㉯

문제 15 기계식 태핏을 가지는 엔진의 밸브간극을 측정하는 방법으로 옳은 것은?

㉮ 높이 게이지를 사용한다.　　㉯ 내측 마이크로미터를 사용한다.
㉰ 엔진이 냉간시 측정한다.　　㉱ 엔진이 온간시 간극게이지로 측정한다.

풀이 정답 ㉱

문제 16 기계식 태핏에서 밸브간극을 두는 이유는?

㉮ 열팽창을 고려한 여유　　㉯ 밸브작동의 시간적 지연을 위해
㉰ 소음방지를 위해　　㉱ 충격을 흡수하기 위해

풀이 정답 ㉮

문제 17 크랭크축의 엔드플레이가 0.3 mm 이상이면?

㉮ 크랭크축 교환 ㉯ 캠축 교환 ㉰ 크랭크축 수정 ㉱ 베어링 교환

풀이 정답 ㉮

문제 18 다음 중 소형고속기관에 사용되는 것은?

㉮ 원호캠과 태핏 ㉯ 등가속캠과 태핏
㉰ 접선캠과 롤러 ㉱ 등속도캠과 롤러

풀이 정답 ㉮
원호캠과 태핏 : 소형고속기관
접선캠과 롤러 : 저속기관
등가속캠과 롤러 : 중 대형기관

문제 19 캠의 기초원과 노즈와의 거리를 무엇이라 하나?

㉮ 플랭크 ㉯ 노브 ㉰ 노즈 ㉱ 양정

풀이 정답 ㉱

문제 20 다음에서 밸브기구의 캠축이 실린더헤드에 설치된 것은?

㉮ OHC엔진 ㉯ OHV엔진 ㉰ OHI엔진 ㉱ OHL엔진

풀이 정답 ㉮

문제 21 밸브간극 0.2 mm, 로커암 축과 태핏의 거리 30 mm, 로커암 축과 밸브와의 거리가 45 mm이고 캠의 양정이 6 mm이면 밸브의 양정은 얼마인가?

㉮ 8.4 mm ㉯ 8.6 mm ㉰ 8.8 mm ㉱ 9.0 mm

풀이 정답 ㉰

$$\frac{45}{30} \times 6 - 0.2 = 8.8$$

문제 22 밸브오버랩은 무엇인가?

㉮ 흡배기밸브가 동시에 닫혀 있는 시기이다.
㉯ 흡배기밸브가 동시에 열려 있는 시기이다.
㉰ 흡기밸브만 열려 있는 시기이다.
㉱ 배기밸브만 열려 있는 시기이다.

풀이 정답 ㉯

문제 23 밸브오버랩(valve overlap)을 시키는 목적은 무엇인가?

㉮ 밸브를 잘 닫히게 하기 위해 한다.
㉯ 체적효율 증대를 위해 한다.
㉰ 상하사점에서 밸브를 연다.
㉱ 가능한 한 연소가스를 실린더 내에 남긴다.

풀이 정답 ㉯

문제 24 밸브오버랩(valve overlap)에 관한 설명 중 틀린 것은?

㉮ 배기 말기에서 흡기 초기까지 흡배기밸브를 동시에 연다.
㉯ 체적효율을 증대시켜 많은 신기유입을 위해 한다.
㉰ 연소가스를 최대한 배출하기 위해 한다.
㉱ 연소가스가 자체의 압력으로 배출된다.

풀이 정답 ㉱

문제 25 블로다운(blowdown)현상은 무슨 현상인가?

㉮ 밸브가 과열되는 것을 방지한다.
㉯ 체적효율을 증대시킨다.
㉰ 연료소비율을 높인다.
㉱ 밸브를 조기에 열어 피스톤은 하강하지만 연소가스는 배기시킨다.

풀이 정답 ㉱
배기밸브를 하사점 전 40~60°에서 열어 연소가스를 블로다운 현상으로 배기시킨다.

문제 26 실린더지름을 D, 밸브지름이 d이면 밸브지름은?

㉮ $0.23-0.33\,D$ ㉯ $0.33-0.36\,D$ ㉰ $0.36-0.39\,D$ ㉱ $0.39-0.42\,D$

풀이 정답 ㉯
보통 $d=0.33-0.36\,D$이고 고속기관에서는 $d=0.4-0.5\,D$이다.

문제 27 밸브가 상사점 전 20°에서 열리고 하사점 후 60°에서 닫히면 총열림 각도는?

㉮ 230° ㉯ 240° ㉰ 250° ㉱ 260°

풀이 정답 ㉱

$20° + 180° + 60° = 260°$

문제 28 밸브개폐 시기가 다음과 같을 때 밸브오버랩은 얼마인가?

흡기밸브 열림 : 20° BTDC　　흡기밸브 닫힘 : 45° ABDC

배기밸브 열림 : 50° BBDC　　배기밸브 닫힘 : 20° ATDC

㉮ 30°　　㉯ 40°　　㉰ 50°　　㉱ 60°

풀이 정답 ㉯

$20° + 20° = 40°$

문제 29 밸브개폐 시기가 다음과 같을 때 흡기밸브 열림각은 얼마인가?

흡기밸브 열림 : 20°BTDC　　흡기밸브 닫힘 : 45°ABDC

배기밸브 열림 : 50°BBDC　　배기밸브 닫힘 : 20°ATDC

㉮ 215°　　㉯ 225°　　㉰ 235°　　㉱ 245°

풀이 정답 ㉱

$20° + 180° + 45° = 245°$

문제 30 흡기밸브 열림이 20° BTDC이면 이는 무슨 의미인가?

㉮ 피스톤이 상사점을 20° 지나면 밸브가 열린다.

㉯ 피스톤이 상사점 20° 전에 밸브가 열린다.

㉰ 피스톤이 하사점을 20° 지나면 밸브가 열린다.

㉱ 피스톤이 하사점 20° 전에 밸브가 열린다.

풀이 정답 ㉯

문제 31 밸브간극이 너무 클 때 일어나는 현상은?

㉮ 운전온도에서 밸브가 밀착되지 않는다.

㉯ 운전온도에서 밸브가 완전 개방되지 않는다.

㉰ 푸시로드가 휘어진다.

㉱ 밸브스프링이 약해진다.

풀이 정답 ㉯

문제 32 다음 설명 중 틀린 것은?

㉮ 조금 휜 캠축은 저널을 연삭하여 수정한다.
㉯ 캠축기어의 타이밍표시는 밸브개폐 시기에 관계된다.
㉰ 캠축의 캠이 마멸되면 밸브스프링이 약해진다.
㉱ 캠축의 캠수는 밸브의 수와 같다.

풀이 정답 ㉰

문제 33 4사이클엔진이 1000 rpm으로 회전하면 배기밸브는 1분에 몇 번 열리는가?

㉮ 250 ㉯ 500 ㉰ 1000 ㉱ 2000

풀이 정답 ㉯
1000/2=500번, 4사이클엔진은 크랭크축 2회전에 1사이클이 완성되고 흡배기밸브는 크랭크축 2회전에 1번 열린다.

문제 34 자동차기관에서 가장 많이 사용하는 밸브의 형태는?

㉮ 슬리브 밸브 ㉯ 로터리밸브 ㉰ 포핏밸브 ㉱ 피스톤밸브

풀이 정답 ㉰
포핏밸브는 OHC기관, 사이드밸브기관에 사용된다.

문제 35 사이드밸브기관의 밸브기구와 관계없는 것은?

㉮ 밸브스템 ㉯ 태핏 ㉰ 밸브스프링 ㉱ 로커암

풀이 정답 ㉱
사이드밸브기관은 흡배기밸브가 실린더블록에 있는 기관이다.

문제 36 슬리브 및 회전밸브가 포핏밸브보다 우수한 점이 아닌 것은?

㉮ 압축비를 높일 수 있다. ㉯ 윤활유소비량이 적다.
㉰ 연소실의 형상을 좋게 할 수 있다. ㉱ 흡기 및 배기 동작이 확실하다.

풀이 정답 ㉯
슬리브 및 회전밸브는 누설, 윤활, 냉각이 어렵다.

문제 37 배기밸브의 스템을 중공으로 만들고 금속나트륨을 40% 넣어 사용하는 이유는?

㉮ 소음방지 ㉯ 중량감소 ㉰ 열전도향상 ㉱ 진동방지

풀이 정답 ㉰

문제 38 실린더지름 90 mm, 피스톤의 평균속도 10 m/s, 밸브통과 가스의 속도 40 m/s인 기관의 흡기밸브 지름은 몇 mm인가?

㉮ 40 ㉯ 45 ㉰ 50 ㉱ 55

풀이 정답 ㉯

$$d = D\sqrt{\frac{S}{V}} = 0.09 \times \sqrt{\frac{10}{40}} = 0.045\ \text{m}$$

문제 39 밸브지름이 120 mm이면 밸브 양정은 몇 mm인가?

㉮ 30 ㉯ 40 ㉰ 50 ㉱ 60

풀이 정답 ㉮

$$H = \frac{d}{4} = \frac{120}{4} = 30\ \text{mm}$$

문제 40 피스톤지름이 80 mm, 피스톤의 평균속도 13 m/s, 흡기밸브의 유로면적이 0.24 cm^2인 경우 가스의 평균유속은 몇 m/sec인가?

㉮ 27.22 ㉯ 2722 ㉰ 49.11 ㉱ 4911

풀이 정답 ㉯

$$Q = A_g v_g = A_P v_p$$

$$A_p = \pi \times \frac{8^2}{4} = 50.265\ \text{cm}^2$$

$$v_g = 1300 \times \frac{50.265}{0.24} = 272268.7\ \text{cm/sec}$$

VII. 냉각장치 문제

문제 1 다음은 엔진출력이 부족할 경우 분해정비시기를 정하는 요소 중 맞지 않은 것은?

㉮ 압축압력이 규정의 70% 이하 ㉯ 연료 소비율이 표준의 80% 이상
㉰ 엔진오일 소비율이 표준의 50% 이상 ㉱ 냉각수 소비율이 표준의 50% 이하

풀이 정답 ㉱

문제 2 다음 중 냉각의 목적이 아닌 것은?

㉮ 조기점화방지 ㉯ 충진효율 향상
㉰ 변형 및 균열방지 ㉱ 연료 소비율 감소

풀이 정답 ㉣

문제 3 다음 중 수냉식 냉각법에 사용되지 않는 것은?

㉮ 냉각휀 ㉯ 냉각핀 ㉰ 방열기 ㉱ 물재킷

풀이 정답 ㉯

냉각핀은 공냉식에 사용된다.

문제 4 다음 중 공냉식 엔진에서만 볼 수 있는 것은?

㉮ 냉각휀 ㉯ 냉각핀 ㉰ 수온조절기 ㉱ 물펌프

풀이 정답 ㉯

문제 5 물의 냉각방식 중 대류작용을 이용한 방식은?

㉮ 자연수냉식 ㉯ 강제수냉식 ㉰ 강제통풍식 ㉱ 자연통풍식

풀이 정답 ㉮

자연수냉식 : 자연대류이용

강제순환식 : 물재킷 내를 펌프로 냉각수 순환

압력순환식 : 냉각계통을 밀폐하여 냉각수 가열

밀봉압력식 : 보조 물탱크가 냉각수팽창을 흡수하고 팽창된 냉각수는 오버플로관을 통하여 보조 물탱크로 간다.

문제 6 물의 냉각방식 중 물재킷을 설치하여 펌프로 냉각하는 방식은?

㉮ 자연수냉식 ㉯ 강제순환식 ㉰ 강제통풍식 ㉱ 자연통풍식

풀이 정답 ㉯

문제 7 냉각계통의 온도조절기에 대한 설명 중 틀린 것은?

㉮ 냉각수온도가 85℃에서 열리기 시작하여 95℃가 되면 완전히 열린다.

㉯ 온도조절기 내에는 에틸 등을 넣어서 봉인한 것도 있다.

㉰ 온도조절기는 벨로즈와 밸브로 구성된다.

㉱ 온도조절기는 엔진의 과냉을 방지한다.

풀이 정답 ㉱

서모스탯은 엔진의 과열을 방지한다. 열림온도는 센서의 종류에 따라 다르다.

문제 8 라디에이터의 역할은?

㉮ 실린더의 열을 직접 제거한다. ㉯ 냉각수의 열을 제거한다.
㉰ 냉각수의 온도를 상승시킨다. ㉱ 배기가스의 온도를 상승시킨다.

풀이 정답 ㉯
라디에이터는 열교환기로 열을 제거한다.

문제 9 다음은 라디에이터의 구비조건이 아닌 것은?

㉮ 단위면적당 방열량이 클 것. ㉯ 공기의 흐름저항이 클 것.
㉰ 냉각수의 순환이 용이할 것. ㉱ 가볍고 작으며 강도가 클 것.

풀이 정답 ㉯
<구비조건>
- 단위면적당 방열량이 클 것.
- 공기저항이 적을 것.
- 유동저항이 적을 것.
- 가볍고 강도가 클 것.

문제 10 다음 중 부동액이 될 수 없는 것은?

㉮ 알코올 ㉯ 그리스 ㉰ 글리세린 ㉱ 에틸렌글리콜

풀이 정답 ㉯
에틸렌글리콜, 에틸알코올, 글리세린 등은 물과 화합하면 비점이 높아지고 응고점이 강하되어 부동액으로 쓰인다.

문제 11 다음 중 부동액으로 사용될 수 없는 것은?

㉮ C_6H_6 ㉯ C_2H_5OH ㉰ $C_2H_5(OH)_2$ ㉱ $C_2H_5(OH)_3$

풀이 정답 ㉮
$C_2H_5(OH)_2$: 에틸렌글리콜, $C_2H_5(OH)_3$: 글리세린, C_2H_5OH : 에틸알코올

문제 12 가솔린기관 라디에이터에서 유출되는 냉각수의 온도차는?

㉮ 2~3℃ ㉯ 3~5℃ ㉰ 5~10℃ ㉱ 10~20℃

풀이 정답 ㉰
라디에이터를 통과하면 냉각수의 온도는 5~10℃ 정도 하강한다.
라디에이터 코어 막힘이 20% 이상이면 교환한다.

문제 13 방열기캡을 열어 보았더니 냉각수에 기름이 떠있다. 그 원인은 무엇인가?

㉮ 헤드개스킷의 고착　　㉯ 폭발압력의 과다
㉰ 헤드볼트의 이완　　㉱ 압축압력의 과다

풀이 정답 ㉰
실린더헤드와 블록사이의 개스킷으로 냉각수와 오일이 혼입된다.

문제 14 부동액의 구비요건이 아닌 것은?

㉮ 물과 쉽게 혼합될 것.　　㉯ 침전물이 쌓이지 않을 것.
㉰ 부식이 잘되지 않을 것.　　㉱ 비등점이 물과 같을 것.

풀이 정답 ㉱
<구비조건>
- 비등점은 물보다 높고 빙점은 물보다 낮을 것.
- 물과의 혼합이 쉬울 것.
- 증발이 적을 것.
- 부식이 잘되지 않을 것.
- 침전물이 없을 것.

문제 15 물의 비등점을 낮게 하려면?

㉮ 압력을 높인다.　　㉯ 압력을 낮춘다.
㉰ 관계없다.　　㉱ 비체적이 커야 한다.

풀이 정답 ㉯

문제 16 기관에서 팬벨트에 의해 구동되는 것이 아닌 것은?

㉮ 물펌프　　㉯ 냉각홴　　㉰ 밸브　　㉱ 발전기

풀이 정답 ㉰
흡배기밸브는 캠축에 의해 구동된다.

문제 17 자동차 기관에서 많이 사용되는 수온조절기는 어떤 종류인가?

㉮ 바이메탈　　㉯ 벨로즈　　㉰ 펠릿　　㉱ 서모스탯

풀이 정답 ㉰
펠릿형은 왁스형이다.

문제 18 냉각수온도를 측정하는 곳으로 가장 적당한 곳은?

㉮ 물펌프 내부 ㉯ 실린더헤드 물재킷부
㉰ 라디에이터 위 탱크 ㉱ 실린더블록 물재킷부

풀이 정답 ㉯

문제 19 가열된 기관에 냉각수를 보충할 때 가장 좋은 방법은?

㉮ 기관 작동 상태에서 보충 ㉯ 시동을 끄고 잠시 후 보충
㉰ 기관 공전 상태에서 보충 ㉱ 시동을 끄고 완전히 냉각시킨 후 보충

풀이 정답 ㉯
가열된 기관의 기관 변형을 막기 위해 기관이 어느 정도 식은 후 물을 보충해야 한다.

문제 20 다음 중 주로 소형 석유기관에 많이 사용하는 냉각법은?

㉮ 수냉각법 ㉯ 증발냉각법 ㉰ 가압냉각법 ㉱ 특수냉각법

풀이 정답 ㉯
증발냉각법은 물의 증발잠열을 이용한 방법으로 소량의 물로 소형기관 냉각에 사용된다.

문제 21 다음 중 공냉식 엔진의 장점이 아닌 것은?

㉮ 고장이 적고 가볍다. ㉯ 추울 때도 시동이 가능하다.
㉰ 열효율이 높다. ㉱ 실린더마모가 적다.

풀이 정답 ㉰
공냉식은 수냉식에 비해 고장이 적고 간단한 구조이지만 냉각효과가 나쁘고 균일냉각이 어려워 열점이 생기기 쉽고 압축비가 낮아 열효율이 낮다.

문제 22 기관의 과냉에서 오는 결점으로 틀린 것은?

㉮ 열효율의 저하 ㉯ 실린더 마모 촉진
㉰ 재킷 내의 전해부식 촉진 ㉱ 연소실 불완전

풀이 정답 ㉰
냉각수온도가 낮으면 전해부식이 지연된다.

문제 23 기관의 냉각장치에 대한 설명 중 틀린 것은?

㉮ 수냉식 기관이 공랭식 기관보다 열손실이 크다.
㉯ 수냉식 기관이 공랭식 기관보다 열효율이 좋다.
㉰ 공랭식 기관이 수냉식 기관보다 열효율이 좋다.

㉱ 공랭식 기관이 수냉식 기관보다 냉각손실이 작다.

풀이 정답 ㉯

문제 24 기관의 과열현상에 대한 설명 중 틀린 것은?

㉮ 팬벨트장력이 너무 크다　　㉯ 냉각수 부족
㉰ 물재킷 내의 스케일 부착　　㉱ 물펌프 작동불량

풀이 정답 ㉮
<과냉 원인>
- 수온조절기의 열린 상태로 고장
- 팬벨트장력 과다로 물펌프의 고속회전
- 수온조절기의 열림 온도가 낮을 때

문제 25 기관의 1사이클 중 열손실이 가장 큰 행정은?

㉮ 압축행정　　㉯ 배기행정　　㉰ 흡입행정　　㉱ 폭발행정

풀이 정답 ㉱
열손실은 폭발이 가장 크고 다음이 흡입행정이다.

문제 26 기관의 1사이클 중 열효율이 가장 큰 행정은?

㉮ 압축행정　　㉯ 배기행정　　㉰ 흡입행정　　㉱ 폭발행정

풀이 정답 ㉯
열효율은 배기가 가장 크고 다음이 폭발행정이다.

문제 27 가솔린기관의 냉각손실은?

㉮ 25～30%　　㉯ 50～55%　　㉰ 30～35%　　㉱ 40～45%

풀이 정답 ㉰
가솔린기관의 냉각손실 30~35%, 디젤기관 냉각손실 20~25%이다.

문제 28 기관의 냉각이 불충분할 때 일어나는 현상이 아닌 것은?

㉮ 충전효율의 감소　　㉯ 윤활작용의 불완전
㉰ 프리이그니션 발생　　㉱ 산성물질의 생성

풀이 정답 ㉱

문제 29 압력식 캡의 역할은?

㉮ 비점상승 ㉯ 유량조절 ㉰ 압력조절 ㉱ 밀도조절

풀이 정답 ㉮

냉각장치 내의 압력을 0.3~1.05 kgf/cm²가 되도록 하여 냉각수 비점을 110℃로 높여 냉각성능을 향상시키고 냉각수 증발을 방지

문제 30 연소가스의 온도가 1500℃, 냉각수온도가 85℃, 전열면적이 1.538m²인 실린더 기관의 방열량은? 단 열전달률은 217.4 kcal/m² h℃이다.

㉮ 214,374 kcal/h ㉯ 473,121 kcal/h

㉰ 642,136 kcal/h ㉱ 764,356 kcal/h

풀이 정답 ㉯

$Q = 217.4 \times 1.538 \times (1500 - 85) = 473,121$ kcal/h

문제 31 연소가스의 온도가 1700℃, 냉각수온도가 100℃, 전열면적이 3000m²인 실린더 기관의 방열량은? 단 열통과율은 200 kcal/m² h℃이다.

㉮ 860,000 kcal/h ㉯ 960,000 kcal/h

㉰ 1,060,000 kcal/h ㉱ 1,160,000 kcal/h

풀이 정답 ㉯

$Q = 200 \times 3000 \times (1700 - 100) = 960,000$ kcal/h

문제 32 연소실의 가스온도 t_g, 실린더 벽면 온도 t_w, 열전달율 α kcal/m² h℃, 전열면적 A m²이면 방열량 Q는 몇 kcal/h인가?

㉮ $\alpha A(t_g - t_w)$ ㉯ $\alpha A(t_w - t_g)$ ㉰ $\dfrac{\alpha}{A(t_g - t_w)}$ ㉱ $\dfrac{\alpha}{A(t_w - t_g)}$

풀이 정답 ㉮

문제 33 4사이클 디젤기관의 제동평균 유효압력이 P_{me}일 때 평균유효 가스온도 t_g를 구하는 식으로 맞는 것은?

㉮ $t_g = 616 + 12.7P_{me}$ ㉯ $t_g = 616 + 1.27P_{me}$

㉰ $t_g = 61.6 + 12.7P_{me}$ ㉱ $t_g = 61.6 + 1.27P_{me}$

풀이 정답 ㉮

문제 34 4사이클 디젤기관의 제동평균 유효압력이 10 ata일때 평균유효 가스온도 t_g는?

㉮ 743℃ ㉯ 753℃ ㉰ 763℃ ㉱ 773℃

풀이 정답 ㉮

$$t_g = 616 + 12.7 \times 10 = 743 ℃$$

문제 35 가스온도가 900℃인 4사이클 디젤기관의 평균유효 압력은?

㉮ 22.36 kgf/cm^2 ㉯ 23.36 kgf/cm^2

㉰ 24.36 kgf/cm^2 ㉱ 25.36 kgf/cm^2

풀이 정답 ㉮

$$P_{me} = \frac{900 - 616}{12.7} = 22.36 \text{ kgf/cm}^2$$

문제 36 실린더 벽의 두께를 L, 열전도율 k, 전열면적 A m^{2}이고 실린더 내 벽면 온도 t_w, 냉각수 측 벽면 온도 t_c이면 방열량 Q는?

㉮ $\frac{kL}{A}(t_w - t_c)$ ㉯ $\frac{kL}{A}(t_c - t_w)$

㉰ $\frac{kA}{L}(t_w - t_c)$ ㉱ $\frac{kA}{L}(t_c - t_w)$

풀이 정답 ㉰

문제 37 실린더 벽의 두께를 8 mm, 열전도율 20 kcal/m h℃, 전열면적 2 m^{2}이고 실린더 내 벽면 온도 200℃, 냉각수 측 벽면 온도 150℃이면 방열량 Q는 몇 kcal/h인가?

㉮ 200,000 kcal/h ㉯ 250,000 kcal/h

㉰ 300,000 kcal/h ㉱ 350,000 kcal/h

풀이 정답 ㉯

$$20 \times 2 \times \frac{(200 - 150)}{0.008} = 250000 \text{ kcal/h}$$

문제 38 공랭식 기관에서 실린더체적 V l, 행정 l cm, 실린더지름 d cm, 제동마력을 PS, C가 상수이면 핀의 총면적 A_t를 구하는 식은?

㉮ $A_t = Cld\left(\frac{PS}{V}\right)^2$ ㉯ $A_t = Cld\frac{PS^2}{V}$

㉰ $A_t = Cld\frac{PS}{V}$ ㉱ $A_t = Cld\frac{PS^3}{V}$

풀이 정답 ㉯

$$A_t = Cld\frac{PS^2}{V}$$

문제 39 공랭식 기관에서 실린더체적 $V=0.15$ L, 행정 $l=5$ cm, 실린더지름 $d=5$ cm, 제동마력 3 PS, $C=2.7$이면 핀의 총면적 A_t는 몇 cm^2인가?

㉮ 3000 ㉯ 3500 ㉰ 4000 ㉱4050

풀이 정답 ㉱

$$A_t = Cld\frac{PS^2}{V} = 2.7\times5\times5\times\frac{3^2}{0.15} = 4050\ cm^2$$

문제 40 실린더체적 $V=37$ L, 행정 $l=11$ cm, 실린더지름 $d=18$ cm, 제동마력 1900 PS, $C=0.017$인 기관의 핀의 총면적은 몇 m^2인가?

㉮ 27.8 ㉯ 32.8 ㉰ 37.8 ㉱ 42.8

풀이 정답 ㉯

$$A_t = Cld\frac{PS^2}{V} = 0.017\times11\times18\times\frac{1900^2}{37} = 328412\ cm^2$$

문제 41 수냉식 기관에서 물재킷의 출입구의 온도차이가 400℃, 방열량이 10,000 kcal/h일 때 냉각수량은 몇 kcal/h ℃인가?

㉮ 15 ㉯ 20 ㉰ 25 ㉱ 30

풀이 정답 ㉰

$$Q = \frac{10,000}{400} = 25\ kcal/h\ ℃$$

VIII. 가솔린기관 문제

문제 1 내연기관의 3대 필요조건이 아닌 것은?

㉮ 적당한 혼합비 ㉯ 규정의 압축압력
㉰ 높은 압축비 ㉱ 정확한 점화시기

풀이 정답 ㉰

가솔린기관에서 압축비가 높으면 노킹이 일어난다.

문제 2 가솔린기관에서 압축비를 높였을 때 발생되지 않는 현상은?

㉮ 열효율이 떨어진다　　㉯ 조기 점화
㉰ 노킹　　㉱ 이상 폭발

풀이 정답 ㉮
압축비를 높이면 열효율은 증가한다(오토사이클의 열효율식).

문제 3 가솔린기관에서 제동평균 유효압력이 최대가 되는 공기연료 혼합비는?

㉮ 15 : 1　　㉯ 18 : 1　　㉰ 14 : 1　　㉱ 13 : 1

풀이 정답 ㉮
전자제어기관의 완전연소시 이론공연비는 14.7 : 1이다.

문제 4 가솔린기관에서 드웰각이란?

㉮ 배전기 캠축의 접점을 열어서 닫힐 때까지의 캠의 회전각
㉯ 배전기 캠축의 접점이 닫혀서 열릴 때까지의 캠의 회전각
㉰ 캠이 밸브를 열기 시작하는 각도
㉱ 캠이 밸브를 닫기 시작하는 각도

풀이 정답 ㉯
접점이 닫혀 있는 동안 배전기 캠이 회전한 각도

문제 5 다음 중 피스톤 간극이 너무 클 경우 발생하는 현상이 아닌 것은?

㉮ 실린더와 피스톤사이에 소결이 일어난다.
㉯ 압축력이 저하된다.
㉰ 블로바이 현상이 나타난다.
㉱ 피스톤 슬랩현상이 일어난다.

풀이 정답 ㉮
소결은 간극이 작을 때 발생한다.

문제 6 기화기가 갖추어야 할 조건이 아닌 것은?

㉮ 혼합이 고르고 완전히 기화할 것.　　㉯ 구조가 간단하고 고장이 없을 것.
㉰ 시동이 쉬울 것.　　㉱ 저속에서 농후한 혼합비를 형성할 것.

풀이 정답 ㉱

저속에서 희박한 혼합비, 시동시 농후한 혼합비를 형성해야 한다.

문제 7 기화기의 기본 회로가 아닌 것은?

㉮ 뜨개회로 ㉯ 고속회로 ㉰ 링키지회로 ㉱ 가속펌프회로

풀이 정답 ㉰

기본회로 ① 뜨개회로 ② 고속 부분 부하회로 ③ 저속 부분 부하회로 ④ 가속펌프회로 ⑤ 공전 및 저속회로 ⑥ 시동회로

문제 8 기화기 뜨개실에서 가솔린이 넘치는 원인이 아닌 것은?

㉮ 니들밸브의 밀착이 불량이다. ㉯ 뜨개의 조정이 잘못되었다.
㉰ 연료펌프의 로커암이 마모되었다. ㉱ 니들밸브에 불순물이 끼었다.

풀이 정답 ㉰

문제 9 카뷰레터기관에서 연료의 유면을 일정하게 하는 것은?

㉮ 뜨개회로 ㉯ 초크회로 ㉰ 가속펌프회로 ㉱ 공전 및 저속회로

풀이 정답 ㉮

뜨개회로 : 연료탱크에서 연료를 일정량 들여와 연료의 유면을 일정하게 유지

문제 10 플로트실의 구성요소가 아닌 것은?

㉮ 플로트 ㉯ 니들밸브 ㉰ 플로트암 ㉱ 메인노즐

풀이 정답 ㉱

문제 11 가솔린기관에서 기관의 시동시에 공급하는 혼합비는?

㉮ 가연범위 내 혼합비의 값이 적어야 한다.
㉯ 가연범위 내 혼합비의 값이 커야 한다.
㉰ 혼합비와는 관계없다.
㉱ 이론혼합비의 값이 되게 공급한다.

풀이 정답 ㉮

혼합비값이 적으면 농후한 상태이다

문제 12 기화기 엔진에서 엔진이 공회전할 때의 혼합비는 얼마인가?

㉮ 9 : 1 ㉯ 12 : 1 ㉰ 14 : 1 ㉱ 15 : 1

풀이 정답 ㉯

기화기엔진－12 : 1, 전자제어엔진－14.7 : 1

기화기엔진의 혼합비

① 시동시－5~7.5 : 1
② 공회전－8~12 : 1
③ 저부하－12~14 : 1
④ 가속시－8 : 1

문제 13 연료와 공기의 혼합가스의 양을 조절하는 기화기 부품은?

㉮ 저속포트 ㉯ 공전조정나사 ㉰ 스로틀 밸브 ㉱ 초크밸브

풀이 정답 ㉰

초크밸브는 흡입 공기량 조절밸브이고 공전조정 나사는 공전시 연료유량을 조절한다.

문제 14 공전시 연료유량을 조정하기 위한 장치로 공전노즐의 단면적을 조절할 수 있는 것은?

㉮ 저속포트 ㉯ 공전 조정나사 ㉰ 스로틀 밸브 ㉱ 초크밸브

풀이 정답 ㉯

문제 15 다음 설명 중 틀린 것은?

㉮ 에어블리더는 연료의 기화가 잘 되도록 도와준다.
㉯ 초크밸브는 흡입 공기량을 조절한다.
㉰ 스로틀 밸브는 혼합기의 흡입량을 조절한다.
㉱ 메인노즐은 연료의 양을 조절한다.

풀이 정답 ㉱

메인노즐은 연료를 분출하는 곳이다.

문제 16 가솔린기관의 가연 혼합비의 범위는?

㉮ 8~20 ㉯ 9~18 ㉰ 12~20 ㉱ 15~25

풀이 정답 ㉮

최대과농 혼합비 : 8, 최대과박 혼합비 : 20

문제 17 연료공기의 혼합비가 희박할 때 생기는 현상이 아닌 것은?

㉮ 배기가스의 색이 흑색이다. ㉯ 기관의 출력이 감소된다.
㉰ 기관의 시동이 어렵다. ㉱ 저속회전이 어렵다.

풀이 정답 ㉮

혼합비가 희박할 때 배기가스 색은 녹색이고 농후할 때 흑색이다.

문제 18 자동 초크밸브의 위치는 무엇에 의해 제어되는가?

㉮ 미터링로드와 진공피스톤
㉯ 서모스탯과 진공피스톤
㉰ 패스트 아이들캠과 스로틀링키지
㉱ 서모스탯과 스로틀링키지

풀이 정답 ㉯

문제 19 기관시동은 되나 공회전 상태가 불량일 때 점검해야 할 사항이 아닌 것은?

㉮ 아이들 속도를 조정한다.
㉯ 연료펌프 압력을 점검한다.
㉰ 시동장치를 점검한다.
㉱ 기화기를 교환한다.

풀이 정답 ㉰

문제 20 기화기의 동결이 일어나기 쉬운 곳은?

㉮ 초크밸브 뒷면
㉯ 스로틀 밸브 뒷면
㉰ 메인노즐
㉱ 에어블리더

풀이 정답 ㉯

드로틀 밸브 뒷면은 기압이 낮아 동결이 발생하기 쉽다.

문제 21 기화기의 저속노즐은 어느 부분에 설치하는가?

㉮ 드로틀 밸브의 교축시 공기통과 벽면 이전
㉯ 초크밸브와 메인노즐 사이
㉰ 스로틀 밸브와 메인노즐 사이
㉱ 스로틀 밸브의 교축시 공기통과 벽면 이후

풀이 정답 ㉮

문제 22 엔진의 크랭킹이 안 되거나 혹은 크랭킹이 천천히 되는 원인이 아닌 것은?

㉮ 기동장치의 결함
㉯ 한냉시 오일점도가 높을 때
㉰ 축전지 혹은 케이블 불량
㉱ 연소실의 연료가 넘친다

풀이 정답 ㉱

문제 23 자동 초크회로에 관한 설명 중 알맞은 것은?

㉮ 자동 초크작동에는 서모스탯 작용과 진공 피스톤 작용이 있다.
㉯ 초크에는 고속시 닫히도록 진공펌프가 작동한다.
㉰ 서모스탯 스프링이 냉각되면 초크밸브는 열린다.
㉱ 초크작용이 심하면 연료소비율이 떨어진다.

풀이 정답 ㉮

문제 24 과도하게 초크를 작동시켰을 때 일어나는 현상은?

㉮ 베어퍼로크 ㉯ 플라딩 ㉰ 퍼콜레이션 ㉱ 오버플로

풀이 정답 ㉯

문제 25 패스트아이들 기구의 역할은?

㉮ 엔진의 워밍업시간을 단축한다. ㉯ 빙결을 방지한다.
㉰ 연료의 비등을 방지한다. ㉱ 연료의 유동을 좋게 한다.

풀이 정답 ㉮

문제 26 기화기 엔진의 미터링로드의 역할은?

㉮ 에어블리드에 설치되어 공기량을 가감한다.
㉯ 메인노즐에 통하는 연료통로에 설치되어 연료량을 가감한다.
㉰ 가속펌프에 설치되어 연료량을 증가시킨다.
㉱ 니들밸브에 설치되어 연료량을 증가시킨다.

풀이 정답 ㉯
미터링로드는 연료의 양을 조절한다. 스로틀 밸브의 열림이 최대일 때 미터링로드는 최대로 상승하여 연료의 유출량도 최대가 된다.

문제 27 연료의 기화를 잘되게 하기 위해 연료계통에 공기를 혼입하는 것은?

㉮ 에어블리드 ㉯ 메인노즐 ㉰ 가속펌프 ㉱ 니들밸브

풀이 정답 ㉮
에어블리드 : 연료의 무화를 촉진하기 위해 연료계통에 공기를 혼입

문제 28 기화기 부품 요소 중 운전상태에서 연료를 흡출할 수 있는 것은?

㉮ 에어블리드 ㉯ 메인노즐 ㉰ 가속펌프 ㉱ 니들밸브

풀이 정답 ㉯

메인노즐은 기화기의 벤투리관 내에 있고 연료를 분출하는 관이다.

문제 29 기관을 시동할 때 특히 겨울철 시동 때에 혼합비가 농후하게 되도록 하는 것은?

㉮ 니들밸브 ㉯ 에어블리이더 ㉰ 초크밸브 ㉱ 벤투리밸브

풀이 정답 ㉰

초크밸브 : 겨울철 시동시 혼합비농후

문제 30 기화기의 뜨개실에서 가솔린이 넘치는 원인이 아닌 것은?

㉮ 뜨개가 파손되었다.
㉯ 니들밸브의 밀착이 불량하다.
㉰ 니들밸브의 시트에 먼지가 끼어 있다.
㉱ 연료펌프에 고장이 있다.

풀이 정답 ㉱

문제 31 카뷰레터기관의 연료소비량이 지나치게 많을 때의 원인과 대책으로 맞지 않는 것은?

㉮ 가속펌프의 체크밸브가 고장이므로 교환한다.
㉯ 저속 에어블리드가 막혔으므로 청소한다.
㉰ 2차 스로틀 밸브의 작동이 빠르므로 조정한다.
㉱ 연료펌프의 토출 압력이 높으므로 조정한다.

풀이 정답 ㉱

문제 32 기화기 입구안지름이 30 mm, 벤투리관의 안지름이 25 mm일 때 매초 50,000 cm^3의 공기가 흐를 때 기화기 입구의 공기유속은 얼마인가?

㉮ 70.7 m/sec ㉯ 80.4 m/sec ㉰ 86.2 m/sec ㉱ 90.4 m/sec

풀이 정답 ㉮

$$V = \frac{Q}{A} = \frac{50000}{\frac{\pi \times 3^2}{4}} = 7074 \text{ cm/s}$$

문제 33 기화기 입구 안지름이 40 mm, 벤투리관의 안지름이 30 mm일 때, 매초 70,000 cm^3의 공기가 흐를 때 기화기 입구의 공기유속은 얼마인가?

㉮ 7.082 m/sec ㉯ 70.82 m/sec ㉰ 55.7 m/sec ㉱ 5.57 m/sec

풀이 정답 ㉰

$$V = \frac{Q}{A} = \frac{70000}{\frac{\pi \times 4^2}{4}} = 5570\ \text{cm/s}$$

문제 34 유량계수 0.85, 벤투리 목부의 지름 20 mm, 공기의 비중량 1.226 kgf/cm^{3}인 기화기의 유속이 40 m/s일 때 공기유량은 몇 kgf/sec인가?

㉮ 10.1 ㉯ 11.1 ㉰ 12.1 ㉱ 13.1

풀이 정답 ㉱

$$Q = AV$$

$$A = \frac{\pi}{4} \times (20\ \text{mm})^2 = 314.15 \times 10^{-6}\ \text{m}^2$$

$$Q = 0.85 \times 314.15 \times 10^{-6} \times 40 = 0.0106811\ \text{m}^3/\text{sec}$$

$$\dot{m} = 0.0106811 \times 1.226 \times 10^6\ \text{kgf/sec} = 13,095\ \text{kgf/sec}$$

문제 35 실린더지름 85 mm, 행정 90 mm인 4기통 기관의 SAE 마력은 몇 마력인가?

㉮ 17.9 ㉯ 23.3 ㉰ 25.6 ㉱ 30.3

풀이 정답 ㉮

$$SAE\ \text{마력} = \frac{D^2 Z}{1613} = \frac{85^2 \times 4}{1613} = 17.9\ \text{PS}$$

문제 36 블로다운의 설명 중 옳은 것은?

㉮ 팽창 초에서 팽창 말까지의 연소
㉯ 배기밸브가 개구되면서 실린더 내부의 폭발가스가 외부로 탈출하는 현상
㉰ 배기되는 시간이 길어지는 현상
㉱ 용적 내부에 있는 잔류기 일부가 신급기로 대체되는 과정

풀이 정답 ㉰

문제 37 가솔린기관의 고속회전시 회전력이 저하되는 원인은?

㉮ 체적효율저하 ㉯ 점화시기지각 ㉰ 과농연소 ㉱ 희박연소

풀이 정답 ㉮

문제 38 가솔린기관에서 회전속도와 점화진각의 관계는?

㉮ 회전수 증가에 따라 진각을 크게 한다.

㉯ 회전수 증가에 따라 진각을 작게 한다.
㉰ 회전수에 관계없다.
㉱ 회전수 증가에 따라 지각을 크게 한다.

풀이 정답 ㉮
제한된 크랭크각도에서 연소를 마치기 위해 회전수 증가에 따라 진각을 크게 한다.

문제 39 내연기관에서 스쿼시란 무엇인가?

㉮ 흡입시에 포트에 의해 생성되는 선회와류
㉯ 압축상사점 부근에서 연소실벽과 피스톤 윗면과의 압축에 의해 생성되는 와류
㉰ 밸브의 진동현상
㉱ 흡기의 과급현상

풀이 정답 ㉯
스쿼시(squash) : 압축상사점 부근에서 압축에 의해 생성되는 세로방향 와류

문제 40 정상연소, 노킹, 표면점화는 모두 연소실 내에서의 연소이나 연소실 밖인 흡배기계에서도 연소가 발생하는 경우가 있다. 배기계에서 발생하는 연소를 무엇이라 하나?

㉮ 역화 ㉯ 후연 ㉰ 화염속도 ㉱ 히트링

풀이 정답 ㉯

문제 41 다음 중 기관을 과급하는 가장 주된 목적은?

㉮ 압축 초 압력이 높아 착화지연기간을 길게 하기 위해서
㉯ 기관회전수를 높이기 위해서
㉰ 연료소비량을 많게 하기 위해서
㉱ 급기밀도를 증가시켜 출력을 증가시키기 위해서

풀이 정답 ㉱
과급은 흡기계에 터빈을 부착해서 공기량을 증가시키는 방법이다.

문제 42 내연기관의 출력을 증가시키기 위한 방법과 관계없는 것은?

㉮ 회전수를 높인다. ㉯ 평균유효압력을 높인다.
㉰ 실린더 지름을 크게 한다. ㉱ 플라이 휠을 크게 한다.

풀이 정답 ㉱

문제 43 퍼콜레이션(percolation)에 관한 설명 중 관계가 가장 적은 것은?

㉮ 기화기에서 연료가 많아지는 현상
㉯ 기관이 가열되었을 때 발생
㉰ 대기온도가 고온이며 저속주행일 때 발생
㉱ 베이퍼로크가 발생할 수 있다.

풀이 정답 ㉰
기화기에서 흡기 매니폴드로 가솔린이 유출하여 비정상적인 온도상승의 원인이 된다.

문제 44 압축행정 중 점화시기에 도달하기 전에 점화플러그 또는 배기밸브의 과열에 의하여 점화되는 현상은?

㉮ 포스트이그니션 ㉯ 디토네이션 ㉰ 프리이그니션 ㉱ 정상연소

풀이 정답 ㉰

문제 45 노즐에 붙은 카본은 보통 무엇으로 떼어내는가?

㉮ 샌드페이퍼 ㉯ 나무조각 ㉰ 브러시 ㉱ 줄

풀이 정답 ㉯

문제 46 가솔린기관의 정상연소시 배기가스의 배출온도는?

㉮ 100～200℃ ㉯ 300～400℃ ㉰ 600～700℃ ㉱ 800～900℃

풀이 정답 ㉰

문제 47 배압이 기관에 미치는 영향이다. 관계가 없는 것은?

㉮ 출력이 떨어진다. ㉯ 기관이 과열한다.
㉰ 피스톤의 운동을 방해한다. ㉱ 냉각수 온도가 저하한다.

풀이 정답 ㉱
기관 배압은 배기관에 걸리는 압력이다.

문제 48 배기가스 중 질소산화물의 생성원인 중 가장 큰 영향을 미치는 것은?

㉮ 불완전연소 ㉯ 소염경계층 ㉰ 연소온도 ㉱ 희박연소

풀이 정답 ㉰
실린더 내의 온도가 높으면 NO_x 발생이 높아진다.

문제 49 가솔린기관의 연소실 안이 고온고압일 때 공기중의 질소와 공기의 산화로 발생하는 가스로 눈을 자극하며 광화학스모그의 원인이 되는 가스는?

㉮ NO_x ㉯ CO ㉰ HC ㉱ CO_2

풀이 정답 ㉮

문제 50 축전지점화방식에서 점화장치 1차 회로의 구성부품은?

㉮ 단속기 ㉯ 발전기 ㉰ 시동모터 ㉱ 점화플러그

풀이 정답 ㉮
점화장치 1차 회로의 구성부품은 단속기, 축전기, 점화코일 등이다.

문제 51 점화장치에 밸러스트저항을 설치하는 이유는?

㉮ 유도전압을 높이기 위해
㉯ 1차 코일의 과열방지를 위해
㉰ 2차 코일 유도기전력을 높이기 위해
㉱ 1차 코일의 전압을 소멸시킨다

풀이 정답 ㉯

문제 52 마그네토 점화장치의 스파크플러그갭은?

㉮ 0.1~0.3 mm ㉯ 0.4~0.5 mm ㉰ 0.6~0.7 mm ㉱ 0.8~1.0 mm

풀이 정답 ㉯
축전지 점화장치 : 0.6~0.7 mm
과급, 고압축기관 : 0.3~0.4 mm

문제 53 마그네토 점화장치에서 1차 코일의 스위치가 끊어지면 어떠한 결과가 나타나는가?

㉮ 충격고전압이 발생하여 2차 코일을 거쳐 배전기로 흐른다.
㉯ 전원이 끊어지므로 점화상태가 끝난다.
㉰ 전원이 끊어지므로 시동이 꺼진다.
㉱ 1차 코일에 흐른 고전압이 소멸된다.

풀이 정답 ㉮

문제 54 마그네토 점화장치를 바르게 기술한 것은?

㉮ 기관시동시 불꽃이 강하다.

㉯ 배터리와 자석 발전기를 사용한다.
㉰ 고전압을 얻는 회로 구성이 축전지식과 다르다.
㉱ 축전지 대신 영구자석 발전기를 사용한다.

풀이 정답 ㉱
시동시 점화에너지가 충분하지 못해 시동용 특별장치를 사용한다.

문제 55 축전지 점화와 마그네토 점화장치의 설명 중 옳은 것은?

㉮ 축전지 점화식은 rpm 증가에 따라 점화에너지가 감소한다.
㉯ 마그네토 점화식은 rpm 증가에 따라 점화에너지가 감소한다.
㉰ 마그네토 점화는 시동시 스파크에너지가 가장 강하다.
㉱ 두 방식 모두 전화에너지와 rpm은 관계없다.

풀이 정답 ㉮
마그네토 점화는 시동시 스파크에너지가 없고 rpm 증가에 따라 점화에너지가 증가한다. 축전지식은 rpm 증가에 따라 점화에너지가 감소한다.

문제 56 공냉 또는 과급기관과 같이 열부하가 큰 기관에서는 어떤 점화플러그가 가장 많이 사용되는가?

㉮ 냉형 ㉯ 열형 ㉰ 보통형 ㉱ 고온형

풀이 정답 ㉮

문제 57 가솔린기관에서 점화시기가 너무 늦을 때 일어나는 현상이 아닌 것은?

㉮ 기관의 출력이 저하된다.
㉯ 연료의 소비량이 증대된다.
㉰ 배기가스 통로에 카본의 퇴적이 많아진다.
㉱ 엔진이 과냉될 우려가 있다.

풀이 정답 ㉱

문제 58 점화시기를 정하는 데 있어 고려해야 할 사항이 아닌 것은?

㉮ 연소가 등간격으로 일어나야 한다.
㉯ 크랭크축에 비틀림 진동이 일어나지 않게 해야 한다.
㉰ 혼합기가 각 실린더에 균일하게 분배되게 한다.
㉱ 인접한 실린더가 연이어 점화되게 한다.

풀이 정답 ㉱

문제 59 기관의 엔진회전속도에 따라 점화시기가 변하는 장치는?

㉮ 원심식 ㉯ 진공식 ㉰ 옥탄셀렉터 ㉱ 자동타이머

풀이 정답 ㉮

문제 60 배전기시험에서 진공진각의 규정값이 적다. 그 원인은 어느 것인가?

㉮ 원심추 스프링장력의 과다. ㉯ 단속기판 작동저항이 크다.
㉰ 단속기 암 스프링 장력이 크다. ㉱ 캠각이 적다.

풀이 정답 ㉯
플레이트판이 제대로 작동 못하면 점화시기가 불량해진다.

문제 61 배전기의 단속기 접점이 소손되었다. 관계 있는 것은?

㉮ 콘덴서의 이상 ㉯ 유도코일의 이상
㉰ 배전기의 회전자 이상 ㉱ 진공식 진각기구 이상

풀이 정답 ㉮
콘덴서에서 스파크를 못해 접점이 소손됨.

문제 62 축전기의 용량이 저하되면 점화플러그의 불꽃은 어떻게 변하는가?

㉮ 강해진다. ㉯ 약해진다. ㉰ 점차 강해진다. ㉱ 변하지 않는다.

풀이 정답 ㉯

문제 63 점화장치에서 고압이 흐르지 않는 곳은?

㉮ 배전기 캡 ㉯ 로터
㉰ 점화코일 중심단자 ㉱ 단속기접점

풀이 정답 ㉱

문제 64 점화장치에서 축전기의 역할이 아닌 것은?

㉮ 단속기와 직렬로 연결되어 있다.
㉯ 접점에서 발생하는 스파크를 흡수하여 접점의 소손을 방지한다.
㉰ 1차 전류의 차단시간을 단축시켜 2차 전압을 높인다.
㉱ 1차 전류의 회복을 신속하게 하는 역할을 한다.

풀이 정답 ㉯

문제 65 점화코일의 1차 코일의 권수가 200회이고 2차 코일의 권수가 20,000회일 때 직류 12 V를 가하는 1차 코일의 유기전압이 240 V이면 2차 전압은 얼마인가?

㉮ 24 kV ㉯ 12 kV ㉰ 1.2 kV ㉱ 240 kV

풀이 정답 ㉮

$$e_2 = e_1 \times \frac{N_2}{N_1} = 240 \times \frac{20000}{200} = 24\text{ kV}$$

문제 66 점화코일의 1차 코일의 권수가 500회이고 2차 코일의 권수가 15,000회일 때, 1차 코일의 유기전압이 8000 V이면 2차 전압은 얼마인가?

㉮ 24 kV ㉯ 12 kV ㉰ 1.2 kV ㉱ 240 kV

풀이 정답 ㉱

$$e_2 = e_1 \times \frac{N_2}{N_1} = 8000 \times \frac{15000}{500} = 240\text{ kV}$$

문제 67 점화코일의 극성이 바뀌면 어떤 현상이 일어나는가?

㉮ 전류가 흐르지 않는다. ㉯ 축전기가 손상된다.

㉰ 소요전압이 낮아진다. ㉱ 실화의 원인이 된다.

풀이 정답 ㉱

문제 68 혼합비가 점화된 후 최대압력에 이를 때까지 1/500초가 소요된다고 한다. 엔진이 3000 rpm으로 회전하고 있을 때 최대압력에 이를 때까지 크랭크축의 회전각은 몇 도인가?

㉮ 32° ㉯ 34° ㉰ 36° ㉱ 38°

풀이 정답 ㉰

$$CA = 360° \times \frac{3000}{60°} = 18000°,\ \frac{18000°}{500} = 36°$$

문제 69 점화플러그의 설명 중 틀린 것은?

㉮ 점화플러그의 자기 청정온도는 500~800℃이다.

㉯ 점화플러그의 중심전극과 접지전극의 간극은 0.7~1.1 mm이다.

㉰ 점화플러그의 크기는 나사부의 유효지름으로 표시된다.

㉱ 고압축비, 고속회전 엔진에는 열형의 점화플러그가 사용된다.

풀이 정답 ㉱

고압축비, 고속회전 엔진에는 냉형의 점화플러그가 사용된다.

문제 70 점화플러그에 사용되는 절연재료는?

㉮ 산화알루미늄 ㉯ 유리 ㉰ 자기 ㉱ 시멘트

풀이 정답 ㉮

문제 71 저온플러그는 어떤 엔진에 적당한가?

㉮ 저속엔진 ㉯ 고속엔진 ㉰ 시험엔진 ㉱ 압축비가 낮은 엔진

풀이 정답 ㉯

문제 72 플러그에 탄소가 쌓여 중앙전극과 접지전극이 탄소로 연결되어 전압이 누전되는 현상은?

㉮ 플래시오버 ㉯ 브리지 ㉰ 트래킹 ㉱ 자기청정

풀이 정답 ㉯

문제 73 점화플러그를 선정할 때 고압축-고회전율로 전극의 소모가 심한 엔진에서는 어떤 형의 점화플러그를 사용하면 좋은가?

㉮ 냉형 ㉯ 열형 ㉰ 보통형 ㉱ 고온형

풀이 정답 ㉮

문제 74 점화플러그에는 절연체 윗부분에 고압전류의 플래시 오버(flash over)를 방지하기 위해 무엇을 두고 있는가?

㉮ 리브(rib) ㉯ 실(seal) ㉰ 개스킷(gasket) ㉱ 와셔(washer)

풀이 정답 ㉮

문제 75 점화플러그의 전극부분의 작동온도가 400℃이면 어떤 현상이 생기는가?

㉮ 출력의 증가 ㉯ 조기점화 ㉰ 불완전연소 ㉱ 기계효율의 감소

풀이 정답 ㉰

문제 76 점화플러그의 크기의 규격이 아닌 것은?

㉮ 10 mm ㉯ 12 mm ㉰ 14 mm ㉱ 20 mm

풀이 정답 ㉱

점화플러그 나사부 바깥지름은 10, 12, 14, 18 mm가 있고 자동차용으로 14 mm가 쓰인다.

문제 77 점화플러그의 조기 점화온도 범위에 속하는 것은?

㉮ 100~110℃ ㉯ 450~500℃ ㉰ 815~1000℃ ㉱ 200~300℃

풀이 정답 ㉰

점화플러그의 온도가 815℃ 이상이면 조기점화가 발생한다.

문제 78 점화플러그의 자기 청정온도와 가깝다고 생각되는 것은?

㉮ 300~450℃ ㉯ 450~500℃ ㉰ 500~800℃ ㉱ 850~1000℃

풀이 정답 ㉰

트래킹(표면에 누적된 탄소)은 500℃ 이상이면 자동으로 떨어지고(자기청정) 815℃ 이상이면 조기점화가 발생한다.

문제 79 점화플러그의 열값이란?

㉮ 열방산정도를 수치로 나타낸 값
㉯ 연소실의 온도에 견딜 수 있는 평균온도
㉰ 플러그의 길이를 수치로 나타낸 값
㉱ 플러그의 열방산 면적을 나타낸 값

풀이 정답 ㉮

문제 80 점화플러그에 관한 설명이다. 틀린 것은?

㉮ 중심전극의 온도가 350~700℃이다.
㉯ 플러그 간극의 간극은 0.7~1.1 mm 정도이다.
㉰ 점화플러그의 크기는 나사부의 유효지름으로 표시된다.
㉱ 저압축비, 저속회전 엔진에는 냉형의 점화플러그가 사용된다.

풀이 정답 ㉱

저압축비, 저속회전 엔진에는 열형의 점화플러그가 사용된다.

문제 81 자동차에서 축전지를 떼어낼 때 가장 안전한 방법은?

㉮ 절연케이블을 먼저 푼다. ㉯ 퓨즈를 전부 뗀다.
㉰ 접지터미널을 먼저 푼다. ㉱ 연료파이프를 먼저 푼다.

풀이 정답 ㉰

문제 82 자동차에 사용되는 축전지는 대부분 어느 것인가?

㉮ 알칼리축전지 ㉯ 건전지 ㉰ 분젠전지 ㉱ 납산축전지

풀이 정답 ㉱

문제 83 축전지 각 셀의 비중차이가 0.025 이상일 때 먼저 해야 할 작업은?

㉮ 비중을 조정한다. ㉯ 축전지를 충전한다.
㉰ 방전시험을 한다. ㉱ 전해액을 교환한다.

풀이 정답 ㉮

문제 84 축전지의 전해액면의 규정위치는?

㉮ 극판 위 8~9 mm ㉯ 극판 위 10~13 mm
㉰ 극판 위 20 mm ㉱ 극판과 같은 위치

풀이 정답 ㉯

문제 85 납산축전지의 양극과 음극은?

㉮ 양극-과산화납(PbO_2), 음극-해면순납(Pb)

㉯ 양극-해면순납(Pb), 음극-과산화납(PbO_2)

㉰ 양극-황산납($PbSO_4$), 음극-과산화납(PbO_2)

㉱ 양극-해면순납(Pb), 음극-황산납($PbSO_4$)

풀이 정답 ㉮

충전시 : 양극-과산화납(PbO_2), 음극-해면순납(Pb)

방전시 : 양극-황산납($PbSO_4$), 음극-황산납($PbSO_4$)

문제 86 완전 충전된 전해액의 비중은 20℃에서 얼마인가?

㉮ 1.28 ㉯ 1.30 ㉰ 1.26 ㉱ 1.12

풀이 정답 ㉮

완전충전 : 1.28, 완전방전 : 1.12

IX. 가솔린 전자제어 문제

문제 1 전자제어 기관의 흡기계통에서 공기밀도차를 측정하여 공연비를 보정하는 과정에서 가장 영향을 크게 미치는 센서는?

㉮ 산소 센서 ㉯ 대기압 센서 ㉰ 흡기온도 센서 ㉱ 에어플로 센서

풀이 정답 ㉱

대기압 센서 : 고도에 따른 흡입공기량 보정
흡기온 센서 : 흡기온도에 따른 공기밀도보정
공기흐름 센서 : 공기밀도차 측정

문제 2 전자제어 연료분사장치에 이상이 생겨 아날로그 전압계로 자기진단을 실시하였다. 설명이 잘못된 것은?

㉮ 점화스위치를 ON시켰을 때 ECU에 기억된 코드가 출력이 된다.
㉯ 출력된 비정상코드를 기록한 후 자기진단표의 항목을 수리한다.
㉰ 고장부위를 수리한 후 축전지 (−)단자를 15초간 분리한다.
㉱ 비정상코드가 출력될 때는 큰 번호부터 작은 번호순으로 표출된다.

풀이 정답 ㉱

센서의 고장에 따라 입력된 비정상코드가 나온다.

문제 3 가솔린 분사장치의 인젝터 분사량 결정은 다음 중 어느 것인가?

㉮ 솔레노이드 코일의 통전시간 ㉯ 니들밸브 분사구 면적
㉰ 연료분사압력 ㉱ 전류코일에 흐르는 전류량

풀이 정답 ㉮

인젝터는 코일의 통전시간 동안만 열린다.

문제 4 인젝터의 설명이다. 틀린 것은?

㉮ 흡입밸브 바로 앞에 연료를 분사한다.
㉯ ECU에 의해 조정되는 전기식 솔레노이드이다.
㉰ 카뷰레터보다 공연비를 정확하게 조정한다.
㉱ 산소 센서가 꼭 필요하다.

풀이 정답 ㉱

산소 센서는 공연비 피드백제어 센서이다.

문제 5 인젝터에 대한 설명 중 틀린 것은?

㉮ ECU의 명령에 의해서만 움직인다.
㉯ 솔레노이드 밸브의 일종이다.
㉰ 연료의 압력에 의해서만 분사량이 조절된다.
㉱ ECU가 작동하는 분사시간에 의해 유량이 결정된다.

풀이 정답 ㉰
분사량은 니들밸브의 행정, 면적, 연료압력, 통전시간에 의해 결정된다.

문제 6 전자제어연료 분사장치에서 인젝터의 개방시간은 2~8 ms이다. 기본 분사량을 결정하는 신호는 무엇에 의존하는가?

㉮ 흡입공기량 ㉯ 연료펌프의 압력
㉰ 축전지전압의 세기 ㉱ 분사밸브의 양정

풀이 정답 ㉮
이론공연비로 맞추어 분사하기 위해 흡입공기량을 계측한다.

문제 7 가솔린 분사장치가 설치된 엔진에서 아이들 중 흡입구를 손으로 일부 폐쇄하면 산소 센서의 출력은 순간적으로 어떻게 되는가?

㉮ 출력이 증가한다. ㉯ 출력이 감소한다.
㉰ 변화 없다. ㉱ 순간적으로 감소했다가 상승한다.

풀이 정답 ㉮
농후해져 출력이 순간적으로 올라간다.

문제 8 산소센서에 대한 설명 중 틀린 것은?

㉮ 작동온도가 되어야 출력전압이 발생한다.
㉯ 입력전원 없이 출력전압이 발생한다.
㉰ 납이나 실리콘에 의해 오염되어 고장날 수 있다.
㉱ 이론혼합비에서 출력전압이 0.5 V로 고정된다.

풀이 정답 ㉱
이론혼합비에서 센서전압은 0.2~0.8 V이다.

문제 9 피드백에 의한 공연비 제어시 중요한 역할을 하는 센서는?

㉮ 산소 센서 ㉯ 수온 센서 ㉰ 온도 센서 ㉱ 차속 센서

풀이 정답 ㉮

문제 10 가솔린기관의 배기관에 부착된 촉매변환기가 가장 좋은 정화성능을 발휘하는 공기-연료비는?

㉮ 11 : 1 ㉯ 13 : 1 ㉰ 15 : 1 ㉱ 17 : 1

풀이 정답 ㉰
이론공연비는 14.7 : 1이다.

문제 11 배기가스 정화장치 중 삼원 촉매 장치가 정화하는 원소가 아닌 것은?

㉮ 산소 ㉯ 질소산화물 ㉰ 일산화탄소 ㉱ 탄화수소

풀이 정답 ㉮
법적 규제 배출가스는 CO, HC, NO_x 이다

문제 12 다음 배기가스 중 질소산화물의 생성원인 중 가장 큰 영향을 미치는 것은?

㉮ 불완전연소 ㉯ 소염경계층 ㉰ 연소온도 ㉱ 희박원소

풀이 정답 ㉰
NO_x 발생원인 : 연소온도 높고 여유 산소 있을 때
CO, HC 생성원인 : 산소 부족인 불완전연소시

문제 13 배출가스 중 NO_x 가 발생하기 가장 쉬운 조건은?

㉮ 농후혼합비인 경우 ㉯ 평균공연비가 큰 경우
㉰ 연소온도가 낮은 경우 ㉱ 공기의 습도가 높은 경우

풀이 정답 ㉯
평균공연비가 크면 공기가 많아지므로 산소가 많아진다.

문제 14 배기가스 중 HC 농도를 저하시키려면?

㉮ 벽면에 붙는 연료를 감소 ㉯ 과농혼합비에서 운전
㉰ 연소온도를 높인다 ㉱ 연소실 표면적을 넓힌다

풀이 정답 ㉮
HC 감소 : 구형연소실
CO 감소 : 과농혼합비에서 운전하지 않는다.
NO_x 감소 : 최고온도 낮추고 연소가스 중의 잔류산소를 감소

문제 15 다음 중 산소 센서의 주요 구성부품이 아닌 것은?

㉮ 질코나이드 ㉯ 푸시 ㉰ 리듐 ㉱ 루버

풀이 정답 ㉰

푸시지르코니아, 루버, 이트리아 등으로 구성되고 리듐은 삼원촉매의 구성요소이다.

문제 16 산소 센서 사용상 주의할 점 중 틀린 것은?

㉮ 산소 센서 내부저항을 항상 측정할 것.
㉯ 전압측정시 디지털미터를 사용할 것.
㉰ 무연가솔린을 사용할 것.
㉱ 출력전압을 쇼트시키지 말 것.

풀이 정답 ㉮

출력전압이 낮아 디지털테스터기를 사용한다.

문제 17 산소 센서 출력전압에 영향을 주는 요소가 아닌 것은?

㉮ 혼합비 ㉯ 흡입공기온도
㉰ 산소 센서의 온도 ㉱ 배기가스 중의 산소분압

풀이 정답 ㉯

문제 18 점화시기를 정하는 데 있어 고려해야 할 사항으로 틀린 것은?

㉮ 연소가 등간격으로 일어나게 한다.
㉯ 크랭크축에 비틀림 진동이 일어나지 않게 한다.
㉰ 혼합기가 각 실린더에 균일하게 분배되게 한다.
㉱ 인접한 실린더가 연이어 점화되게 한다.

풀이 정답 ㉱

문제 19 ECU의 신호를 받아 점화코일을 구성하는 일종의 스위치로 베이스, 켈렉터, 이미터로 구성되는 것은?

㉮ 크랭크각 센서 ㉯ 차속 센서 ㉰ 파워TR ㉱ 스로틀 포지션 센서

풀이 정답 ㉰

문제 20 흡입공기의 통로 속에 발열 저항체를 설치하고 발열 저항체의 온도를 일정하게 유지하도록 전류값을 변화시켜 그 전류값으로부터 흡입 공기량을 계측하는 방법은?

㉮ 베인플레이트식 ㉯ 칼만와류식

㉰ 열선식 ㉱ 흡입부압감지식

풀이 정답 ㉰

열선식 : 발열저항체

문제 21 전자제어 분사장치의 흡기온도 센서에 대한 설명 중 틀린 것은?

㉮ 봄, 여름, 가을, 겨울을 감지할 수 있다.

㉯ 워밍업과 밀접한 관계가 있다.

㉰ 흡기계통에 장착되어 있다.

㉱ 온도가 낮으면 저항이 크다.

풀이 정답 ㉯

흡기온 센서 : 낮은 전압, 작은 저항이 높은 온도를 나타낸다.

서미스터구조(온도와 저항은 반비례한다)

서미스터구조 센서 : 흡기온 센서, 수온 센서

문제 22 전자제어 기관에서 전압을 측정하여 아이들조정을 하는 방법과 관계가 없는 것은?

㉮ 회로시험기와 산소 센서의 체커 등을 사용하여 측정할 수 있다.

㉯ CO, HC 농도가 기준값 이상이면 조정한다.

㉰ 기관이 워밍업되기 전에 측정한다.

㉱ 아이들 회전이 고르지 못할 때 조정한다.

풀이 정답 ㉰

문제 23 다음 중 MAP 센서는 무엇을 말하는가?

㉮ 매니폴드 내 대기압력을 흡입하는 것

㉯ 평균 대기 압력의 머릿글자

㉰ 매니폴드 내의 공기변동측정

㉱ 매니폴드 절대압력을 측정하는 센서

풀이 정답 ㉱

Manifold Absolute Pressure(매니폴드 절대압력)

아이들링시 450~500 mmHg이다.

문제 24 수온 센서(WTS)가 하는 역할이 아닌 것은?

㉮ 냉각수 온도를 감지한다. ㉯ 연료분사량 보정에 이용한다.

㉰ 점화시기 보정에 사용한다. ㉱ 기본 연료분사량을 결정한다.

풀이 정답 ㉣

연료분사량과 점화시기는 보정하지만 기본 연료분사량은 결정하지 않는다. 서미스터구조이다.

문제 25 전자제어 연료 분사 장치의 용어이다. 틀린 것은?

㉮ Hz : 솔레노이드가 에너지를 받고 있는 1초 동안의 진동극이다.

㉯ ms : 1/100 초를 나타낸다.

㉰ Dwell : Dwell미터를 사용한 솔레노이드의 on시간이다.

㉱ Duty : 솔레노이드의 on시간이지만 이는 시간의 %로 측정한다.

풀이 정답 ㉯

1/1000초를 나타낸다.

문제 26 전자제어 분사차량의 수온 센서의 설명 중 틀린 것은?

㉮ 냉각수 온도를 감지하는 센서이다. ㉯ 수온이 올라가면 저항이 감소한다.

㉰ 수온이 내려가면 전압이 감소한다. ㉱ 워밍업상태를 ECU가 감지한다.

풀이 정답 ㉰

서미스터는 수온이 올라가면 전압이 낮아진다.

문제 27 전자제어연료 분사방식 중 연료의 중량보정에 직접 관계되지 않는 부품은?

㉮ 노크 센서 ㉯ 수온 센서 ㉰ 점화스위치 ㉱ 흡기온 센서

풀이 정답 ㉮

노크센서는 압전소자로 되어 있고 연료보정과는 관계없다.

문제 28 다음 중 공전, 부분부하, 전부하 상태를 감지하는 센서는?

㉮ 크랭크각 센서 ㉯ 산소 센서

㉰ 스로틀 포지션 센서 ㉱ 흡기온 센서

풀이 정답 ㉰

스로틀 포지션 밸브는 접점식, 복합식, 가변저항식이 있다.

문제 29 크랭킹 도중 점화시기를 보정하여 제어하는 센서는?

㉮ 수온 센서 ㉯ 아이들스위치 ㉰ 크랭크각 센서 ㉱ 산소 센서

풀이 정답 ㉰

크랭크각 센서는 점화시기 및 기준신호를 제공한다. ECU는 이 신호를 받아야 파워TR에 신호를 보낸다.

문제 30 전자제어 연료 분사 장치에서 점화계통의 파워TR이 작동하려면 ECU에서 점화순서에 의하여 전압이 나와야 한다. ECU는 어떤 신호를 받아 파워TR에 전압을 주는가?

㉮ 크랭크각 센서 ㉯ 흡기온 센서 ㉰ 냉각수온 센서 ㉱ 대기압 센서

풀이 정답 ㉮

문제 31 전자제어연료 분사차량의 센서 중에서 기관을 시동할 때 기본 연료분사시간과 관계가 없는 것은?

㉮ 수온 센서 ㉯ 스로틀 포지션 센서
㉰ 에어플로 센서 ㉱ 산소 센서

풀이 정답 ㉱
산소 센서는 피드백제어 센서이다.

문제 32 전자제어기관에서 연료중량 보정과 관계없는 부품은?

㉮ 스로틀위치 센서 ㉯ 진공스위치
㉰ 수온 센서 ㉱ 흡기온도 센서

풀이 정답 ㉯
진공스위치-진공도를 이용하여 증발가스 조절, PCV밸브와 같은 역할을 한다.

문제 33 다음중 흡입공기량 검출방식이 아닌 것은?

㉮ 베인플레이트식 ㉯ 열선식
㉰ 흡입부압감지식 ㉱ 바이메탈식

풀이 정답 ㉱
흡입부압감지식 = MAP 센서 이용법

문제 34 다음 중 가솔린 분사장치의 온도센서로 가장 많이 사용되는 것은?

㉮ TR ㉯ 저항 ㉰ 다이오드 ㉱ NTC 서미스터

풀이 정답 ㉱
서미스터구조 - 수온 센서, 흡기온 센서

문제 35 다음 중 흡기의 체적변화율에 관한 보정과 관계되는 센서는?

㉮ 산소 센서 ㉯ 흡기온도 센서
㉰ 냉각수온 센서 ㉱ 스로틀 밸브 포지션 센서

풀이 정답 ㉱
TPS센서 – 부하감지

문제 36 다음 중 블로바이 가스 환원장치의 형식은?

㉮ 크랭크케이스 저장 ㉯ 실드방식
㉰ 공기청정기 케이스방식 ㉱ 차콜캐니스터방식

풀이 정답 ㉯

문제 37 다음에서 MPI기관의 흡기계통 구성부품이 아닌 것은?

㉮ 스로틀 밸브 ㉯ 에어플로 센서
㉰ 산소 센서 ㉱ 서지탱크

풀이 정답 ㉰
산소 센서는 배기계통에 장착된다.

문제 38 전자제어연료 분사차량이 열간시 시동이 잘 안 걸리는 원인 중 잘못된 것은?

㉮ 인젝터 불량 ㉯ 압력조절기 불량
㉰ 흡입 매니폴드 개스킷 불량 ㉱ 산소 센서 불량

풀이 정답 ㉰

문제 39 전자제어기관에서 연료압력 조절기는 무엇에 대응하여 연료압력을 조절하는가?

㉮ 압축압력 ㉯ 흡기다기관 내 부압
㉰ 점화시기 ㉱ 기관온도

풀이 정답 ㉯
연료압력조절기는 서지탱크로 연결되어 부압에 의해 작동된다.

문제 40 흡입공기량을 퍼텐쇼미터에 의해서 전압비로 검출하며 이 신호에 의해서 ECU가 기본분사시간을 결정하는 역할을 하는 센서는?

㉮ 흡입온도 센서 ㉯ 수온 센서
㉰ 에어플로 미터 ㉱ 스로틀 포지션 센서

풀이 정답 ㉰

에어플로 미터 – 흡입공기량 측정

문제 41 흡입공기량 검출방식 중 에어플로 미터를 사용하지 않는 방식은?

㉮ 흡입부압감지식 ㉯ 열선식

㉰ 칼만와류식 ㉱ 베인플레이트식

풀이 정답 ㉮

흡입부압감지식은 MAP방법으로 간접계측방법이다.

직접계측법 – 공기체적계측(칼만와류식, 가동베인식),

공기질량계측(열선식, 열막식)

문제 42 배출가스 재순환장치의 설치목적은?

㉮ 스모그의 저감 ㉯ HC의 감소

㉰ NO_x 의 저감 ㉱ CO의 감소

풀이 정답 ㉰

배출가스 재순환장치(EGR)는 NO_x 저감이 목적이다.

문제 43 ISC-servo의 구성부품이 아닌 것은?

㉮ 공전위치 스위치 ㉯ 니들밸브

㉰ 웜기어 ㉱ 플런저기어

풀이 정답 ㉯

문제 44 스트레인 게이지의 저항값이 압력에 비례하여 변화하는 것을 이용하여 압력을 전압으로 변화시키는 반도체 피에조 저항형 센서는?

㉮ 흡기온 센서 ㉯ 스로틀 포지션 센서

㉰ 에어플로 센서 ㉱ 대기압 센서

풀이 정답 ㉱

대기압 센서 – 해발이 높아지면 출력전압 낮아진다.

피에조 소자(압전소자) 사용 센서 – 맵 센서, 대기압 센서, 노크 센서

X. 디젤기관 문제

문제 1 디젤기관의 열효율은?

㉮ 25～30% ㉯ 50～55% ㉰ 30～40% ㉱ 40～45%

풀이 정답 ㉰

가솔린기관의 열효율 25~30%, 디젤기관 열효율 30~40%이다.

문제 2 연료에 압력을 가하여 분사하는 방법은?

㉮ 공기분사 ㉯ 무기분사 ㉰ 혼합기 분사 ㉱ 압축분사

풀이 정답 ㉯

공기분사 – 연료와 공기를 압축하여 분사

무기분사 –연료만 압축하여 분사

문제 3 다음의 연소실 중 복실식(부실식) 연소실이 아닌 것은?

㉮ 공기실식 ㉯ 와류식실 ㉰ 예연소실 ㉱ 직접연소실

풀이 정답 ㉱

단실식 – 직접분사실식

부실식 – 공기실식, 와류실식, 예연소실

문제 4 디젤기관에 사용하는 예열플러그는 어느 연소실에 많이 사용되는가?

㉮ 공기실식 ㉯ 와류식실 ㉰ 예연소실 ㉱ 직접연소실

풀이 정답 ㉰

문제 5 디젤기관의 연소실 형태 중 노킹이 일어나기 가장 어려운 형식은?

㉮ 직접분사식 ㉯ 예연소실식 ㉰ 공기실식 ㉱ 와류실식

풀이 정답 ㉯

예연소실식 : 예연소실을 마련하여 그 곳에 연료를 분사하여 노킹이 적다.

문제 6 디젤기관의 연소실 형태 중 M-연소식은 어느 형식에 속하는가?

㉮ 직접분사식 ㉯ 예연소실식 ㉰ 공기실식 ㉱ 와류실식

풀이 정답 ㉮

직접분사식 : 연료분사 밸브의 분사만으로 혼합기를 형성하여 구조가 간단하고, 예열플러그가 필요 없고 열효율이 높지만 노킹이 잘 일어난다.

문제 7 다음 중 열효율이 가장 좋은 연소실은?

㉮ 공기실식 ㉯ 와류식실 ㉰ 예연소실 ㉱ 직접연소실

풀이 정답 ㉱

직접연소실은 열효율은 좋으나 노킹이 일어나기 쉽다.

문제 8 예연소실 디젤기관의 특성이 아닌 것은?

㉮ 연료분사 압력이 높다 .
㉯ 주연소실 폭발압력이 낮다
㉰ 시동이 곤란하다.
㉱ 저질연료를 사용할 수 있다.

풀이 정답 ㉮

예연소실 디젤기관은 연료분사압력이 낮다.

문제 9 와류연소실 디젤기관의 장점에 속하는 것은?

㉮ 시동이 용이하다.
㉯ 연료소비율이 작다.
㉰ 고속회전이 가능하다.
㉱ 연소실 구조가 간단하다.

풀이 정답 ㉰

문제 10 다음 중 NO_x 배출이 가장 많은 연소실은?

㉮ 공기실식 ㉯ 와류식실 ㉰ 예연소실 ㉱ 직접연소실

풀이 정답 ㉱

직접연소실은 냉각손실이 가장 적어 NO_x의 배출이 많다.
냉각손실 : 와류실식 > 예연소실 > 직접연소실

문제 11 고속 디젤엔진의 예연소실 노즐분사압력은?

㉮ 100~120 kgf/cm^2
㉯ 130~140 kgf/cm^2
㉰ 150~160 kgf/cm^2
㉱ 170~180 kgf/cm^2

풀이 정답 ㉮

직접분사식 : 200~500 kgf/cm^2
와류실식 : 80~150 kgf/cm^2
예연소실식 : 60~120 kgf/cm^2

문제 12 직접분사식의 노즐분사압력은?

㉮ 200~500 kgf/cm^2　　㉯ 300~600 kgf/cm^2
㉰ 100~300 kgf/cm^2　　㉱ 600~800 kgf/cm^2

풀이 정답 ㉮

문제 13 직접분사식 기관의 연료소비율은 몇 gf/pSh인가?

㉮ 170~220　　㉯ 190~240
㉰ 220~250　　㉱ 280~320

풀이 정답 ㉮
직접분사식 기관 : 170~220 gf/pSh
예연소실, 와류실식 : 220~250 gf/pSh
공기실식 : 190~240 gf/pSh

문제 14 예연소실 기관의 압축비는?

㉮ 6~9　　㉯ 10~12　　㉰ 13~16　　㉱ 15~20

풀이 정답 ㉱
직접분사식 : 13~16
예연소실식 : 15~20
와류실식 : 17~19

문제 15 밀폐식 노즐의 종류에 속하지 않는 것은?

㉮ 핀틀형　　㉯ 다공형　　㉰ 스로틀형　　㉱ 플런저형

풀이 정답 ㉱
<노즐>
① 개방형
② 밀폐형 – 구멍형, 핀틀형, 스로틀형

문제 16 기관의 작동이 쉽고 분사압력이 높아 무화가 양호하고 노즐구멍의 지름이 0.2~0.4 mm 정도인 노즐은?

㉮ 핀틀형　　㉯ 개방형　　㉰ 스로틀형　　㉱ 구멍(홀)형

풀이 정답 ㉱
구멍형(단공형, 다공형, 분공형) : 0.2~0.4 mm
핀틀형 : 1~3 mm
교축형 : 니들밸브 2단

문제 17 다음에서 초기 분사량이 적은 노즐은?

㉮ 핀틀형 ㉯ 단공형 ㉰ 스로틀형 ㉱ 다공형

풀이 정답 ㉰

핀틀형 : 초기분사량이 많아 노킹이 일어나기 쉽다

교축형 : 니들밸브 끝을 이단으로 하여 초기분사량을 적게 하여 노킹방지

문제 18 다음 연료분사 노즐 중 부실식 연소실에 이용되는 노즐은?

㉮ 교축 및 핀틀노즐 ㉯ 단공노즐

㉰ 스로틀노즐 및 단공노즐 ㉱ 다공노즐

풀이 정답 ㉮

부실식에는 교축 및 핀틀노즐이 사용된다.

문제 19 다음 중 직접분사실식에 알맞은 노즐은?

㉮ 핀틀형 ㉯ 구멍형 ㉰ 스로틀형 ㉱ 개방형

풀이 정답㉯

직접분사실식에는 구멍형 노즐이 사용된다.

문제 20 디젤기관의 분사노즐에 대한 설명이다. 틀린 것은?

㉮ 구멍형은 분사압력이 가장 낮다.

㉯ 핀틀형의 분사각도는 4~5°이다.

㉰ 분사압력은 노즐의 압력조정나사로 조정한다.

㉱ 스로틀형은 분사압력이 100-140 kgf/cm^2 정도이다.

풀이 정답 ㉮

구멍형의 분사압력은 높다(150~300 kgf/cm^2).

문제 21 디젤엔진의 연료분사 노즐의 요구조건이 아닌 것은?

㉮ 연료의 무화를 쉽게 할 것. ㉯ 가혹한 조건에서 수명이 길 것.

㉰ 분무가 구석구석 뿌려지게 할 것. ㉱ 후적이 일어나지 않을 것.

풀이 정답 ㉯

무화, 관통력, 분포력

문제 22 디젤기관의 압축비가 높은 이유는?

㉮ 공기의 압축열로 착화시키기 위해 ㉯ 연료의 분사를 용이하게 하기 위해
㉰ 기관의 진동을 작게 하기 위해 ㉱ 기관의 과열을 방지하기 위해

풀이 정답 ㉮
디젤기관은 압축착화기관이다.

문제 23 디젤기관 설명 중 틀린 것은?

㉮ 열효율이 가솔린보다 높다. ㉯ 고속에 적당하고 저속에 부적당하다.
㉰ 연료소비율이 가솔린기관보다 작다. ㉱ 폭발압력이 가솔린기관에 비해 높다.

풀이 정답 ㉯
디젤기관은 고속에 부적당하고 저속에 적당한 기관이다.

문제 24 디젤기관이 가솔린 기관과 비교하여 장점이 아닌 것은?

㉮ 열효율이 높다. ㉯ 연료소비율이 낮다.
㉰ 고속회전을 할 수 있다. ㉱ 대출력화할 수 있다.

풀이 정답 ㉰

문제 25 디젤기관의 단점을 나열한 것이다 틀린 것은?

㉮ 동일체적으로 운전시 가솔린기관보다 출력이 떨어진다.
㉯ 공기이용도가 높다.
㉰ 마력당 중량이 무겁다.
㉱ 진동소음이 심하다.

풀이 정답 ㉯
가솔린기관 : 공기과잉률(1), 디젤기관 : 공기과잉률(1.2~2)

문제 26 디젤기관에서 필요하지 않은 것은?

㉮ 연료분사펌프 ㉯ 기화기 ㉰ 연료분사밸브 ㉱ 급유펌프

풀이 정답 ㉯
기화기는 가솔린기관 부품이다.

문제 27 디젤기관의 장점을 열거한 것 중 틀린 것은?

㉮ 연료의 소비율이 적다.
㉯ 전기점화장치가 없다.

㉰ 저질연료를 사용할 수 있어 경제적이다.
㉱ 회전력의 변화가 심하여 계속 회전이 어렵다.

풀이 정답 ㉱
회전수에 대하여 토크변동이 적은 것이 디젤의 장점이다.

문제 28 디젤연료의 선택과정을 열거한 것이다. 틀린 것은?

㉮ 연료 속의 잔류탄소분의 함량이 극히 적을 것.
㉯ 연료 속의 먼지 등 이물질과 수분의 함량이 극히 적을 것.
㉰ 유황분의 함유량이 적고 질이 좋은 연료를 사용할 것.
㉱ 점도가 높을 것.

풀이 정답 ㉱
무화에 가장 큰 영향을 주는 것은 점도이고 점도가 크면 무화가 잘 되지 않는다.

문제 29 디젤 분사펌프시험기에 의해 시험할 수 없는 사항은?

㉮ 연료의 분사시기 조정과 측정　㉯ 조속기의 작동시험과 조정
㉰ 연료공급 펌프의 연료공급량 시험　㉱ 연료분사량의 측정과 분사량 균일 조정

풀이 정답 ㉰
공급되는 연료량은 시험할 수 없다.

문제 30 딜리버리 밸브의 피스톤부는 어떤 작용을 하는가?

㉮ 분사 개시 압력을 조정한다.
㉯ 분사 끝에서 연료의 압력을 높인다.
㉰ 연료가 과다하게 송출되는 것을 방지한다.
㉱ 후적을 방지한다.

풀이 정답 ㉱

문제 31 디젤기관의 연료분사량을 조절하는 것은?

㉮ 공급펌프　㉯ 여과기　㉰ 분사펌프　㉱ 분사노즐

풀이 정답 ㉰

문제 32 디젤기관의 연료분사펌프에서 분사량을 조절하는 부품은?

㉮ 플런저　㉯ 딜리버리밸브　㉰ 태핏　㉱ 서보밸브

풀이 정답 ㉮

분사량 조정 - 플런저, 조속기

분사시기 조정 -타이머

분사압력 - 노즐의 스프링장력(노즐홀더의 조정스프링)

문제 33 플런저 윗면이 배럴의 연료공급 구멍을 막은 다음부터 바이패스 홈이 배럴의 공급구멍에 이를 때까지의 행정을 무엇이라 하나?

㉮ 예행정 ㉯ 유효행정 ㉰ 플런저행정 ㉱ 배럴행정

풀이 정답 ㉯

문제 34 분사량은 다음 중 어느 것에 의해 결정되나?

㉮ 플런저의 행정 ㉯ 플런저의 유효행정

㉰ 플런저의 유효리드 ㉱ 플런저의 길이홈

풀이 정답 ㉯

문제 35 분사량을 속도와 부하에 따라 자동 조절하여 최고 회전수를 제어하여 과도한 속도에 도달하지 않도록 하고 공회전시 안정된 회전을 유지하기 필요한 장치는 무엇인가?

㉮ 딜리버리 밸브 ㉯ 제어래크 ㉰ 타이머 ㉱ 조속기

풀이 정답 ㉱

조속기 : 공회전시 안정된 회전을 유지하기 필요한 장치

문제 36 다음은 분사펌프의 작동부품이다. 관계없는 것은?

㉮ 제어 래크 피니언 ㉯ 연료 공급 튜브

㉰ 딜리버리 밸브 ㉱ 페이스캠과 롤러

풀이 정답 ㉯

캠의 프로필에 따라 플런저가 움직인다.

문제 37 다음은 플런저의 작동부품이다. 관계없는 것은?

㉮ 제어래크와 피니언 ㉯ 플런저 스프링

㉰ 딜리버리 밸브 ㉱ 플라이밍 펌프

풀이 정답 ㉱

프라이밍 펌프는 수동형으로 공기빼기에 사용된다.

문제 38 프라이밍 펌프는 어떤 때에 사용하는가?

㉮ 출력증가　㉯ 공기빼기　㉰ 연료량 가감　㉱ 분사압력 측정

풀이 정답 ㉯

문제 39 디젤기관에 과급기를 설치하면 중량은 10~15% 증가한다. 출력의 증가는?

㉮ 5~10%　㉯ 20~50%　㉰ 35~45%　㉱ 50~60%

풀이 정답 ㉰

중량의 3배 정도 출력이 증가한다.

문제 40 디젤기관에서 과급은?

㉮ 엔진출력의 감소　㉯ 엔진출력의 증대

㉰ 회전속도 증대　㉱ 회전속도 감소

풀이 정답 ㉯

문제 41 디젤기관에서 감압장치의 기능은?

㉮ 고속에서 밸브스프링의 서징현상방지

㉯ 흡기밸브의 보조

㉰ 실린더의 압축압력을 없앤다

㉱ 연소 최고 압력 조정

풀이 정답 ㉰

감압장치 : 시동 보조장치로 실린더 내 압력을 감압시켜 시동을 쉽게 하거나 엔진 정지 시 실린더압력을 감압하여 정지시킨다.

문제 42 다음은 분사노즐이 과열되는 원인을 든 것이다. 맞지 않는 것은?

㉮ 분사시기의 틀림　㉯ 분사량의 과다

㉰ 과부하에서 연속운전　㉱ 노즐냉각기 불량

풀이 정답 ㉱

문제 43 연료 분사 펌프 시험기로 각 실린더의 분사량을 측정하였더니 최대 분사량이 33 cc이고 최소 분사량이 29 cc이며 각 실린더의 평균 분사량이 30 cc였다. 분사량의 (+) 불균율은?

㉮ 10%　㉯ 20%　㉰ 30%　㉱ 35.5%

풀이 정답 ㉮

$$\frac{33-30}{30}\times 100 = 10\%$$

문제 44 디젤기관의 분사 펌프 시험에서 1500 rpm 운전시 분사량은 다음과 같다. 4번 실린더의 불균율은?

실린더	1	2	3	4	5	6
분사량(cc)	98	99	97	103	101	95

㉮ 4.40%　㉯ 4.22%　㉰ 7.77%　㉱ 8.42%

풀이 정답 ㉯

평균 : 98.8

$$\frac{103-98.8}{98.8}\times 100 = 4.22\%$$

문제 45 디젤기관의 매연과 관계가 없는 것은?

㉮ 앵글라이히장치　㉯ 분사노즐
㉰ 딜리버리 밸브　㉱ 가열플러그

풀이 정답 ㉱

문제 46 다음 중 보쉬형 분사펌프는?

㉮ VE형　㉯ 100형　㉰ DPA형　㉱ SAA형

풀이 정답 ㉮

보쉬-VE, UTC-100 형, CAV-DPA

문제 47 보쉬형 연료여과기의 오버플로 밸브의 역할은?

㉮ 분사펌프 내의 연료압력상승 방지
㉯ 공급펌프의 소음 방지
㉰ 분사펌프 내의 연료온도상승 방지
㉱ 연료탱크의 연료흡입

풀이 정답 ㉰

오버플로 오리피스 : 일부 연료를 연료탱크로 되돌려 연료펌프 내부의 온도상승 방지

문제 48 보쉬형 연료분사펌프의 구성요소가 아닌 것은?

㉮ 연료의 피드펌프부 ㉯ 거버너부
㉰ 세디먼트부 ㉱ 타이머부

풀이 정답 ㉰
세디먼트는 연료 중의 물을 분리한다.

문제 49 디젤기관에서 연료분사펌프 중 초기에는 분사시기를 일정하게 하고 말기에서 변화시키는 리드형은 ?

㉮ 정리드 ㉯ 역리드 ㉰ 양리드 ㉱ 단리드

풀이 정답 ㉮
정리드 : 초기의 분사시기 일정, 말기 변화
역리드 : 초기의 분사시기 변화, 말기 일정
양리드 : 초기의 분사시기 변화, 말기 변화

문제 50 스피드드롭에 대한 설명 중 맞는 것은?

㉮ 엔진의 과부하에 따라 속도가 떨어지는 것을 방지하는 장치이다.
㉯ 엔진의 과부하에 따라 속도가 상승하는 것을 방지하는 장치이다.
㉰ 분사노즐의 분사단절을 좋게 하여 후적현상을 방지한다.
㉱ 공회전시 안정된 회전을 유지하기 위한 장치이다.

풀이 정답 ㉮

문제 51 디젤엔진의 구성부품이 아닌 것은?

㉮ 캠축 ㉯ 밸브장치 ㉰ 예연소실 ㉱ 차동장치

풀이 정답 ㉱

문제 52 디젤기관의 앵글라이히장치의 작용으로 알맞은 것은?

㉮ 막판의 위치를 조정하여 분사량을 조정한다.
㉯ 조정래크의 위치를 변경시켜 분사량을 크게 한다.
㉰ 조정래크의 위치를 동일할 때 기관의 흡입공기에 알맞는 연료를 분사한다.
㉱ 조정래크의 위치를 변경시켜 분사량을 적게 한다.

풀이 정답 ㉰
앵글라이히(angleichen)장치 : 제어래크가 동일한 위치에 있어도 모든 범위에서 공기와 연료의 비율을 균일하게 유지한다.

문제 53 엔진이 고속으로 회전할 때 밸브개폐속도가 너무 빨라 닫힐 때의 충격으로 불규칙적인 떨림 현상을 무엇이라 하나?

㉮ 채터링 ㉯ 차징 ㉰ 블로다운 ㉱ 캐비테이션

풀이 정답 ㉮

채터링(chattering) : 엔진이 고속으로 회전할 때 밸브개폐속도가 너무 빨라 닫힐 때의 충격으로 불규칙적인 떨림 현상.

차징(charging) : 실린더로 신기를 흡입하는 것.

문제 54 기계적 또는 전기적 신호에 의해 유량을 조절하는 밸브는?

㉮ 서보밸브 ㉯ 컨트롤밸브 ㉰ 교축밸브 ㉱ 2-웨이밸브

풀이 정답 ㉮

서보(servo)밸브 : 기계적 또는 전기적 신호에 의해 유량과 압력을 조절

문제 55 딜리버리 밸브의 3대 역할이 아닌 것은?

㉮ 역류방지 ㉯ 분사량조절 ㉰ 후적방지 ㉱ 잔압유지

풀이 정답 ㉯

딜리버리 밸브 : 플런저에 의한 연료의 송출이 끝날 때 닫히고 분사파이프에서 펌프로 연료가 역류하는 것을 방지하고 분사노즐의 분사단절을 좋게 하여 후적(after drop)현상을 방지한다.

문제 56 연료여과기 내의 연료의 규정 압력은?

㉮ 0.015 kgf/cm^2 ㉯ 0.15 kgf/cm^2 ㉰ 1.5 kgf/cm^2 ㉱ 115 kgf/cm^2

풀이 정답 ㉰

문제 57 디젤기관에서 예열회로를 흐르는 전류가 크기 때문에 기동전동기 스위치의 소손을 방지하기 위해 사용하는 것은?

㉮ 히트 ㉯ 히트릴레이 ㉰ 히트레인지 ㉱ 실드코일

풀이 정답 ㉯

문제 58 디젤기관의 보쉬형 연료분사장치에서 연료분사압력을 조정하는 곳은?

㉮ 공급펌프

㉯ 분사펌프의 딜리버리 밸브 스프링

㉰ 연료필터의 오버플로밸브 스프링

㉱ 분사노즐의 스프링

풀이 정답 ㉱

문제 59 디젤기관의 예열 플러그 발열부의 온도는 몇 도인가?

㉮ 600~700℃ ㉯ 750~800℃ ㉰ 800~900℃ ㉱ 950~1050℃

풀이 정답 ㉱

문제 60 디젤기관의 일반적 압축압력은?

㉮ 15~20 kgf/cm^2 ㉯ 30~40 kgf/cm^2
㉰ 50~60 kgf/cm^2 ㉱ 55~70 kgf/cm^2

풀이 정답 ㉯

문제 61 주행할 때 배기파이프로부터 검은 연기를 발생하는 원인 중 해당되지 않은 것은?

㉮ 연료분사량이 지나치게 많다. ㉯ 기관의 압축압력이 낮다.
㉰ 연료분사 시기가 지나치게 빠르다. ㉱ 연료분사 개시압력이 지나치게 높다.

풀이 정답 ㉱

문제 62 다음 중 2사이클 디젤기관의 소기방식이 아닌 것은?

㉮ 가변 벤투리 소기식 ㉯ 단류소기식
㉰ 루프소기식 ㉱ 횡단 소기형

풀이 정답 ㉮

문제 63 고속 디젤기관의 연료소비율은?

㉮ 50~60 gf/pSh ㉯ 65~100 gf/pSh
㉰ 100~150 gf/pSh ㉱ 150~250 gf/pSh

풀이 정답 ㉱

문제 64 예열 플러그의 회로에 관한 설명 중 틀린 것은?

㉮ 실드형 예열 플러그는 병렬 접속된다.
㉯ 코일형 예열 플러그는 직렬 접속된다.
㉰ 코일형 예열 플러그는 저항기가 있다.

㉱ 실드형 예열 플러그에는 히트레인지가 있다

풀이 정답 ㉱

문제 65 디젤기관에서 $\frac{dp}{d\theta}$ 가 가장 큰 연소구간은? 단 P는 압력, θ는 크랭크각도이다.

㉮ 후연소기간 ㉯ 순간적 연소기간
㉰ 급격연소기간 ㉱ 착화지연기간

풀이 정답 ㉰

문제 66 디젤기관의 연료분사노즐에서 니들밸브와 노즐보디 사이의 간극을 표시한 것은?

㉮ 1~1.5 mm ㉯ 0.1~0.15 mm
㉰ 0.01~0.015 mm ㉱ 0.001~0.0015 mm

풀이 정답 ㉰

XI. 내연기관의 운동 문제

문제 1 실린더 내에 발생한 폭발압력으로부터 직접 측정한 마력은?

㉮ 정미마력 ㉯ 축마력 ㉰ 연료마력 ㉱ 도시마력

풀이 정답 ㉱
도시마력 = 지시마력 : 실린더압력을 측정하여 계산한 마력
정미마력 = 제동마력 = 축마력 : 마찰손실을 고려한 축에서 측정한 마력

문제 2 크랭크축을 교환해야 하는 경우는?

㉮ 균열이 있을 때 ㉯ 약간 휘었을 때
㉰ 오일 구멍이 막혔을 때 ㉱ 저널베어링이 막혔을 때

풀이 정답 ㉮

문제 3 가솔린기관의 피스톤 핀의 오프셋의 가장 큰 목적은?

㉮ 피스톤 슬랩방지 ㉯ 출력증대
㉰ 고착방지 ㉱ 피스톤 링의 플래터(Flatter)현상 방지

풀이 정답 ㉮

피스톤 핀의 위치를 1.5~3 mm 편심시켜 피스톤의 슬랩현상을 방지한다.

문제 4 가솔린기관의 크랭크 케이스 재질은?

㉮ 냉간압연 강판 ㉯ 니켈 ㉰ 가단주철 ㉱ Ni-Cr강

풀이 정답 ㉮

크랭크 케이스, 오일팬의 재질은 냉간압연 강판(SCP)이다.

문제 5 오일팬의 재료로 적당한 것은?

㉮ 냉간압연 강판 ㉯ 열간압연 강판
㉰ 크롬몰리브덴강 ㉱ 탄소공구강

풀이 정답 ㉮

문제 6 일반적으로 사용되는 기관의 실린더 라이너 재질은?

㉮ 특수강철 ㉯ 특수주철 ㉰ 특수주강 ㉱ 보통주철

풀이 정답 ㉯

문제 7 단속기 접점의 재질은?

㉮ 주철 ㉯ 베이크라이트 ㉰ 텅스텐강 ㉱ 니켈크롬강

풀이 정답 ㉰

문제 8 실린더라이너와 피스톤 링의 주조법은?

㉮ 셀몰드법 ㉯ 다이캐스팅법 ㉰ 원심주조법 ㉱ 인베스트먼트 주조법

풀이 정답 ㉰

문제 9 피스톤의 구비조건으로 틀린 것은?

㉮ 가벼울 것 ㉯ 높은 온도와 폭발력에 견딜 것
㉰ 열 팽창이 적을 것 ㉱ 열전도율이 적을 것

풀이 정답 ㉱

피스톤의 재질은 열전도율이 커야 한다.

문제 10 피스톤 링의 절개구를 서로 120° 방향으로 끼우는 이유는?

㉮ 냉각을 용이하게 하기 위해
㉯ 피스톤의 강도를 보강하기 위해
㉰ 절개구 쪽으로 가스가 새는 것을 방지하기 위해
㉱ 벗겨지지 않게 하기 위해

풀이 정답 ㉰

문제 11 피스톤 핀의 고정법에 속하지 않는 것은?

㉮ 고정식 ㉯ 반부동식 ㉰ 부동식 ㉱ 부유식

풀이 정답 ㉱
피스톤 핀 고정방법에는 고정식, 반부동식, 부동식이 있다.

문제 12 피스톤 핀의 설치방식으로 적당한 것은?

㉮ 고정식, 반부동식, 부동식 ㉯ 고정식, 전부동식, 부동식
㉰ 고정식, 반부동식, 진동식 ㉱ 고정식, 반부동식, 유동식

풀이 정답 ㉮

문제 13 커넥팅로드 베어링의 주재료인 배빗메탈의 주재료는 어느 것인가?

㉮ 주석 ㉯ 안티몬 ㉰ 구리 ㉱ 납

풀이 정답 ㉮
베어링의 재료로는 화이트메탈, 배빗메탈, 켈밋메탈 등이 있고 배빗메탈은 주석계와 납계로 분류되고 켈밋메탈은 구리와 납의 합금이다.

문제 14 구리 4%, 니켈 2%, 마그네슘 1.5%, 나머지가 알루미늄인 내열성 합금은?

㉮ 로엑스 ㉯ 라우탈 ㉰ Y합금 ㉱ 트리메탈

풀이 정답 ㉰
트리메탈 : 3층 베어링(두께가 얇아짐에 따라 강도저하를 방지)
라우탈 : Al-Cu-Si합금으로 피스톤의 재료
Y합금 : Al-Cu-Ni-Mg합금으로 피스톤의 재료

문제 15 기관의 피스톤의 재질이 아닌 것은?

㉮ Y합금 ㉯ 로엑스 ㉰ 주철 ㉱ 크롬강

풀이 정답 ㉱

문제 16 자동차용 엔진의 피스톤의 재질은?

㉮ 실루민 ㉯ Y합금 ㉰ 바이메탈 ㉱ 화이트메탈

풀이 정답 ㉯

피스톤의 재료로는 로엑스, Y합금, 라우탈 등이다.

실루민 : Al-Si의 합금으로 복잡한 형상의 주물에 적합.

문제 17 피스톤의 재료로 적합하지 않는 것은?

㉮ 특수주철 ㉯ 구리계 Y합금

㉰ 니켈크롬강 ㉱ 규소계 로엑스

풀이 정답 ㉰

니켈크롬강, 크롬강, 크롬몰리브덴강 등 구조용 합금강은 강인성이 뛰어나 커넥팅로드, 크랭크축의 재료이다.

문제 18 커넥팅로드의 재료로 사용되지 않는 것은?

㉮ 주철 ㉯ 고탄소강

㉰ 크롬강 ㉱ 니켈-크롬-몰리브덴강

풀이 정답 ㉮

문제 19 가솔린기관의 피스톤에 사용되는 로엑스합금은 어느 금속들의 합금인가?

㉮ Si, Cu, Sb ㉯ Si, Cu, Pt ㉰ Si, Cu, Al ㉱ Cu, Fe, Mn

풀이 정답 ㉰

로엑스합금 : Si-Cu-Ni-Mg-Al합금으로 피스톤의 재료, Y합금보다 열팽창이 작아 우수하다.

문제 20 크랭크축의 재질로 사용되지 않는 것은?

㉮ 크롬몰리브텐강 ㉯ 고탄소강

㉰ 니켈크롬강 ㉱ 니켈크롬마그네슘합금

풀이 정답 ㉱

문제 21 켈밋메탈과 배빗메탈에 관한 것이다. 틀린 것은?

㉮ 엔진베어링 재료이다.

㉯ 배빗메탈의 주성분은 주석, 안티몬, 구리이다.

㉰ 켈밋합금은 배빗메탈에 비하여 내열성, 내식성이 크다.
㉱ 배빗메탈이 고온강도가 크고 열전도율이 좋다.

풀이 정답 ㉱

문제 22 피스톤헤드에 각인되어 있는 것 중 틀린 것은?

㉮ 피스톤 핀의 치수 ㉯ 피스톤의 중량
㉰ 피스톤 헤드의 치수 ㉱ 피스톤의 번호

풀이 정답 ㉯

문제 23 크랭크축 베어링 하우징의 지름과 베어링을 끼우지 않았을 때 베어링 바깥쪽의 지름의 차이를 무엇이라 하나?

㉮ 베어링 크러시 ㉯ 베어링 스프레드
㉰ 베어링 두께 ㉱ 베어링 돌기

풀이 정답 ㉯

문제 24 다음에서 표면경화 처리를 한 것은?

㉮ 피스톤 핀 ㉯ 피스톤 ㉰ 피스톤 링 ㉱ 밸브헤드

풀이 정답 ㉮
표면경화 : 강의 표면층만 경화시켜 내마모성, 내피로강도를 높임

문제 25 피스톤의 표면에 주석도금을 하는 이유는?

㉮ 피스톤 작동시 진원으로 측압을 적게 받기 위해
㉯ 온도상승에 의한 열팽창을 적게 하기 위해
㉰ 피스톤 작동시 소착을 방지하기 위해
㉱ 피스톤 작동 중 측압을 방지하기 위해

풀이 정답 ㉰

문제 26 내연기관용 베어링 재료로 사용하지 않는 것은?

㉮ 배빗메탈 ㉯ 듀랄루민 ㉰ 화이트메탈 ㉱ 켈밋메탈

풀이 정답 ㉯

문제 27 다음은 실린더가 국부적으로 마모되는 이유를 설명한 것이다. 이중 틀린 것은?

㉮ 동력행정의 연소압력이다.
㉯ 윤활유의 일부가 연소실 내에서 연소하기 때문이다.
㉰ TDC와 BDC에서 유막이 끊어지기 때문이다.
㉱ 피스톤 링의 호흡작용 때문이다.

풀이 정답 ㉯
실린더 마모원인은 링의 호흡작용 때문이다.

문제 28 피스톤 링에 관한 설명으로 틀린 것은?

㉮ 재질은 특수주철이 사용된다.
㉯ 링면에는 페록스 코팅이나 파커라이징 처리가 되어 있다.
㉰ 고온고압에 강하고 내마모성이 적은 것이 좋다.
㉱ 이음의 종류에는 버트(butt), 각, 스텝, 밀봉이음이 있다.

풀이 정답 ㉰

문제 29 피스톤 링의 3대 작용이 아닌 것은?

㉮ 기밀작용 ㉯ 열전도작용 ㉰ 플래터작용 ㉱ 오일제어작용

풀이 정답 ㉰
피스톤 링의 3대 작용은 기밀작용, 열전도작용, 오일제어 작용이다.

문제 30 기관베어링의 재질의 필요조건이 아닌 것은?

㉮ 내피로성이 클 것. ㉯ 내식성이 클 것.
㉰ 매입성이 클 것. ㉱ 마멸성이 클 것.

풀이 정답 ㉱

문제 31 피스톤링에서 플래터가 일어날 경우 발생되는 현상은?

㉮ 소음이 심하다. ㉯ 노킹이 발생한다.
㉰ 블로바이 가스 발생이 많아진다. ㉱ 오일제어 작용이 강해진다.

풀이 정답 ㉰
플래터현상은 링이 마모되어 발생하는 현상이다.

문제 32 기관의 출력을 원활하게 하는 것은?

㉮ 클러치 ㉯ 크랭크축 ㉰ 플라이 휠 ㉱ 캠축

풀이 정답 ㉰

문제 33 실린더헤드 개스킷의 재료가 아닌 것은?

㉮ 강철 ㉯ 구리판
㉰ 석면판 ㉱ 석면판을 넣은 강철과 철판

풀이 정답 ㉮

문제 34 피스톤의 구비조건으로 적당한 것은?

㉮ 고온 고압에 강할 것. ㉯ 열팽창률이 클 것.
㉰ 중량이 무거울 것. ㉱ 열전도가 어려울 것.

풀이 정답 ㉮

문제 35 플라이휠 설계시 고려해야 할 사항이 아닌 것은?

㉮ 부하변동시의 조속성능 ㉯ 기관의 출력성능
㉰ 시동시의 기동성능 ㉱ 기관의 가속성능

풀이 정답 ㉯

문제 36 기관의 회전속도가 1500 rpm일 때 25°의 착화지연은 몇 초에 해당하는가?

㉮ 0.0027 ㉯ 0.0055 ㉰ 2.7 ㉱ 5.5

풀이 정답 ㉮

$$x = 25 \times \frac{60}{1500 \times 360} = 0.0027$$

문제 37 행정 30 cm인 기관이 매분 2600 rpm으로 움직이면 피스톤의 평균속도는 몇 m/sec인가?

㉮ 26 ㉯ 36 ㉰ 46 ㉱ 56

풀이 정답 ㉮

$$u_m = \frac{0.3 \times 2600}{30} = 26 \text{ m/sec}$$

문제 38 커넥팅로드길이 28 cm, 크랭크반지름 8 cm, 회전수 1200 rpm, 크랭크각 100°일 때 피스톤 속도는 몇 m/sec인가?

㉮ 10.3 ㉯ 11.3 ㉰ 12.3 ㉱ 13.3

풀이 정답 ㉯

$$\lambda = \frac{8}{28} = 0.2857$$

$$u = 0.08 \times \frac{2 \times 3.14 \times 1200}{60}\left(\sin 100 + \frac{0.2857}{2} \times \sin 100\right) = 11.3 \text{ m/sec}$$

문제 39 커넥팅로드 길이 30 cm, 행정 20 cm, 회전수 1200 rpm, 크랭크각 40°일 때 피스톤의 변위는 몇 cm인가?

㉮ 3.8 ㉯ 4.8 ㉰ 5.8 ㉱ 6.8

풀이 정답 ㉮

$$x = 0.1 \times [(1 - 0.707) + 0.083] = 0.0376 \text{ m} = 3.76 \text{ cm}$$

문제 40 커넥팅로드 길이 8 cm, 크랭크반지름 8 cm, 회전수 2000 rpm일 때 피스톤 최대속도는 몇 m/sec인가?

㉮ 10.3 ㉯ 13.3 ㉰ 16.3 ㉱ 18.3

풀이 정답 ㉱

$$w = \frac{2 \times 3.14159 \times 2000}{60} = 209 \text{ rad/sec}$$

$$\lambda = \frac{18}{8} = 2.25$$

$$u_{max} = 0.08 \times 209 \times \sqrt{1 + \frac{1}{2.25^2}} = 18.3 \text{ m/sec}$$

XII. 소구기관과 가스터빈기관 문제

문제 1 석유기관의 마력은 보통 얼마인가?

㉮ 10~15 PS ㉯ 15~30 PS ㉰ 30~45 PS ㉱ 45~55 PS

풀이 정답 ㉮

석유기관의 출력은 보통 10~15 PS이다.

문제 2 석유기관의 회전수는 보통 얼마인가?

㉮ 900~1500 rpm ㉯ 1500~2000 rpm

㉰ 2000~2500 rpm　　　㉱ 300~1000 rpm

풀이 정답 ㉱
회전수는 300~1000 rpm이다.
고속 : 1200 rpm 이상, 저속 : 800 rpm 이하

문제 3 석유기관의 기화기의 구비조건이 아닌 것은?

㉮ 시동 및 시동 후 가솔린과 주 연료와의 절환이 용이할 것.
㉯ 급격한 부하변화시에 무조정운전이 가능할 것.
㉰ 플로트기화기는 연료유면의 변동이 클 것.
㉱ 기화성능이 우수할 것.

풀이 정답 ㉰
<구비조건>
- 시동 후 주연료로의 변환이 용이할 것.
- 전부하에 걸쳐 성능이 균일하고 무조정운전이 가능할 것.
- 플로트를 갖는 기화기에서 연료액면의 변동이 적을 것.
- 기화성능이 좋을 것.

문제 4 소형 석유기관에 히트링을 장착하는 이유는?

㉮ 시동을 쉽게 하기 위해서이다.
㉯ 압축비를 높이기 위해서이다.
㉰ 석유기관은 시동시 가솔린을 사용하는 데 이를 쓰지 않기 위해서이다.
㉱ 연소효율을 높이기 위해서이다.

풀이 정답 ㉱
링 모양의 개스킷을 실린더와 헤드사이에 장착하여 고온의 링에서 연료가 기화하여 연소효과를 높인다.

문제 5 석유기관의 연료장치에 대한 설명 중 옳은 것은?

㉮ 기화기가 2개 있다.　　　㉯ 연료를 바꾸는 장치가 있다.
㉰ 뜨개실이 1개 있다.　　　㉱ 메인노즐이 1개 있다.

풀이 정답 ㉯
석유기관의 기화기 외형은 1개이나 내부에는 뜨개실 노즐 등 2개의 연료계통이 있다. 시동 후 가솔린에서 석유로 연료변환이 용이해야 한다.

문제 6 석유기관의 특징으로 맞는 것은?

㉮ 연료소비율이 낮고 단위 마력당 중량이 크다.
㉯ 연료의 사용범위가 좁다.
㉰ 구조와 제작이 복잡하다.
㉱ 어선이나 소형 화물선에 사용된다.

풀이 정답 ㉱
석유기관의 용도는 농공용, 어선용의 소출력기관이다.

문제 7 석유기관의 설명으로 옳지 않는 것은?

㉮ 가솔린기관에 비하여 회전속도가 느리다.
㉯ 시동할 때만 가솔린을 사용한다.
㉰ 회전속도를 일정하게 유지하기 어렵다.
㉱ 압축비는 보통 4.5~5 정도이다.

풀이 정답 ㉰
조속기가 있어 부하에 따라 회전속도를 일정하게 유지할 수 있다.

문제 8 석유기관의 압축비를 가솔린보다 낮게 하는 이유는?

㉮ 석유기관은 기관냉각이 잘 안되므로
㉯ 석유는 옥탄가가 높기 때문에
㉰ 석유는 노킹을 일으키기 쉬우므로
㉱ 압축비를 높이면 기관이 폭발하므로

풀이 정답 ㉰

문제 9 소구기관의 열효율은 얼마인가?

㉮ 20~27% ㉯ 30~36% ㉰ 40~46% ㉱ 46~50%

풀이 정답 ㉮
소구기관 열효율은 18~27%이다.

문제 10 2사이클 소구기관의 소구 예열온도는?

㉮ 50~120℃ ㉯ 130~140℃ ㉰ 250~270℃ ㉱ 380~450℃

풀이 정답 ㉰
소구예열온도는 250~270℃이다. 중유버너로 3분간 가열한다.

문제 11 2사이클 소구기관의 압축압력은?

㉮ 60~90 kgf/cm^2 ㉯ 20~30 kgf/cm^2
㉰ 6~8 kgf/cm^2 ㉱ 10~14 kgf/cm^2

풀이 정답 ㉱
소구기관의 압축압력은 12 kgf/cm^2 내외이다.

문제 12 소구기관의 점화방식은 다음 중 어느 것인가?

㉮ 전기 점화방식 ㉯ 압축 점화방식 ㉰ 표면 점화방식 ㉱ 전기압축 점화방식

풀이 정답 ㉰
소구기관은 표면을 가열하여 점화를 돕는 표면점화방식이다.
가솔린기관 : 불꽃점화, 디젤기관 : 압축점화방식

문제 13 석유기관에서는 시동할 때에만 가솔린을 사용하는데 그 이유는?

㉮ 기관시동 ㉯ 노킹방지 ㉰ 기화성 보조 ㉱ 효율상승

풀이 정답 ㉮
석유는 기화성이 나빠 시동이 어렵다.

문제 14 표면점화가 점화시기보다 앞서 일어나는 경우는 무슨 현상은 무엇인가?

㉮ 지연점화 ㉯ 조기점화 ㉰ 불꽃점화 ㉱ 전기점화

풀이 정답 ㉯

문제 15 어선용으로 소구기관이 많이 사용되는 이유는?

㉮ 열효율이 다른 기관보다 높기 때문이다.
㉯ 평균유효압력이 높기 때문이다.
㉰ 고속운전이 가능하기 때문이다.
㉱ 배의 최적회전수에 직결할 수 있기 때문이다.

풀이 정답 ㉱
어선용으로 소구기관이 많이 사용되는 이유
- 제작, 보수, 운전조작이 용이하다.
- 중압저속이어서 과부하에 대한 내구력이 크다.
- 소형선박의 최적 추진기 회전에 직결로 연결할 수 있다.
- 역전장치가 필요 없다.
- 장시간 무부하 저속운전을 할 수 있다.
- 저질연료를 사용할 수 있다.

문제 16 소구기관의 특징이다. 관계가 없는 것은?

㉮ 연료의 사용범위가 넓고 저질연료의 사용이 가능하다.
㉯ 어선이나 소형화물선 등에 많이 사용된다.
㉰ 구조가 간단하고 제작이 용이하다.
㉱ 연료소비율이 낮고 단위 마력당 중량이 크다.

풀이 정답 ㉱
소구기관은 소구라는 부분을 250~270℃ 정도 가열한 후 시동을 해야 하며 연료소비율이 높고 단위 마력당 중량이 크다.

문제 17 소구기관의 설명으로 옳은 것은?

㉮ 기화, 점화, 연소가 실린더 안에서 동시에 일어난다.
㉯ 전기 점화기관이다.
㉰ 저질연료를 사용할 수 없다.
㉱ 중속 이상의 속도에 주로 사용한다.

풀이 정답 ㉮

문제 18 소구기관의 소기형식은 다음의 어느 방법이 많이 사용되는가?

㉮ 크랭크실 소기 ㉯ U형 소기 ㉰ List형 소기 ㉱ 대향 피스톤형 소기

풀이 정답 ㉮

문제 19 가스터빈에 사용되는 사이클은?

㉮ 복합사이클 ㉯ 에릭슨사이클 ㉰ 스터어링사이클 ㉱ 브레이턴사이클

풀이 정답 ㉱

문제 20 가스터빈 기관의 장점이 아닌 것은?

㉮ 마력당 중량이 가볍고 크기가 작다. ㉯ 연료소비율이 낮다.
㉰ 회전이 정숙하다. ㉱ 윤활유소비가 적다.

풀이 정답 ㉯
가스터빈기관은 열효율이 낮고 연료소비율이 크다.

문제 21 가스터빈이 다른 내연기관과 비교하여 장점이 아닌 것은?

㉮ 저질연료 사용이 가능하다.

㉯ 저속운전시 성능이 양호하다.
㉰ 가볍고 구조가 간단하다.
㉱ 윤활유의 소비가 작고 유지비가 싸다.

풀이 정답 ㉯
가스터빈기관은 열효율이 낮고 부분부하 저속시 성능이 나쁘다.

문제 22 가스터빈의 3대 구성요소는?

㉮ 분사펌프, 편심륜, 터빈 ㉯ 터빈, 압축기, 노즐
㉰ 터빈, 압축기, 연소기 ㉱ 터빈, 연소기, 편심륜

풀이 정답 ㉰

문제 23 로터리기관의 특징을 바르게 설명한 것은?

㉮ 소형, 경량, 고출력이다. ㉯ 진동, 소음이 비교적 작다.
㉰ 사용 회전 범위가 넓다. ㉱ 배기가스 정화가 용이하다.

풀이 정답 ㉯

문제 24 반켈기관의 특징을 설명한 것 중 틀린 것은?

㉮ 로터는 물로 냉각한다.
㉯ 흡기포트는 하우징벽에 설치한다.
㉰ 점화플러그는 보통 2개 장착한다.
㉱ 로터하우징은 트로코이드 곡선으로 되어 있다.

풀이 정답 ㉮
로터의 냉각은 윤활유로 한다.

문제 25 로터리기관의 로터 정점에 설치되어 기밀을 유지하는 부품은?

㉮ 사이드 실 ㉯ 코너 실 ㉰ 커버 실 ㉱ 아펙스 실

풀이 정답 ㉱

참 고 문 헌

(1) 96 정비교육교재 엔진, 현대자동차.

(2) 96 정비지침서 쏘나타 III 엔진편, 현대자동차.

(3) 96 정비지침서 아반테 엔진편, 현대자동차.

(4) 96 정비지침서 티뷰론 엔진편, 현대자동차.

(5) 96 정비지침서 엑센트, 현대자동차.

(6) 전기전문교육교재, 기아서비스, 1955.

(7) 엔진전문교육교재, 기아서비스, 1995.

(8) 정비지침서, 라노스, 대우자동차, 1997.

(9) 정비지침서, 누비라, 대우자동차, 1997.

(10) 정비지침서, 레간자, 대우자동차, 1997.

(11) 내연기관이론, 한국산업인력관리공단, 1993.

(12) 내연기관실기, 한국산업인력관리공단, 1993.

(13) 자동차기술핸드북, 시험평가편, 사단법인 자동차기술회, 1991.

(14) 자동차기술핸드북, 설계편, 사단법인 자동차기술회, 1991.

(15) 자동차기술핸드북, 생산, 품질, 정비편, 사단법인 자동차기술회, 1991.

(16) 내연기관, Macmillan, 희중당, 1996.

(17) 신판내연기관, 김종철, 동명사, 1997.

(18) 땅에서 구름까지, 최인호, 대하.

(19) 정비교육교재(EF 쏘나타 택시), 현대자동차.

(20) 자동차기관, 김철수, 희중당, 1999.

(21) 자동차공학, 김철수, 희중당, 2000.

(22) 자동차기관실습, 김철수, 오토테크, 1999.

찾아보기

【ㅈ】

【ㅊ】

【ㅋ】

【ㅌ】

【ㅍ】

【ㅎ】

최신 자동차기관

2006년 8월 17일 초판발행 • 저 자 김 철 수

• 발행인 최 국 주

• 발행처 동 명 사

경기도 파주시 교하읍 문발리 535-10 파주출판단지 30블록 4롯트
전 화 : 031) 955-7200(代), 955-7201~4, 7203 (편집부)
팩시밀리 : 031) 955-7205
출판등록 : 1950년 11월 1일(제1-76호)
E-mail : dms723@chol.com
홈페이지 : www.dmsbook.com

정가 22,000원

ISBN 89-411-0948-5 93550